电气信息工程丛书

Protel 99 SE 电路原理图与PCB设计及仿真

清源科技　编著

机 械 工 业 出 版 社

Protel 99 SE是Protel公司推出的基于Windows的电路设计软件，是一个纯32位的应用软件。本书从实用角度出发，全面介绍了Protel 99 SE的界面、基本组成以及使用环境等，并详细讲解了使用Protel 99 SE电路原理图、印制电路板的设计方法及电路仿真。全书以讲解实例为主，将Protel 99 SE的各项功能有机结合，以便读者能尽快掌握电路设计的方法。

本书内容翔实、条理清晰、实例丰富。可以作为电路设计工作者或大中专院校相关专业师生的参考书。

图书在版编目（CIP）数据

Protel 99 SE电路原理图与PCB设计及仿真/清源科技编著．—北京：机械工业出版社，2007.1（2015.1重印）
（电气信息工程丛书）
ISBN 978-7-111-20197-7

Ⅰ.P...　Ⅱ.清...　Ⅲ.印刷电路－计算机辅助设计－应用软件，Protel 99　Ⅳ.TN410.2

中国版本图书馆CIP数据核字（2006）第125786号

机械工业出版社（北京市百万庄大街22号　邮政编码100037）
策　　划：胡毓坚
责任编辑：时　静
责任印制：乔　宇
北京机工印刷厂印刷（三河市南杨庄国丰装订厂装订）
2015年1月第1版·第7次印刷
184mm×260mm·19印张·465千字
27 001—28 800册
标准书号：ISBN 978-7-111-20197-7
定价：39.00元

凡购本书，如有缺页、倒页、脱页，由本社发行部调换

电话服务
社服务中心：（010）88361066
销售一部：（010）68326294
销售二部：（010）88379649
读者购书热线：（010）88379203

网络服务
门户网：http：//www.cmpbook.com
教材网：http：//www.cmpedu.com
封面无防伪标均为盗版

前　言

随着计算机工业的蓬勃发展，电路设计自动化（Electronic Design Automation，EDA）的工作环境从早期昂贵的工作站进入到普通 PC，EDA 的设计思想也已普及到中小型企业及大专院校。Protel 设计系统就是一套建立在 IBM PC 兼容机环境下的 EDA 电路集成设计软件平台。事实上，Protel 设计系统是世界上第一套将 EDA 引入 Windows 环境的开发工具，它以其高度的集成性和可扩展性著称于世。Protel 公司于 2001 年推出 Protel 99 SE——具有 PDM 功能的强大 EDA 综合设计环境，它具有电路原理图设计、PCB（印制电路板）设计、电路的层次化设计、报表制作、电路仿真以及逻辑器件设计等功能，是电子工程师进行电子设计的最有用的软件之一。

本书从实用角度出发，详细介绍了 Protel 99 SE 最主要的功能，即电路原理图设计、印制电路板设计和电路仿真。在每个知识点的讲解中，均结合了相应的实例，并在每个章节后，还以一个典型的实例进行深化。这些实例体现了作者丰富的电路设计与布线经验。

全书共 11 章，第 1 章介绍 Protel 99 SE 基础；第 2～4 章讲述 Protel 99 SE 的电路原理图设计；第 5 章讲述电路的层次化设计；第 6 章讲述报表的生成与打印出图方法；第 7～10 章讲述 PCB 设计及相应的实例；第11章讲述电路仿真。每章均结合典型的工程设计实例进行讲解，可以使读者轻松掌握 Protel 99 SE 的各功能模块的使用。

本书主要面向广大电路设计工作者以及大中专院校相关专业师生。

本书由清源科技编著，江思敏和胡烨负责编写。由于编者水平有限，书中不足之处在所难免，敬请读者批评指正。

本书中有些电路图为了保持与软件一致，保留了软件中的电路，部分电器符号和单位与我国现行国家标准不符。

编　者

目　录

第 1 章 Protel 99 SE 基础

Protel 99 SE 是由 Protel 的早期版本发展而来的基于 Windows 95/98/2000/XP 环境的新一代电路原理图辅助设计与绘制软件，它是集电路设计与开发环境于一体的应用软件。

1.1 Protel 99 SE 的功能模块

Protel 99 SE 的主要功能模块包括电路原理图设计、印制电路板（PCB）设计、无网格布线器、可编程逻辑器件设计、电路模拟/仿真等。各模块具有丰富的功能，可以实现电路设计与分析。

电路设计部分主要包括：

- 用于原理图设计的 Schematic 模块。该模块主要包括设计原理图的原理图编辑器，用于修改、生成零件的零件库编辑器以及各种报表的生成器。
- 用于印制电路板设计的 PCB 设计模块。该模块主要包括用于设计印制电路板的电路板编辑器，用于修改、生成零件封装的零件封装编辑器以及电路板组件管理器。
- 用于 PCB 自动布局和布线的 Route 模块。

电路仿真与 PLD（逻辑器件）设计部分主要包括：

- 用于可编程逻辑器件设计的 PLD 模块。该模块主要包括具有语法意义的文本编辑器、用于编译和仿真设计结果的 PLD 以及仿真波形观察窗口。
- 用于电路仿真的 Simulate 模块。该模块主要包括一个功能强大的数 / 模混合信号电路仿真器，能提供连续的模拟信号和离散的数字信号仿真。

下面将介绍三个常用的模块。

1. Schematic 模块

电路原理图是电路设计的开始，是用户设计目标的原理实现。其图形主要由电子器件和线路组成。如图 1-1 所示为一张由 Schematic 模块生成的电路原理图。Schematic 模块具有如下特征。

（1）支持层次化设计

随着电路的日益复杂，电路设计的方法也日趋层次化。也就是说，可先将整个电路按照其特性及复杂程度切割成适当的子电路，必要时可以使用层次化的树状结构来完成。设计师先单独绘制及处理好每一个子电路，然后再将它们组合起来继续处理，最后完成整个电路。Schematic 完全提供了层次化设计所需要的功能。

（2）丰富而又灵活的编辑功能

- 自动连接功能。在原理图设计时，有一些专门的自动化特性用于加速电气元件的连接。电气栅格特性提供了所有电气件（包括端口、原理图、总线、总线端、网络标号、连线和元件等）的真正“自动连接”。当它被激活时，一旦光标移到电气栅格的范围内，它就自动跳到最近的电气“热点”上，接着光标形状发生改变，指示出连接点。当这一特性和自动连接特性配合使用时，连线工作就变得非常轻松。

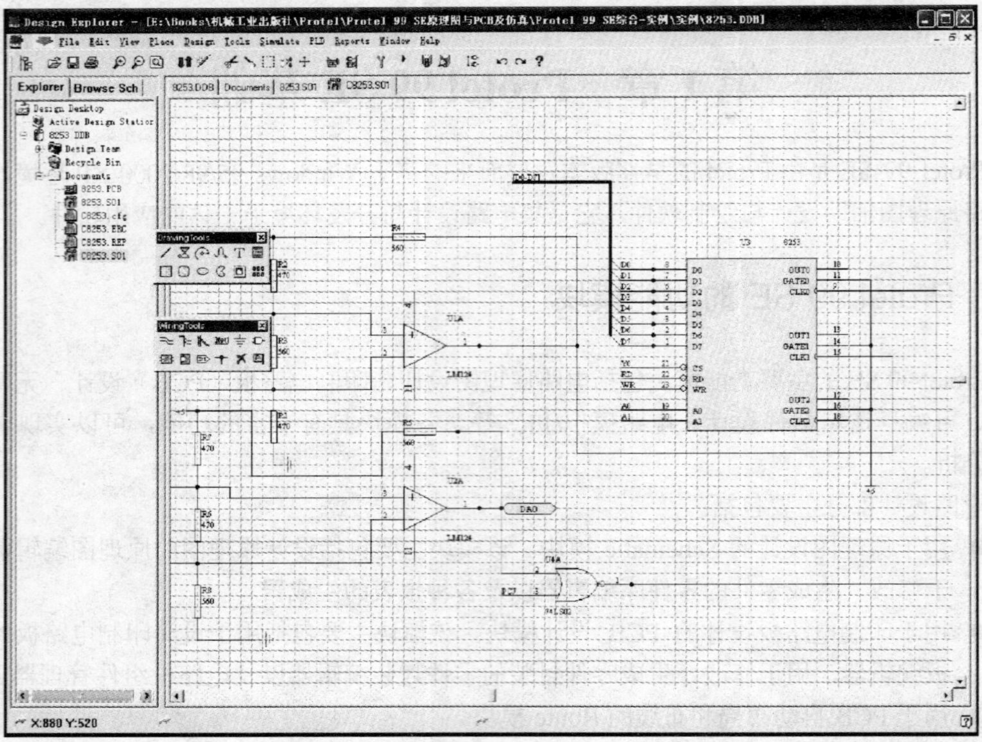

图 1-1　电路原理图

- 交互式全局编辑。在任何设计对象（如元件、连线、图形符号、字符等）上，只要双击鼠标左键，就可打开它的对话框。对话框显示该对象的属性，设计者可以立即进行修改，并可将这一修改扩展到同一类型的所有其他对象，即进行全局修改。如果需要，还可以进一步指定进行全局修改的范围。
- 便捷的选择功能。设计者可以选择全体，也可以选择某个单项，或者一个区域。在选择项中，设计者还可以不选某项，也可以增加选项。已选中的对象可以移动、旋转，也可以使用标准的 Windows 命令，如 Cut（剪切）、Copy（复制）、Paste（粘贴）、Clear（清除）等。

（3）强大的设计自动化功能

- 设计检验 ERC（电气法则检查）。它可以对大型复杂设计进行快速检查。电气法则检查 ERC 可以按照用户指定的物理/逻辑特性进行，而且可以输出各种物理 / 逻辑冲突的报告。例如，没连接的网络标号、没连接的电源、空的输入引脚等，同时还可将电气法则检查 ERC 的结果直接标记在原理图中。
- 数据库连接。它提供了强大灵活的数据库连接，原理图中任何对象的任意属性值都可以输入和输出，设计者可以选择某些属性（可以是两个属性，也可以是全部属性）进行传送，也可以指定输入/输出的范围是当前图纸，还是当前项目或元件库，或者是全部打开的图纸或元件库。一旦所选择的属性值已输出到数据库，由数据库管理系统来处理支持的数据库，包括 dBASE III 和 dBASE IV。

- 自动标注。在设计过程的任何时候都可以使用“自动标注”功能（一般是在设计完成的时候使用），以保证无标号跳过或重复。

（4）在线库编辑及完善的库管理

- 设计者不仅可以打开任意数目的库，而且不需要离开原来的编辑环境就可以访问元件库。通过计算机网络还可以访问多用户库。
- 元件可以在线测览，也可以直接从库编辑器中放置到设计图纸上，不仅库元件可以增加或修改，而且原理图和元件库之间可以进行相互修改。
- 原理图提供 16000 多个元器件库，包括 AMD、Intel、Motorola、Texas Instruments、National Instruments、ZILOG、Maxim、Xilinx 等公司的元件库，以及 Eesof、PSPICE、SPICE 仿真库等。

2．PCB 设计模块

PCB 是由电路原理图到制版的桥梁，设计了电路原理图后，需要根据原理图生成印制电路板，这样就可以制作电路板。如图 1-2 所示为一张由原理图生成的 PCB 图。PCB 模块具有如下主要特点。

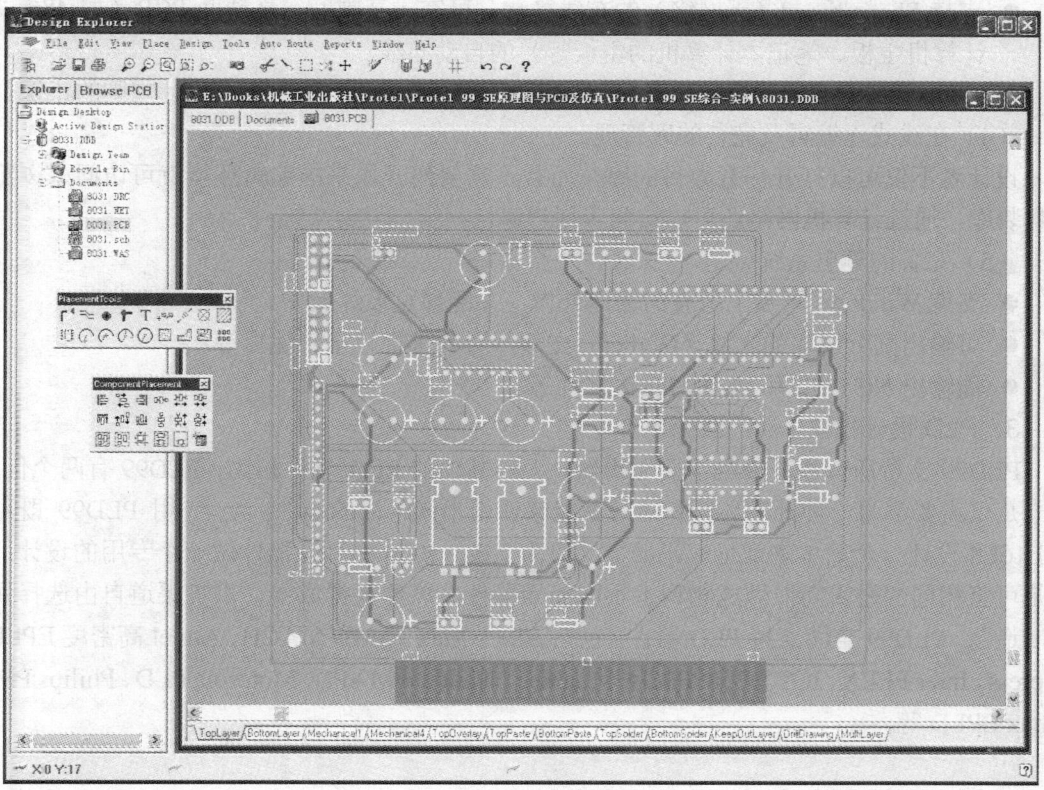

图 1-2　标准的 PCB 图

（1）32 位的 EDA 设计系统

- PCB 可支持设计层数为 32 层、板图大小为 2540mm×2540mm 或 100in×100in 的多层印制电路板。
- 可作任意角度的旋转，分辨率为 0.001°。

- 支持水滴焊盘和异型焊盘。

（2）丰富而又灵活的编辑功能

- 交互式全局编辑、便捷的选择功能、多层撤销或重做功能。
- 支持飞线编辑功能和网络编辑。用户无需生成新的网络表，即可完成对设计的修改
- 手工重布线可自动去除回路。
- PCB 图能同时显示元器件引脚号和连接在引脚上的网络号。
- 集成的 ECO（工程修改单）系统将会记录下设计者的每一步修改，并将其写入 ECO 文件，设计者可依此修改原理图。

（3）强大的设计自动化功能

- 具有超强的自动布局能力，它采用了基于人工智能的全局布局方法，可以实现 PCB 板面的优化设计。
- 高级自动布线器采用拆线重试的多层迷宫布线算法，可同时处理所有信号层的自动布线，并可以对布线进行优化。可选的优化目标可使过孔数目最少，使网络按指定的优先顺序布线等。
- 支持 Shape-based（无网络）的布线算法，可完成高难度、高精度 PCB（如 486 以上计算机主板、笔记本计算机的主板等）的自动布线。
- 在线式 DRC（设计规则检查），在编辑时系统可自动地指出违反设计规则的错误。

（4）在线式库编辑及完善的库管理

设计者不仅可以打开任意数目的库，而且不需要离开原来的编辑环境就可访问、浏览元件封装库。通过计算机网络还可以访问多用户库。

（5）完备的输出系统

- 支持 Windows 平台上所有的输出外设，并能预览设计文件。
- 可输出高分辨率的光绘（Gerber）文件，对其进行显示、编辑等。
- 能输出 NC Drill 和 Pick＆Place 文件等。

3. PLD 设计模块

PLD99 支持所有生产商的主要逻辑器件。与其他的 EDA 软件相比，PLD99 有两个优点第一是仅需要学习一种开发环境和语言就能够使用不同厂商的器件 —— 用 PLD99 既可为 PAL16L8 设计一个简单的地址解码器，又可为 Xilinx5000 系列元器件做一个专用的设计；第二是可将相同的逻辑功能做成物理上不同的元器件，以便根据成本、供货渠道自由选择元器件制造商。PLD99 全面支持 PLD 器件，包括 Altera Max、AMD MACH、Atmel 高密度 EPLDs Cypress、Inter FLEX、ICT EPLD/FPGA’s、lattice、National MAPL、Motorola PLD、Philips PML Xilinx EPLD 等。

1.2 Protel 99 SE 绘图环境

1.2.1 Protel 99 SE 设计环境

当用户启动 Protel 99 SE 后，系统将进入设计环境，此时可以单击 File 菜单上的 New 命令，系统将弹出如图 1-3 所示的 Protel 99 SE 建立新设计数据库的文件路径设置选项卡。

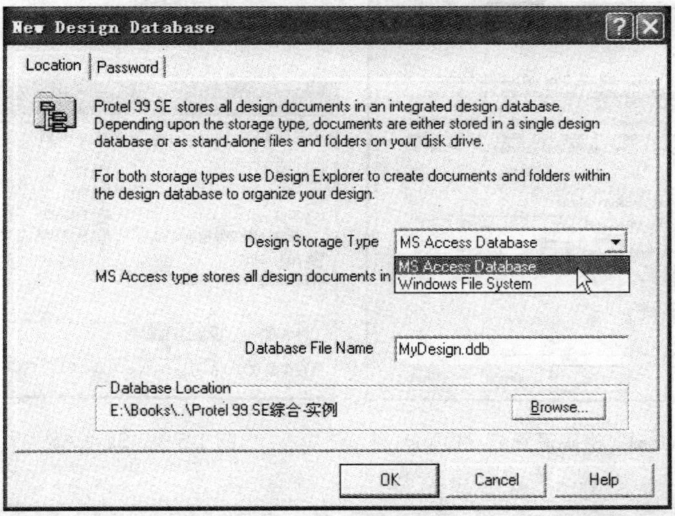

图 1-3 “New Design Database（建立新设计数据库）”对话框

1. Design Storage Type（设计保存类型）

（1）MS Access Database

该选项表示设计过程中的全部文件都存储在一个数据库中，即所有的原理图、PCB 文件、网络表、材料清单等都存在一个.ddb 文件中，在资源管理器中只能看到惟一的.ddb 文件。

（2）Windows File System

选择该项后，在对话框底部指定的硬盘位置建立一个设计数据库的文件夹，所有文件被自动保存在文件夹中。可以直接在资源管理器中对数据库中的设计文件（如原理图、PCB 等进行复制、粘贴等）进行操作。这种设计数据库的存储类型便于在硬盘上对数据库内部的文件进行操作，但不支持 Design Team 特性。

当用户选择“MS Access Database”类型后，对话框将增加一个“密码（Password）”选项卡，如果选择“Windows File System”类型，则没有该选项卡。

当用户选择“MS Access Database”类型后，如果想设定所设计的电路图数据库文件为保密级，则可以单击图 1-3 所示的对话框中的 Password 选项卡，进入密码设置选项卡，如图 1-4 所示，用户可以选择 Yes 单选按钮，并且可以在 Password 编辑框中输入所设置的密码，然后再在 Confirm Password（确认密码）编辑框中输入设置的密码，确认正确后，即设置成功。

注意：*用户必须记住所设置的密码，否则将打不开所设计的文件数据库。*

2. Database File Name（数据库文件名）

用户可以在 Database File Name（数据库文件名）编辑框中输入所设计的电路图的数据库名，文件的扩展名为.ddb。如果想改变数据库文件所在的目录，可以单击 Browse 按钮，系统将弹出如图 1-5 所示的对话框，此时用户可以设定数据库文件所在的路径。

完成文件名的输入后，就可以单击 OK 按钮，进入设计环境，如图 1-6 所示，此时就可以进行电路图或其他的设计工作。

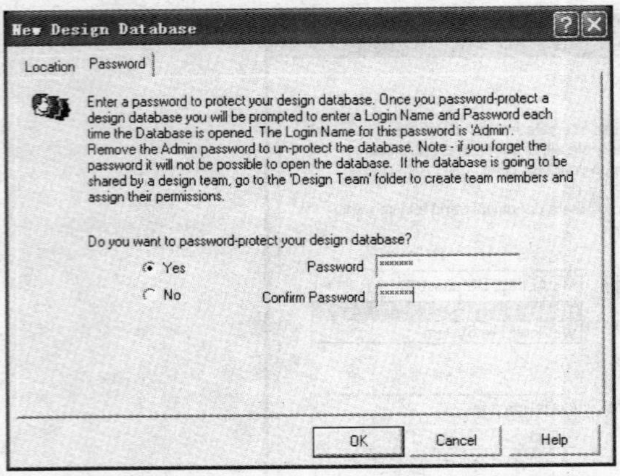

图 1-4 “Password（密码设置）”选项卡

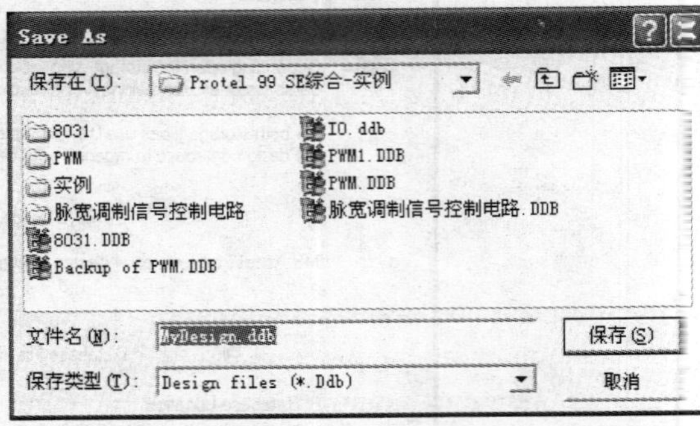

图 1-5 “Save AS（另存为）”对话框

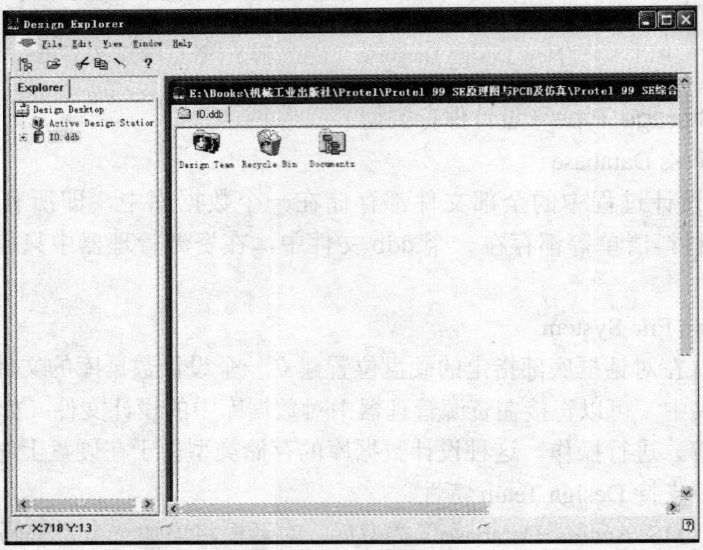

图 1-6 Protel 99 SE 设计环境

1.2.2 Protel 99 SE 的设计管理器

在 Protel 99 SE 中，所有的设计文档都集成在一个设计库中，管理这个设计库的工具就是 Design Explorer，即设计管理器，如图 1-6 所示。设计管理器主要包含以下几个部分。

1．Design Team（设计组）管理器

Protel 99 SE 的设计是面向一个设计组的，设计组的成员和特点都在 Design Team（设计组）中进行管理，可以在 Design Explorer 中定义设计组的成员和权限，这样就使得通过网络来进行设计变得更加方便。设计组中的成员数量不受限制，并且他们可以同时访问同一个设计库。每个成员都可以看到当前哪个文档被打开，并且可以锁住文档防止被修改。

2．Documents（文档）管理器

所有的文档都包含在 Design Documents（设计文档）主目录中，其中主要有电路设计文档电路原理图 Schematics 文件和印制电路板（PCB）文件。其子目录包括 PCB Fabrication（PCB

制作）文件、Reports（报表）和 Simulation Analyses（仿真分析）等。Design Documents 中不仅仅包含 Protel 中的设计文件，还可以输入任何类型的应用文档，如 Microsoft Word、Microsoft Excel、AutoCAD 等，用户可以直接在设计管理器中打开和编辑这些文档。

1.3 Protel 99 SE 文件管理

在建立一个新的设计数据库后，如果用户没有进入具体的设计操作界面，Protel 99 SE 的各菜单主要是进行各种文件命令操作，设置视图的显示方式以及编辑操作。使用 Protel 99 SE 时，如果用户仅仅创建了一个新的设计数据库，而没有进入真正的图形设计及绘制界面时，系统仅仅包括 File、Edit、View、Window 和 Help 5 个下拉菜单，如图 1-6 所示。

1.3.1 文件管理

文件管理主要通过 File 菜单中的各命令来实现。该菜单命令主要用于文件的管理操作，如文件的打开、新项目的建立等，如图 1-7 所示。

File 菜单包括 14 个子菜单。

（1）New

新建一个空白文件，文件的类型可以是原理图 Sch 文件、印制电路板（PCB）文件、原理图元器件库编辑文件（SchLib）、印制电路元器件库编辑文件（PCBLib）、文本文件以及其他的文件等。选取此菜单项后，将会显示新文件对话框，如图 1-8 所示，用户可以选择所需建立的文件类型，然后单击 OK 按钮即可。

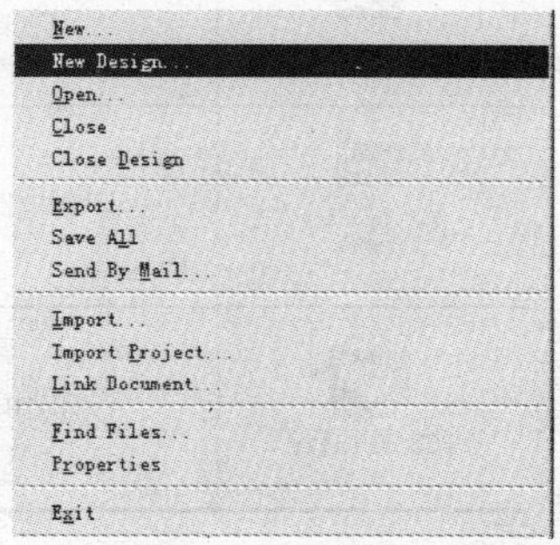

图 1-7 “File”菜单

Protel 99 SE 提供了丰富的编辑器资源，如图 1-8 中的图标所示，各图标所代表的文件类型见表 1-1。

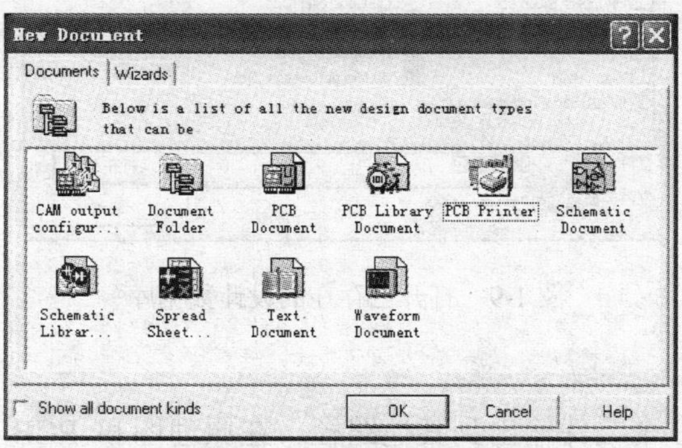

图 1-8 “New Document（新文件）”对话框

（2）New Design

新建立一个设计库，在这个设计库中统一管理所有的设计文件，该命令与用户还没有创建数据库前的 New 命令执行过程一致。

（3）Open

打开已存在的设计库。执行该命令后，系统将弹出如图 1-9 所示的对话框，用户可以选择需要打开的文件对象或设计数据库。

（4）Close

关闭当前已经打开的设计文件。

（5）Close Design

关闭当前已经打开的设计库。

表 1-1　图标与对应文件类型

图　标	功　能	图　标	功　能
CAM output configura...	生成 CAM 制造输出文件	Schematic Document	原理图设计编辑器
Document Folder	建立设计文档或文件夹	Schematic Librar...	原理图元件编辑器
PCB Document	印制电路板设计编辑器	Spread Sheet Document	表格处理编辑器
PCB Library Document	印制电路板元件封装编辑器	Text Document	文字处理编辑器
PCB Printer	印制电路板打印编辑器	Waveform Document	波形处理编辑器

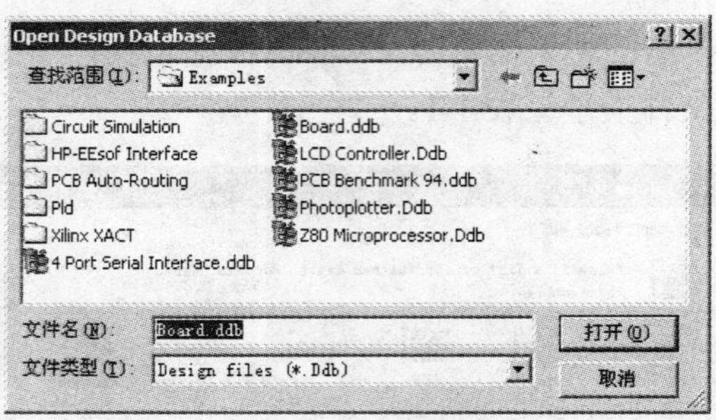

图 1-9　打开已存在的设计数据库

（6）Export

将当前设计库中的一个文件输出到其他路径。在原理图和 PCB 环境下，该命令功能存在一些区别。

（7）Save All

保存当前所有已打开的文件。

（8）Send By Mail

选择该命令后，用户可以将当前设计数据库通过 E-mail 传送到其他计算机。这样对于异地设计和集成很方便。

（9）Import

将其他文件导入到当前设计库，成为当前设计数据库中的一个文件，选取此菜单项后，将会显示导入文件对话框，如图 1-10 所示，用户可以选取所需要的任何文件，将此文件导入当前设计库中。

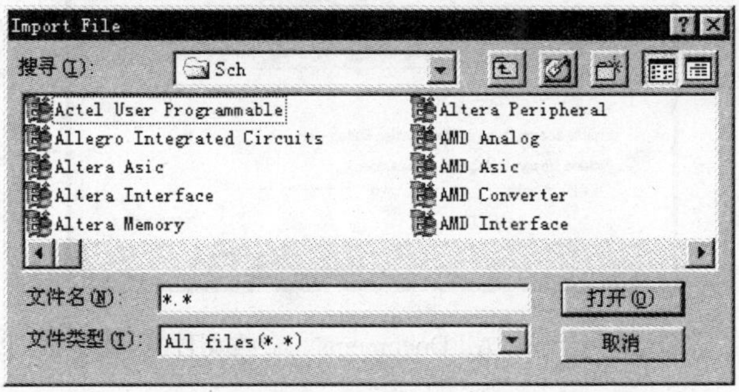

图 1-10　“Import Files（导入文件）”对话框

（10）Import Project

执行该命令后，将可以导入一个已经存在的设计数据库到当前设计平台中，系统将弹出如图 1-11 所示的打开设计数据库对话框。

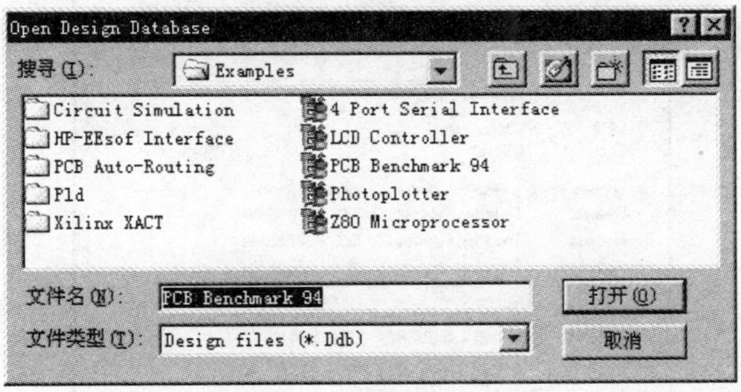

图 1-11　“Open Design Database（打开设计数据库）”对话框

（11）Link Document

该命令表示连接其他类型的文件到当前设计库中。执行该命令后，系统弹出如图 1-12 所示的对话框，用户可以选择其他文档的快捷方式连接到本设计平台。

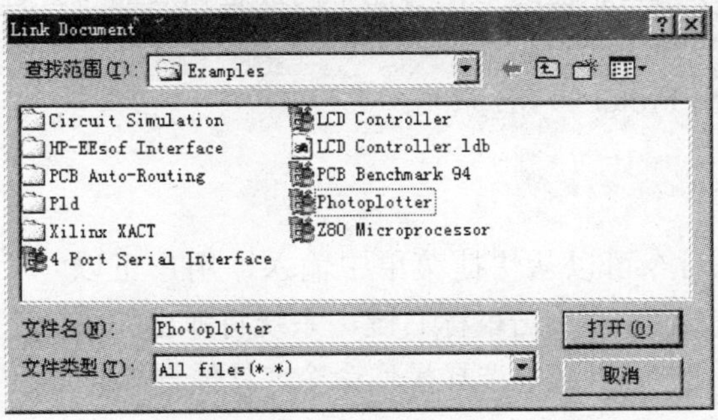

图 1-12　“Link Document（连接其他文件到本设计平台）”对话框

（12）Find Files

选择该命令后，系统将弹出如图 1-13 所示的查找文件对话框，用户可以查找设计数据库中或硬盘驱动器上的其他文件，用户可以设置各种不同的查找方式。

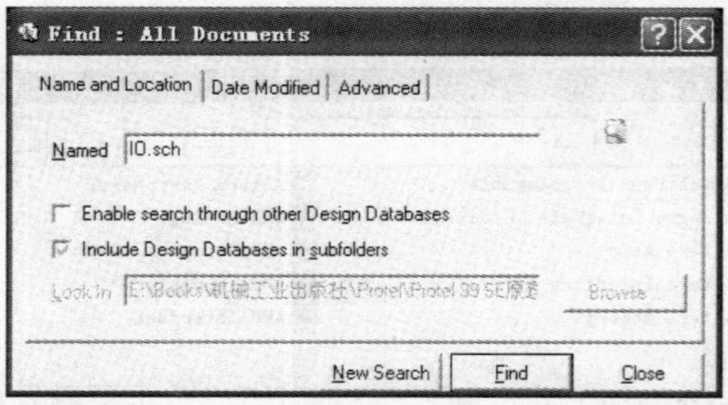

图 1-13　“Find:All Documents（查找文件）”对话框

（13）Properties

该命令表示管理当前设计库的属性。如果先选中一个文件对象，再执行该命令，则系统将弹出如图 1-14 所示的文件属性对话框，用户可以修改或设置文件属性和说明。

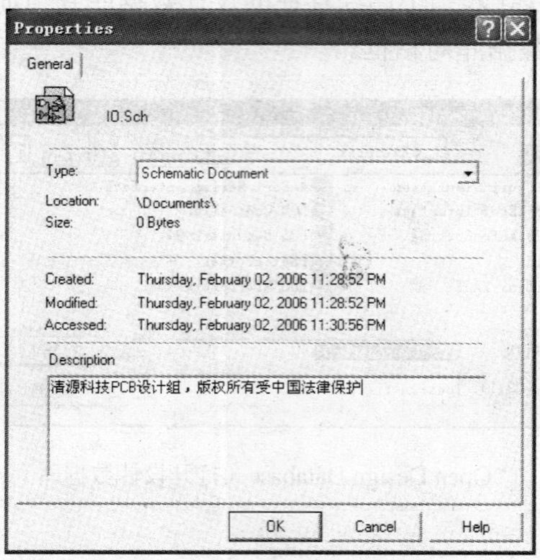

图 1-14　“Properties（文件属性）”对话框

对于不同的文件对象，其属性对话框可能不同，这在后面将会进行讲解。

（14）Exit

执行该命令后，退出 Protel 99 SE 系统。

1.3.2　使用快捷菜单

File 菜单中的部分命令可以从快捷菜单中输入，用户可以在当前设计数据库的空白地方，单击鼠标右键，系统将弹出如图 1-15 所示的快捷菜单，用户可以从中选择操作命令，具体与 1.3.1 节中相应的操作一样。

图 1-15　“File”快捷菜单

另外，用户也可以使用键盘来选择某项命令，如选择 File 菜单中的 New 命令，可以使用如下的操作方式：

首先按〈F〉键，用户可以看到系统弹出一个菜单，然后按〈N〉键，则执行了 New 命令。

使用键盘操作是以前 Protel 低版本的操作方式，目前的最新版本依然保留了该功能，可以方便以前的用户使用该软件。

1.3.3 文件编辑

用户可以对文件对象进行复制、剪切、粘贴、删除等编辑操作，文件编辑命令位于 Edit 菜单中，如图 1-16 所示。

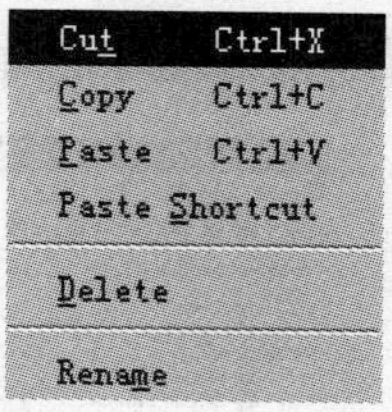

图 1-16 “Edit”菜单

（1）Cut

对选中的文件实现剪切操作，暂时保存于剪贴板中，然后用户可以实现粘贴复制该文件。

（2）Copy

将选中的文件复制到剪贴板中，用户可以实现粘贴复制该文件。

（3）Paste

该命令用来实现将已保存在剪贴板中的文档复制到当前位置。

（4）Paste Shortcut

该命令用来将剪贴板中的文档的快捷方式复制到当前位置。

（5）Delete

该命令用来删除当前选中的文档，如果执行该命令，系统将弹出对话框提示用户是否真的删除该文件。

（6）Rename

该命令用来重命名当前选中的文档，执行该命令后，选中的文档名将可以编辑修改，如图 1-17 所示，此时用户可以重新输入文件名。

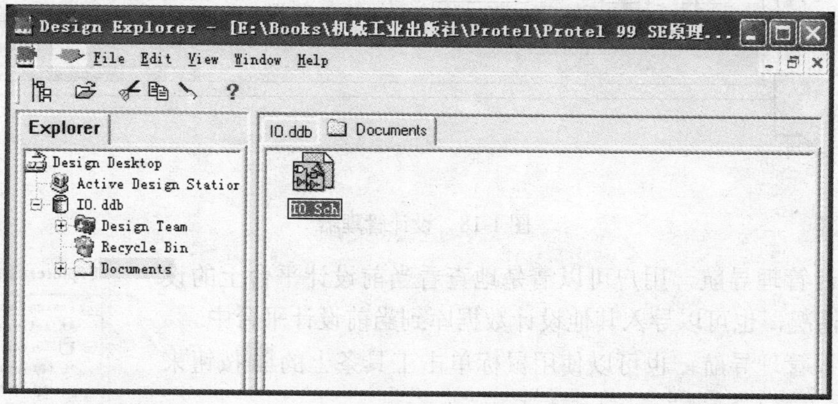

图 1-17 重命名文件

1.3.4 设计管理器

Protel 99 SE 有一个强大的设计管理器，其界面如图 1-18 所示，包括导航、设计窗口、面板、标签、工具栏等。允许用户浏览和修改项目设计数据库。

1.3.5 显示辅助查看工具

用户可以使用 View 菜单中的各命令来打开一些比较重要的查看工具和文件操作工具。可以实现设计管理器、状态栏、命令行、工具条、图标等的打开与关闭。View 菜单主要包括以下 8 个子菜单。

（1）Design Manager

设计管理器导航的打开与关闭。如果设计管理器导航当前处于打开状态，则执行该命令为关闭设计管理导航；反之为打开。设计管理器以树状列表形式显示，用户可以通过设计管理器导航很方便地进行设计管理操作。设计管理器导航如图 1-19 所示。

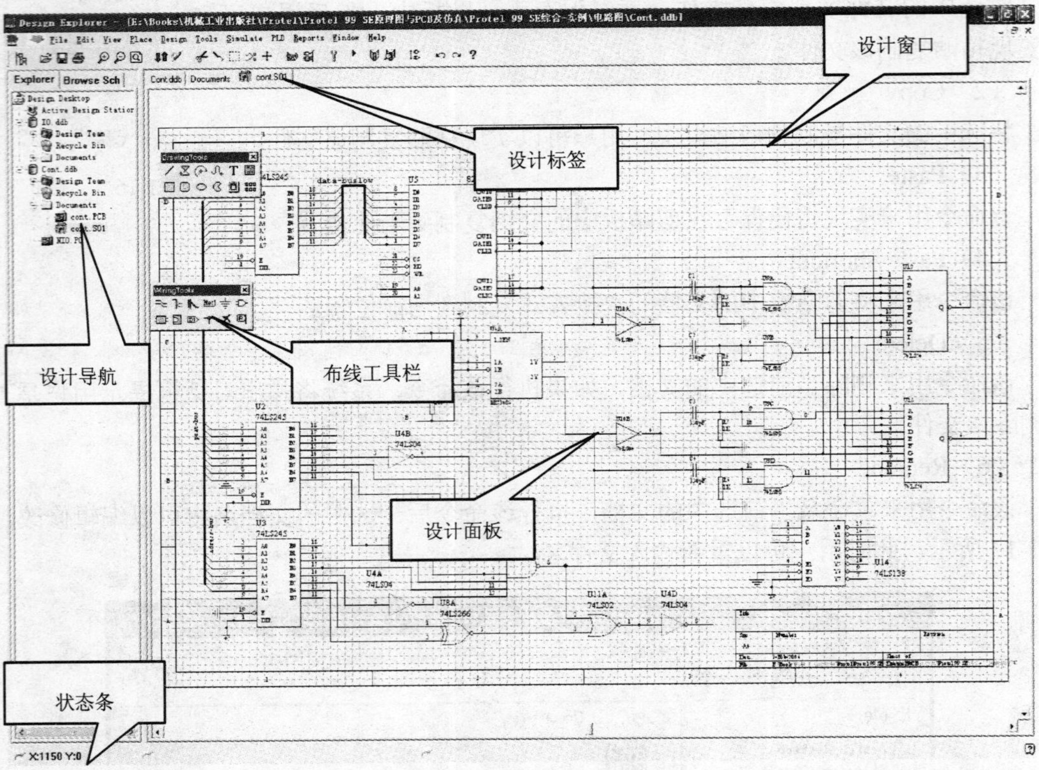

图 1-18　设计管理器

通过设计管理导航，用户可以清楚地查看当前设计平台上的设计数据库的情况，也可以导入其他设计数据库到当前设计平台中。

打开设计管理导航，也可以使用鼠标单击工具条上的按钮来实现。

（2）Status Bar

状态条的显示与关闭。执行该命令后，可以在设计界面的下方显示或关闭状态条。状态条一般显示设计过程的操作点坐标位置等。

（3）Command Status

命令状态的显示与关闭。执行该命令，可以在设计界面的下方

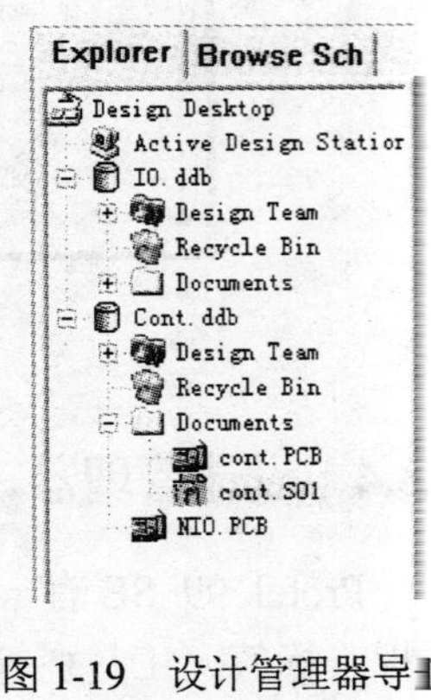

图 1-19　设计管理器导航

显示或关闭命令状态。命令状态显示当前命令的执行情况。

（4）Large Icons

显示大图标。执行该命令后，显示当前文件图标为大图标。

（5）Small Icons

显示小图标。执行该命令后，显示当前文件图标为小图标。

（6）List

显示文件为列表状态。执行该命令后，将以列表状态显示当前设计数据库中的文档。

（7）Details

详细显示文件的状态。执行该命令后，将详细显示设计数据库中的文件状态，包括文件名、文件大小、文件类型、修改日期等属性。

（8）Refresh

刷新当前设计数据库中的文件状态。用户也可以直接按〈F5〉键激活该命令。

1.4 设计组管理

Protel 99 SE 提供了一系列工具来管理多个用户同时操作项目数据库。这为多个设计者同时工作在一个项目设计组提供了安全保障。每个数据库默认都带有设计工作组（Design Team），包括 Members、Permissions、Sessions 三个部分，如图 1-20 所示。

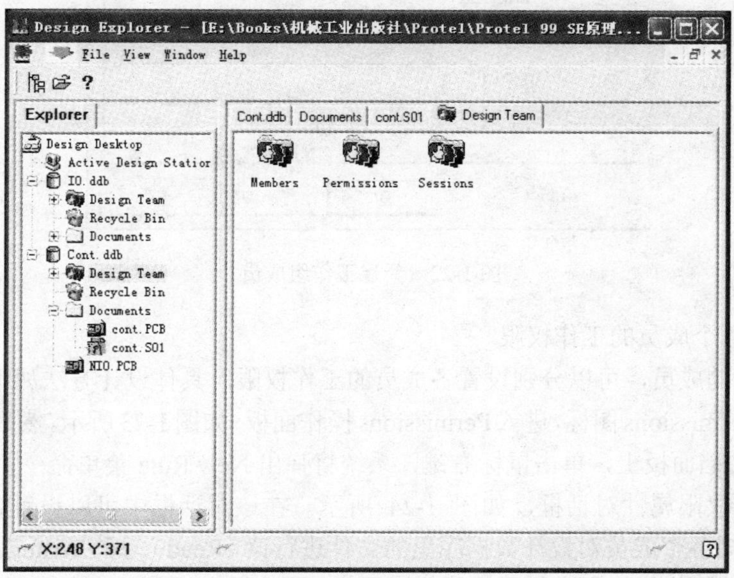

图 1-20 设计工作组

Members 自带两个成员：系统管理员（Admin）和客户（Guest）。当新建一个项目数据库时，建库的用户一般就是此项目的主管。用户可以以系统管理员的身份进入数据库。系统管理员可以进行以下三种操作。

（1）分配一个系统管理员密码来启动设计数据库

设置文件密码有两种方法，一种是进入 Members 管理区，单击 Admin 图标，系统将会弹出如图 1-21 所示的用户属性对话框进行设置；另一种是可以参考 1.1 节中的内容来设置文件密码。

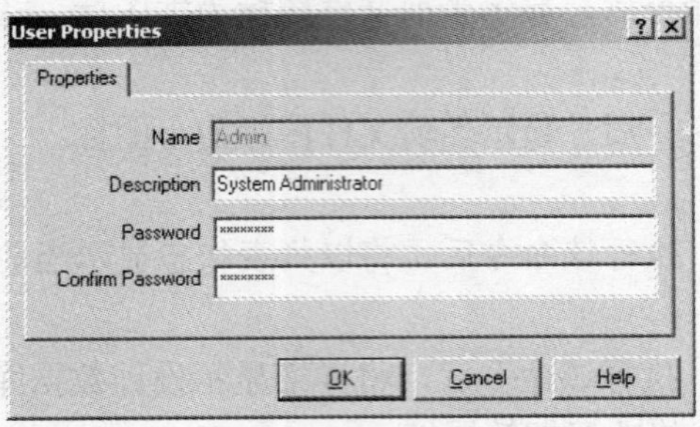

图 1-21 “User Properties（用户属性）”对话框

（2）创建设计组其他成员

在 Design Team 的 Members 文档面板上，单击鼠标右键，会弹出 New Member 菜单命令，执行该命令后会弹出一个对话框，如图 1-22 所示。此时可以分配组员名字、密码及属性，这样就可创建一个新成员。

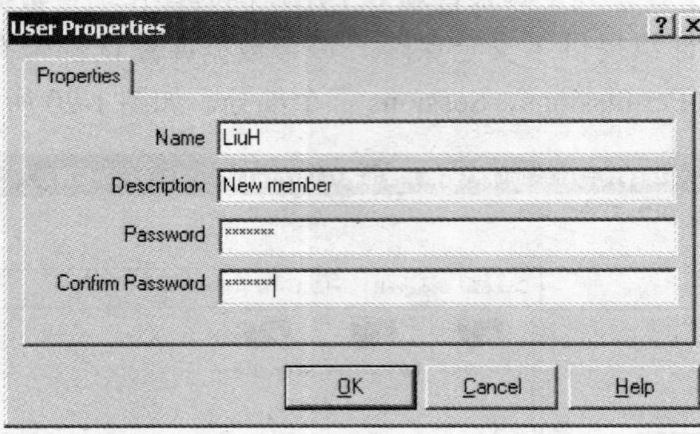

图 1-22 新建工作组成员

（3）设置每个成员的工作权限

对于设计组的成员，可以分别设置各成员的工作权限。具体设计方法如下：

首先双击 Permissions 图标，进入 Permissions 操作面板，如图 1-23 所示。然后在 Design Team 的 Permissions 文档面板上，单击鼠标右键，系统将弹出 New Rule 菜单命令，执行该命令后，系统会弹出一个权限属性对话框，如图 1-24 所示。在该对话框中可以设置各成员的工作权限。工作权限包括各个成员对设计数据库里的文件进行读（Read）、写（Write）、删除（Delete）、创建（Create）等操作的权利，如果设置为只读权限（Read），则该设计对象将只能读出，而不能进行其他操作。

在该对话框的 User Scope 编辑框中，用户可以选择需要设置的对象，包括 Admin、Guest 和 All members，还可以在 Custom Scope 编辑框中设定各对象的权限范围。

使用鼠标双击需要设置工作权限的对象，也可以打开权限属性设置对话框。用户在选中需要设置权限的对象后，单击鼠标右键，从系统弹出的快捷菜单中选取 New Rule 命令，也可以进行用户权限设置操作。

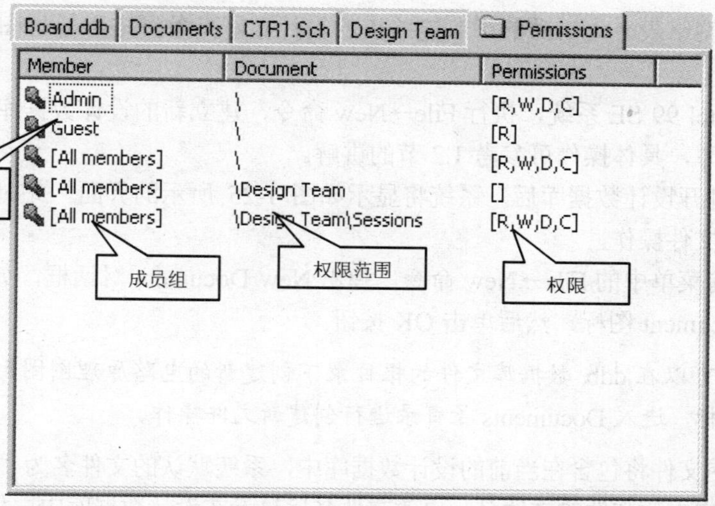

图 1-23　成员权限列表

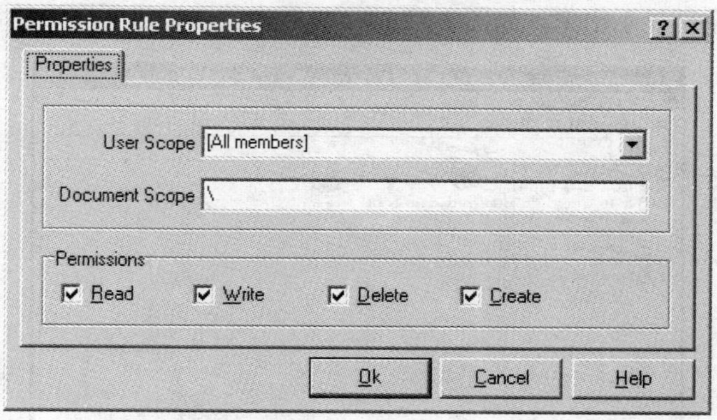

图 1-24　设置工作权限

一旦把数据库设计成项目工作组模式时，每次启动设计数据库，每个工作组成员只能根据各自的密码在各自被分配的权限范围内进行设计工作。每个成员在进入设计数据库后，能通过 Session 文档查看各文档的权限信息及其他成员打开和锁定文档的信息。

需要强调指出的是，设计工作组的成员及权限只与某个设计数据库有关。它们在不同的数据库之间是独立的。

1.5　进入设计环境

Protel 99 SE 系统一共提供了 7 种设计环境，分别是原理图设计与编辑（SCH）、印制电路板设计与编辑（PCB）、原理图元器件库编辑器（SchLib）、印制电路元器件库编辑器（PCBLib）、表格处理编辑器（Spread）、文字处理编辑器（Text）、Wave Form 文件编辑器。

1.5.1　启动电路原理图设计环境

原理图编辑器实际上就是原理图的设计系统，用户在该系统中可以进行电路原理图的设计，生成相应的网络表，为后面的印制电路板的设计做好准备。进入原理图设计环境的操作过程如下：

1）进入 Protel 99 SE 系统，执行 File→New 命令，建立新的设计数据库，或打开一个已存在的设计数据库，具体操作可参考 1.2 节的讲解。

2）建立或打开设计数据库后，系统将显示如图 1-25 所示的界面。此时用户就可以进行创建新的原理图文件操作。

3）执行当前菜单中的 File→New 命令，弹出 New Document 对话框，如图 1-8 所示，选取 Schematic Document 图标，然后单击 OK 按钮。

注意：用户可以在.ddb 数据库文件的根目录下创建新的电路原理图图形文件，也可以双击 Documents 图标，进入 Documents 子目录进行创建新文件操作。

4）新建立的文件将包含在当前的设计数据库中，系统默认的文件名为“Sheet1”，用户可以在设计管理器中更改文件的文件名，更改文件名后显示在设计数据库中，如图 1-26 所示的 Control.sch 文件。单击此文件，系统将进入原理图编辑器，此时，与实现电路原理图设计绘制有关的工具菜单将全部显示出来，如图 1-27 所示。现在就可以进行图形的设计与绘制。

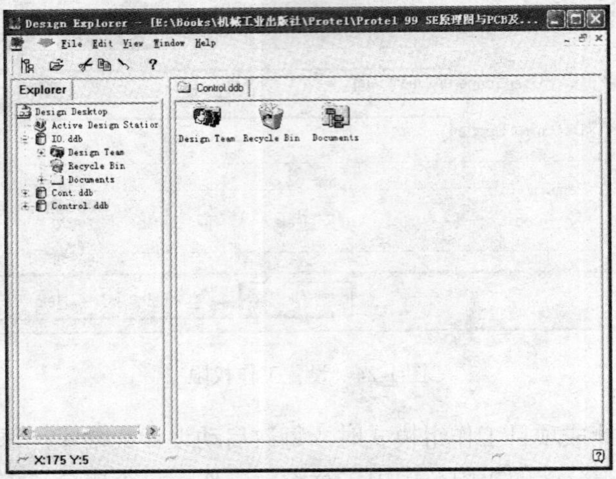

图 1-25　创建新的设计数据库

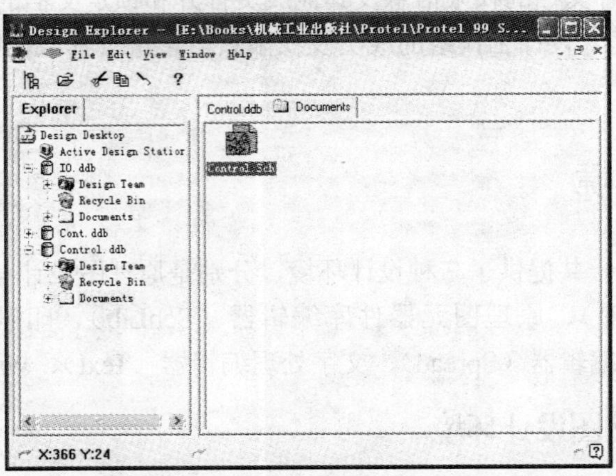

图 1-26　生成的 Contr1.sch 文件后的视图

1.5.2 启动印制电路板设计界面

印制电路板编辑器实际上是一个 PCB 设计系统，它在设计原理图和网络表的基础上，完成印制电路板的设计。启动印制电路板编辑器的过程与启动原理图设计环境类似，其操作步骤如下：

1）运行 Protel 99 SE 应用程序，进入 Protel 99 SE 系统，执行 File→New 命令建立新的设计数据库，或打开一个已存在的设计数据库，具体操作可参考 1.2 节的讲解。

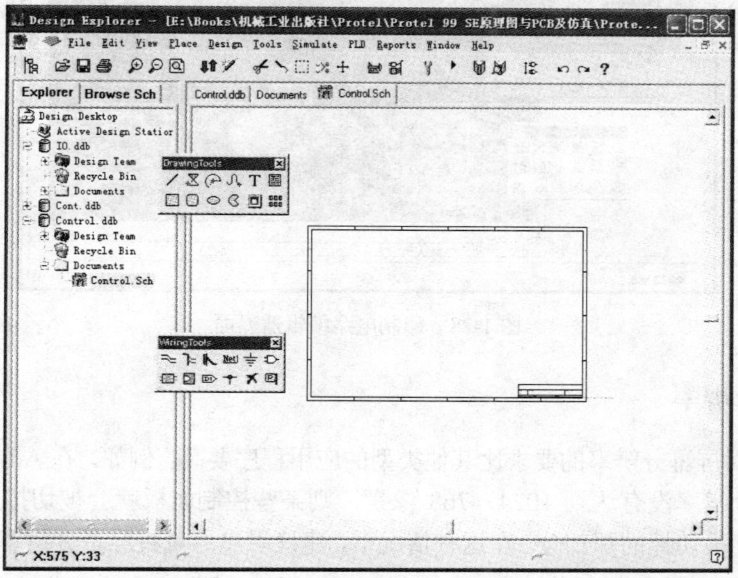

图 1-27 原理图设计编辑界面

2）建立或打开设计数据库后，系统将显示如图 1-25 所示的界面。此时用户就可以进行创建新的原理图文件操作。

3）执行当前菜单中的 File→New 命令，弹出 New Document 对话框，如图 1-8 所示，选取 PCB Document 图标，然后单击 OK 按钮。

注意：*用户可以在.ddb 数据库文件的根目录下创建新的 PCB 图形文件，也可以双击 Documents 图标，进入 Documents 子目录中进行创建新文件操作。*

4）新建立的文件将包含在当前的设计数据库中，系统默认的文件名为“PCB1”，用户可以在设计管理器中更改文件的文件名，更改文件名后显示在设计数据库中。

单击此文件，系统将进入印制电路图编辑器，此时，与实现电路原理图设计绘制有关的工具菜单将全部显示出来，如图 1-28 所示。现在就可以进行图形的设计与绘制。

1.6 设置 Protel 99 SE 界面环境

前面各章主要讲解了如何绘制电路原理图和制作 PCB，但是对于刚接触 Protel 99 SE 的用户来说，了解 Protel 99 SE 界面环境设置是学习该软件的重要一步。本章主要讲述两个方面的环境设置，即屏幕分辨率设置和界面参数设置。

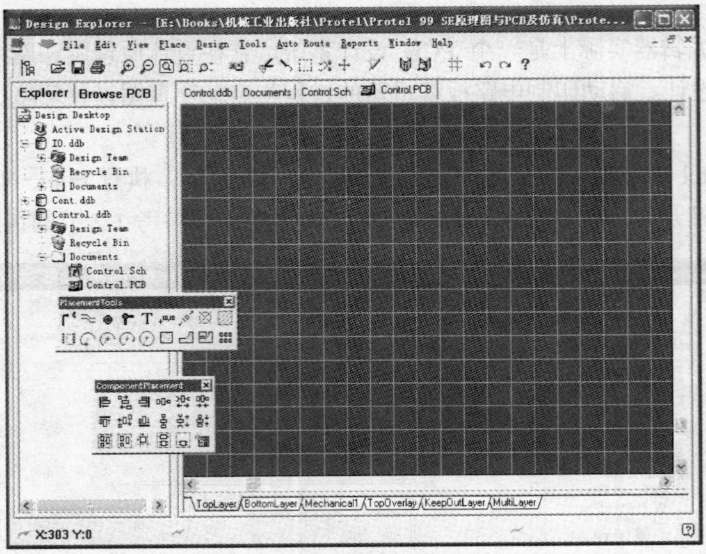

图 1-28　印制电路编辑器界面

1.6.1　屏幕分辨率

EDA 程序对屏幕分辨率的要求比其他类型的应用程序要高。例如，在 Advanced Schematic 中，如果屏幕分辨率没有达到 1024×768 像素，则某些控制面板就会被切掉一部分，此时用户将无法使用到被切掉的那部分。在这种情况下，建议用户尽量将屏幕分辨率调到 1024×768 像素以上。

当屏幕尺寸太小时，在高分辨率方式下屏幕的字体就会变得很小，在此建议配置大尺寸的显示器是非常必要的。

当然，高分辨率的显示器必须要有相应的显示卡与之配合。配有 1MB 显存的显示卡可以支持 256 色，对于 Advanced Schematic 来说这已经够用了。但如果显示卡配有 2MB 以上的显存，则可支持更高的分辨率及更多的色彩，比如在 1024×768 像素分辨率下可以显示 65536 种颜色。

1.6.2　系统参数设置

设置系统参数可以使用户清楚地了解操作界面和对话框的内容，因为有时候，如果界面字体设置不合适，界面上的字符可能没法完全显示出来，如图 1-29 所示。

1．界面字体设置

用户可以执行系统的 Preferences 命令设置界面字体，该命令从 Protel 99 SE 主界面左上角的下拉菜单中选择，即使用鼠标单击下拉按钮，系统将弹出如图 1-30 所示的菜单，此时从该菜单中选择执行 Preferences 命令，系统将弹出如图 1-31 所示的参数设置对话框。

在该对话框中，取消 Use Client System Font For All Dialogs 复选框的选择，然后单击 OK 按钮，退出此对话框，系统界面的字体即可变小，并且在屏幕上全部显示出来。如图 1-32 所示为设置了界面字体后的对话框。

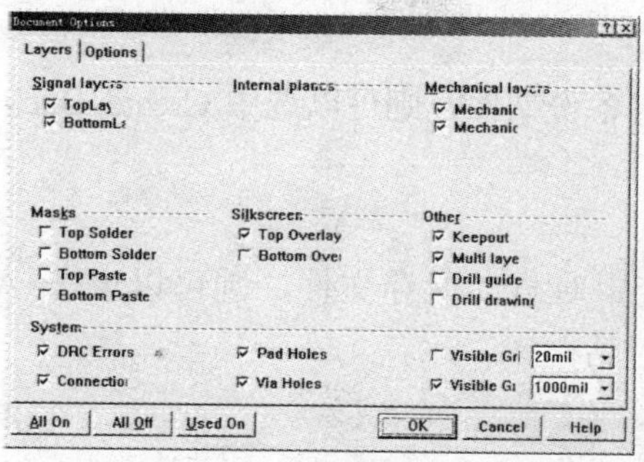

图 1-29　字符没有完全显示的对话框界面

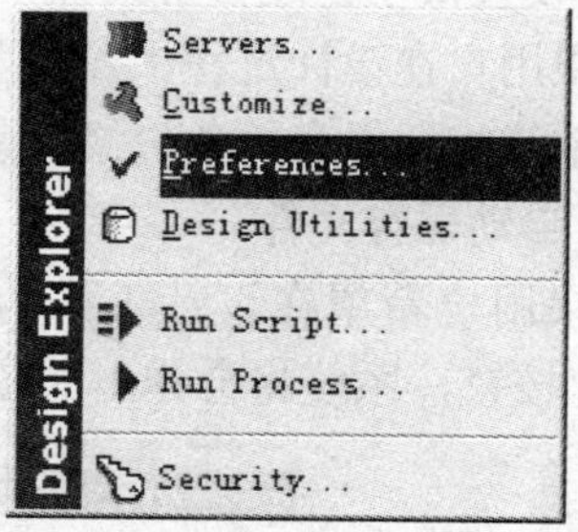

图 1-30　Design Explorer 菜单

如果用户选择图 1-31 中的 Change System Font 按钮，还可以设置系统的字体。

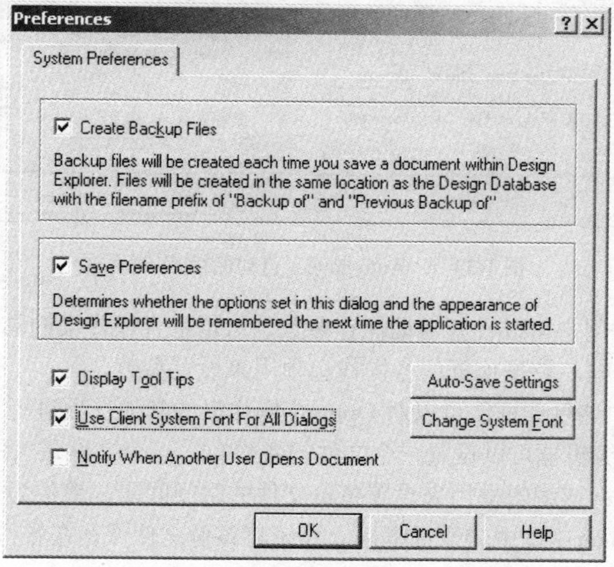

图 1-31　系统参数设置对话框

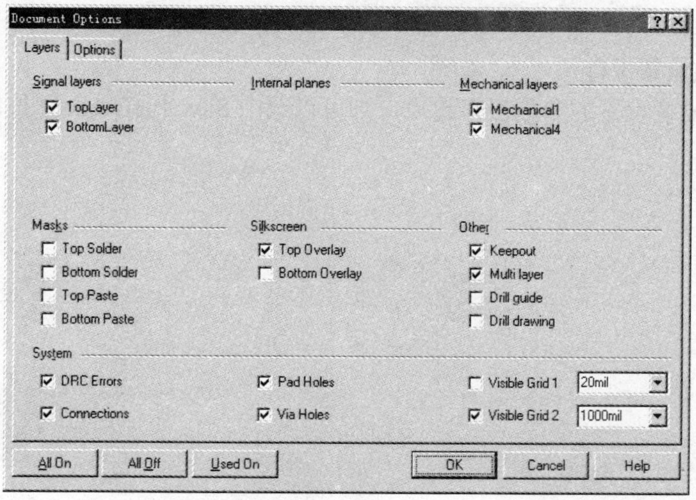

图 1-32　设置了系统界面字体后的对话框

2．设置自动创建备份文件

如果用户在设计过程中，需要系统自动创建备份文件，则可以选中 Create Back Files 复选框，系统将会保存并备份修改前的图形文件。

3．自动保存文件

如果用户希望在设计工作的过程中，系统定时自动保存文件，则可以单击 Auto-Save Settings 按钮，系统将会弹出如图 1-33 所示的对话框。

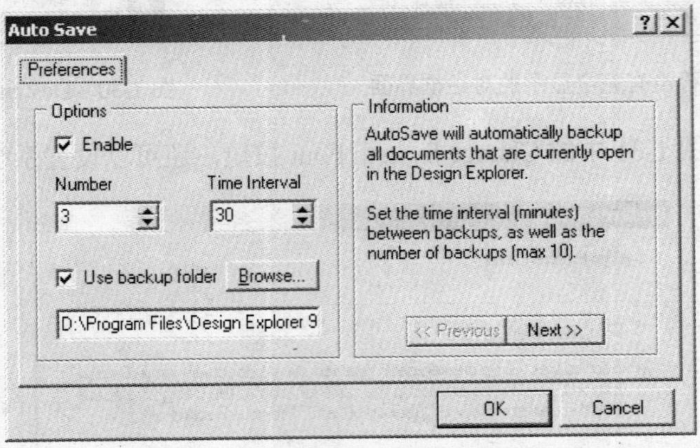

图 1-33 “Auto Save（自动保存）”对话框

通过该对话框，用户可以设置自动保存参数，对话框各操作项的具体意义如下。

1）Options 操作框。该操作框的各操作选项用来设置参数。

- Enable：选中该复选框，可以对 Options 操作框的其他选项进行设置。
- Number：该编辑框可以设置一个文件的备份数，一个文件最大的备份数量为 10。
- Time Interval：该编辑框用来设置备份文件的时间间隔，单位为 min。
- Use Back Folder：选中该复选框后，系统将备份文件保存在备份文件夹中，用户可以输入备份文件夹。

2）Information 信息框。该信息框主要用来显示设置信息，用户可以按 Next 按钮查看下一屏信息。

4．系统参数设置保存

如果用户需要将设置的参数保存起来，则可以选中 Save Preferences 按钮。

第 2 章　Protel 99 SE 电路原理图设计基础

第 1 章主要讲述了 Protel 99 SE 的文件操作、主要特点，以及相关的基础知识。本章正式进入电路设计系统的讲解。电路设计的第一步是进行原理图设计，所以本章先讲述 Protel 99 SE 电路原理图设计基础知识。

2.1　电路原理图的设计步骤

2.1.1　印制电路板设计的一般步骤

一般来说，设计印制电路板最基本的过程可以分为 5 个主要操作步骤。

1．电路原理图的设计

电路原理图的设计主要是利用 Protel 99 SE 的原理图设计系统（Advanced Schematic）来绘制一张电路原理图。

2．生成网络表

网络表是电路原理图设计（Sch）与印制电路板设计（PCB）之间的一座桥梁。网络表可以从电路原理图中获得，也可从印制电路板中提取。

3．印制电路板的设计

印制电路板的设计主要是针对 Prote1 99 SE 的另外一个重要的部分 PCB 而言的，在这个过程中，借助 Prote1 99 SE 提供的强大功能实现印制电路板的版面设计，完成高难度的布线工作。

4．生成印制电路板报表

设计了印制电路板后，还需要生成印制电路板的有关报表，并打印印制电路图。

5．电路仿真和信号分析

在设计 PCB 时，为了获得一个符合设计目标的印制电路板，在设计过程中通常还需要对电路原理图进行仿真，并对 PCB 进行信号分析，特别是对于高速信号电路，信号分析是非常有用的。

2.1.2　电路原理图设计的一般步骤

电路原理图的设计是整个电路设计的基础，它决定了后面工作的进展。一般地，设计一个电路原理图的工作包括：设置电路图图纸大小，规划电路图的总体布局，在图纸上放置元器件，进行布局和布线，然后对各元器件以及布线进行调整，最后保存并打印输出。电路原理图的设计过程一般可以按如图 2-1 所示的设计流程进行。

1）启动 Protel 99 SE 电路原理图编辑器。用户必须首先启动电路原理图编辑器，才能进行设计绘图工作，该操作可参考 1.5 节的内容。

2）设置电路图图纸大小以及版面。设计绘制原理图前必须根据实际电路的复杂程度设置图纸的大小，设置图纸的过程实际上是一个建立工作平面的过程，用户可以设置图纸的大小、方向、网格大小以及标题栏等。

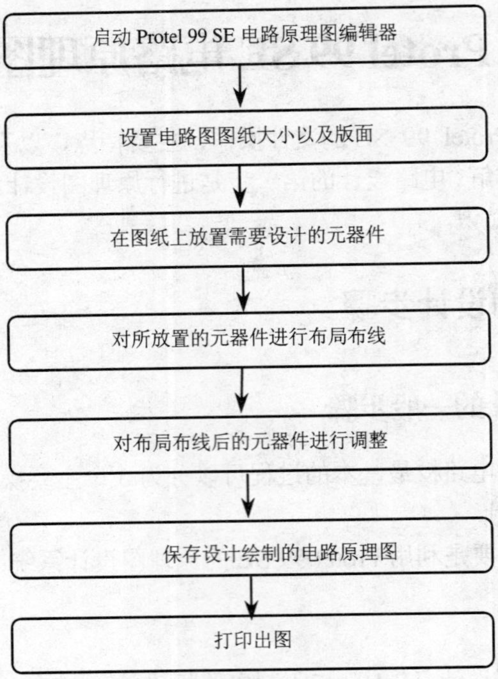

图 2-1　电路原理图设计的一般流程

3）在图纸上放置需要设计的元器件。这个阶段，就是用户根据实际电路的需要，从元器件库里取出所需的元器件放置到工作平面上。用户可以根据元器件之间的走线关系，对元器件在工作平面上的位置进行调整、修改，并对元器件的编号、封装进行定义和设定等，为下一步工作打好基础。

4）对所放置的元器件进行布局布线。该过程实际就是一个画图的过程。用户利用 Protel 99 SE 提供的各种工具、指令进行布线，将工作平面上的元器件用具有电气意义的导线、符号连接起来，构成一个完整的电路原理图。

5）对布局布线后的元器件进行调整。在这一阶段，用户利用 Protel 99 SE 所提供的各种强大功能对所绘制的原理图进行进一步的调整和修改，以保证原理图的美观和正确。这就需要对元器件的位置进行重新调整，如删除或移动导线的位置，更改图形的尺寸、属性及排列。

6）保存文档并打印输出。这个阶段是对设计完的原理图进行存盘、打印操作。这个过程实际上是对设计的图形文件输出的管理过程，是一个设置打印参数和打印输出的过程。

2.2 电路原理图设计工具

2.2.1 电路原理图设计工具栏

Protel 99 SE 的工具栏有 Main Tools（主工具栏）、Wiring Tools（原理图布线工具栏）、Drawing Tools（绘图工具栏）、Power Tools（电源及接地工具栏）、Digital Tools（常用元器件

工具栏）、Simulation Sources（信号仿真源工具栏）、PLD Tools（PLD 工具栏）等，如图 2-2 所示。充分利用这些工具会极大地方便电路图的绘制，下面就介绍几个主要工具栏的打开与关闭。

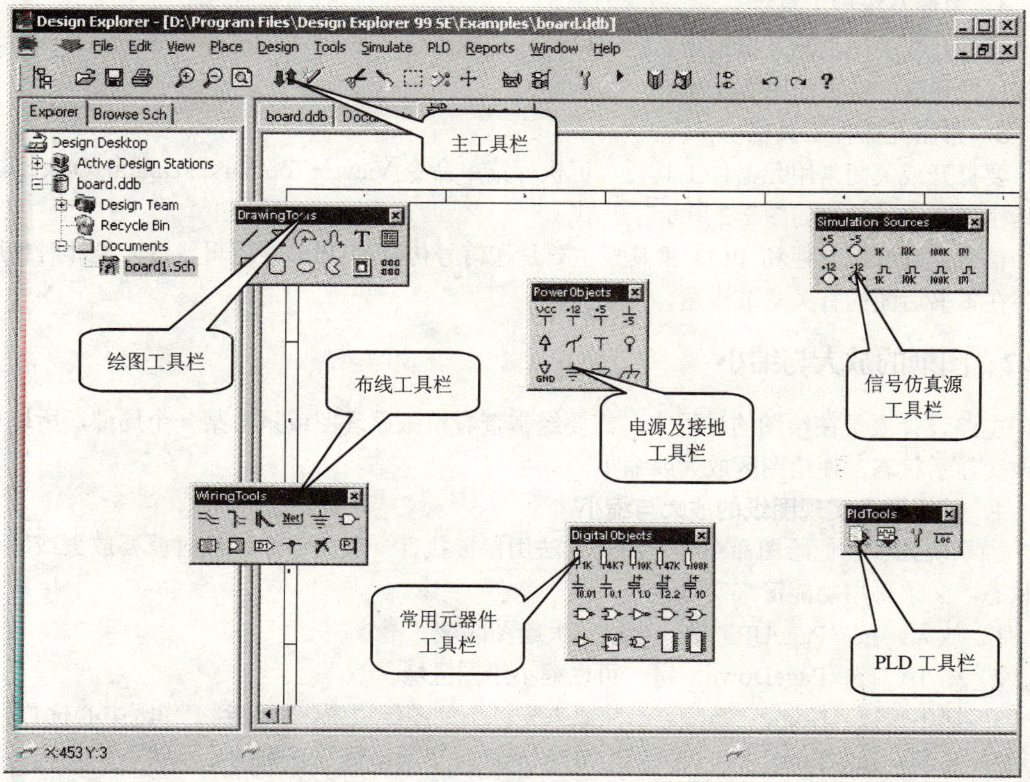

图 2-2　电路原理图绘制工具栏说明

1. 主工具栏

要打开或关闭主工具栏，可执行菜单命令 View→Toolbars→Main Tools，如图 2-3 所示。该工具栏打开后，结果如图 2-2 所示。

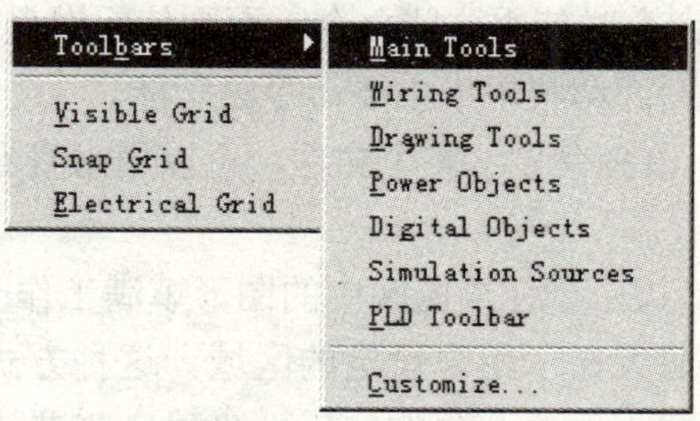

图 2-3　装载工具栏菜单

2. 布线工具栏

要打开或关闭布线工具栏，可执行菜单命令 View→Toolbars→Wiring Tools。该工具栏打开后，结果如图 2-2 所示。

3. 绘图工具栏

要打开或关闭绘图工具栏，可执行菜单命令 View→Toolbars→Drawing Tools。该工具栏打开后，结果如图 2-2 所示。

4. 电源及接地工具栏

要打开或关闭电源及接地工具栏，可执行菜单命令 View→Toolbars→Power Objects。该工具栏打开后，结果如图 2-2 所示。

5. 常用元器件工具栏

要打开或关闭常用元器件工具栏，可执行菜单命令 View→Toolbars→Digital Objects。该工具栏打开后，结果如图 2-2 所示。

信号仿真源工具栏和 PLD 工具栏主要是在信号仿真和 PLD（逻辑器件）设计时使用这将在本书后面的有关章节讲述。

2.2.2 图纸的放大与缩小

电路设计人员在绘图的过程中，需要经常查看整张原理图或只看某一个局部，所以要经常改变显示状态，使绘图区放大或缩小。

1. 使用键盘实现图纸的放大与缩小

当系统处于其他绘图命令时，用户无法用鼠标执行一般的命令，此时就要放大或缩小显示状态，必须采用功能键来实现。

1）放大。按〈PageUP〉键，可以放大绘图区域。

2）缩小。按〈PageDown〉键，可以缩小绘图区域。

3）居中。按〈Home〉键，可以从原来光标下的图纸位置，移位到工作区中心位置显示。

4）更新。按〈End〉键，对绘图区的图形进行更新，恢复正确的显示状态。

5）移动当前位置。按〈↑〉键可上移当前查看图纸的位置，按〈↓〉键可下移当前查看图纸的位置，按〈←〉键可左移当前查看图纸的位置，按〈→〉键可右移当前查看图纸的位置。

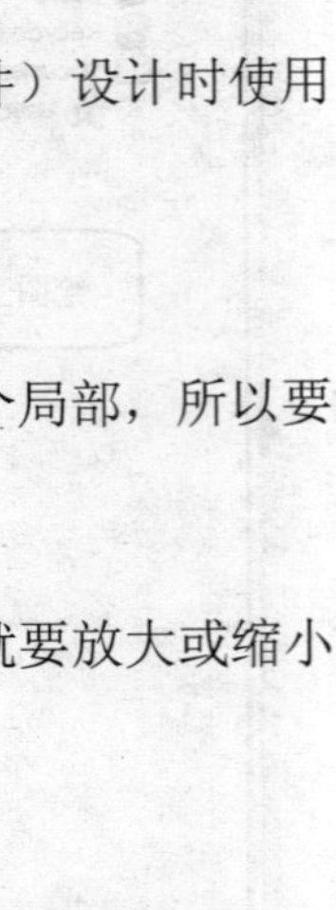

图 2-4 “View”菜单

2. 使用菜单放大或缩小图纸显示

Protel 99 SE 提供了 View 下拉菜单来控制图形区域的放大与缩小，这可以在不执行其他的命令时使用这些命令，否则使用键盘操作。View 菜单如图 2-4 所示。下面介绍菜单中主要命令的功能。

1）Fit Document 命令。该命令显示整个文件，可以用来查看整张电路图。

2）Fit All Objects 命令。该命令使绘图区中的图形填满工作区。

3）Area 命令。该命令放大显示用户设定的区域。这种方式是通过确定用户选定区域中对角线上的两个角的位置，来确定需要进行放大的区域。首先执行此菜单命令，其次移动十字光标到目标的左上角位置，然后拖动鼠标，将光标移动到目标的右下角适当的位置，再单击鼠标左键加以确认，即可放大所选的区域。

4）Around Point 命令。该命令放大显示用户设定的区域。这种方式是通过确定用户选定区域的中心位置和选定区域的一个角的位置，来确定需要进行放大的区域。首先执行此菜单命令，其次移动十字光标到目标区的中心，单击鼠标左键，然后移动光标到目标区的右下角，再单击鼠标左键加以确认，即可放大该选定区域。

5）用不同的比例显示。View 菜单命令提供了 50%、100%、200%和 400%共 4 种显示方式。

6）Zoom In/Zoom Out。用于放大/缩小显示区域。

7）Pan。用于移动显示位置。在设计线路时，经常要查看各处的电路，所以有时需要移动显示位置，这时可执行此命令。在执行本命令之前，要将光标移动到目标点，然后执行“Pan”命令，目标点位置就会移动到工作区的中心位置显示。也就是以该目标点为屏幕中心，显示整个屏幕。

8）Refresh。用于更新画面。在滚动画面、移动元器件等操作时，有时会造成画面显示含有残留的斑点或图形变形问题，这虽然不影响电路的正确性，但不美观。这时，可以通过执行此菜单命令来更新画面。

2.3 设置图纸

2.3.1 设置图纸大小

用大小合适的图纸来绘制电路图，可以使显示和打印都相当清晰，而且也能节省磁盘存储空间。

1．选择标准图纸

关于图纸大小的设置，可使用菜单命令 Design→Options，执行该命令后，系统将弹出 Document Options 对话框，并在其中选择 Sheet Options 选项卡进行设置，如图 2-5 所示。

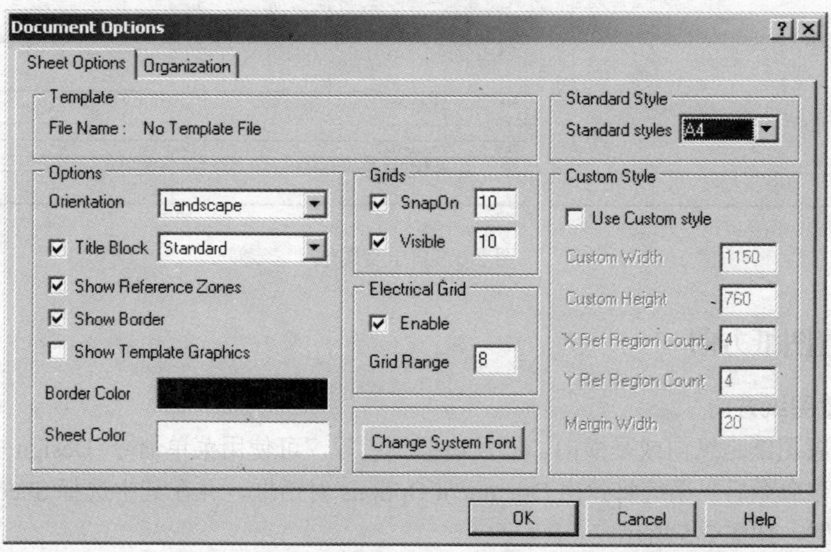

图 2-5 “文档选项——图纸”选项卡

Protel 99 SE Schematic 提供了十多种广泛使用的英制及公制图纸尺寸供用户选择。用户也可以根据需要自定义图纸的尺寸。Protel 99 SE 也提供了标准尺寸的图纸，用户可以在图 2-5

所示对话框的 Standard Styles 栏的下拉列表框中选取。

2. 自定义图纸

如果需要自定义图纸尺寸，必须设置如图 2-5 所示 Custom Style 栏中的各个选项。首先，必须在 Custom Style 栏中选中 Use Custom style 复选框，以激活自定义图纸功能。

Custom Style 栏中其他各项设置的含义如下：

1）CustomWidth 编辑框。自定义图纸的宽度，在此定义图纸宽度为 600。

2）Custom Height 编辑框。自定义图纸的高度，在此定义图纸高度为 400。

3）X Ref Region Count 编辑框。X 轴参考坐标分格，在此定义分格数为 4。

4）Y Ref Region Count 编辑框。Y 轴参考坐标分格，在此定义分格数为 4。

5）Margin Width 编辑框。定义边框的宽度，在此定义编辑框宽度为 20。

根据上述参数自定义的图纸大小如图 2-6 所示。

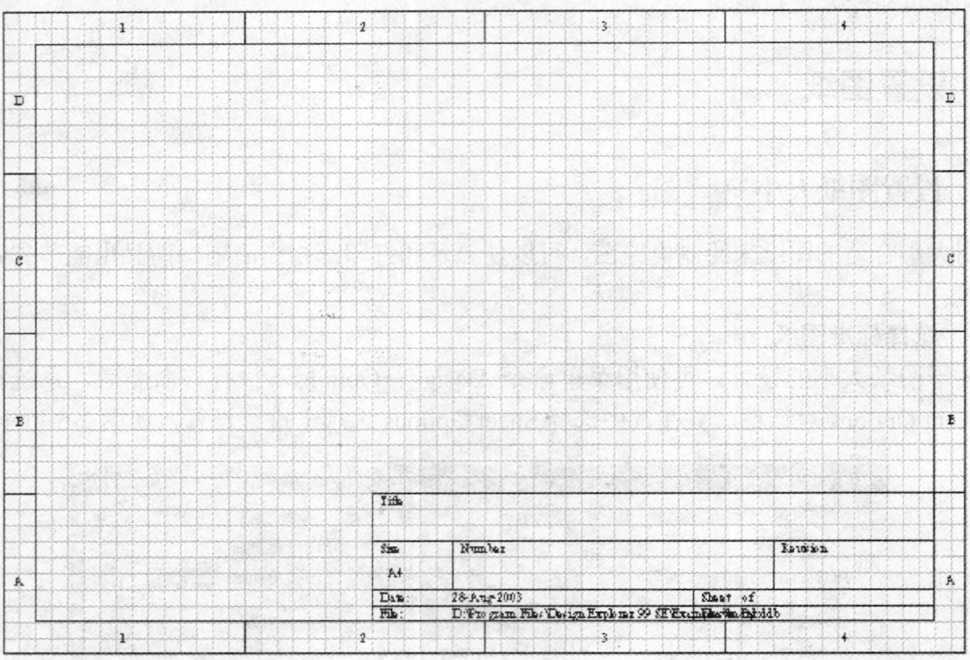

图 2-6 自定义图纸

2.3.2 设置图纸方向

1. 设置图纸方向

若要设置图纸是纵向或是横向，以及边框颜色等，可使用菜单命令 Design→Options 来实现。执行该命令后，系统将弹出 Document Options 对话框，并在其中选择 Sheet Options 选项卡进行设置，如图 2-5 所示。

Schematic 允许电路图图纸在显示及打印时选择为横向（Landscape）或纵向（Portrait）格式。具体设置可在 Options 操作框的 Orientation（方位）下拉列表框中选取。通常情况下，在绘制及显示时设为横向，在打印时设为纵向打印。

2．设置图纸标题栏

Protel 提供了两种预先定义好的标题栏，分别是 Standard（标准）形式和 ANSI 形式，如图 2-7 所示。具体设置可在 Options 操作框的 Title Block（标题块）右边的下拉列表框中选取，如图 2-5 所示。

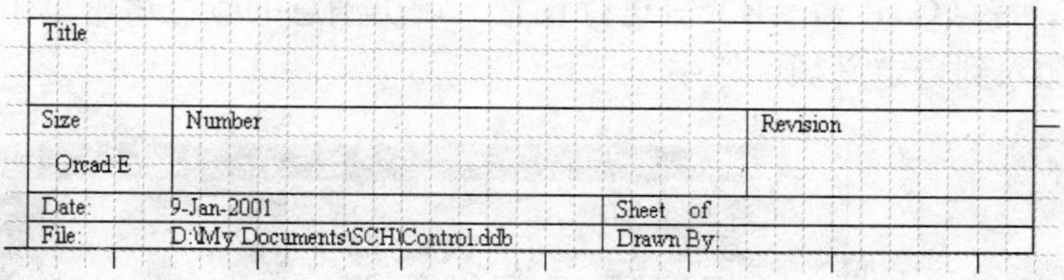

a)

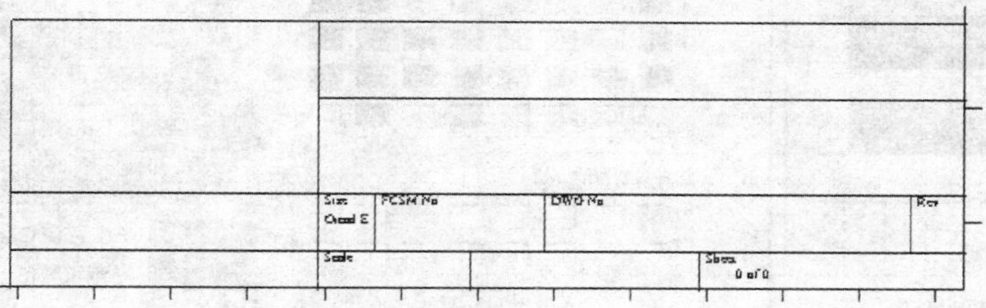

b)

图 2-7　标题栏的类型

a) 标准形式标题栏　b) ANSI 形式的标题栏

图 2-5 中的 Show Reference Zones 复选框用来设置边框的参考坐标。如果选择该选项，则显示参考坐标，否则不显示。一般情况下都应该选中。

Show Border 复选框用来设置是否显示图纸边框，如果选中则显示，否则不显示。当显示图纸边框时，可用的绘图工作区将比较小，所以要使图纸有最大的可用工作区，可考虑将边框隐藏。不过由于某些打印机和绘图仪不能打印到图纸边框的区域，因此，在实际工作中需要多测试几次，以决定出真正的可用工作区。另外，Schematic 还允许在打印时以一定的比例缩小输出，以作为补偿。

Show Template Graphics 复选框主要设置是否显示画在样板内的图形、文字及专用字串等。通常，为了显示自定义的标题区块或是公司商标才选择该项。

2.3.3　设置图纸颜色

图纸颜色的设置包括图纸边框色（Border Color）和图纸底色（Sheet Color）的设置。

1．图纸边框色的设置

在图 2-5 中，Border Color 选择项用来设置边框的颜色，默认设置为黑色。在其右边的颜色框中单击鼠标左键，系统将会弹出“Choose Color（选择颜色）”对话框，如图 2-8 所示，此时可通过它来选取新的边框颜色。

2．图纸底色的设置

Sheet Color 选择项用来设置绘图纸的底色，默认的设置为浅黄色。要变更底色时，请在该栏右边的颜色框上双击鼠标，打开 Choose Color 对话框，然后选取新的图纸底色。

Choose Color 对话框的 Basic color 框中列出了当前 Schematic 可用的 239 种颜色，并定

位于当前所使用的颜色。如果用户希望变更当前使用的颜色，可直接在 Basic colors 栏或 Custom colors 栏中单击鼠标选取。

如果用户希望自定义颜色，请单击 Define Custom Colors 按钮，即可打开如图 2-9 所示的“颜色”对话框。这是一个 Windows 系统的对话框，可以对色调（E）、饱和度（S）、亮度（L）、红（R）、绿（G）、蓝（B）等进行设置，调出满意的颜色后，单击“添加到自定义颜色”按钮将它加入到自定义颜色栏中。

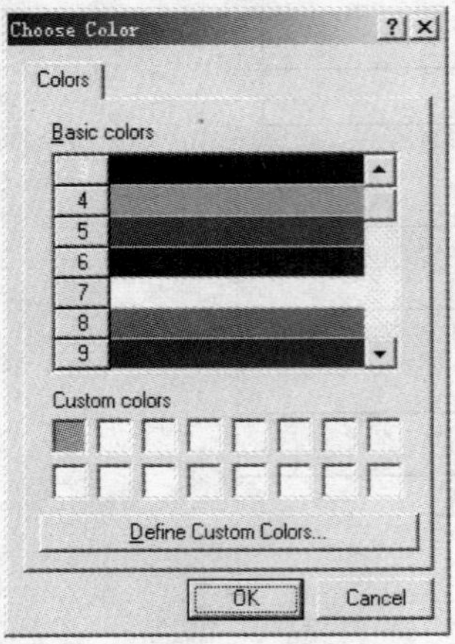

图 2-8 “Choose Color（选择颜色）”对话框

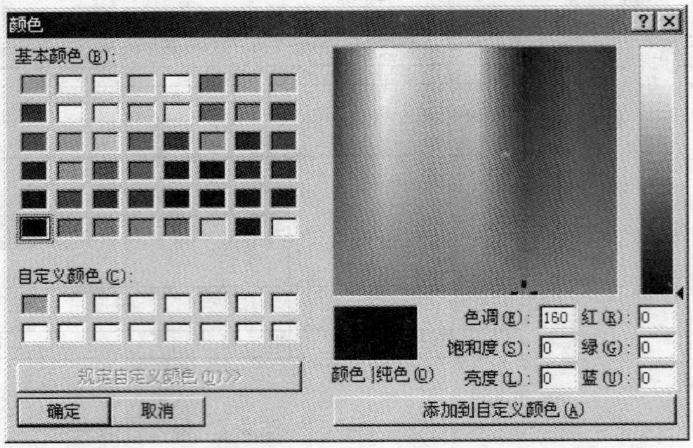

图 2-9 “颜色”对话框

2.4 设置系统字体

在 Protel 图纸上常常需要插入汉字或英文，系统可以为这些插入的文字设置字体，如果在插入文字时，不单独修改字体，则默认使用系统的字体。系统字体的设置可以使用字体设置模块来实现。

当设置系统字体时，可以执行 Design→Options 菜单命令，系统将弹出如图 2-5 所示的对话框，然后进入 Sheet Options 选项卡，此时使用鼠标单击 Change System Font 按钮，系统将弹出如图 2-10 所示的“字体”对话框，此时就可以设置系统的默认字体。

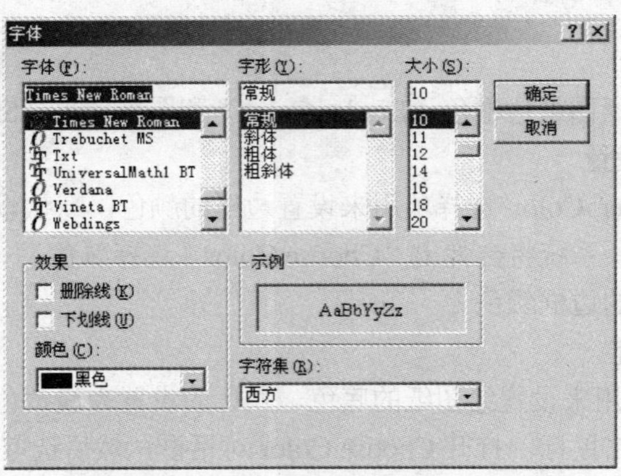

图 2-10 “字体”对话框

2.5 设置网格、电气节点和光标

在设计原理图时，图纸上的网格为放置元器件、连接线路等设计工作带来了极大的方便。在进行图纸的显示操作时，可以设置网格的种类以及是否显示网格，也可以对光标的形状进行设置。

2.5.1 设置网格

Protel 99 SE 提供了两种不同形状的网格，分别是线状网格（Line）和点状网格（Dot），如图 2-11 和图 2-12 所示。

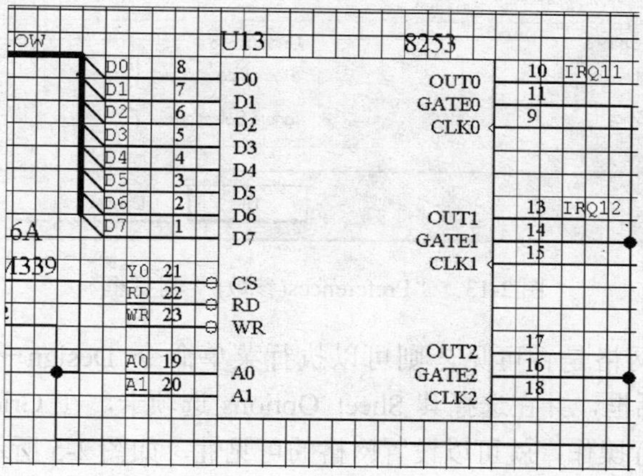

图 2-11　线状网格电路图

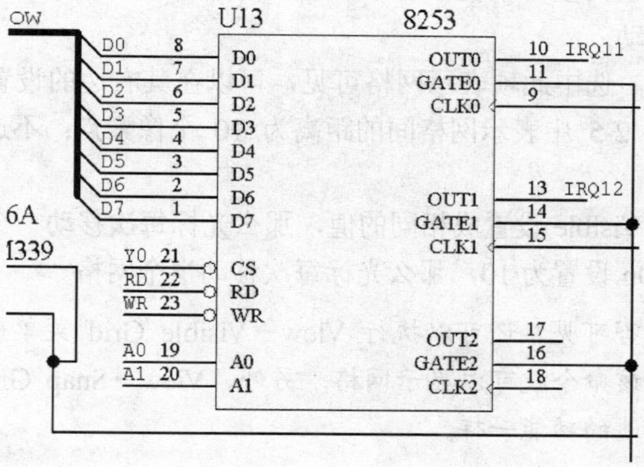

图 2-12　点状网格电路图

设置网格可以使用菜单命令 Tools→Preferences 来实现，执行该命令后，系统将会弹出如图 2-13 所示的“Preferences（参数设置）”对话框。在 Graphical Editing 选项卡中，此时可以单击 Cursor / Grid Options 操作框的 Visual Grid（可见网格）选项的下拉按钮，选择所需的网格类型。

如果想改变网格颜色，可以单击 Color Options 区域的 Grid Color（网格颜色）按钮进行颜色设置，如图 2-13 所示。具体颜色设置方法与 2.3 节中的图纸颜色设置操作类似，不过设置网格的颜色时，要注意不要设置得太深，否则会影响后面的绘图工作。

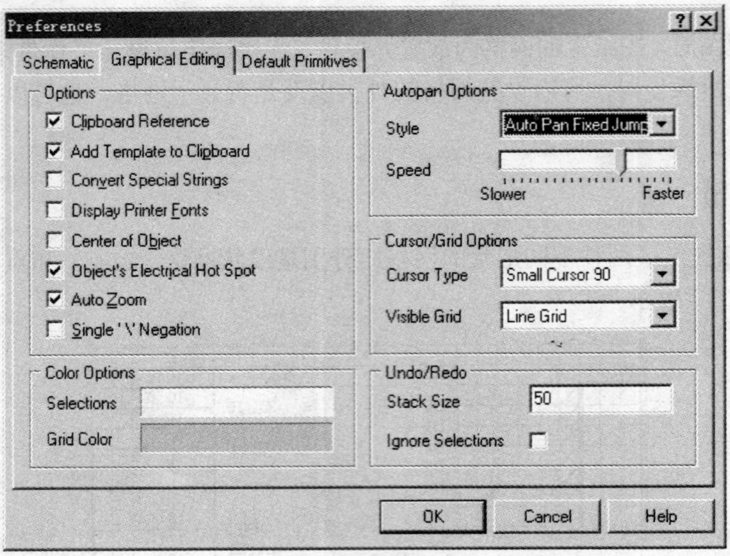

图 2-13 “Preferences(参数)”对话框

如果用户想设置网格是否可见，则可以执行菜单命令 Design→Options，系统将弹出 Document Options 对话框，并在选择其 Sheet Options 选项卡，在 Grids 操作框中对 SnapOn 和 Visible 两个选项进行操作，就可以设置网格的可见性，如图 2-5 所示。

1）SnapOn 复选框。该项设置可以改变光标的移动间距。选中此项后，表示光标移动时以 SnapOn 右边的设置值为基本单位移动，系统默认值为 10；不选此项，则光标移动时以 1 个像素点为基本单位移动。

2）Visible 复选框。选中此项表示网格可见，可以在其右边的设置框内输入数值来改变图纸网格间的距离，图 2-5 中表示网格间的距离为 10 个像素点；不选此项，则表示在图纸上不显示网格。

如果将 SnapOn 和 Visible 设置成相同的值，那么光标每次移动一个网格；如果将 Visible 设置为 20，而将 SnapOn 设置为 10，那么光标每次移动半个网格。

注意：设置网格是否可见，还可以执行 View→Visible Grid 菜单命令来实现，如果当前没有显示网格，则执行该命令就可以显示网格。另外，View→Snap Grid 和 Electrical Grid 命令选项与上面的对应讲述的功能一样。

2.5.2 设置电气节点

在如图 2-5 所示的 Electrical Grid 操作框中，其各选项与设置电气节点有关。如果选中 Enable 项，则在画导线时，系统会以 Grid 中设置的值为半径，以光标所在位置为中心，向四周搜索电气节点。如果在搜索半径内有电气节点，就会将光标自动移到该节点上，并且在该节点上显示一个圆点。如果取消该项功能，则无自动寻找节点的功能。选择 Enable 选项，表示选择该项功能；Grid Range（节点范围）设置框可以用来设置搜索半径。

2.5.3 设置光标

光标是指在画图、放置元器件和连接线路时的光标形状。设定光标可以选择执行菜单Tools→Preferences命令，系统将弹出如图2-13所示的Preferences对话框，选取Graphical Editing选项卡。

然后单击 Cursor / Grid Options 操作框中的 Cursor Type（光标类型）操作选项框右边的下拉按钮，在下拉列表中可以选择光标类型，系统提供了 Large Cursor 90（90° 大光标）、Small Cursor 90（90° 小光标）和 Small Cursor 45（45° 小光标）三种光标类型，如图 2-14 所示。

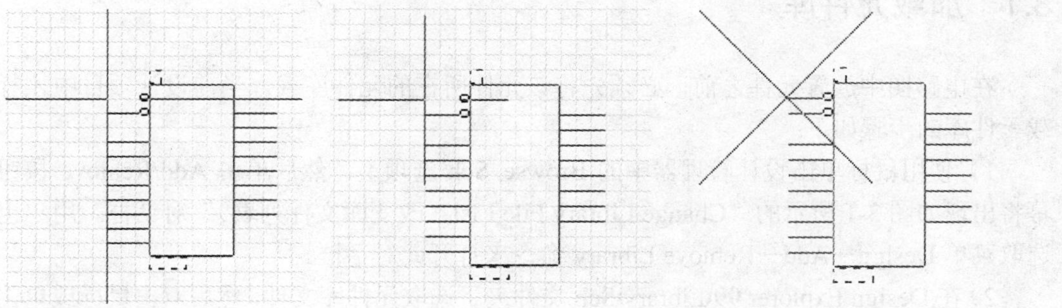

a)　　b)　　c)

图 2-14　光标类型

a) 90°大光标　b)　90°小光标　c) 45°小光标

第3章　绘制电路原理图

掌握了前面的基础知识后，现在可以进行电路原理图的设计及绘制工作。本章主要讲述原理图设计的基本操作，包括元器件的放置、位置调整和电路连接等。

3.1　加载元件库

在电路图中放置元件之前，必须先将该元件所在的元件库载入当前设计项目中才行。加载元件库的步骤如下：

1）使用鼠标单击设计管理器中的 Browse Sch 选项卡，然后单击 Add/Remove 按钮，屏幕将出现如图 3-1 所示的“Change Library File List（改变库文件列表）”对话框。用户也可以选取菜单 Design→Add→Remove Library 命令来打开此对话框。

2）在 Design Explorer 99\Library\Sch 文件夹下选取元件库文件，然后双击鼠标或单击 Add 按钮，此元件库就会出现在 Selected Files 列表框中，如图 3-1 所示。元件库文件类型为.ddb 文件。

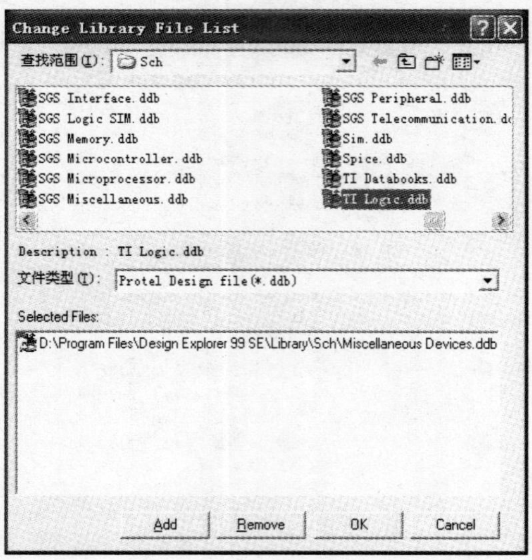

图 3-1　“Change Library File List（改变库文件列表）”对话框

3）单击 OK 按钮，完成该元件库的添加。将所需要的元件库添加到当前编辑环境下后，元件库的详细列表将显示在设计管理器中，如图 3-2 所示。

说明： Protel 已经将各大半导体公司的常用元器件分类做好了专用的元件库，只要加载所需要的元器件的生产公司的元件库，就可以从中选择自己所需要的元器件。另外，有两个常用的库，Sim.ddb 和 PLD.ddb 元件库，前者包括一般电路仿真所需要用到的常用元器件，后者主要包括逻辑器件设计所需要用到的元器件。

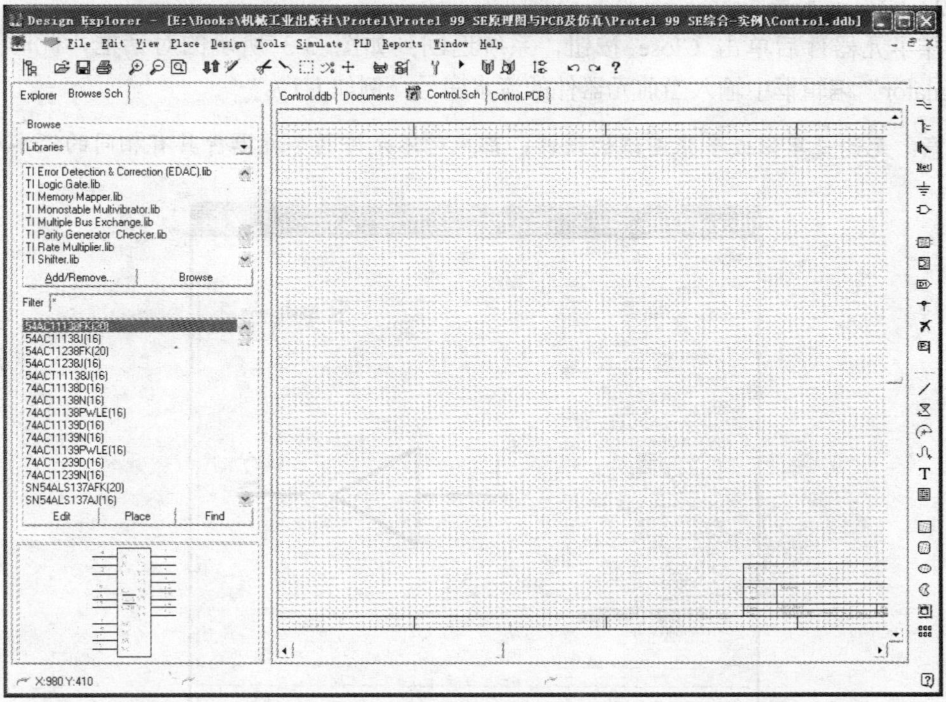

图 3-2　添加了元器件库后的设计管理器

3.2　放置元器件

绘制原理图时，首先要进行元器件的放置。在放置元器件时，设计者必须知道元器件所在的库，并从中取出或者制作原理图元器件，然后加载这些必须的元器件库到当前设计管理器。

3.2.1　选取元器件

放置元器件之前，应该先选择需要放置的元器件，通常可以用下面两种方法来选取元器件。

1．通过输入元器件编号来选取元器件

如果知道元器件的编号名称，最方便的做法是通过菜单命令 Place→Part 或直接单击布线工具栏上的按钮，打开如图 3-3 所示的“Place Part（放置元器件）”对话框。

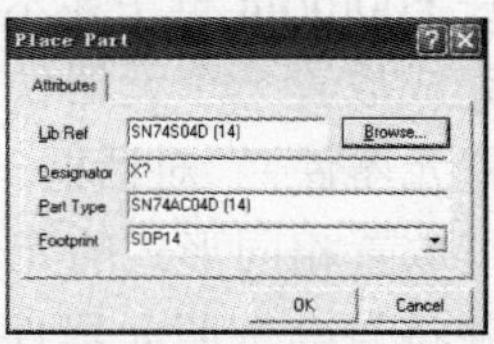

图 3-3　“Place Part（放置元器件）”对话框

（1）选择元器件库

单击“Browse（浏览）”按钮，系统将弹出如图 3-4 所示的“浏览元器件库”对话框，在该对话框中，用户可以选择需要放置的元器件的库，也可以单击 Add/Remove 按钮加载元器件库（参考 3.1 节），然后可以在“Components

(元器件)”列表中选择自己需要的元器件，在预览框中可以查看元器件图形。

（2）输入流水号

选择了元器件后单击 Close 按钮，系统返回到如图 3-3 所示的对话框，此时可以在“Designator”编辑框中输入当前元器件的流水序号（例如 U1）。

注意：无论是单张或多张图纸的设计，都绝对不允许两个元器件具有相同的流水序号。

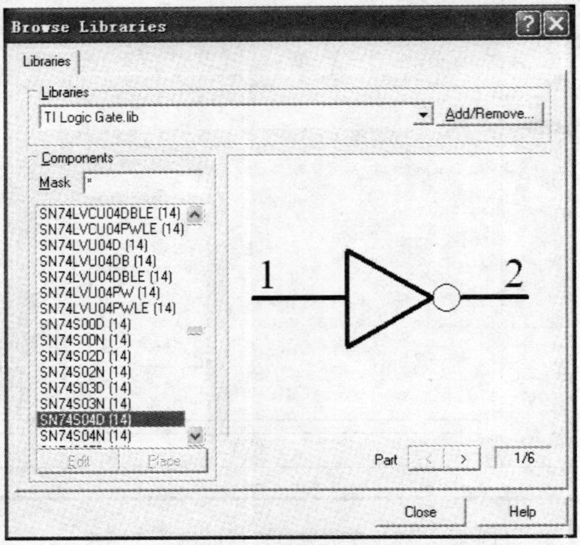

图 3-4　“Browse Libraries（浏览元器件库）”对话框

在当前的绘图阶段可以完全不理会输入流水号，即直接使用系统的默认值 U?。等到完成电路全图之后，再使用 Schematic 内置的重编流水序号（通过菜单命令 Tools→Annotate）功能，就可以轻易地将电路图中所有元器件的流水序号重新编号一次。

假如现在为这个元器件指定流水序号（例如 U1），则在以后放置相同形式的元器件时，其流水序号将会自动增加（例如 U2、U3、U4 等），如果选择的元器件是多片集成，系统自动增加的顺序则是 U1A、U1B、U1C、U1D、U2A、U2B…。设置完毕后，单击对话框中的 OK 按钮，屏幕上将会出现一个可随鼠标指针移动的元器件符号，将它移到适当的位置，然后单击鼠标左键使其定位即可。

（3）元器件类型显示

在 Part Type 编辑框中显示了元器件的类型。

（4）封装类型显示

在 Footprint 框中显示了元器件的封装类型。

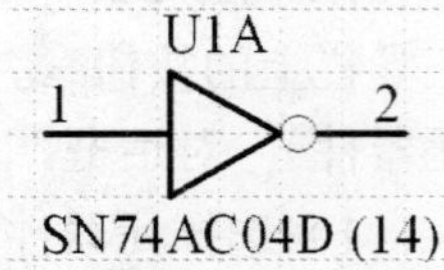

图 3-5　放置了一个非门

完成放置一个元器件操作之后，系统会再次弹出“Place Part（放置元器件）”对话框，等待输入新的元器件编号。假如现在还要继续放置相同形式的元器件，就直接单击 OK 按钮，新出现的元器件符号会依照元器件包装自动地增加流水序号。如果不再放置新的元器件，可直接单击 Cancel 按钮关闭对话框，放置了一个非门 SN74AC04D 后的图形如图 3-5 所示。

技巧：当放置一些标准元器件或图形时，可以在绘制前调整位置，调整的方法为：在选择了元器件，但还没有放置前，按住〈Space〉键，即可旋转元器件，此时可以选择需要的角度放置元器件。如果按〈Tab〉键，则会进入元器件属性对话框，用户也可以在属性对话框中进行设置，这将在本章后面讲解。

2．从元器件库列表中选取

另外一种选取元器件的方法是直接从元器件库列表中选取，该操作必须通过设计库管理器窗口的元器件库管理列表来进行。

下面以示例的形式介绍如何从元件库管理面板中再选取一个放大元器件，如图 3-6 所示。假设已经加载了 NSC Analog.DDB 元件库。

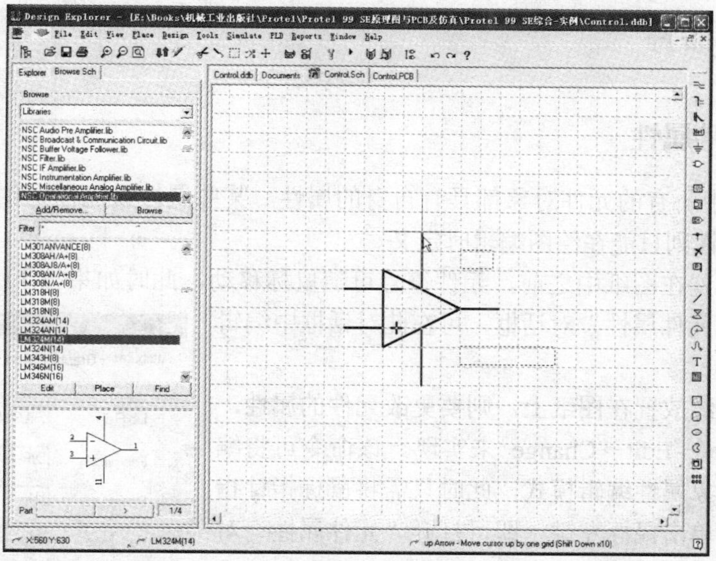

图 3-6　选取元器件

首先在面板中 Libraries 栏的列表框中选取 NSC Operational Amplifier.lib 库，然后在零件列表框中使用滚动条找到“LM324M（14）”，并选定它。接下来单击 Place 按钮，此时屏幕上会出现一个随鼠标指针移动的“LM324M（14）”图形符号，将它移动到适当的位置后单击鼠标左键，使其定位即可。也可以直接在元器件列表中用鼠标左键双击“LM324M（14）”将其放置到电路图中，这样可更方便。具体放置地方可以根据设计要求来定。

放置了放大器后的电路图如图 3-7 所示，如果从设计管理器中选中该元件，再放置到电路图中，则流水号为 U?，如果使用 Plcace→Part 命令，则自动设置流水号。如果不再继续放置元器件，则可以按鼠标右键结束该命令的操作。

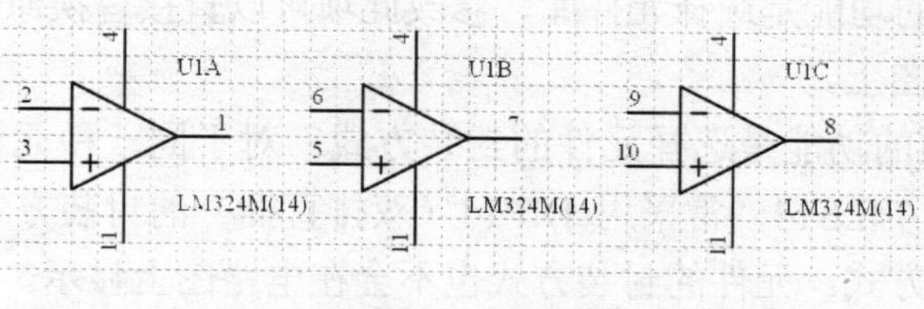

图 3-7　放置了运算放大器元器件后的图形

3.2.2 使用工具栏放置元器件

用户不仅可以使用元件库来实现放置元件，系统还提供了一些常用的元件，这些元件可以使用 Digital Objects 工具栏来选择加载。如图 3-8 所示为 Digital Objects 工具栏。该工具栏可以通过执行 View→Toolbars→Digital objects 命令来加载。

常用数字元件工具栏为用户提供了常用规格的电阻、电容、与非门、寄存器等元件，可以方便用户选择绘制这些元件。

放置这些元件的操作与前面的元件放置操作类似，只要选中了某元件后，就可以使用鼠标进行放置操作。

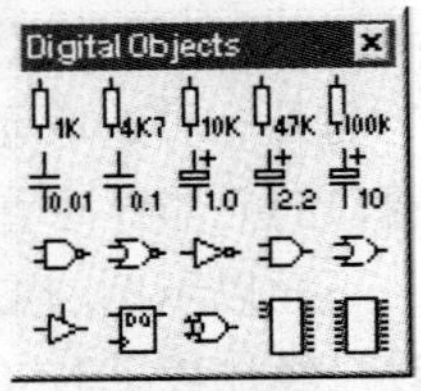

图 3-8 常用元器件工具栏

3.3 编辑元器件

3.3.1 编辑元件属性

Schematic 中所有的元件对象都具有自身的属性。某些属性只能在元件库编辑中进行定义，而另一些属性则只能在绘图编辑时定义。

在将元件放置在图纸中之前，元件符号可随鼠标移动，此时如果按下〈Tab〉键打开如图 3-9 所示的“元件属性”对话框，可在此对话框中编辑元件的属性。

如果元件已经放置在图纸上，则要更改元件的属性，可以通过菜单命令 Edit→Change 来实现。该命令可将编辑状态切换到对象属性编辑模式，此时只需将鼠标指针指向该对象，然后单击鼠标左键，即可打开“元件属性”对话框。另外，还可以直接在元件的中心位置使用鼠标双击元件，也可以弹出“元件属性”对话框。然后用户就可以进行元件属性的编辑操作。

“元件属性”对话框有 4 个选项卡，它们是元件属性选项卡（Attributes）、元件图形属性选项卡（Graphical Attrs）、Part Fields 选项卡和 Read-Only Fields 选项卡，下面分别进行说明。

（1）元件属性选项卡（Attributes）

元件属性选项卡（Attributes）的功能是设置元件的电气属性。元件属性选项卡如图 3-9 所示，包括如下选项：

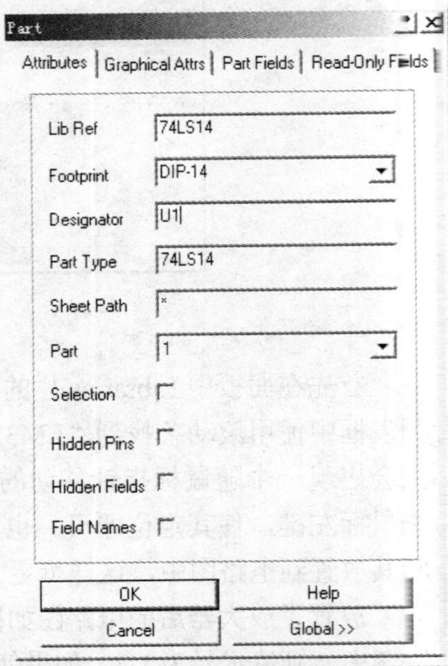

图 3-9 part（元件属性）”对话框

- Lib Ref 选项的功能是选择元件库，修改此项可以直接替换原有的元件，元件库名不会显示在元件图上。
- Footprint 选项的功能是选择元件的封装方式。对于同一种元件，可以有不同的元件封装方式，如 74LS14，常采用 DIP14（双排直插）的封装方式，或 SOP14（小尺寸封装）的封装方式。元件的封装方式也不会在电路图上显示。
- Designator 选项的功能是设置元件序号。

- Part Type 选项的功能是设置元件在电路图上显示的元件名称，它与元件库名、元件序号是不同的。
- Sheet Path 选项的功能是指定子电路图名，以便能够将该电路图连接到层次原理图中，这只在层次原理图设计时才使用。子电路图名不会显示在当前电路图上。
- Part 选项是针对复合式封装的元件而设定的。它的功能是指定复合式封装元件中的元件。复合式封装元件有逻辑门、运算放大器等，例如，74LS14 是由几个“与门”组成的。指定不同的元件，其引脚也将随之发生变化。Part 项选择 1 时，电路图上该元件的序号为 U1A，其输入引脚为 1 脚，输出引脚为 2 脚；Part 项选择 2 时，电路图上该元件的序号为 U1B，其输入引脚为 3 脚，输出引脚为 4 脚；Part 项选择 3 时，电路图上该元件的序号为 U1C，其输入引脚为 5 脚，输出引脚为 6 脚。依此类推，如图 3-10 所示。此时使用鼠标分别双击三个元件，进入其属性编辑对话框，可以看到“Part”编辑框中分别为 1、2、3。

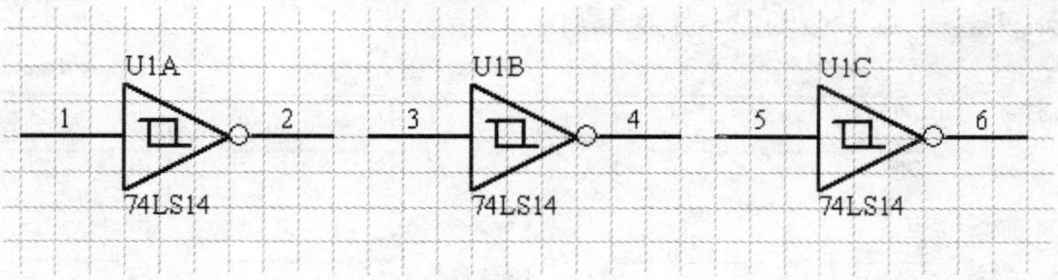

图 3-10　选择不同管脚的元件图形示例

- Selection 选项的功能是在元件放置后，将该元件置于被选状态，元件四周会出现黄框，并且元件序号和元件名称也变为黄色。
- Hidden Pins 选项的功能是设置是否显示隐藏的引脚，通常隐藏的引脚是不会显示在电路图上的。如果选中该项，隐藏的引脚将在电路图上显示出来，如图 3-11 所示。

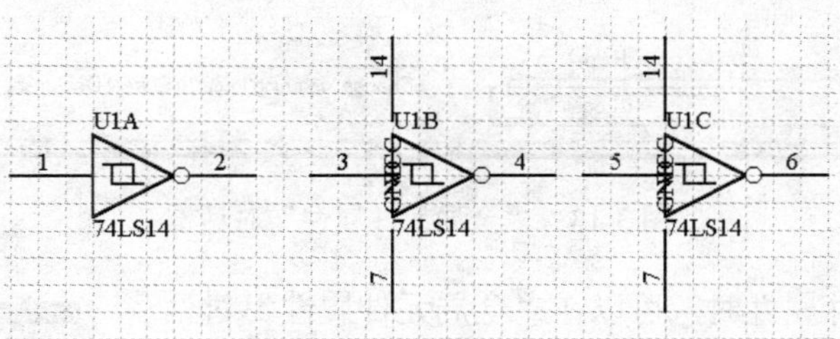

图 3-11　显示隐藏引脚

- Hidden Fields 选项的功能是设置是否显示元件标注（共 16 个标注项），即是否显示“Part Fields”选项卡中的元件数据域。如果元件标注栏里没有文字，将显示“*”号。在元件上显示了元件数据栏的元件图如图 3-12 所示，中间的 U1B 元件即显示出了元件数据域。
- Hidden Names 选项的功能是设置是否显示元件标注栏的栏名。

如果单击 Global>>按钮，则显示详细的“全局元件属性”对话框，如图 3-13 所示。用户可以在后面弹出的详细的操作框中设置匹配属性和复制属性。

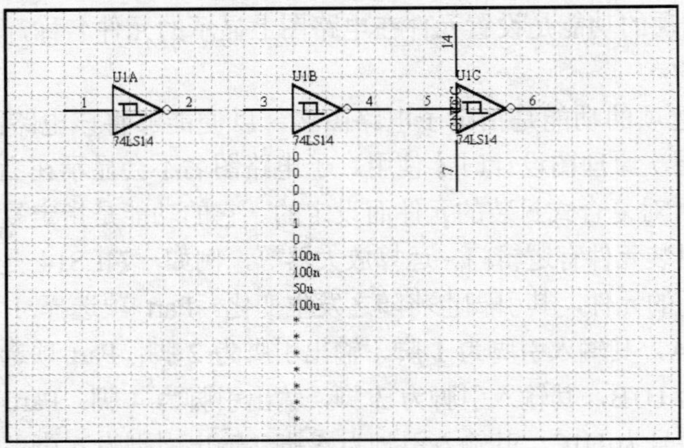

图 3-12　显示元件数据域的元件

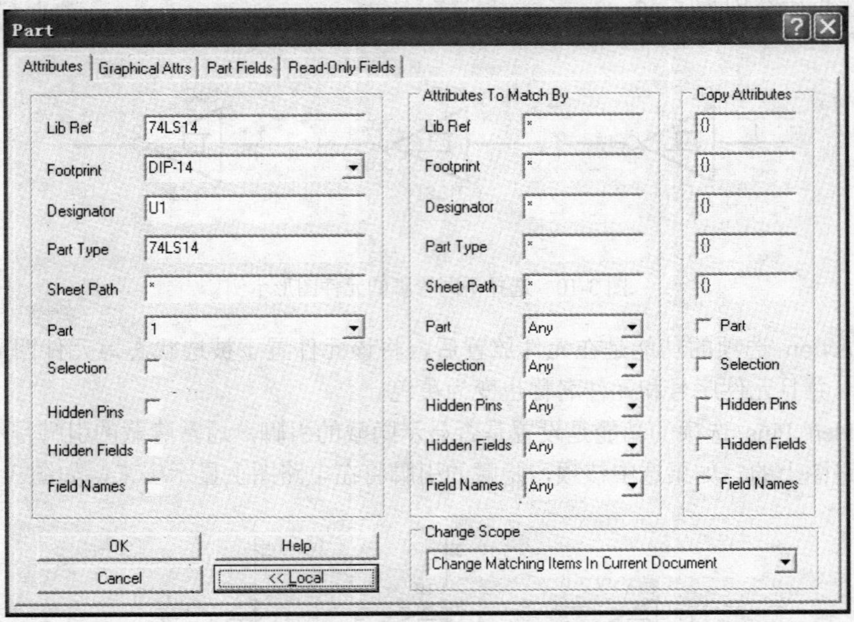

图 3-13　“全局元件属性”对话框

在设置或修改元件属性时，可以在“全局元件属性”对话框的“Change Scope”下拉列表中选择三种修改操作的作用范围，其中包括：Change Matching Items In Current Document（修改在当前文档中匹配的元件）、Change This Item Only（仅仅修改选中的元件）、Change Matching Items In All Document（修改在所有文档中匹配的元件）。具体操作可以在详细的零件属性选项卡右下角的“Change Scope（修改范围）”进行选择。

（2）元件图形属性选项卡（Graphical Attrs）

本选项卡的功能是设置元件的图形属性，如图 3-14 所示，共有 9 项设置，即元件方向选项（Orientation）、元件模式选项（Mode）、X-Location 设置项、Y-Location 设置项、元

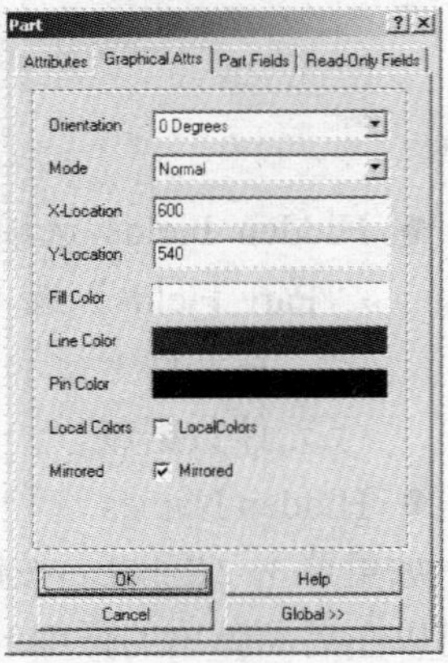

图 3-14　图形属性选项卡

件填充颜色选项（Fill Color）、元件外框颜色选项（Line Color）、元件引脚颜色选项（Pin Color）、指定颜色有效选项（Local Colors）和元件翻转选项（Mirrored）。

- Orientation 设置项用于设置网络标号放置的方向。单击选项右边的下拉按钮，即可打开下拉列表。其中包括 4 个选项，即 0 Degrees、90 Degrees、180 Degrees 和 270 Degrees，分别表示网络标号的放置方向为 0°、90°、180°和 270°。但一般不用在对话框内设置网络标号的方向，而是在放置网络标号状态下，通过按空格键来设置网络标号合适的放置方向。如图 3-15 所示即为 U1A 旋转了 180°后的情况。
- X-Location 设置项用于设置网络标号所放位置的 X 坐标值。
- Y-Location 设置项用于设置网络标号所放位置的 Y 坐标值。
- Mode 选项的功能是设定元件的模式，单击 Mode 选项右边的下拉按钮，会弹出一个下拉列表。列表中包括三种元件模式选项，即正常模式（Normal）、狄摩根模式（DeMorgan）和电子与工程协会模式（IEEE）。
- Fill Color 选项的功能是设置元件内部所要填充的颜色。
- Line Color 选项的功能是设定元件轮廓的线条颜色。
- Pin Color 选项的功能是设定元件引脚的颜色。

以上 3 个关于元件颜色选项的具体设置同导线颜色的设置完全一样，设置方法见导线颜色的有关设置。

- Local Colors 选项的功能是指定上面 3 项元件颜色的设置是否应用于该元件。
- Mirrored 选项的功能是使元件水平翻转，相当于在放置元件时按〈X〉键，这时，图 3-10 镜像处理后的元件图形变为如图 3-16 所示的元件视图。

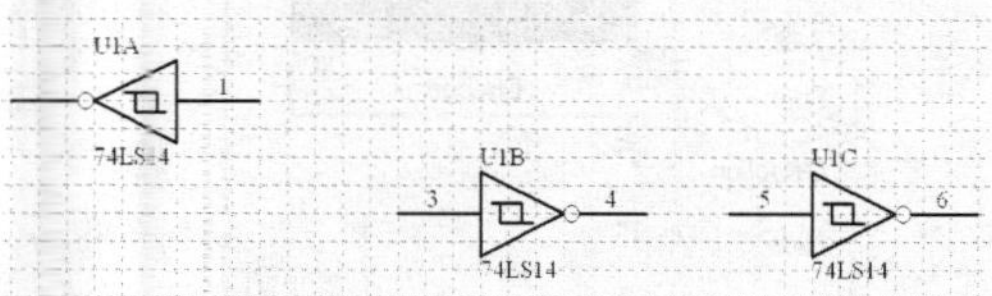

图 3-15　U1A 旋转 180º的图形

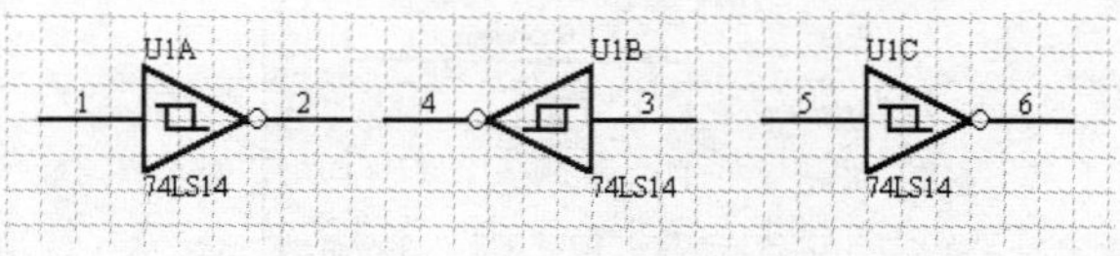

图 3-16　镜像处理 U1B 后的元件视图

（3）Part Fields 选项卡

Part Fields 选项卡的功能是设置元件的 16 项标注。如图 3-17 所示，可以直接在标注栏里输入标注文字。

（4）Read-Only Fields 选项卡

Read-Only Fields 选项卡的功能是设置元件的只读标注。如图 3-18 所示，这些标注文字不能直接在电路图中修改。

（5）编辑元件的序号或名称

对于放置完毕的元件，可以单独编辑其元件序号或元件名称。将光标移动到所要编辑的元件序号或元件名称中间，双击鼠标，即可打开相应的编辑对话框。图 3-19 和图 3-20 分别是元件序号编辑对话框和元件名称编辑对话框，这两个对话框和网络标号属性对话框类似，只是多出了 Hide 选项，Hide 选项的功能是设定元件序号或元件名称是否显示在元件图上。

另外，还可以通过拖动的方法直接将元件序号或元件名称拖到合适的位置，松开鼠标，即可将元件序号或元件名重定位。

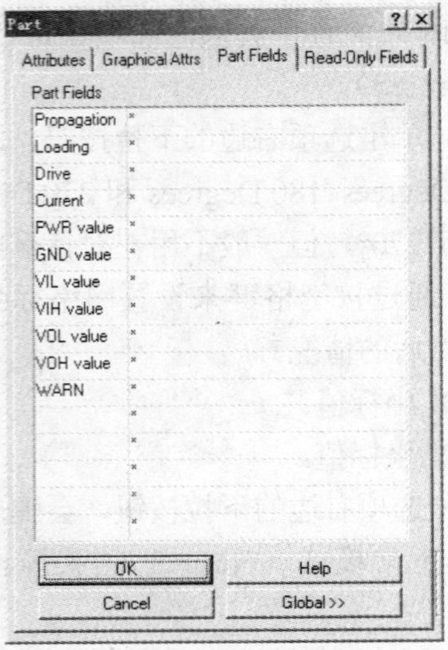

图 3-17　Part Fields 选项卡

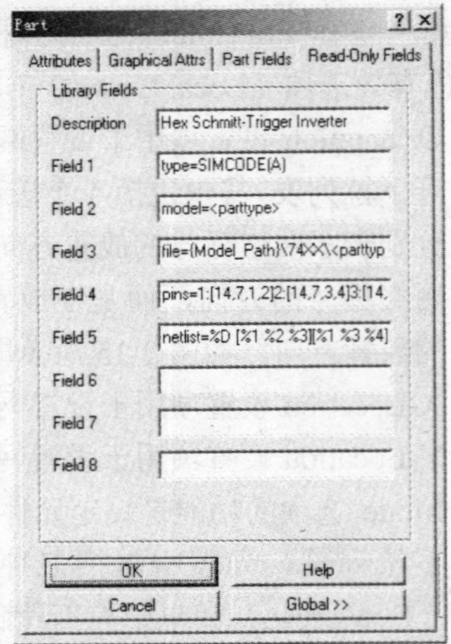

图 3-18　Read-Only Fields 选项卡

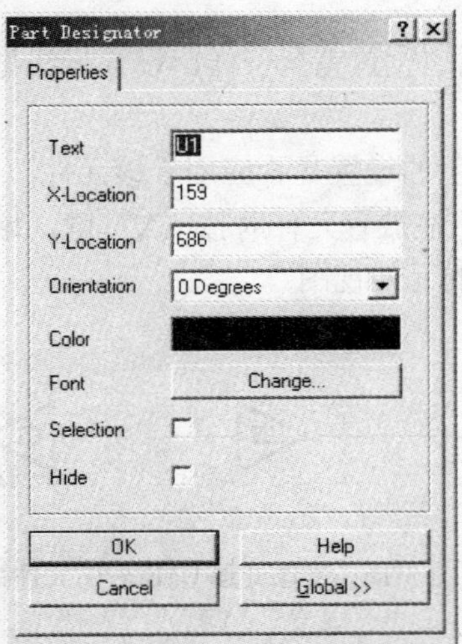

图 3-19　元件序号对话框

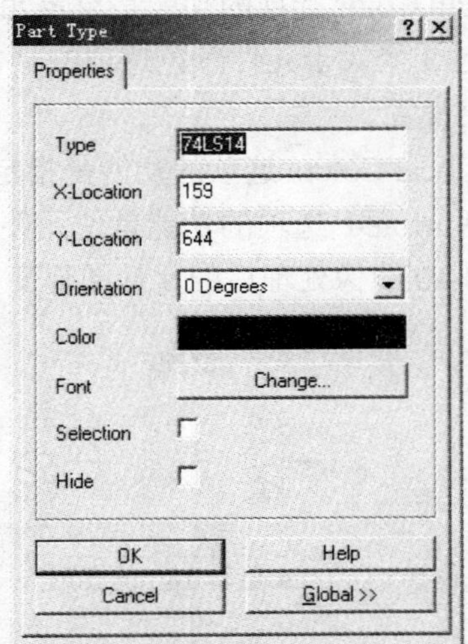

图 3-20　元件名称对话框

3.3.2　编辑元件组件的属性

如果在元件的某一属性上双击鼠标，则会打开该属性的对话框。例如，在显示文字 U1A 上双击鼠标，由于它是 Designator 流水序号属性，所以出现对应的“Part Designator”对话框，如图 3-21 所示。

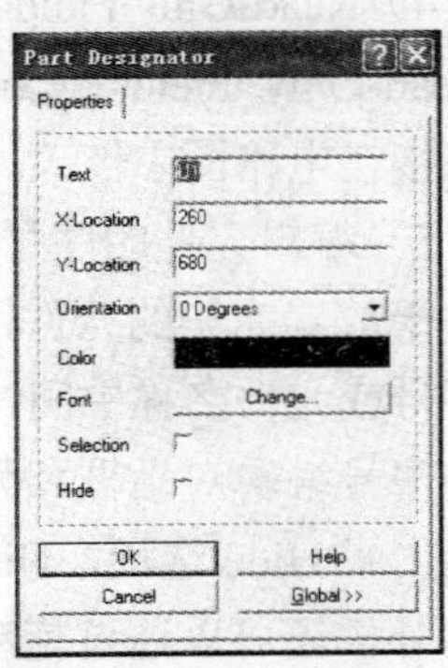

图 3-21　“Part Designator”对话框

通过此对话框可以设置其流水序号名称（Text 栏）、X 轴和 Y 轴的坐标（X-Location 及 Y-Location 栏）、旋转角度（Orientation 栏）、组件的颜色（Color 栏）、组件的字体（Font 栏）、是否被选中（Selection）、是否隐藏显示（Hide）等更为细致的控制特性。

如果单击 Change 按钮，则系统会弹出一个字体设置对话框，可以对对象的字体进行设置，不过这只能对于选中的是文本有效。

3.4 元器件位置的调整

本节将以一个放置了电子元器件的图形为例，介绍元件位置的调整。放置了元件的图形如图 3-22 所示。

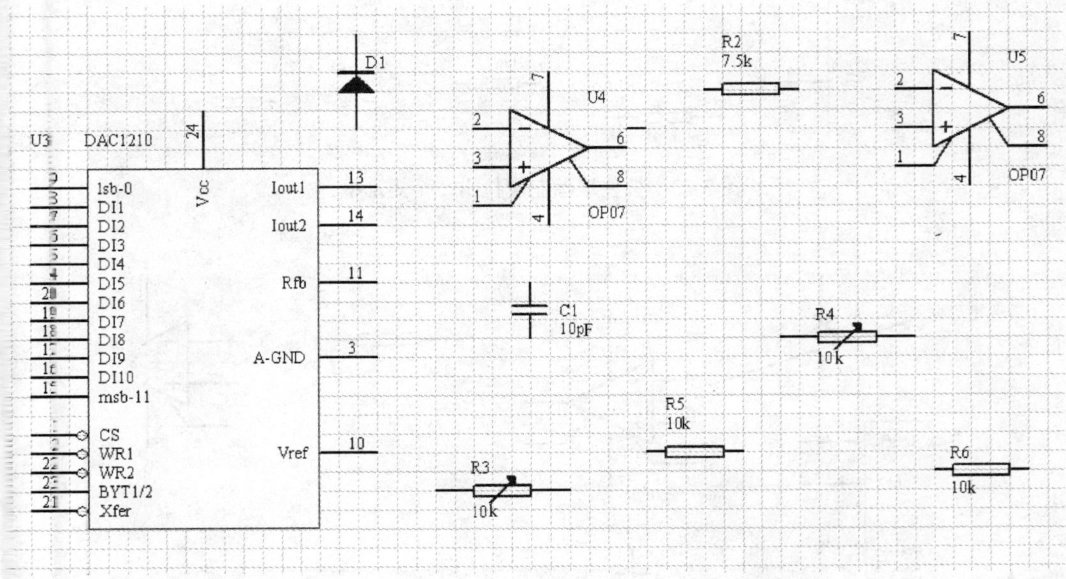

图 3-22　放置了一些元件的图纸

元件位置的调整实际上就是利用各种命令将元件移动到工作平面上所需要的位置，并将元件旋转为所需要的方向。一般，在放置元件时，每个元件的位置只是估计的，在进行电路原理图布线前还需要对元件的位置进行调整。

3.4.1 对象的选取

对象的选取有很多方法，下面介绍最常用的几种方法。

1．直接选取对象

选取元件最简单、最常用的方法是直接在图纸上拖出一个矩形框，框内的元件全部被选中。

具体方法是：在图纸的合适位置按住鼠标左键，光标变成十字形状，如图 3-23 所示。拖动光标至合适位置，松开鼠标，即可将矩形区域内所有的元件选中，如图 3-24 所示，可以看到，被选中的元件上有一个黄色矩形框标志，表明该元件被选中。要注意的是，在拖动的过程中，不可将鼠标松开；在拖动过程中，光标一直为十字形状。另外，按住〈Shift〉键的同时单击鼠标，也可实现选取元件的操作。

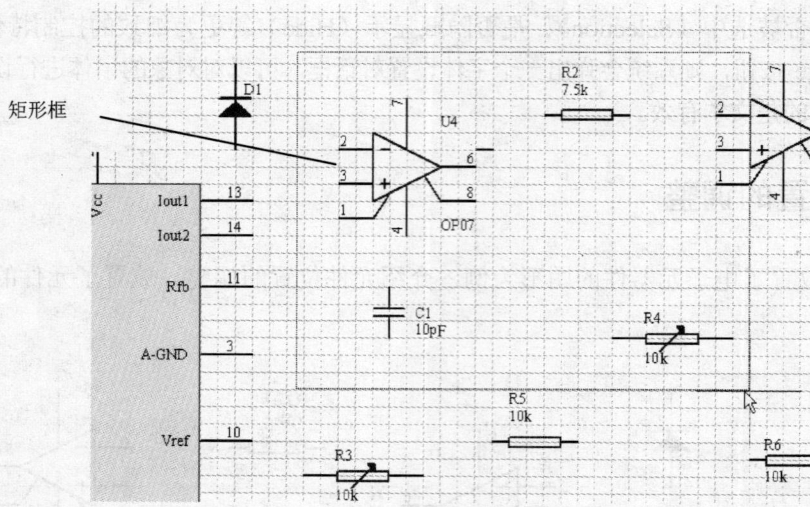

图 3-23　按住鼠标左键拉出一个矩形框

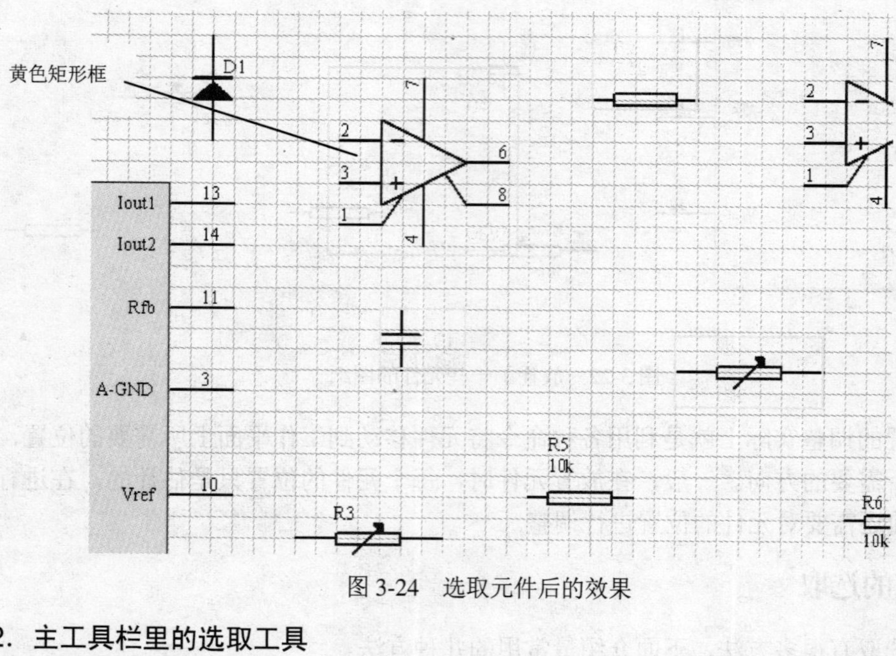

图 3-24　选取元件后的效果

2. 主工具栏里的选取工具

在主工具栏里有三个选取工具，即区域选取工具、取消选取工具和移动被选元件工具，如图 3-25 所示

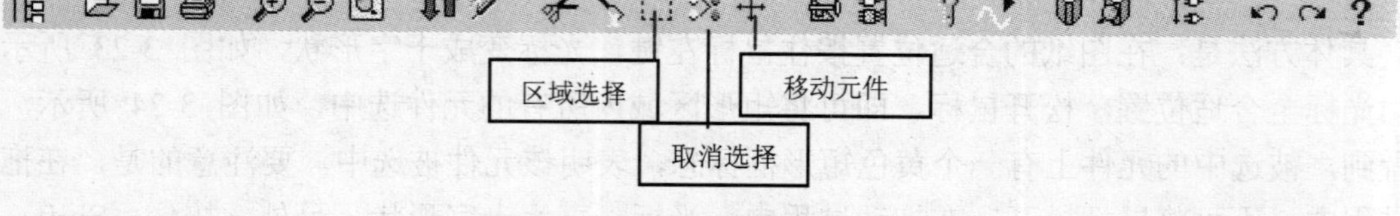

图 3-25　工具栏里的选取工具

区域选取工具的功能是选中区域里的零件。其使用方法与直接选取对象的方法基本相

司，惟一的区别是：单击主工具栏里的区域选取图标后，光标从开始起就一直是十字状，在形成选择区域的过程中，不需要一直按住鼠标。

取消选取工具的功能是取消图纸上所有被选零件的选取状态。单击图标后，图纸上所有带黄框的被选对象全部取消被选状态，黄色框消失。

移动被选元件工具的功能是移动图纸上被选取的元件。单击图标后，光标变成十字形状，单击任何一个带黄框的被选对象，移动光标，图纸上所有带黄框的元件（被选元件）都随光标一起移动。

3. 菜单中的有关选取命令

在菜单 Edit 中有几个关于选取的命令，如图 3-26 所示。各选项的含义如下：

1）Inside Area：区域内选取命令。用于选取区域内的元件。

2）Outside Area：区域外选取命令。用于选取区域外的元件。

3）All：选取所有元件。用于选取图纸内所有的元件。

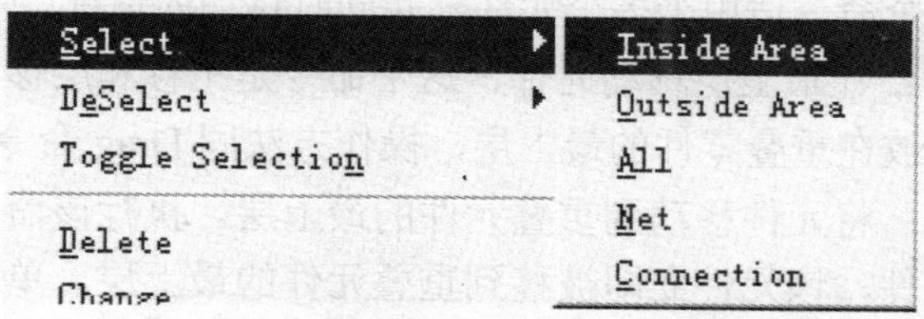

图 3-26 “Edit”菜单中的选取命令

4）Net：选取网络的命令。用于选取指定网络。使用该命令时，只要属于同一个网络标号的导线，不管在电路图上是否有连接线，都属于同一网络，都被选中。执行该命令后，光标变成十字状，在某一导线上单击鼠标，不仅将该导线和与该导线连接的所有导线选中，而且将和该导线具有相同网络标号的导线也一并选中。

5）Connection：选取连线的命令。用于选取指定的连接导线。使用该命令时，只要是相互连接的导线，都被选中。执行该命令后，光标变成十字形状，在某一导线上单击鼠标，将该导线以及与该导线有连接关系的所有导线选中。

6）Toggle Selection：切换式选取。执行该命令后，光标变成十字形状，在某一元件上单击鼠标，如果该元件以前被选中，则元件的选中状态被取消；如果该元件以前没有被选中，则该元件被选中。

3.4.2 元件的移动

在 Protel 99 SE 中，元件的移动大致可以分成两种情况：一种情况是元件在平面里移动，简称“平移”；另一种情况是当一个元件将另外一个元件遮盖住的时候，需要移动元件来调整元件间的上下关系，将这种元件间的上下移动称为“层移”。元件移动的命令在菜单 Edit→Move 中，如图 3-27 所示。

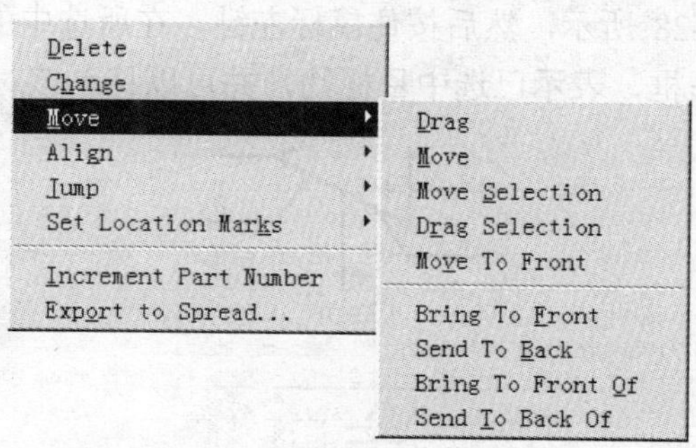

图 3-27 菜单中的“移动”命令

移动元件最简单的方法是：将光标移动到元件中央，按住鼠标左键，元件周围出现虚框，拖动元件到合适的位置，即可实现该元件的移动。

菜单 Edit→Move 中各个移动命令的功能如下：

1）Drag：是一个很有用的命令，特别是当连接完线路后，用此命令移动元件，元件上的所有连线也会跟着移动，不会断线。执行该命令前，不需要选取元件。执行该命令后，光标变成十字状。在需要拖动的元件上单击鼠标，元件就会跟着光标一起移动，将元件移到合适的位置。再单击鼠标，即可完成此元件的重新定位。在具体操作时，将光标移到要拖动的元件上，先按住〈Ctrl〉键，再按住鼠标左键，接着再松开〈Ctrl〉键，然后拖动鼠标，也可以实现 Drag 的功能。

2）Move：用于移动元件。但它只移动元件，与元件相连接的导线不会跟着它一起移动。其操作方法同 Drag 命令。

3）Move Selection 和 Drag Selection：与 Move 和 Drag 命令相似，只是它们移动的是选定的元件。另外，这两个命令适用于多个元件一起同时移动的情况。

4）Move To Front：在最上层移动元件，这个命令是平移和层移的混合命令。它的功能是移动元件，并且将它放在重叠零件的最上层，操作方法同 Drag 命令。

5）Bring To Front：将元件移动到重叠元件的最上层。执行该命令后，光标变成十字形状，单击需要层移的元件，该元件立即被移到重叠元件的最上层。单击鼠标右键，结束系统层移状态。

6）Send To Back：将元件移动到重叠元件的最下层。执行该命令后，光标变成十字形状，单击要层移的元件，该元件立即被移到重叠元件的最下层。单击鼠标右键，结束该命令。

7）Bring To Front Of：将元件移动到某元件的上层。执行该命令后，光标变成十字形状。单击要层移的元件，该元件暂时消失，光标还是十字形状，然后单击鼠标，原先暂时消失的元件重新出现，并且被置于参考元件的上面。

8）Send to Back Of：将元件移动到某元件的下层，操作方法同 Bring To Front Of 命令。

3.4.3 单个元件的移动

这里假设移动图 3-22 中的电容 C1 和电阻 R4。具体操作过程如下：

1）选中目标。在所需要选中的对象（电容 C1）处单击鼠标左键，选中后的状态如图 3-28 所示，然后按住鼠标左键，在所选中的对象上出现十字形状的光标，并在元件周围出现虚框，表示已选中目标物，并可以移动该对象，移动状态如图 3-29 所示。

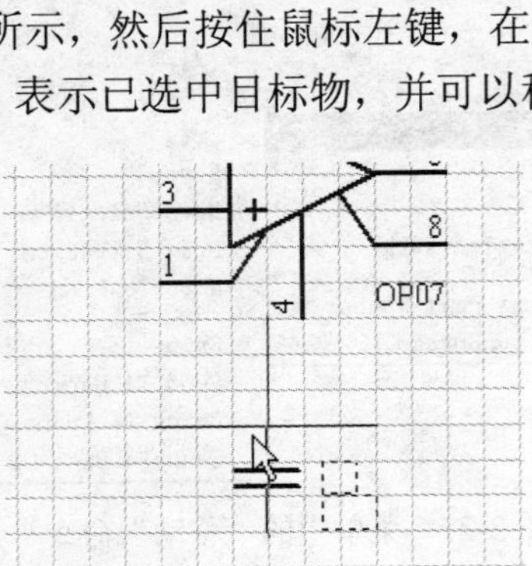

图 3-28　移动元件时的选中状态

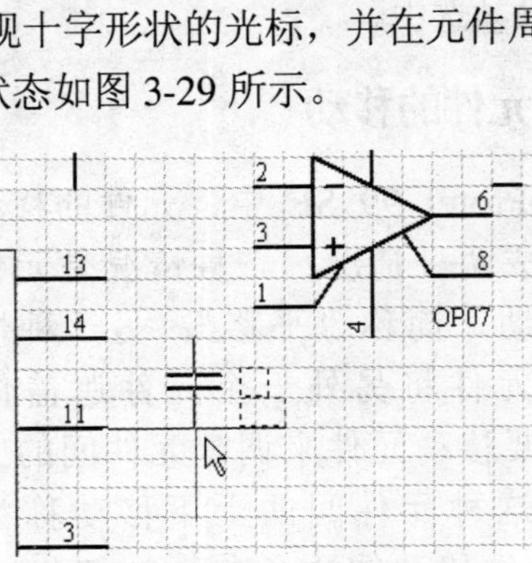

图 3-29　元件的移动状态

2）移动目标。拖动鼠标移动十字光标，将其拖到用户需要的位置，松开鼠标左键，即可完成移动任务。移动对象后的图形如图 3-30 所示。

3）再执行上述操作，移动电阻 R4，移动后的图形如图 3-30 所示。

同样，执行菜单命令 Edit→Move→Move，按上述步骤也可完成此功能。不同的是执行菜单命令完成任务后，仍处于此命令状态，可以继续移动其他元件。

从图 3-30 可以看出，电阻 R4 移动了一定的距离。同理，移动其他图形如线条、文字标注等的方法与此类似。

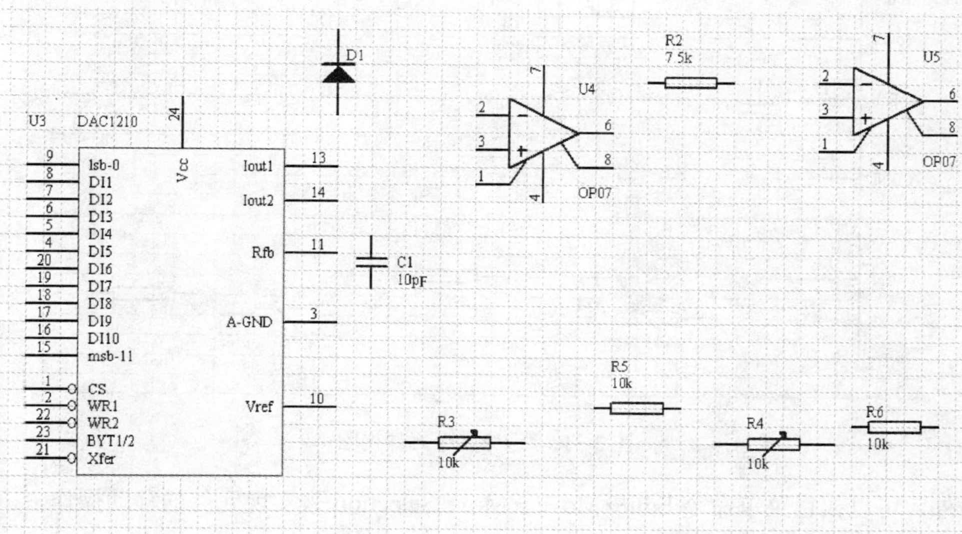

图 3-30 移动电容和电阻后的电路器件布置图

3.4.4 多个元件的移动

除了可以移动单个元件外，还可以同时移动多个元件。要移动多个元件，首先要选中多个元件。

1. 选中多个元件

（1）逐次选中多个元件

执行菜单命令 Edit→Toggle Selection。出现十字光标后，移动光标到目标元件，单击鼠标左键即可选中。用同样的方法可选中其他的目标元件，如图 3-31 所示为选中了的多个元件。

也可以先按住〈Shift〉键，然后使用鼠标逐个选中所需要选择的元件。

（2）同时选中多个元件。

确定了所选元件后，先将鼠标光标移动到目标元件组的左上角，按住鼠标左键，然后拖动鼠标，将光标移到目标区域的右下角，将要移动的元件组全部围起来，松开左键，如元件被黄色框所包围，则表明被选中。另外，使用主工具栏里的按钮也可完成该操作。

2. 移动选中的多个元件

要移动被选中的多个元件时，先用鼠标左键单击被选中的元件组中的任意一个元件不放，待十字光标出现，即可移动被选择的元件组到适当的位置，然后松开鼠标左键，便可完成任务。

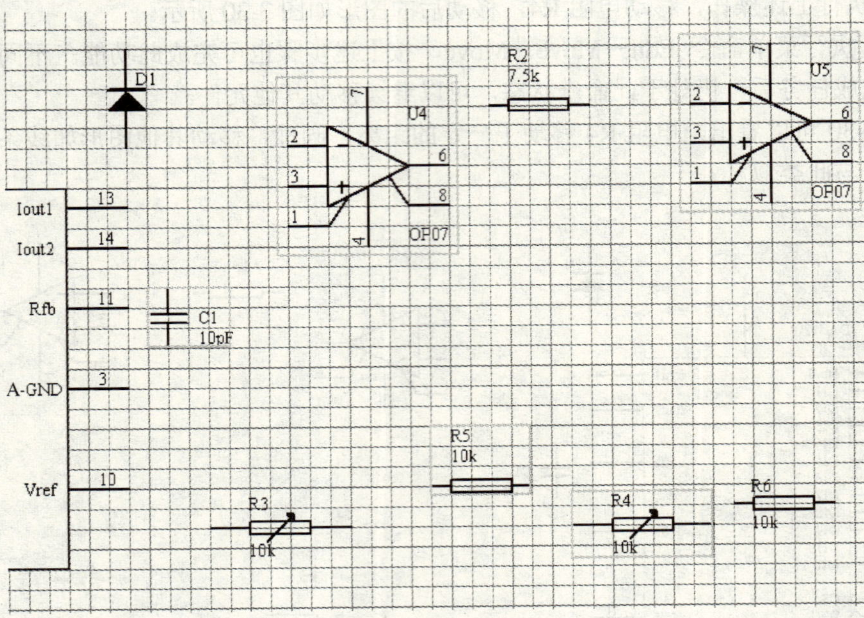

图 3-31　选中多个元件视图

另外，可以执行菜单命令 Edit→Move→Move Selection 来实现元件的移动操作。

3.4.5　元件的旋转

元件的旋转实际上就是改变元件的放置方向。Protel 99 SE 提供了很方便的旋转操作，操作方法如下：

1）在元件所在位置单击鼠标选中单个元件，并按住鼠标左键。

2）按〈Space〉键，就可以让元件以 90°旋转，这样就可以实现图形元件的旋转。

用户还可以使用快捷菜单命令 Properties 来实现。即使用鼠标选中需要旋转的元件后，单击鼠标右键，从弹出的快捷菜单中选择 Properties 命令，系统将弹出“元件属性”对话框，此时选择 Graphical Atrrs 选项卡，如图 3-14 所示。

此时用户可以修改 X、Y 位置坐标，移动元件位置。设定一定的旋转角度，以旋转当前编辑的元件，如设定图 3-30 中的电阻 R6 旋转 90º，其他电阻元件的旋转角不变，得到的元件图如图 3-32 所示。

3.4.6　取消元件的选择

取消元件的选择可以使用 Edit→DeSelect 菜单中的子菜单命令来实现。该菜单如图 3-33 所示，其中包括三个选项。

1）执行菜单命令 Edit→DeSelect→Inside Area，先将鼠标光标移动到目标区的左上角，单击鼠标左键，然后将光标移到目标区域的右下角，再单击鼠标左键，确定一个选框，就会将选框中所包含的元件的选中状态取消。

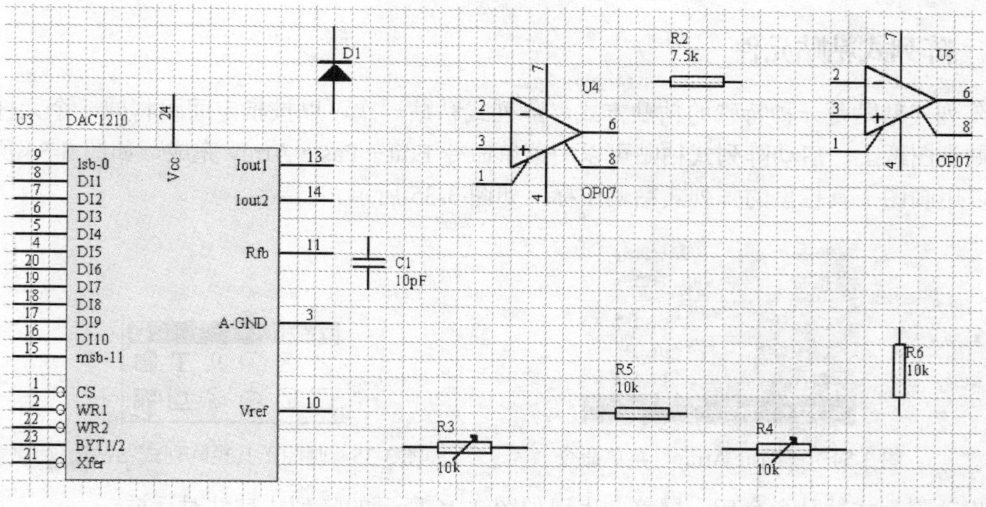

图 3-32　旋转元件后的图形

图 3-33　“DeSelect”子菜单

2）执行菜单命令 Edit→DeSelect→Outside Area，操作同上，结果是保留选择框中的状态，而将选择框外所包含的元件的选中状态取消。

3）执行菜单命令 Edit→DeSelect→All，可取消工作平面上所有元件的选中状态。

3.4.7　复制粘贴元件

Protel 99 SE 同样有“剪贴”操作，包括对元件的复制、剪切和粘贴。

1）复制。执行 Edit→Copy 命令，将选取的元件作为副本，放入剪贴板中。

2）剪切。执行 Edit→Cut 命令，将选取的元件直接移入剪贴板中，同时电路图上的被选元件被删除。

3）粘贴。执行 Edit→Paste 命令，将剪贴板里的内容作为副本，复制到电路图中。

这些命令也可以在主工具栏中选择相应的工具执行。另外，系统还提供了功能热键来实现剪贴复制操作：

- Copy 命令：〈Ctrl+Insert〉键。
- Cut 命令：〈Shift+Delete〉键。
- Paste 命令：〈Shift+Insert〉键。

注意：复制一个或一组元件时，当用户选择了需要复制的元件后，系统还要求用户选择一个复制基点，该基点很重要，用户应该仔细选择该基点，这样可以方便后面的粘贴操作。当粘贴元件时，在将元件放置到目标位置前，如按〈Tab〉键，则会进入目标位置设置对话框，用户也可以在该对话框中精确设置目标点。

3.4.8 阵列式粘贴元件

阵列式粘贴是一种特殊的粘贴方式，阵列式粘贴一次可以按指定间距将同一个元件重复地粘贴到图纸上。启动阵列式粘贴可以用菜单命令 Edit→Paste Array 完成，如图 3-34 所示。也可以用画图工具栏里的阵列式粘贴图标，如图 3-35 所示。

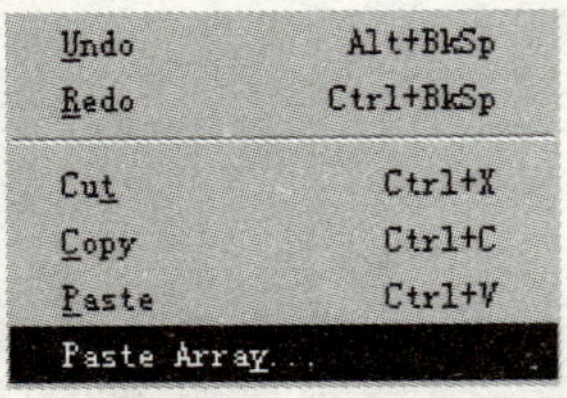

图 3-34 “Paste Array”菜单命令

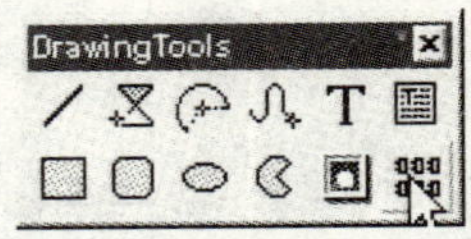

图 3-35 画图工具栏阵列式粘贴选项

启动阵列式粘贴命令后，屏幕会出现如图 3-36 所示的阵列式粘贴对话框。

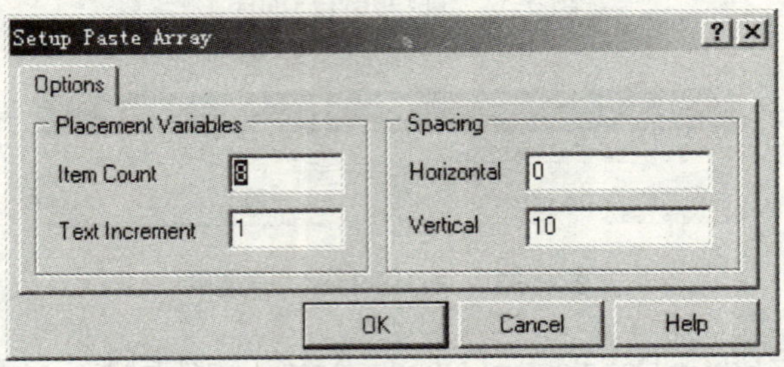

图 3-36 “Setup Paste Array（阵列式粘贴）”对话框

对话框中的各操作选项功能如下：

1）Item Count 编辑框：用于设置所要粘贴的元件个数。

2）Text Increment 编辑框：用于设置所要粘贴元件序号的增量值。如果将该值设定为 1，且元件序号为 R1，则重复放置的元件中，序号分别为 R2、R3、R4…

3）Horizontal 编辑框：用于设置所要粘帖的元件间的水平间距。

4）Vertical 编辑框：用于设置所要粘帖的元件间的垂直间距。

3.4.9 元件的删除

当图形中的某个元件不需要或错误时，可以对其进行删除。删除元件可以使用 Eidt 菜单中的两个删除命令，即 Clear 和 Delete 命令。

1）Clear 命令的功能是删除已选取的元件。执行 Clear 命令之前需要选取元件，执行 Clear 命令之后，已选取的元件立刻被删除。

2）Delete 命令的功能也是删除元件，只是执行 Delete 命令之前不需要选取元件，执行 Delete 命令之后，光标变成十字形状，将光标移到所要删除的元件上单击鼠标，即可删除元件。

另外一种删除元件的方法是：使用鼠标左键单击元件，选中元件后，元件周围会出现虚框，按〈Delete〉键即可实现删除。

说明：使用鼠标左键单击选中元件与选取是不同的，单击元件后仅仅是选中元件，被选中的元件周围出现虚框，而用选取方法选中的元件周围出现的是黄框。

3.5　元件的排列

Protel 99 SE 提供了一系列排列和对齐命令，它们可以极大地提高用户的工作效率。下面以图 3-37 中的几个元器件来说明如何进行这些命令的操作。

1. 元件左对齐

1）执行菜单命令 Edit→Select→Inside Area，选取元件。

2）此时光标变为十字形状，移动光标到所要排列左对齐的元件的某个角，单击鼠标左键，然后拉开虚框以包含这 4 个元器件，再单击鼠标左键可选中虚框包含的元器件。

3）执行菜单命令 Edit→Align→Align Left，出现如图 3-38 所示的菜单命令。Align Left 命令使所选取的元件左边对齐。

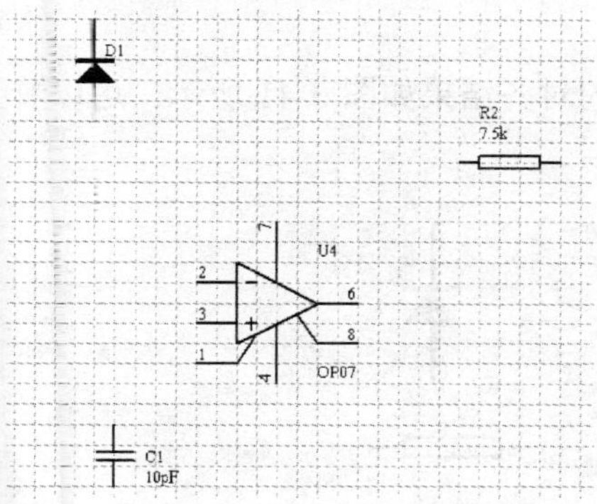

图 3-37　排列前的元件

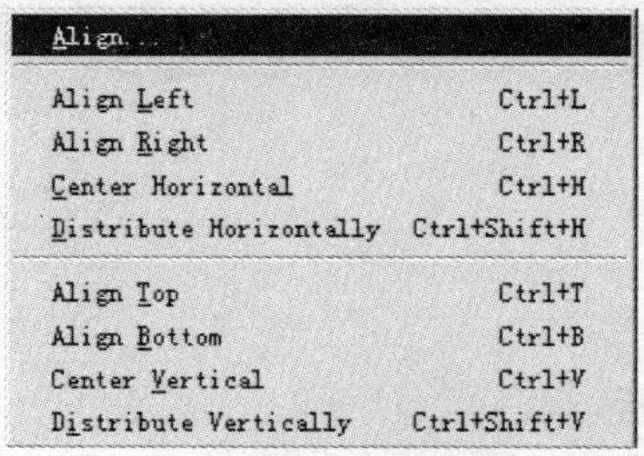

图 3-38　Align 子菜单

4）选中 D1、U4、C1、R2 元器件，执行了 Align Left 命令后，这 4 个元器件的排列结果如图 3-39 所示。可以看到，随机分布的 4 个元器件的最左边处于同一条直线上。

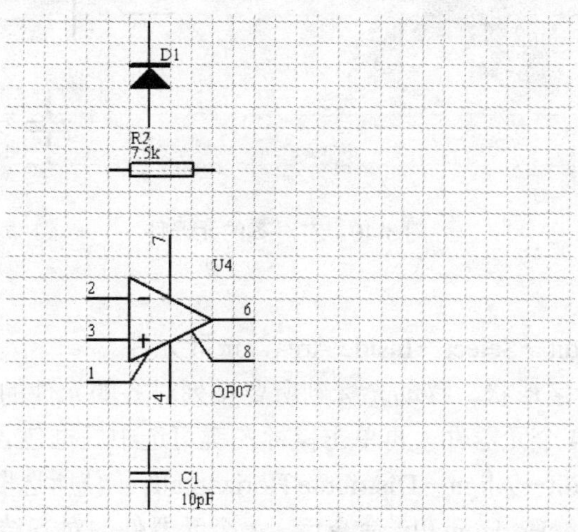

图 3-39　左对齐的元器件

注意：如果所选取的元器件是水平放置的，执行此命令会造成元器件重叠。

2．元件右对齐

1）执行菜单命令 Edit→Select→Inside Area，选取元件。

2）此时光标变为十字形状，移动光标到所要排列右对齐的元件的某个角，单击鼠标左键，然后拉开虚框以包含这 4 个元器件，再单击鼠标左键可选中虚框包含的元器件。

3）执行菜单命令 Edit→Align→Align Right。该命令使所选取的元器件右对齐。

4）执行了 Align Right 命令后，4 个元件的排列结果如图 3-40 所示。可以看到，4 个元器件的最右边处于同一条直线上。

3．元件按水平中心线对齐

1）执行菜单命令 Edit→Select→Inside Area，选取元件。

2）此时光标变为十字形状，移动光标到所要排列对齐的元件的某个角，单击鼠标左键，然后拉开虚框以包含这 4 个元器件，再单击鼠标左键可选中虚框包含的元器件。

3）执行菜单命令 Edit→Align→Center Horizontal。该命令使所选取的元件按水平中心线对齐。

4）执行了 Center Horizontal 命令后，4 个元器件的对齐结果如图 3-41 所示。可以看到，对齐后 4 个元件的中心处于同一条直线上。

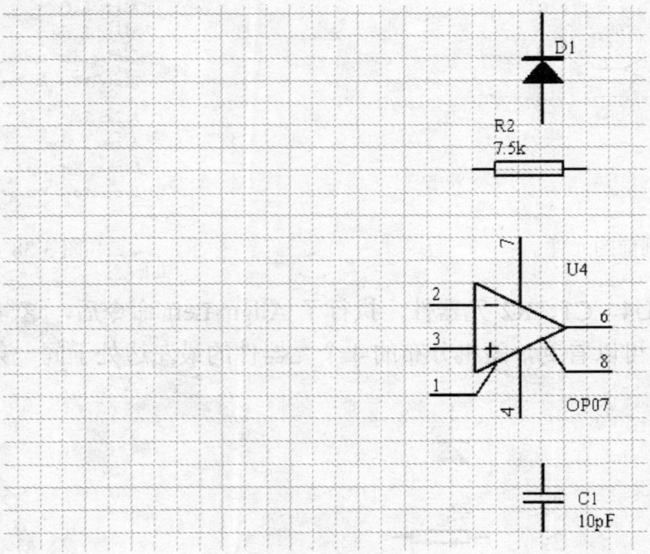

图 3-40　右对齐的元器件

4．元件水平平铺

1）执行菜单命令 Edit→Select→Inside Area，选取元件。

2）此时光标变为十字形状，移动光标到所要排列对齐的元件的某个角，单击鼠标左键，然后拉开虚框以包含这 4 个元器件，再单击鼠标左键可选中虚框包含的元器件。

3）执行菜单命令 Edit→Align→Distribute Horizontally，使所选取的元器件水平平铺

4）执行了 Distribute Horizontally 命令后，4 个元器件的对齐结果如图 3-42 所示。可以看到，4 个元器件沿水平方向平铺，即水平方向间距相等。

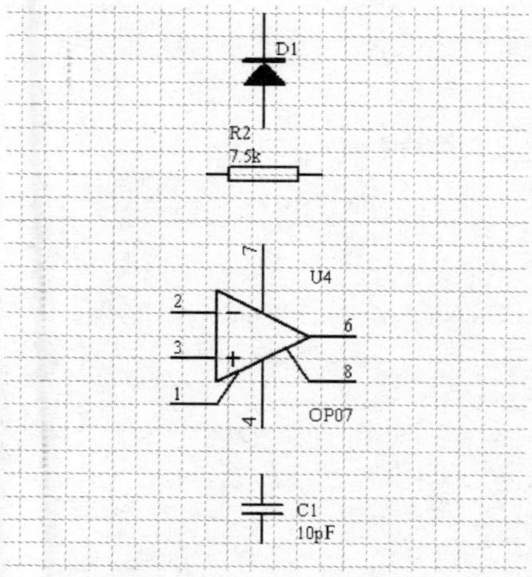

图 3-41　按水平中心对齐后的元器件

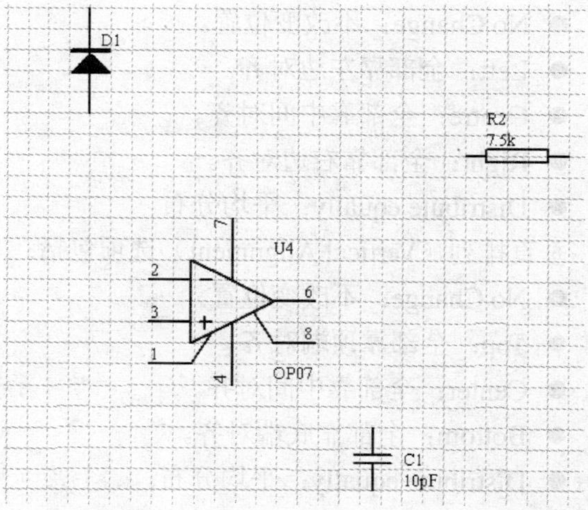

图 3-42　水平平铺的元器件

5. 元件顶端对齐

1）执行菜单命令 Edit→Select→Inside Area，选取元件。

2）执行菜单命令 Edit→Align→Align Top。该命令使所选取的元器件顶端对齐。

6. 元件底端对齐

1）执行菜单命令 Edit→Select→Inside Area，选取元件。

2）执行菜单命令 Edit→Align→Align Bottom。该命令使所选取的元件底端对齐。

7. 元件按垂直中心线对齐

1）执行菜单命令 Edit→Select→Inside Area，选取元件。

2）此时光标变为十字形状，移动光标到所要排列对齐的元件的某个角，单击鼠标左键，然后拉开虚框以包含这 4 个元件，再单击鼠标左键可选中虚框包含的元件。

3）执行菜单命令 Edit→Align→Center Vertical。该命令使所选取的元件按垂直中心线对齐。

8. 元件垂直均布

1）执行菜单命令 Edit→Select→Inside Area，选取元件。

2）执行菜单命令 Edit→Align→Distribute Vertically。该命令使所选取的元件垂直均布。

9. 同时进行综合排列或对齐

上面介绍的几种方法，一次只能做一种操作，如果要同时进行两种不同的排列或对齐操作，可以使用 Align objects 对话框来进行。

1）执行菜单命令 Edit→Select→Inside Area，选取元件。

2）执行菜单命令 Edit→Align→Align。

3）执行该命令后，将显示 Align objects 对话框，如图 3-43 所示。该对话框可以用来进行综合排列或对齐设置。

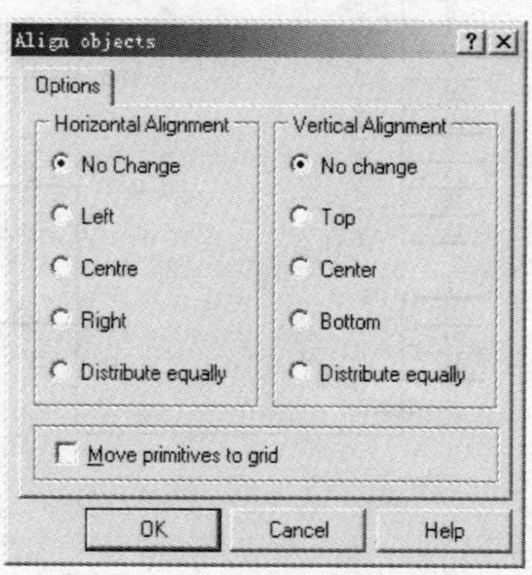

图 3-43　“Align Objects（元件对齐设置）”对话框

该对话框分为两部分，分别为水平排列选项（Horizontal Alignment）和垂直排列选项（Vertical Alignment）。

水平排列（Horizontal Alignment）选项包括：

- No Change：不改变位置。
- Left：全部靠左边对齐。
- Centre：全部靠中间对齐。
- Right：全部靠右边对齐。
- Distribute equally：平均分布。

垂直排列（Vertical Alignment）选项包括：

- No Change：不改变位置。
- Top：全部靠顶端对齐。
- Center：全部靠中间对齐。
- Bottom：全部靠底端对齐。
- Distribute equally：平均分布。

3.6 放置电源与接地元件

电源和接地元件可以使用 Power Objects 工具栏上对应的命令来选取，如图 3-44 所示，该工具栏可以通过 View→Toolbars→Power Objects 来打开或关闭。

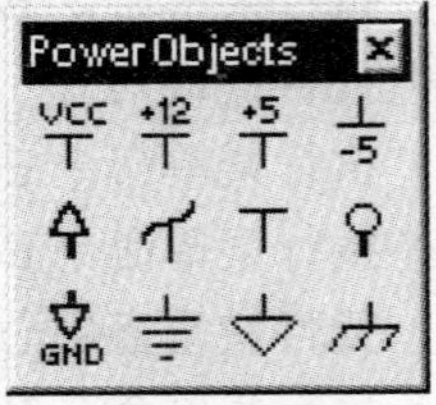

图 3-44 Power Objects 工具栏

从该工具栏中可以分别输入常见的电源节点元件，在图纸上放置了这些元件后，用户还可以对其进行编辑。

在前面放置了元件的图纸上，现在继续放置电源元件，即分别在 U4 和 U5 的 7 脚上放置+VCC 电源，在 U4 和 U5 的 4 脚上放置–VCC 电源，没有放置电源和接地的图形如图 3-45 所示，为排列元件后的图形。

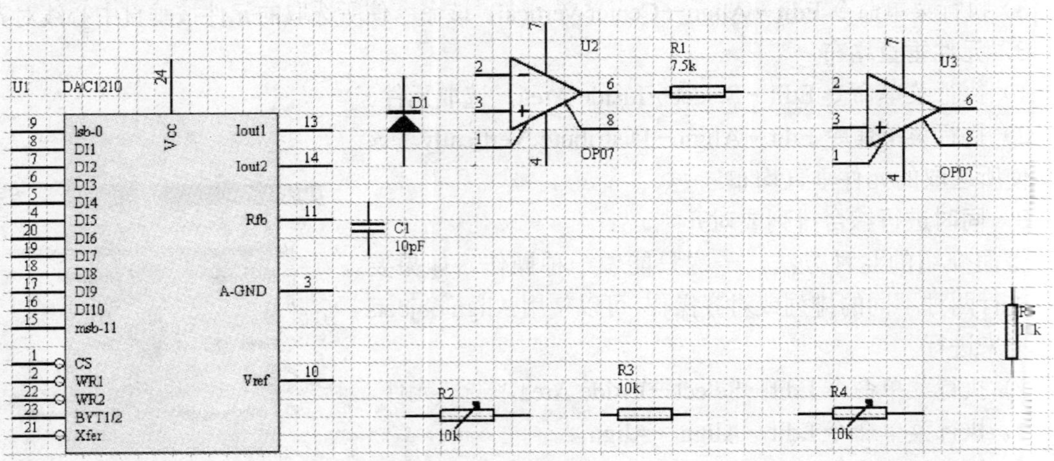

图 3-45 放置电源元件前的图形

VCC 电源与 GND 接地有别于一般的电气元件。它们必须通过菜单命令 Place→Power Port、Power Objects 工具栏或原理图布线工具栏上的按钮来调用，这时编辑窗口中会有一个随鼠标指针移动的电源符号，按〈Tab〉键，将会出现如图 3-46 所示的 Power Port

对话框，或者在放置了电源元件的图形上，双击电源元件或使用快捷菜单的 Properties 命令，也可以弹出 Power Part 对话框。

在对话框中可以编辑电源属性，在 Net 栏中修改电源符号的网络标号，在 Style 栏中修改电源类型。当前符号的放置角度（Orientation）为 0 Degrees（即 0° ），这和平时绘制电路图的习惯不太一样，因此在实际应用中常把电源对象旋转 90° 放置，而接地对象通常旋转 270° 放置。电源与接地符号在 Style 下拉列表框中有多种类型可供选择，如图 3-47 所示。

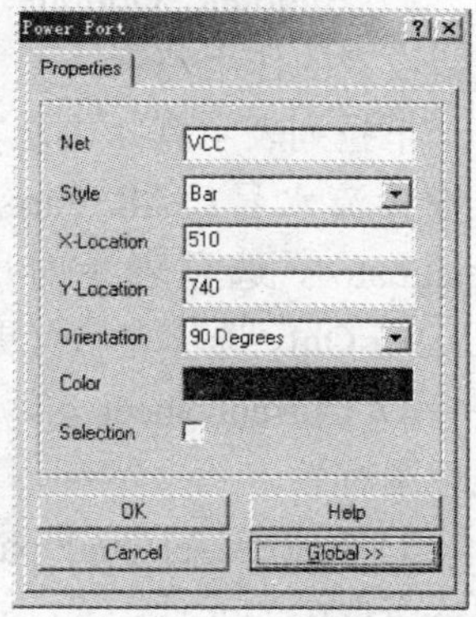

图 3-46 “Power Port”对话框

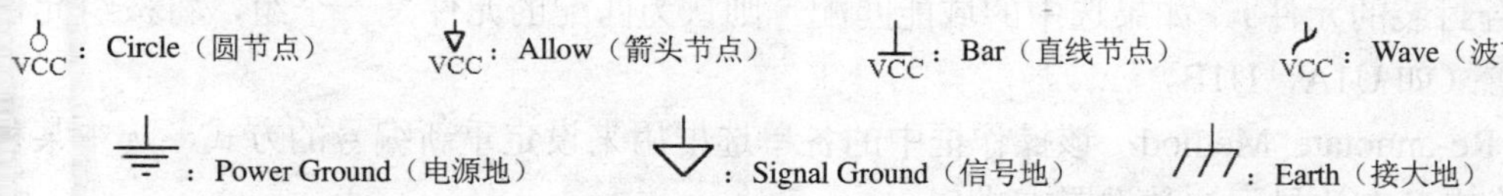

图 3-47 电源的类型

现在可以使用上面介绍的方式放置电源和接地，并分别修改电源元件的颜色、类型和数值，颜色设定为传统的棕红色。电源网络标号设置为 VCC，方位均为 90° ；–VCC 的方位为 270° 。图形类型仍然选择 Bar 结构，放置了电源元件后的图形如图 3-48 所示。

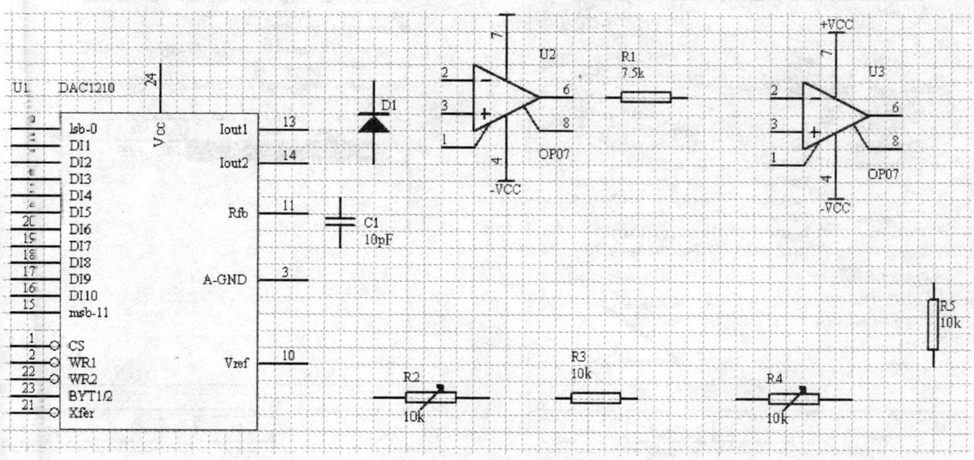

图 3-48 放置电源元件后的图形

3.7 更新元件流水号

绘制完电路图后，有时候需要将电路图中的元件进行重新编号，即设置元件流水号，这可以通过菜单 Tools→Annotate 命令来实现（如图 3-49 所示），这项工作由系统自动进行。执行此命令后，会出现如图 3-50 所示的“标注设置”对话框，在该对话框中，可以设置重新编号的方式。下面简单介绍“标注设置”对话框各操作选项。

1）Annotate Options：该操作框的各操作项主要用来设定流水号重新设置的作用范围。

下拉列表中有 4 个选项：?Parts 选项表示只对有“? “号的元件重新设置流水号；All Parts 选项表示对所有的元件进行编号；Reset Designators 选项表示对所有的元件复位原始状态；Update Sheets Number Only 选项表示仅更新原理图的图号。

2）Current sheet only：该复选框表示更新元件流水号仅仅对当前原理图有效。

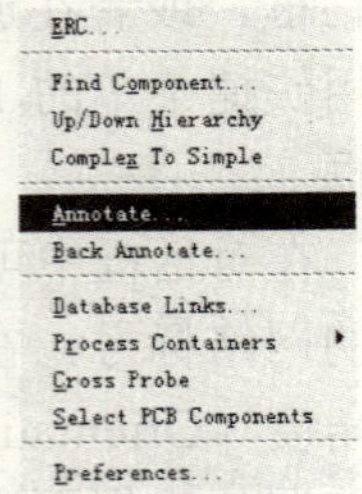

图 3-49　执行菜单命令 Tools→Annotate

3）Ignore selected parts：该复选框表示重新对元件进行编号时，忽略所选中的元件。

4）Group Parts Together If Match By：该操作框中的各复选框主要用来匹配成组的元件（也称为复合封装的元件），如果选中的域能匹配，则认为匹配的元件是一个组，将按组元件的方式设置（如 U1A，U1B，....）。

5）Re-annotate Method：该操作框中的各单选框用来设定重新编号的方式，选中某种方式后，会在其右边显示这种设置方式。

设定某选项后，单击 OK 按钮，即可自动实现原理图中元件的重新编号。如果想进一步设置编号的方式，可以进入高级设置选项卡进行设置，如图 3-51 所示。

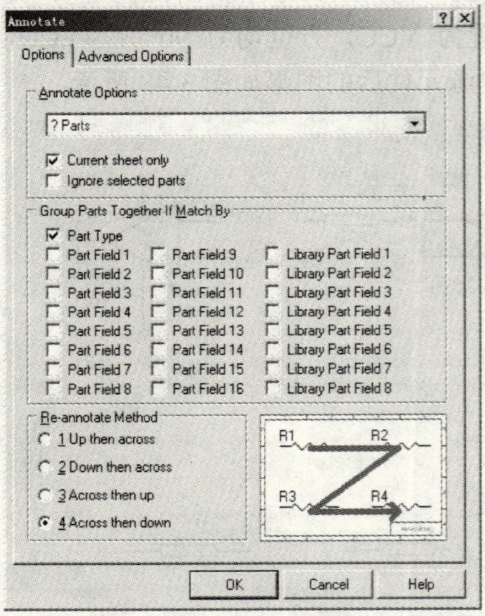

图 3-50　“标注设置”对话框

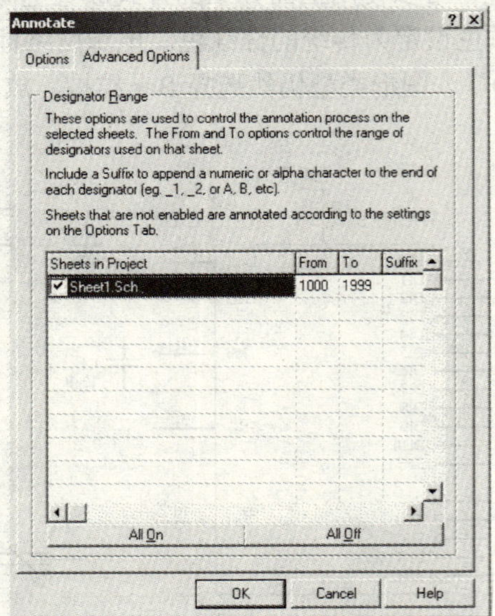

图 3-51　“Advanced Options（高级设置）”选项卡

此时，可以设置流水编号的范围，在“From”编辑框中填入起始编号，在“To”编辑框中填入结束的编号，在“Suffix”编辑框中可填入编号的后缀。

如果是一个层次原理图项目，则会在该选项卡中显示项目中的所有文件，此时可以按 All On 按钮全部选中所有需要重新编号的文件，All Off 为不选择任何采用这种方式的文件。

设定了起始编号和结束编号，并执行了重新编号后，元件的流水号将限制在这个范围内。

注意：如果重新编号后，感觉不满意，可以恢复原来的编号，此时只要执行 Tools→Back

Annotate 菜单命令即可。

3.8 放置电路方块图

电路方块图（Sheet Symbol）是层次式电路设计不可缺少的组件。层次式电路设计将在以后的章节里详细介绍。

简单地说，电路方块图就是设计者通过组合其他元器件，自定义的一个复杂的元器件。这个复杂的元器件在图纸上用简单的方块图来表示，至于这个复杂的元器件由哪些元件组成，内部的接线又如何，可以由另外一张电路图来详细描述。这和元件图是非常相似的，在前面介绍设置元件属性对话框时（见图 3-9），介绍过 Attributes 选项卡中的 Sheet Path 选项。它的功能是指定该元器件内部电路图所在的文件，只是对于标准化元器件，普通用户很少去关心其内部电路图罢了。

因此，元器件、自定义元器件、电路方块图没有本质上的区别，大致可以将它们等同看待。下面介绍放置电路方块图的方法。

1. 执行放置电路方块图命令

执行放置电路方块图的方式有两种：

- 使用鼠标单击电路图工具栏里的图标。
- 使用鼠标选择菜单 Place→Sheet Symbol 命令。

2. 放置电路方块图

执行放置电路方块图命令后，光标变成十字形状，在电路方块图的一角，单击鼠标，再将光标移到方块图的另一角，即可展开一个区域，再单击鼠标，即可完成该方块图的放置。单击鼠标右键，即可退出放置电路方块图的状态。绘制的电路方块图如图 3-52 所示。

3. 编辑电路方块图属性

在放置电路方块图的状态下，按〈Tab〉键，即可打开如图 3-53 所示的电路方块图属性对话框，或者放置了电路方块图后，可以使用鼠标双击元件，或者选中元件后再单击鼠标右键，从弹出的快捷菜单中选择执行 Properties 命令。

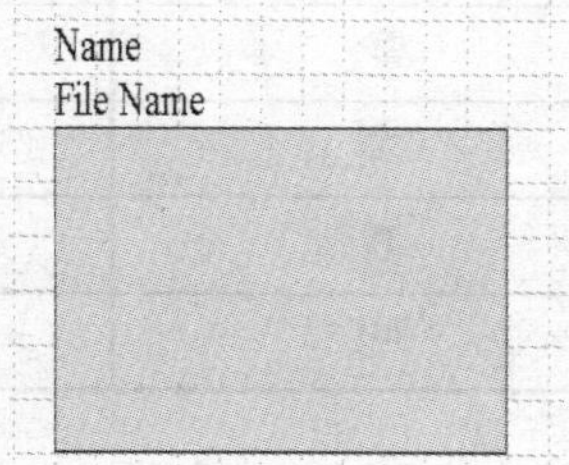

图 3-52　绘制电路方块图

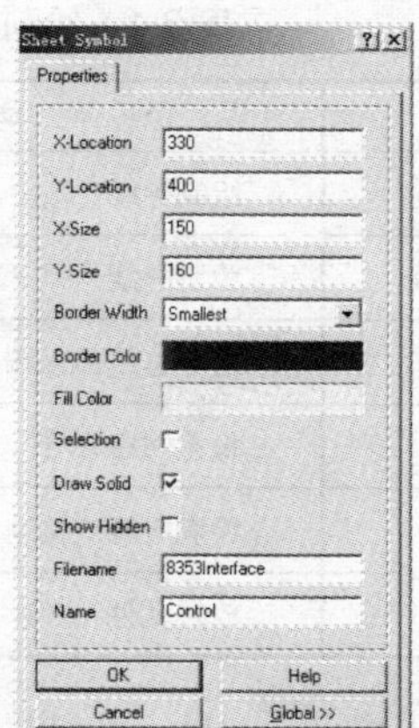

图 3-53　电路方块图属性

该对话框中共有 12 个设置项，其中 X-Location、Y-Location、Fill Color 和 Selection 设置项与设置网络标号属性对话框的相应选项操作一样。下面将介绍其他 8 个设置项。

1）Border Width：选择项的功能是选择电路方块图边框的宽度。单击 Border Width 选择项右侧的下拉按钮，共有 4 种边线的宽度，即最细（Smallest）、细（Small）、中（Medium）和粗（Large）。

2）X-Size：设置项的功能是设置电路方块图的宽度。

3）Y-Size：设置项的功能是设置电路方块图的高度。

4）Border Color：设置项的功能是设置电路方块图的边框颜色。

5）Draw：选项的功能是设置电路方块图内是否要填入 Fill Color 所设置的颜色。

6）Show：复选框选中后，可以显示一些关于电路方块图的辅助信息。

7）Filename：设置项的功能是设置电路方块图所对应的文件名称，它与元件编辑对话框内的 Sheet 设置项类似。

8）Name：设置项的功能是设置电路方块图的名称。

下面对如图 3-52 所示的电路方块图进行修改设置，Fill Color（填充颜色）不变；Name 修改为 D/A Circuit；Filename 修改为 Board1。修改后的电路方块图如图 3-54 所示。

另外，Name 和 Filename 属性还可以直接对其进行属性操作，可以单独选取它们，然后在其属性对话框中修改。

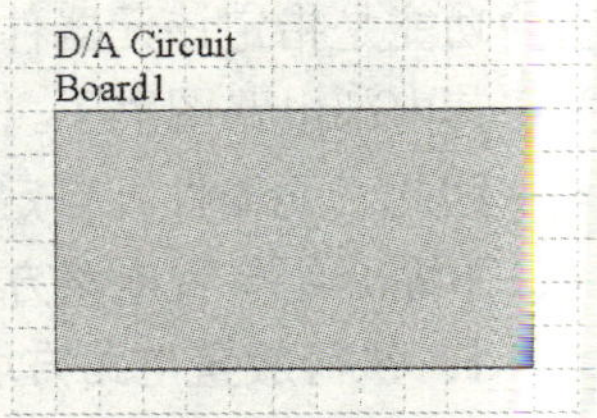

图 3-54　修改方块图属性后的图形

3.9　原理图的电气连接

Protel 99 SE 提供了三种方法来进行原理图的绘制以及电气连接。

1. 利用原理图布线工具栏

用鼠标单击原理图布线工具栏（Wiring Tools）中的各个按钮，可以选择适当的工具。原理图布线工具栏的各个按钮如图 3-55 所示。

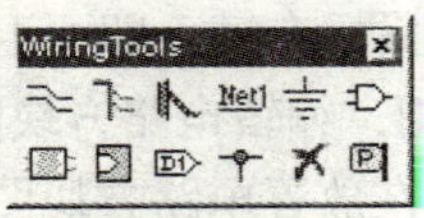

图 3-55　原理图布线工具栏

表 3-1 介绍了工具栏中各个按钮的功能。

表 3-1　绘制原理图工具栏的按钮及其功能

按　钮	功　能	按　钮	功　能
	绘制导线		放置电路方块图
	绘制总线		放置电路方块图进出点
	绘制总线出入端口		放置输入/输出端口
	设置网络标号		放置节点
	绘制电源或接地端口		放置 ERC 测试点
	放置元件		放置 PCB 布线指示

2. 利用菜单命令

选择 Place 菜单下的各选项，这些选项与上面绘制原理图工具栏上的各个按钮相对应。

只要选取相应的菜单命令就可以绘制原理图。

3. 利用快捷键

对于菜单中的每一个命令，其右边都有一个带下划线的字母，该字母就是对应菜单的字母缩写。按住〈Alt+P〉键，再按对应的每个命令的下划线字母，就可执行该命令，这些按键也被称为功能键。

3.9.1 画导线

导线是原理图中最重要的图元之一。绘制原理图工具中的导线具有电气连接意义，它不同于画图工具中的画线工具，后者没有电气连接意义。

1. 执行画导线命令

执行画导线（Wire）命令最常用的方法有如下两种：

- 单击绘制原理图工具栏内的≈图标。
- 单击菜单 Place→Wire 命令。

2. 画导线步骤

执行画导线命令后，光标变成十字形状，表示系统处于画导线状态。

画导线的步骤如下：

1）将光标移到所画导线的起点，单击鼠标左键，再将光标移动到下一点或导线终点，再单击鼠标左键，即可绘制出第一条导线。以该点为新的起点，继续移动光标，绘制第二条导线。

2）如果要绘制不连续的导线，可以在完成前一条导线后，单击鼠标右键或按〈ESC〉键，然后将光标移动到新导线的起点，单击鼠标左键，再按前面的步骤绘制另一条导线。

3）画完所有导线后，连续单击鼠标右键两次，即可结束画导线状态，光标由十字形状变成箭头形状。

在绘制电路图的过程中，按空格键可以切换画导线模式。Protel 99 SE 中提供 3 种画导线方式，分别是直角连线、45°连线、任意角度连线。绘制的导线如图 3-56 所示。

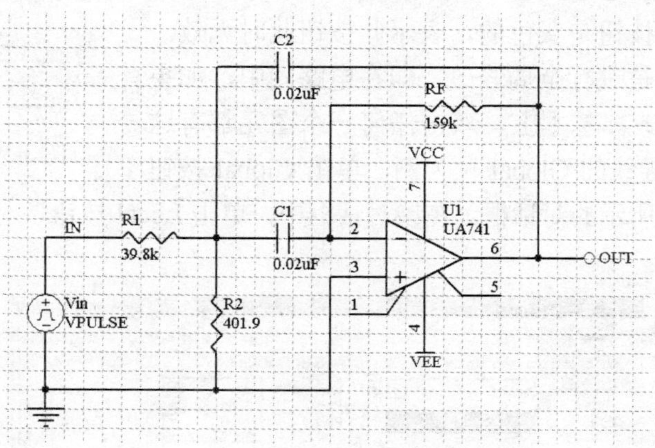

图 3-56 绘制的导线

3 导线属性对话框的设置

在画导线状态下，按〈Tab〉键，即可打开“导线属性”对话框，进行导线设置，如

图 3-57 所示。其中有几项设置，分别介绍如下。

（1）Wire Width 项设置

Wire Width 项用于设置导线的宽度，单击 Wire Width 项右边的下拉箭头，即可打开如图 3-58 所示的下拉列表，列表中有 4 个选项可供选择，即 Smallest、Small、Medium 和 Large，分别对应最细、细、中和粗导线。

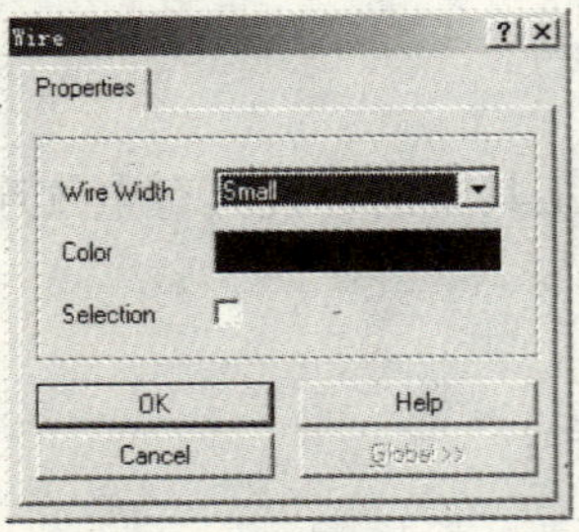

图 3-57 “Wire（导线属性）”对话框

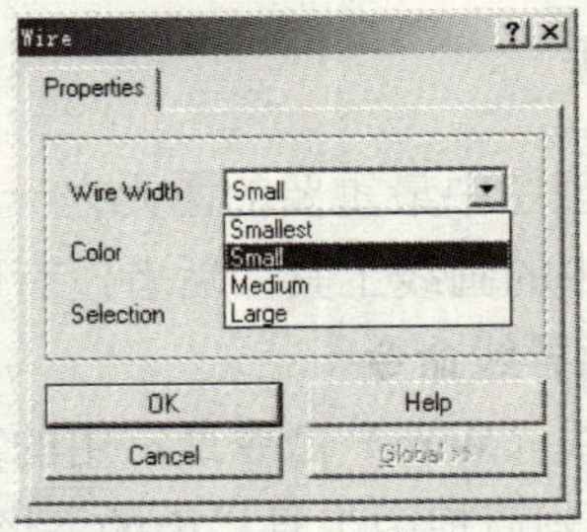

图 3-58 设置导线宽度

（2）Color 项设置

Color 项用于设置导线的颜色。单击 Color 项右边的色块后，屏幕会出现如图 3-59 所示的对话框。它提供了 238 种预设颜色，选择所要的颜色，单击 OK 按钮，即可完成导线颜色的设置。也可以单击图 3-59 所示对话框中的 Define Custom Colors 按钮，选择自定义颜色。

（3）Selection 项设置

Selection 项的功能是设定画完导线后，该导线是否处于被选取状态。如果选中此项，那么画完导线后，该导线处于被选取状态，导线颜色为黄色。

（4）Global 按钮

选中一条导线，双击鼠标也可打开导线属性对话框。值得注意的是，在画导线状态下，按〈Tab〉键，在打开的导线属性对话框中的 Global 按钮是灰色的，表示此按钮此时无效。

Global 项的功能是进行全局修改，即在电路图中，如果有同类的元件也一起更改。基本上，双击任何一个图元都有这一项全局修改功能。以导线的 Global 项为例，单击 Global 按钮，

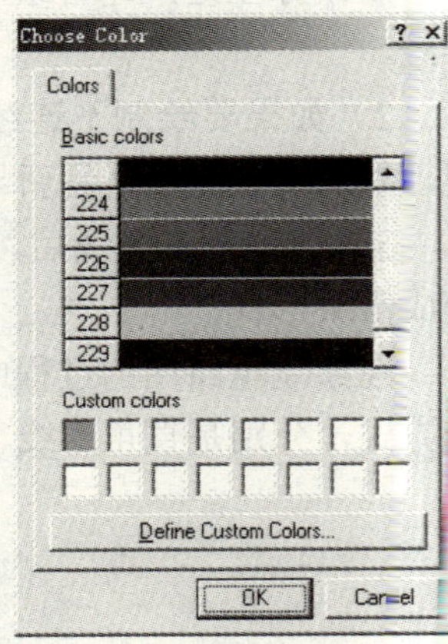

图 3-59 “设置颜色”对话框

屏幕会出现如图 3-60 所示的对话框。在该对话框中，单击 Local 按钮，对话框又会回到图 3-57 所示的对话框。

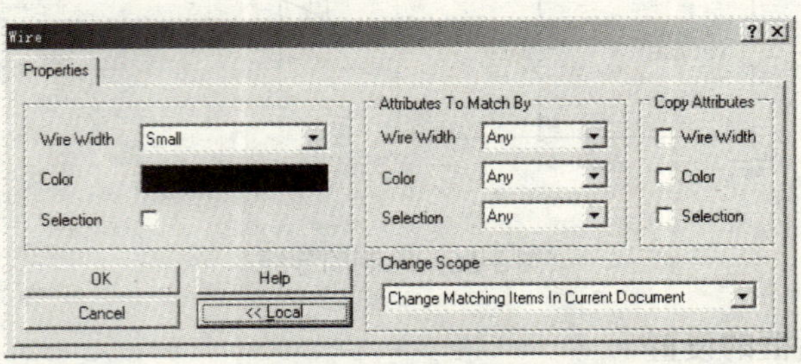

图 3-60 单击 Global 按钮打开后的对话框

图 3-60 与图 3-57 相比，多出了 3 个设置区域，即 Attributes To Match By、Copy Attributes 和 Change Scope。

1）Attributes To Match By 区域的功能是设定符合全局修改的条件，包括以导线粗细（Wire Width 项）为筛选条件、以导线颜色（Color 项）为筛选条件和以导线是否为选择状态（Selection 项）为筛选条件。它们的右边各有一个下拉按钮，其中的选项是完全一样的，即包括 Any（不管什么条件都符合全局修改条件）、Same（只有完全一样才符合全局修改条件）、Different（不一样的选项才符合全局修改的条件）。

2）Copy Attributes 区域的功能是设定所要全局修改的对象，包括 Wire Width 项（将符合条件的导线改为本对话框所设定的导线粗细）、Color 项（将符合条件的导线改为本对话框所设定的导线颜色）和 Selection 项（将符合条件的导线改为本对话框所设定的选取状态）。

3）Change Scope 区域的功能是设定全局修改的范围，其下拉列表中包括以下 3 项：

- Change This Item Only：设定全局修改的范围为本元件。
- Change Matching Items In Current Document：设定全局修改的范围为目前正在编辑的元件图。
- Change Matching Items In All Document：设定全局修改的范围为目前所有已打开的元件图。

3.9.2 设置网络标号

网络标号具有实际的电气连接意义，具有相同网络标号的导线在图上不管是否连接在一起，都被视为同一条导线。

通常在以下场合使用网络标号：

1）简化电路图。在连接线路比较远或线路过于复杂而使连线困难时，为了简化电路图，可利用网络标号代替实际连线。

2）连接时表示各导线间的连接关系。通过总线连接的各个导线必须标上相应的网络标号，才能达到电气连接的目的。

3）层次式电路或多重式电路。在这些电路中表示各个模块电路之间的连接。

1．执行放置网络标号命令

执行放置网络标号（Net Label）主要有两种方法：

- 使用鼠标单击电路图工具栏中的 Net1 图标。
- 使用鼠标选择菜单 Place→Net Label 命令。

2．放置网络标号的步骤

放置网络标号的步骤如下：

1）执行放置网络标号命令后，将光标移到放置网络标号的导线或总线上，此时光标上会产生一个小圆点，表示光标已捕捉到该导线，单击鼠标，即可正确地放置一个网络标号。

2）将光标移到其他需要放置网络标号的地方，继续放置网络标号。单击鼠标右键，可结束放置网络标号状态。

在放置过程中，如果网络标号的头和尾是数字，则这些数字会自动增加。如现在放置的网络标号为 D0，则下一个网络标号自动变为 Dl；同样，如果现在放置的网络标号为 1A，则下一个网络标号自动变为 2A，如图 3-61 所示，即为顺序放置网络标号的电路图部分。

3. 设置网络标号属性对话框

在放置网络标号的状态下，如果要编辑所要放置的网络标号，按〈Tab〉键即可打开“网络标号属性”对话框，如图 3-62 所示。其中的 Color 项和 Selection 项与导线属性对话框内的有关设置相同，这里不再叙述。其余各个设置项功能说明如下：

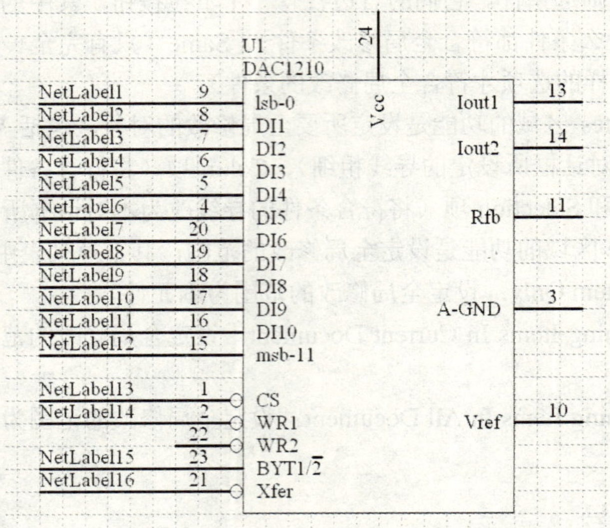

图 3-61　放置网络标号的图形

1）Net 设置项：设置网络标号。

2）X-Location 设置项：设置网络标号所放位置的 X 坐标值。

3）Y-Location 设置项：设置网络标号所放位置的 Y 坐标值。

4）Orientation 设置项：设置网络标号放置的方向。单击该选项右边的下拉按钮，即可打开下拉列表。其中包括 4 个选项，即 0 Degrees、90 Degrees、180 Degrees 和 270 Degrees，分别表示网络标号的放置方向为 0°、90°、180°和 270°。但一般不在对话框内设置网络标号的方向，而是在放置网络标号的状态下，通过按空格键来设置网络标号合适的放置方向。

5）Font 设置项：设置所要放置文字的字体，单击 Change 按钮，会出现设置字体对话框。

6）Global 设置项：选中一个网络标号，双击鼠标也可打开网络标号属性对话框，单击 Global 按钮，即可进入全局修改或设置，如图 3-63 所示。其中的设置基本与导线的全局设置类似，这里仅介绍几项特殊的设置。

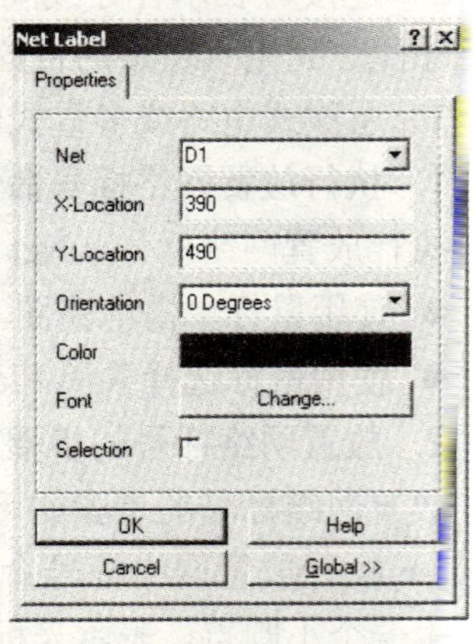

图 3-62　“网络标号属性”对话框

在 Attributes To Match By 区域中的 Wild card 设置项内，填入“*”表示不管电路图中其他的网络标号是什么，都符合全局修改条件。也可以指定某个特定网络标号，表示整个电路图中所有同名的网络标号都符合全局修改条件。

Copy Attributes 区域中，“{}”用以指定如何修改。例如，要将已放置在电路图中的 Net1、Net2、Net3、…网络标号更改为 D1、D2、D3、…，那么在 Wild card 设置项中填入

"Net*"，在 Copy Attributes 区域中填入"{Net=D}"，最后单击 OK 按钮，即可完成网络标号的全局修改。

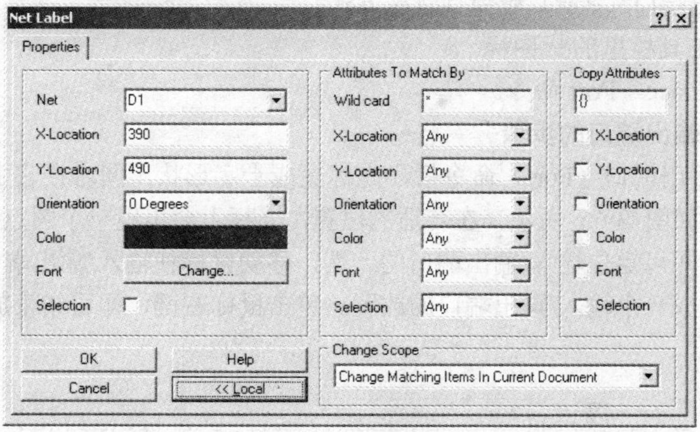

图 3-63　网络标号修改对话框

在图 3-61 中，由于已经放置了网络标号，现在可以对各网络名进行属性编辑，可以逐个修改各个网络名，也可以使用全局修改的方式来实现。可以在 Wild card 编辑框中输入 NetLabel*，而在 Copy Attributes 区域输入{NetLabel=D}，然后单击属性修改对话框的 OK 按钮，即实现所有 NetLabel*前面的字符的修改。然后对 D9、D10、D11 和 D12 进行相应的修改。修改后的网络如图 3-64 所示。

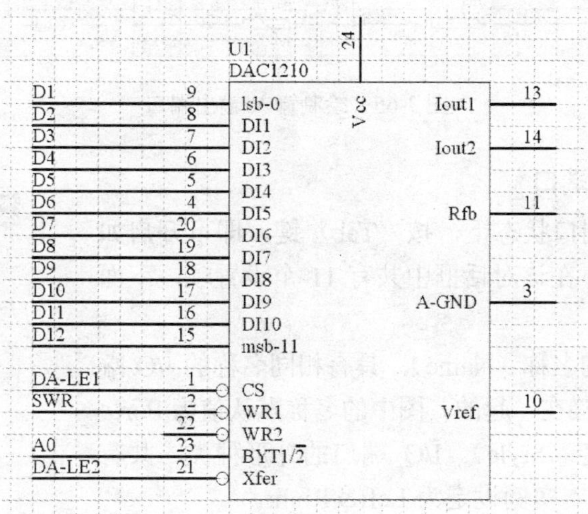

图 3-64　修改所放置的网络名后的图形

3.9.3　放置输入/输出端口

在设计电路图时，一个网络与另外一个网络的连接，可以通过实际的导线连接，也可以通过放置网络标号使两个网络具有相互连接的电气意义。另外，放置输入/输出点，也能实现两个网络的连接；相同名称的输入/输出端口，也可以认为在电气意义上是连接的。输入/

输出端口也是层次图设计中常用的电气连接组件。

1．执行输入/输出端口命令

执行输入/输出端口（Port）命令有两种方式：

- 单击电路工具栏里的图标。
- 选择菜单 Place→Port 命令。

2．放置输入/输出端口的步骤

在执行输入/输出端口（Port）命令后，光标变成十字形状，同时在它上面出现一个输入/输出端口的图标，如图 3-65 所示。在合适的位置，光标上会出现一个圆点，表示此处有电气连接点。单击鼠标即可定位输入/输出端口的一端，移动鼠标使输入/输出端口的大小合适，再单击鼠标，即可完成一个输入/输出端口的放置。单击鼠标右键，即可结束放置输入/输出端口的状态。

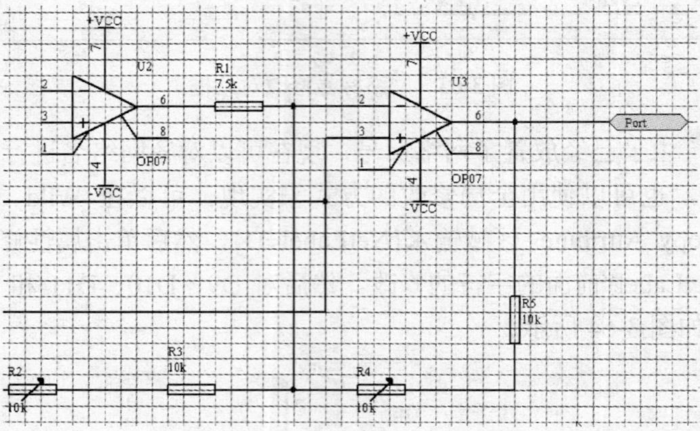

图 3-65　绘制输入/输出端口

3．设置输入/输出端口

在放置输入/输出端口状态下，按〈Tab〉键，即可开启如图 3-66 所示的对话框。在该对话框中共有 11 个设置项，下面介绍几个主要的选项。

1）定义 I/O 端口的名称（Name）。具有相同名称的 I/O 端口的线路在电气上是连接在一起的。图中的名称默认值为 Port。

2）端口外形的设定（Style）。I/O 端口的外形种类一共有 8 种，如图 3-67 所示。本实例设定为 Left＆Right。

3）设置端口的电气特性（I/O Type）。设置端口的电气特性也就是对端口的 I/O 类型设置，它会对电气法则测试（ERC）提供一些依据。例如，当两个同属 Input 输入类型的端口连接在一起的时候，用电气法则检测时，会产生错误报告。端口的类型设置有以下 4 种：

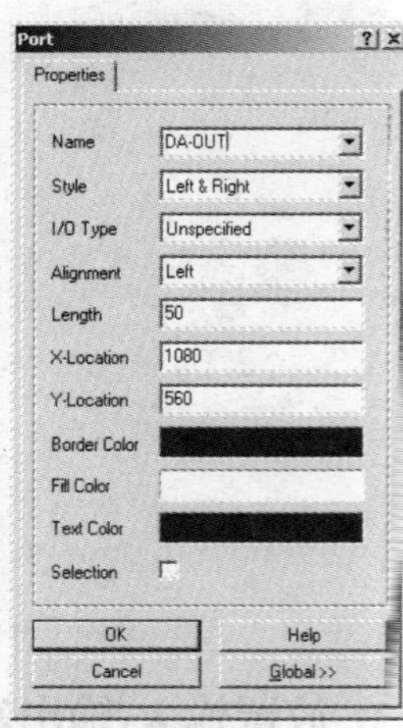

图 3-66　“端口属性”对话框

- Unspecified：未指明或不确定。
- Output：输出端口型。

- Input：输入端口型。
- Bidirectional：双向型。

4）设置端口的形式（Alignment）。端口的形式与端口的类型是不同的概念，端口的形式仅用来确定 I/O 端口的名称在端口符号中的位置，而不具有电气特性。端口的形式共有 3 种：Center、Left 和 Right。

其他项目的设置包括 I/O 端口的宽度、位置、边线的颜色、填充颜色、及文字标注的颜色等。这些用户可以根据自己的要求来设置。

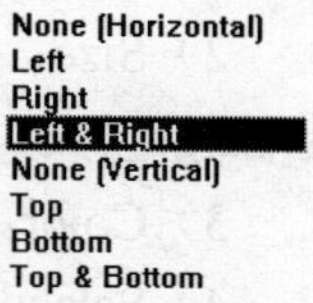

图 3-67　端口外形

下面对图 3-65 所示的端口进行修改设置：Name（名称）修改为 DA-OUT；Style（端口的外形）为 Left＆Right；I/O Type（I/O 类型）修改为 Output（输出型端口）；Alignment（名称布置）为 Center（中心）；Length（长度）为 50；其他不变。修改后的端口如图 3-68 所示。

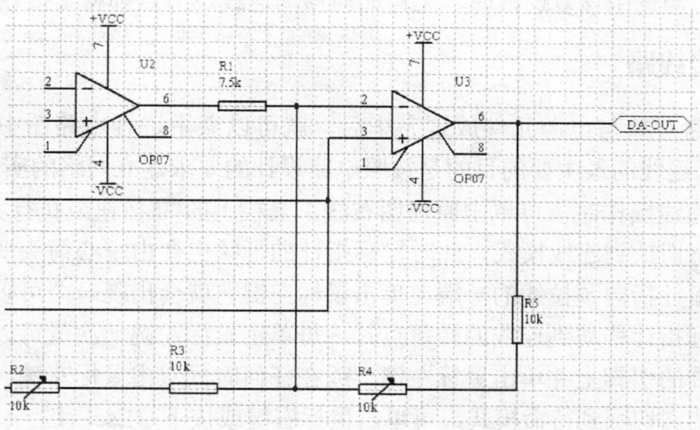

图 3-68　修改输入/输出端口属性后的电路图

3.9.4　放置节点

在某些情况下，Schematic 会自动在连线上加上节点（Junction）。但是，通常许多节点需要手动添加，譬如，默认情况下，十字交叉的连线是不会自动加上节点的，如图 3-69 所示。节点是具有电气意义的连接。

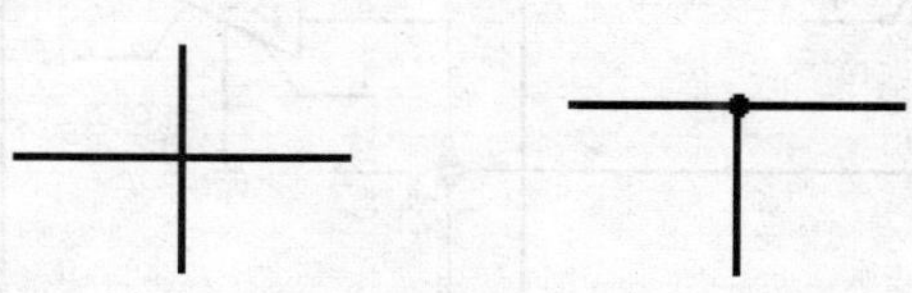
图 3-69　连接类型

若要自行放置节点，可单击原理图布线工具栏上的按钮或执行菜单命令 Place→Junction，将编辑状态切换到放置节点模式，此时鼠标指针会由空心箭头变为大十字形状，并且中间有一个小黑点。这时，只需将鼠标指针指向欲放置节点的位置上，然后单击鼠标左键即可。要将编辑状态切换回待命模式，可单击鼠标右键或按下〈Esc〉键。

在节点尚未放置到图纸中之前按下〈Tab〉键或是直接在节点上双击鼠标左键，可打开如图 3-70 所示的 Junction 对话框。Junction 对话框包括以下选项：

1）X-Location、Y-Location。节点中心点的 X 轴、Y 轴坐标。

2）Size：选择节点的显示尺寸，用户可以选择节点的尺寸为 Large（大）、Medium（中）、Small（小）或 Smallest（最小）。

3）Color。选择节点的显示颜色。

4）Selection。切换选取状态。

5）Locked。设置是否锁定显示位置。当没有选中该复选框时，如果原先的连线被移动以至于无法形成有效的节点时，本节点将自动消失；当选中该复选框时，无论如何移动连线，节点都将维持在原先的位置上。

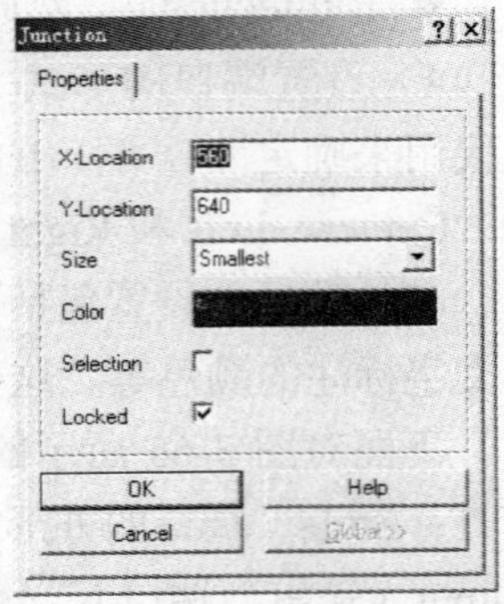

图 3-70 “Junction”对话框

3.9.5 电气连接线路

当所有的电路对象与电源元件放置完毕后，就可以着手进行电路图中各对象间的连线（Wiring）操作。连线的最主要的目的是按照电路设计的要求建立网络的实际连通性。

要进行电气连线操作时，可单击原理图布线工具栏上的≈按钮或执行菜单命令 Place→Wire，将编辑状态切换到连线模式，此时鼠标指针的形状也会由空心箭头变为大十字形状。这时只需将鼠标指针指向预拉线的一端，单击鼠标左键，就会出现一个可以随鼠标指针移动的预拉线，当鼠标指针移动到连线的转弯点时，每单击鼠标左键一次就可以定位一次转弯。当拖动虚线到元件的引脚上并单击鼠标左键，或在任何时候双击鼠标左键，就会终止该次连线。若想将编辑状态切回到待命模式，可单击鼠标右键或按下〈Esc〉键。

当预拉线的指针移动到一个可建立电气连接的点时（通常是元件的引脚或先前已拉好的连线），十字指针的中心将出现一个黑点，如图 3-71 所示，提示设计者在当前状态下单击鼠标左键就会形成一个有效的电气连接。

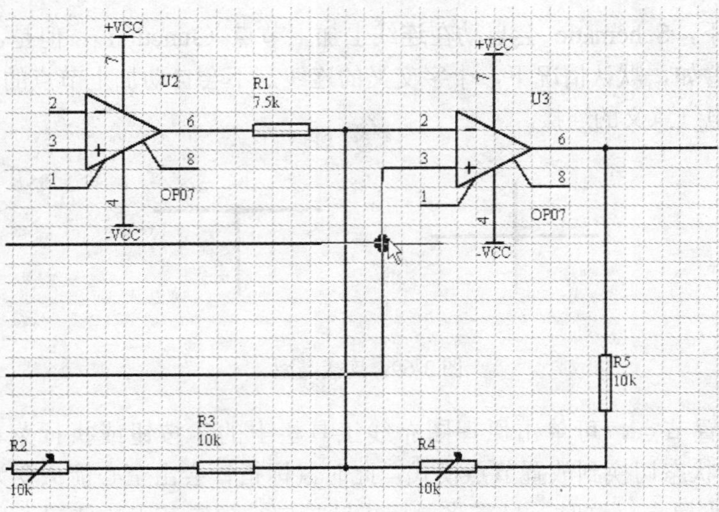

图 3-71　连接线路

3.10 总线和总线出入端口

3.10.1 画总线

所谓总线（Bus），是指一组具有相关性的信号线。在 Schematic 中，总线是为了符合人们绘制电路图的习惯而存在的，其目的仅是为了简化连线的表现方式。总线本身并没有任何实质上的电气意义。也就是说，尽管在绘制总线时会出现热点，而且在拖动操作时总线也会维持其原先的连接状态，但这并不表明总线就真的具有电气性质的连接。总线与总线出入端口的示意图如图 3-72 所示。

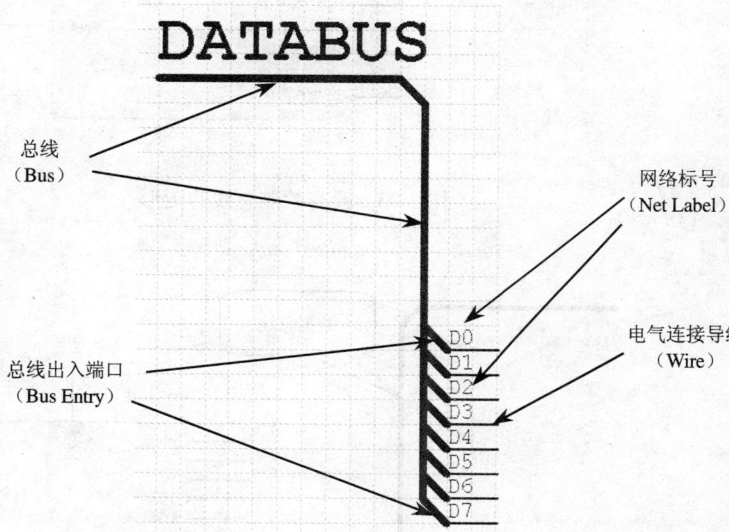

图 3-72　总线与总线出入端口

习惯上，连线应该使用总线出入端口（Bus Entry）符号来表示与总线的连接。但是，总线出入端口同样也不具备实际的电气意义。所以通过 Edit→Select→Net 菜单命令来选取网络时，总线与总线出入端口并不呈现高亮显示。

在总线中，真正代表实际的电气意义的是通过线路标签与输入/输出端口来表示的逻辑连通性。通常，线路标签名称应该包括全部总线中网络的名称，例如，A（0～10）就代表名称为 A0～A10 的网络。假设总线连接到输入/输出端口时，这个总线必须在输入/输出引脚上终止才行。

绘制总线可用电路绘制工具栏上的按钮或通过菜单命令 Place→Bus 来实现，总线的属性设置与导线的设置相同，这里不再讲述。

假设没有绘制数据总线的电路图如图 3-73 所示，下面就在该图形的基础上绘制数据总线。

其绘制方法是：执行菜单命令 Place→Bus 或从 Wiring Tools 工具栏中选择，然后在图形屏幕上绘制数据总线，绘制的位置可以根据要求确定，如果位置不合适，可以手动调整。绘制数据总线后的图形如图 3-74 所示。

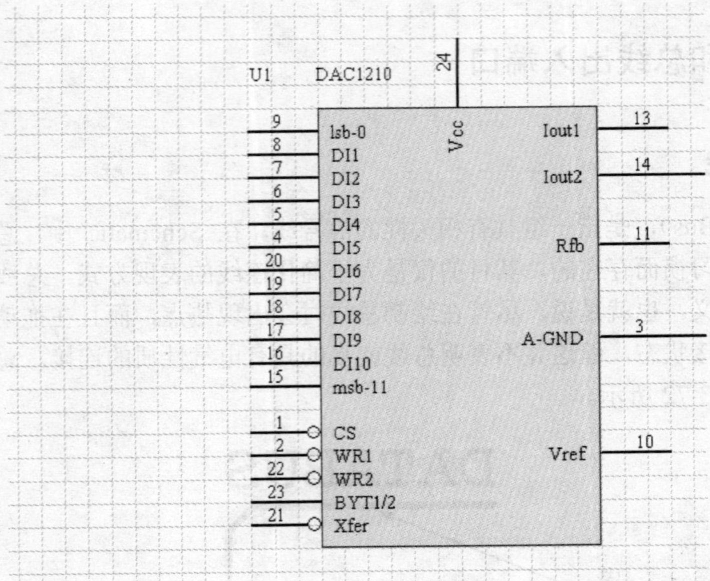

图 3-73 没有绘制总线的图形

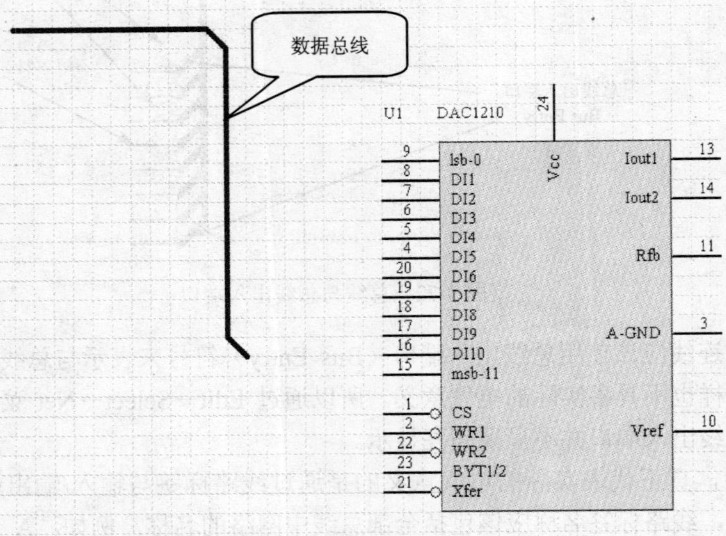

图 3-74 绘制数据总线后的图形

3.10.2 画总线出入端口

总线出入端口（Bus Entry）是单一导线进出总线的端点，如图 3-72 所示。总线出入端口没有任何实际的电气连接意义，使用它的目的是为了使电路看上去更具有专业水准。因此，有没有总线出入端口，与电气连接没有任何关系。

1．执行画总线出入端口命令

执行画总线出入端口命令的方法有如下两种：

● 单击电路图工具栏内的图标。

● 单击菜单 Place→Bus Entry 命令。

2．画总线出入端口的步骤

执行画总线出入端口命令后，光标变成十字形状，同时上面有一段 45°或 135°的线，表示系统处于画总线出入端口状态，如图 3-75 所示。

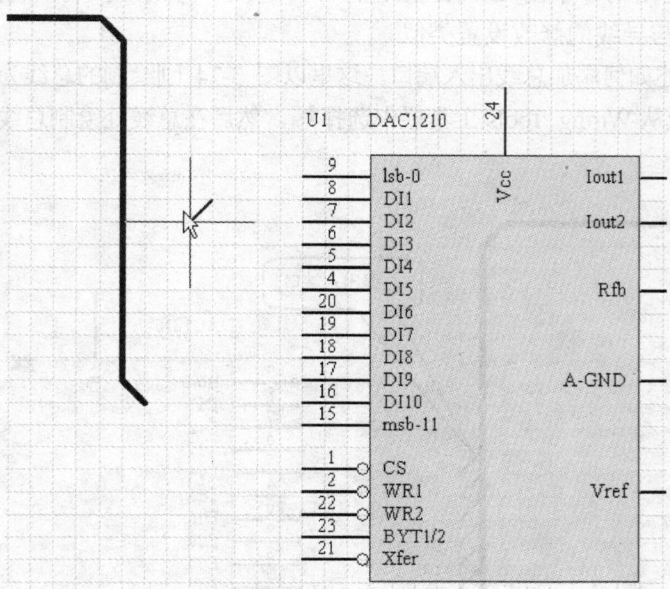

图 3-75 放置总线出入端口

画总线出入端口的步骤如下：

1）将光标移到所要放置总线出入端口的位置，光标上会出现一个圆点，表示移到了合适的放置位置，单击鼠标左键，可完成一个总线出入端口的放置。

2）画完所有的总线出入端口后，单击鼠标右键，即可结束画总线出入端口的状态，光标由十字形状变成箭头形状。

在绘制电路图的过程中按空格键，总线出入端口的方向将逆时针旋转 90°；按〈X〉键，总线出入端口左右翻转；按〈Y〉键，总线出入端口上下翻转。

3．总线出入端口属性对话框的设置

在放置总线出入端口状态下，按〈Tab〉键，即可进入“总线出入端口属性”对话框，如图 3-76 所示。其中有三项设置与导线对话框中的有关设置相同，即 Line Width 相当于导线对话框中的 Wire Width 项，Color 和 Selection 选项与导线对话框中的 Color 和 Selection 选项完全一样。

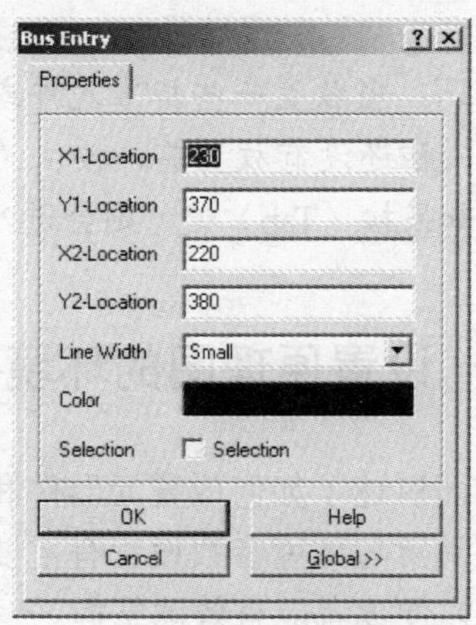

图 3-76 “Bus Entry（总线出入端口属性）”对话框

图 3-76 中的其他 4 项说明如下：

1）X1-Location。设置总线出入端口中第一个点的 X 轴坐标值。

2）Y1-Location。设置总线出入端口中第一个点的 Y 轴坐标值。

3）X2-Location。设置总线出入端口中第二个点的 X 轴坐标值。

4）Y2-Location。设置总线出入端口中第二个点的 Y 轴坐标值。

双击已绘制完毕的总线出入端口，也可以进入“总线出入端口属性”对话框，此时，其中的 Global 项是可用的。单击 Global 按钮，即可进入“总线出入端口属性”对话框的全局设置，其中的设置与导线的修改设置类似。

现在以实例讲述如何添加总线出入端口。这里以图 3-74 刚绘制的总线为例，执行菜单命令 Place→Bus Entry 或从 Wiring Tools 工具栏中选择 ，然后在总线处绘制总线出入端口线。结果如图 3-77 所示。

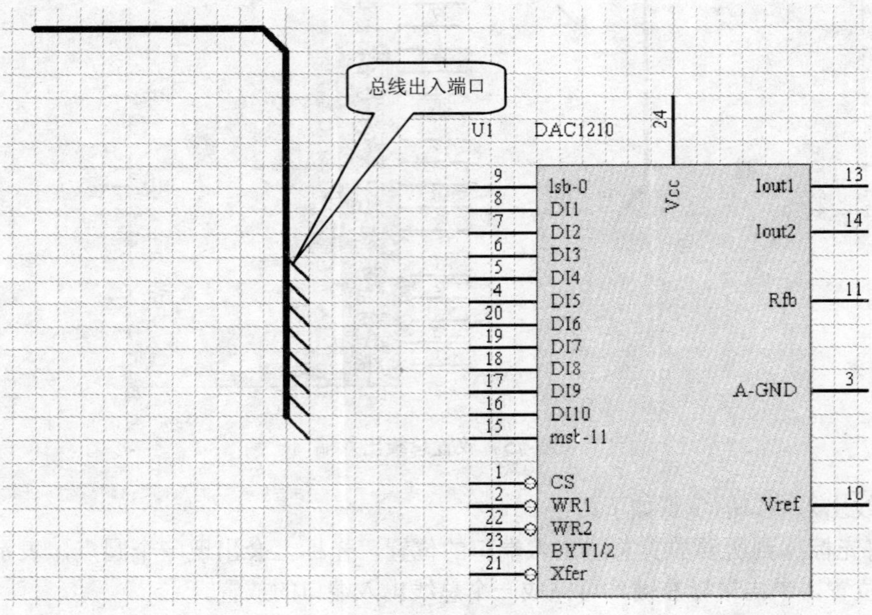

图 3-77　绘制了总线出入端口后的图形

技巧：当放置一些标准元件或图形时，可以在绘制前调整位置，调整的方法为：在选择了元件，但还没有放置前，按住〈Space〉键，即可旋转元件，此时可以选择需要的角度放置元件。如果按〈Tab〉键，则会进入元件属性对话框，用户也可以在属性对话框中进行设置。

3.11　设置原理图的环境参数

前面讲述了如何放置元器件和基本的原理图绘制知识，但是一张原理图绘制的效率和正确性，常常与环境参数设置有重要的关系。本章特将此节安排在讲述了图形绘制基础知识后讲解，以便读者能有效地掌握。

设置原理图的环境参数可以通过执行 Tools→Preferences 命令来实现，执行该命令后，系统将弹出如图 3-78 所示的“参数设置”对话框。通过该对话框可以设置原理图环境、图形编辑环境以及默认原始状态设置等，这些设置可分别通过 Schematic 选项卡、Graphical Editing 选项卡和 Default Primitives 选项卡实现。下面分别对这三个选项卡的操作进行讲解。

3.11.1 设置原理图环境

原理图环境的设置可通过 Schematic 选项卡来实现，如图 3-78 所示，该选项卡包括 6 个设置区域。

（1）Pin Options

该设置区用于设置引脚选项，通过该操作项可以设置元件的引脚号和名称距离边界（元件的主图形）的间距。

- Pin Name Margin：在该编辑框中输入的值可以设置引脚名称距离边界的距离。
- Pin Number Margin：在该编辑框中输入的值可以设置引脚号距离边界的距离。

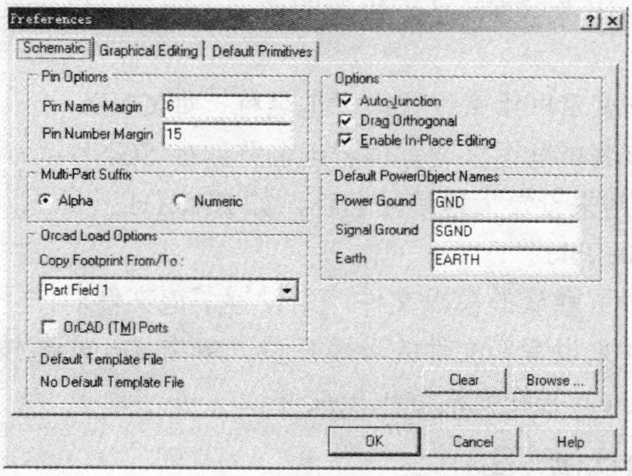

图 3-78 “Schematic”选项卡

（2）Multi-Part suffix

该设置区用于设置多元件流水号的后缀，有些元件内部是由多个元件组成的，比如 74LS04 就是由 6 个非门组成的，则通过该编辑框就可以设置元件的后缀。

- Alpha：选中该编辑框后，则后缀以字母表示，如 A、B 等，如图 3-79 所示为选中该选项时的后缀显示。
- Numeric：选中该编辑框后，则后缀以数字表示，如 1、2 等，如图 3-80 所示为选中该选项时的后缀显示。

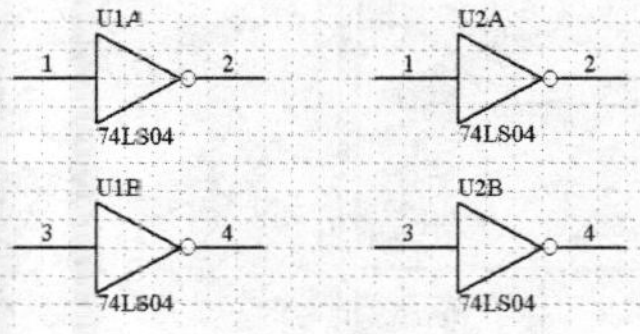

图 3-79 以字母显示后缀

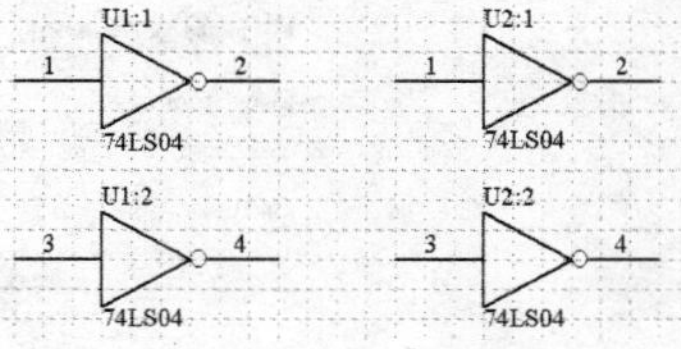

图 3-80 以数字显示后缀

（3）Orcad Load Options

该操作框设置 Orcad 加载选项，当设置了该项后，用户如果使用 Orcad 软件加载该文件时，将只加载所设置域的引脚。

（4）Options

该设置区域有三个复选框，其意义分别如下：

- Auto-Junction：选中该选项后，则用户在画导线时，就会在导线 T 字相接处自动产生节点，而“十”字相接处不会产生节点；如果没选中本选项，则在 T 字或“十”字相连接处都不会自动产生节点，用户必须手动添加节点。
- Drag Orthogonal：选中该选项后，则只能以正交方式拖动或插入元件，或者绘制图形对象，如果不选择该选项，则以环境所设置的分辨率拖动对象。
- Enable In-Place Editing：选中该选项后，用户可以实现对嵌套对象进行编辑，即可以对插入的连接对象实现编辑。

（5）Default PowerObject Names

该操作框的各操作项用来设置默认的电源的接地名称，可以分别设置电源地、信号地、地球地的默认名称。

- Power Gound：该编辑框用来设置电源地名称，如 GND。
- Signal Gound：该编辑框用来设置信号地名称，如 SGND。
- Earth：该编辑框用来设置大地信号名称，如 EARTH。

（6）Default Template File

该操作框可以用来设置默认的模板文件，当设置了该文件后，下次进行新的原理图设计时，就会调用该模板文件来设置新文件的环境变量。单击 Browse 按钮可以从弹出的对话框中选择模板文件，单击 Clear 按钮则清除模板文件。

3.11.2 设置图形编辑环境

图形编辑环境的设置可以通过 Graphical Editing（图形编辑）选项卡来实现，该选项卡如图 3-81 所示，它包括 5 个设置区域。

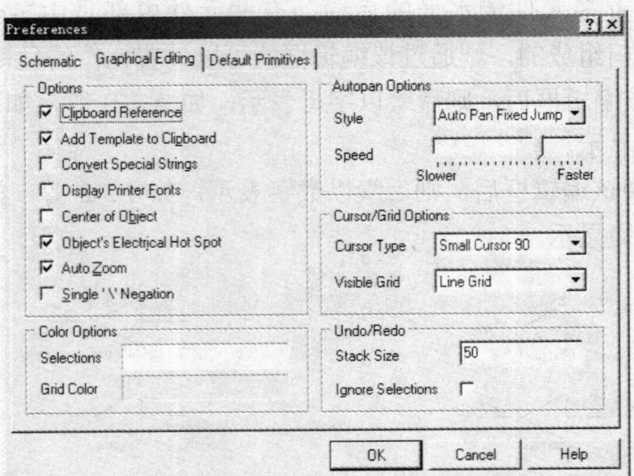

图 3-81 “Graphical Editing”选项卡

（1）Options

该设置区可以用来设置图形编辑环境的一些基本参数，分别介绍如下：

- Clipboard Reference：剪贴板参考。选中该选项后，则当用户执行 Edit→Copy 或 Cut 命令时，用户将会被要求选择一个参考点，这对于复制一个原理图部分很重要。该参考点将是粘贴时被保留部分的点。建议用户选中该选项。
- Add Template to Clipboard：添加模板到剪贴板。选中该选项后，则当用户执行 Edit→Copy 或 Cut 命令时，系统将会把模板文件添加到剪贴板。建议用户选中该选项，以便保持环境的一致性。
- Convert Special Strings：转换特殊字符串。如果选中该选项后，用户将可以在屏幕上看到特殊字符串的内容。
- Display Printer Fonts：选中该选项后，用户可以看到哪些文本可以与打印出的文本一致，因为并不是所有文本都会被输出设备所支持。
- Center of Object：选中该选项后，将可以使对象通过参考点或对象的中心进行移动或者拖动。
- Object's Electrical Hot Spot：选中该选项后，将可以通过对象最近的电气节点进行移动或拖动对象。
- Auto Zoom：如果选中该选项，则当插入元件时，原理图可以自动实现缩放。
- Single '\'Negation：选中该选项后，则可以以'\'表示某字符为非或负。

（2）Color Options

该设置区用来设置所选择的对象和栅格的颜色。

- Selectuions：该颜色设置项用来设置所选中的对象的颜色，默认为黄色。
- Grid Color：该颜色设置项用来设置栅格线的颜色，默认颜色为 213 号颜色。

（3）AutoPan Options

该设置区中各操作项用来自动移动参数，即绘制原理图时，常常要平移图形，通过该操作框可设置移动形式和速度。

（4）Cursor/Grid Options

该设置区用来设置光标形式和栅格的类型，其中：

- Cursor Type：该选择框可设置光标类型，用户可以设置三种：Large Cursor 90（90°大光标）、Small Cursor 90（90° 小光标）和 Small Cursor 45（45° 小光标）。
- Visible Grid：该选择框用来设置栅格类型，包括点栅格和线栅格两种。

（5）Undo/Redo

该区域用于设置撤销操作和重操作的最深堆栈次数。设置了该数目后，则用户可以执行此数目的撤销和重操作。如果选择了 Ignore Selections 复选框，则会忽略选择对象的操作。

3.12.3 设置默认原始环境

默认原始环境的设置可通过 Default Primitives 选项卡实现，如图 3-82 所示。用户可以通过该选项卡设置对象的默认设置。可以先选中原始默认设置类型（Primitive Type），然后在 Primitives 列表框中选择所需要设置的对象，使用鼠标双击选项（或单击 Edit Values 按钮也可，按 Reset 按钮使设置复原）后，系统即可弹出对象属性设置对话框，用户设置了各对象的原始默认属性后，再执行图形绘制或插入元件操作时，就会以该设置的原始默认设置为基准进行操作。

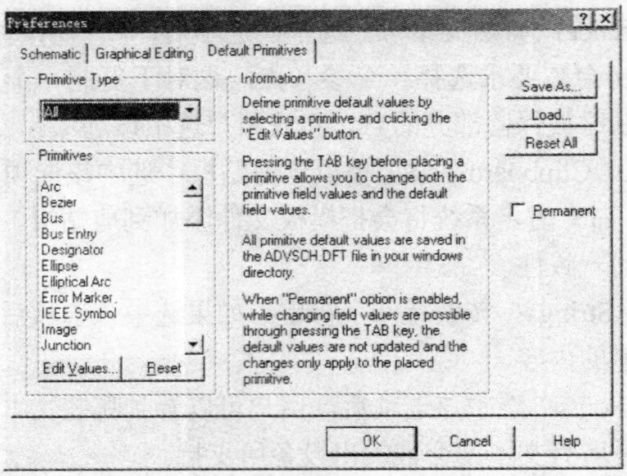

图 3-82 “Default Primitives”选项卡

3.12 绘制电路原理图实例

前面主要讲述了如何放置元器件、连接电路、绘制图形和编辑元件。本节将介绍一个完整的实例，实例原理图如图 3-83 所示。本实例为一个 D/A 功能模块，由一片 12 位的 D/A、两片运放、一些电阻和电容组成。若要将放置的元件按照原理图连接起来，需要经过三个过程：放置元件、电气连接、保存原理图文件。

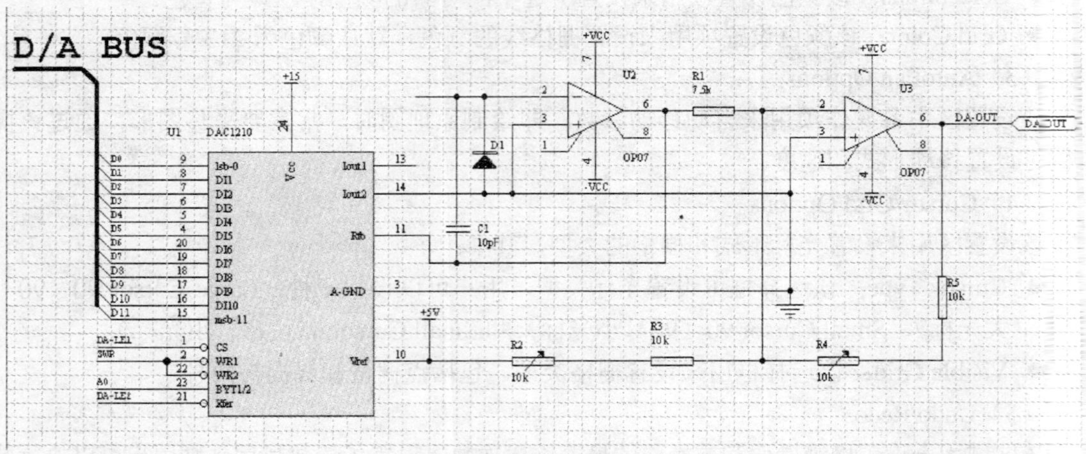

图 3-83 实例原理图

3.12.1 放置元器件

放置元件的步骤如下：

1）选择放置多个电子元件。选择需要的元器件，并将它们放置在图纸上。放置元件的操作可以参考本章前面的讲解。

2）编辑各元器件。如果各元件需要修改属性，则可以执行编辑命令，对各元器件进行编辑。编辑元器件操作的详细过程均可以参考前面有关章节的讲解。

3）精确调整元件位置。如果元件的位置放置很零乱，则可以对元件的位置进行调整，精确调整位置后，元件的位置如图 3-84 所时。此时就可以进行线路连接操作了，线路连接与节点放置是同时进行的。

3.12.2 电气连接

1．连接线路

首先将 Wiring Tools 工具栏装载到当前图纸，然后执行连线命令。也可以通过执行 Place→Wire 命令来实现。

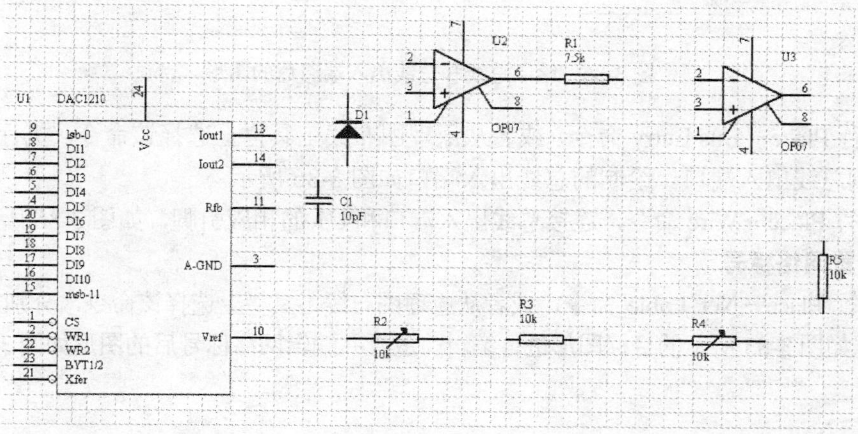

图 3-84 调整了位置的元件图布置

执行该命令后，就可以进行各节点连线的布置，对相关元件连线并放置节点的电路图视图如图 3-85 所示。

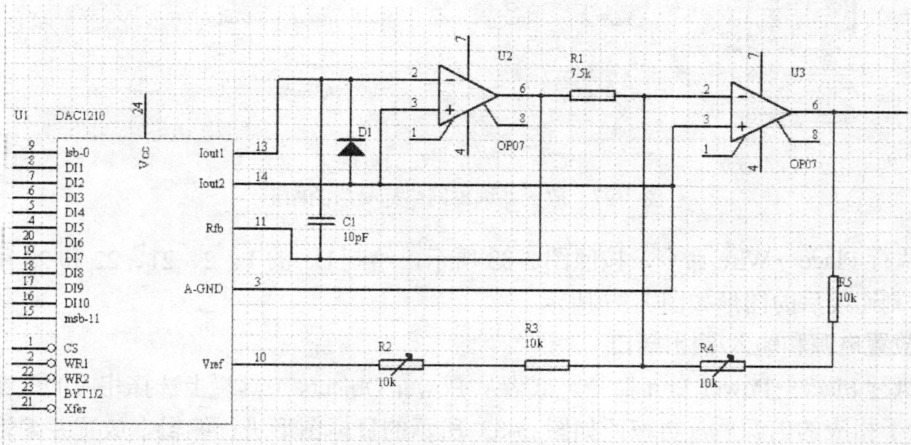

图 3-85 连接了部分连线后的视图

2．绘制总线和总线出入端口

1）执行 Place→Bus 命令，或者从原理图布线工具栏上选择该命令。执行该命令后，就可以绘制总线。绘制的总线如图 3-86 所示。

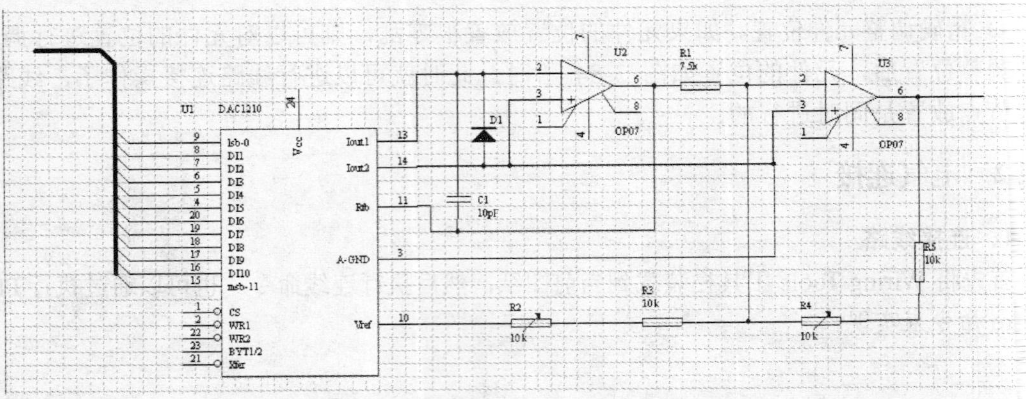

图 3-86　绘制总线和总线出入端口后的图形

2）执行 Place→Bus Entry 命令，或者从原理图布线工具栏上选择该命令。执行该命令后，就可以绘制总线出入端口。绘制的总线出入端口如图 3-86 所示。

3）执行 Place→Wire 命令，连接总线出入端口和 U1 的相应引脚，如图 3-86 所示。

3．放置网络标号

1）执行 Place→Net Lable 命令，或者从原理图布线工具栏上选择该命令，分别放置网络标号，并按照如图 3-83 所示的目标图形进行编辑。放置并编辑网络标号后的图形如图 3-87 所示。

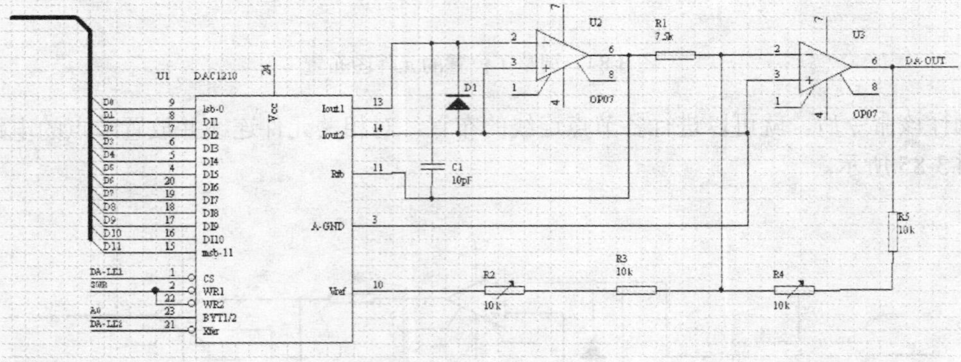

图 3-87　放置并编辑网络标号后的图形

2）执行 Place→Wire 命令，按照图 3-83 所示，绘制 U1 的 1、2、21、22 和 23 引脚处的连线。绘制连线后的图形如图 3-87 所示。

4．放置电源和输入/输出端口

1）执行 Place→Power Port 命令，或者从 Power Objects 工具栏上选择相应的电源图形符号，放置了相应的电源后，再按照如图 3-83 所示的目标图形进行编辑。放置并编辑电源后的图形如图 3-88 所示。

2）执行 Place→Wire 命令，将放置的电源与对应的连接点连接起来。

3）执行 Place→Port 命令，或者从原理图布线工具栏上选择该命令，放置输入/输出端口并按照如图 3-83 所示的目标图形进行编辑，端口的 I/O Type（输入输出类型）设置为“Out”放置并编辑输入/输出端口后的图形如图 3-88 所示。

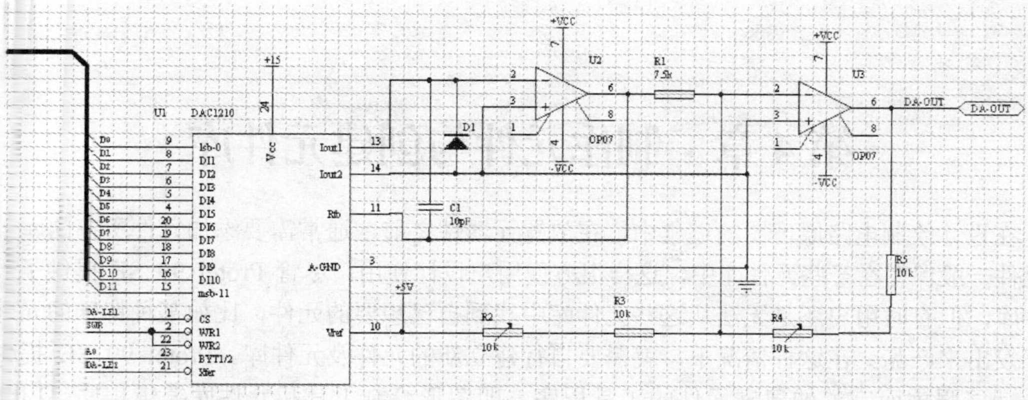

图 3-88　放置电源和输入/输出端口后的图形

5．放置注释文字

执行 Place→Annotation 命令，或者从绘图工具栏上选择该命令，放置注释文件“D/A BUS”。放置注释文字后，该 D/A 输出模块就算完成。最后获得的图形如图 3-83 所示。

3.12.3　保存原理图文件

当打开一个旧的电路图文件并进行修改之后，执行菜单命令 File→Save 可自动按原文件名将其保存，同时覆盖原先的文件。

在保存时如果不希望覆盖原先的文件，可采用换名保存的方法。具体作法是：执行 Save As 菜单命令，打开如图 3-89 所示的 Save As 对话框，在此对话框中指定新的存盘文件名即可。

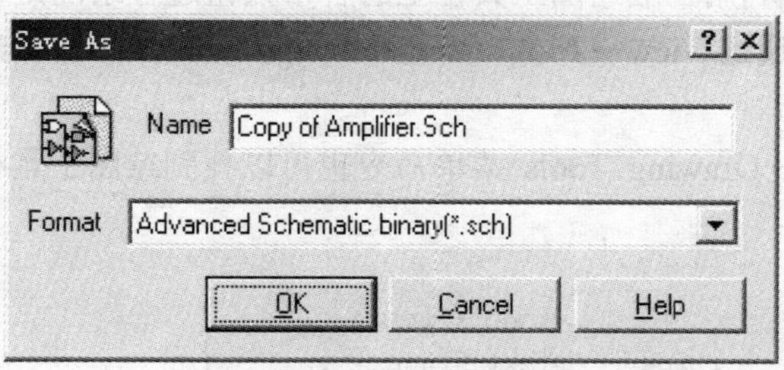

图 3-89　“Save AS（另存为）”对话框

如果在 Save As 对话框中打开 Format 下拉列表框，就可以看到 Schematic 所能够处理的各种文件格式如下：

- Advanced Schematic binary（*.sch）：Advanced Schematic 电路图纸文件，二进制格式。
- Advanced Schematic ASCII（*.asc）：Advanced Schematic 电路图纸文件，文本格式。
- Orcad Schematic（*.sch）：SDT4 电路图纸文件，二进制格式。
- Advanced Schematic template ASCII（*.dot）：电路图模板文件，文本格式。
- Advanced Schematic template binary（*.dot）：电路图模板文件，二进制格式。
- Advanced Schematic binary files（*.prj）：项目中的主图纸文件。

默认情况下，电路图文件的扩展名为.sch。

第 4 章　制作元件与创建元件库

在设计绘制电路原理图的过程中，在放置元器件之前，通常需要添加元件所在的库。因为元件一般保存在一些元件库中，这样很方便用户设计使用。尽管 Protel 99 SE 提供了一些元件库，但有时用户还是无法从这些元件库中找到自己想要的元件，比如某种特殊的元件或新开发出来产品。在这种情况下，就需要自行建立新的元件及元件库。Protel 99 SE 提供了一个功能强大而完整的建立元件的工具程序，即图形绘制工具和元件库编辑程序（Library Editor）。本章将讲解如何绘制图形，并使用元件库编辑器来制作元件，以及建立元件库。

4.1　绘制图形

在电路图中加上一些说明性的文字或图形后，除了可以让整个绘图页显得生动活泼，还可以增强电路图的说服力及数据的完整性。Schematic 提供了很好的绘图功能，足以满足绘制说明性图形的基本要求。由于图形对象并不具备电气特性，所以在作电气规则检查（ERC）和转换成网络表时，它们并不产生任何影响，也不会附加在网络表数据中。

4.1.1 绘图工具栏

在 Schematic 中，利用一般绘图工具栏上的各个按钮进行绘图是十分方便的。绘图工具栏如图 4-1 所示，可以通过 View→ToolBars→Drawing Tools 菜单命令来显示。绘图工具栏上各按钮的功能见表 4-1。

另外，通过 Place→Drawing Tools 菜单命令也可以找到绘图工具栏上各按钮所对应的命令，如图 4-2 所示。

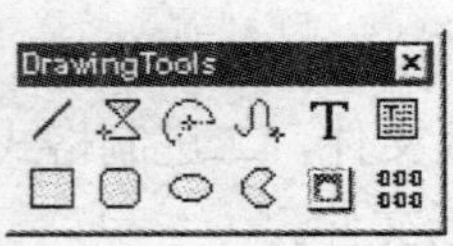

图 4-1　绘图工具栏

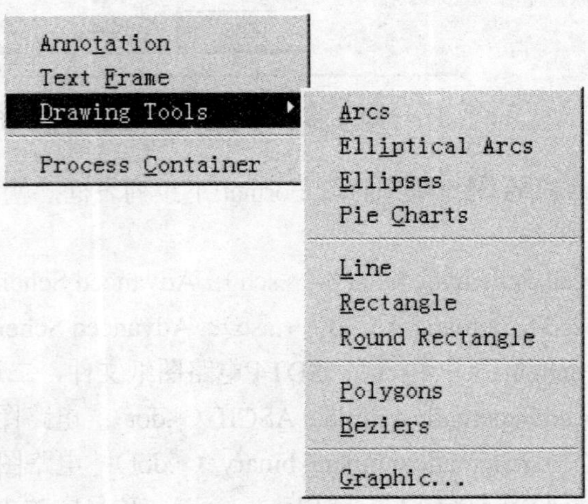

图 4-2　菜单中的绘图命令

表 4-1　绘图工具栏的按钮及其功能

按　钮	功　能	按　钮	功　能
	绘制直线		绘制实心直角矩形
	绘制多边形		绘制实心圆角矩形
	绘制椭圆弧线		绘制椭圆形及圆形
	绘制贝塞尔曲线		绘制饼图
T	插入文字		插入图片
	插入文字框		将剪贴板上的内容矩阵排列

4.1.2　绘制直线

直线（Line）在功能上完全不同于元件间的导线（Wire）。导线具有电气意义，通常用来表现元件间的物理连通性，而直线并不具备任何电气意义。

绘制直线可通过菜单命令 Place→Drawing Tools→Lines 或单击一般绘图工具栏上的按钮 ，将编辑模式切换到画直线模式，此时鼠标指针除了原先的空心箭头之外，还多出了一个大十字符号。在绘制直线状态下，将大十字指针符号移动到直线的起点，单击鼠标左键，然后移动鼠标，屏幕上会出现一条随鼠标指针移动的预拉线。如果不满意这条预拉线，可以单击鼠标右键或按下〈Esc〉键取消这条直线的绘制。如果还处于绘制直线模式下，则可以继续绘制下一条直线，直到单击鼠标右键或按下〈Esc〉键退出绘图状态。

如果在绘制直线的过程中按下〈Tab〉键，或在已绘制好的直线上双击鼠标，即可打开如图 4-3 所示的 PolyLine 对话框，从中可以设置关于该直线的一些属性，包括 Line Width（线宽，包括 Smallest、Small、Medium、Large 4 种）、Line Style（线型，包括实线 Solid、虚线 Dashed 和点线 Dotted 3 种）、Color（直线的颜色）、Selection（切换选取状态）。

单击已绘制好的直线，可使其进入选中状态，此时直线的两端会出现一个四方形的小黑点，即控制点，如图 4-4 所示。拖动控制点可以调整这条直线的起点与终点位置。另外，还可以直接拖动直线本身来改变其位置。

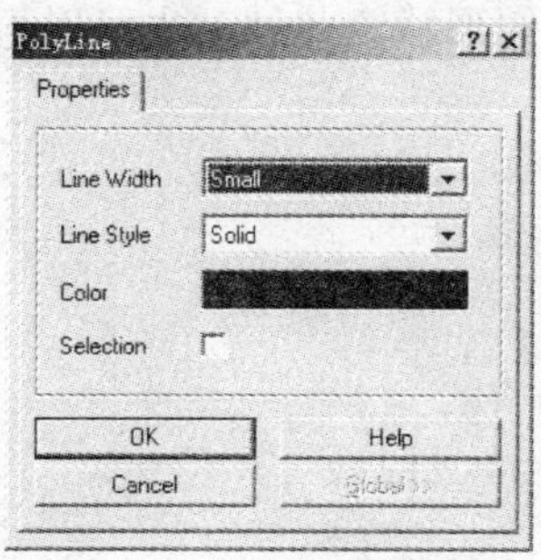

图 4-3　“PolyLine”对话框

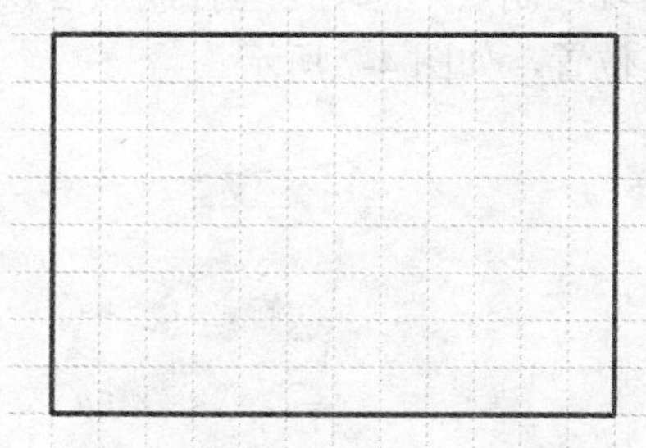

图 4-4　绘制直线

4.1.3　绘制多边形

所谓多边形（Polygon），是指利用鼠标指针依次定义出图形的各条边所形成的封闭区域。

1．绘制多边形命令

绘制多边形可通过菜单命令 Place→Drawing Tools→Polygon 或单击绘图工具栏上的按钮来打开，将编辑状态切换到绘制多边形模式。

2．绘制多边形

执行绘制多边形命令后，鼠标指针旁边会多出一个大十字符号，首先在待绘制图形的一个角单击鼠标左键，然后移动鼠标到第二个角单击鼠标左键形成一条直线，再移动鼠标，这时会出现一个随鼠标指针移动的预拉封闭区域。现在依次移动鼠标到待绘制图形的其他角单击左键。如果单击鼠标右键，则结束当前多边形的绘制，开始进入下一个绘制多边形的过程。如果要将编辑模式切换回待命模式，可再次单击鼠标右键或按下〈Esc〉键。绘制的多边形如图 4-5 所示。

3．编辑多边形属性

如果在绘制多边形的过程中按下〈Tab〉键，或是在已绘制好的多边形上双击鼠标，就会打开如图 4-6 所示的 Polygon 对话框，可从中设置该多边形的一些属性，如 Border Width（边框宽度）、Border Color（边框颜色）、Fill Color（填充颜色）、Draw Solid（设置为实心多边形）、Selection（切换选取状态）。

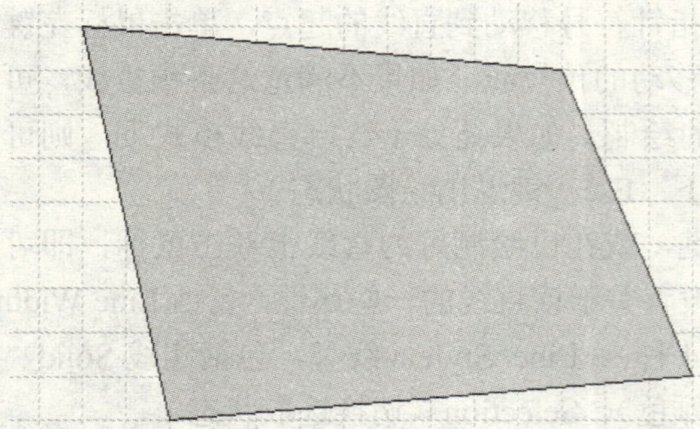

图 4-5　绘制多边形

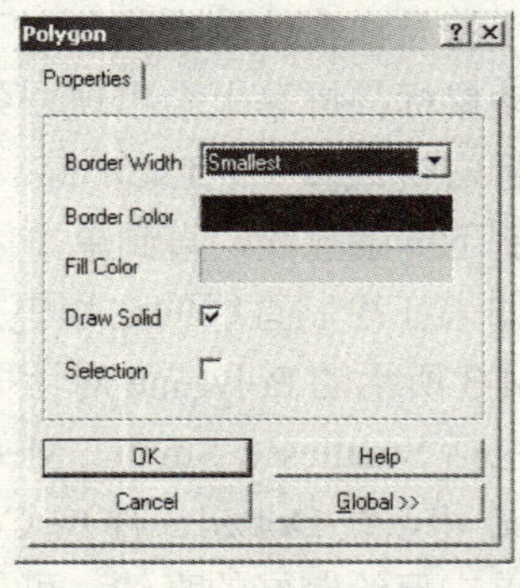

图 4-6　“Polygon”对话框

如果直接用鼠标左键单击已绘制好的多边形，则可使其进入选取状态，此时多边形的各个角都会出现控制点，拖动这些控制点可以调整该多边形的形状。此外，也可以直接拖动多边形调整其位置，如图 4-7 所示。

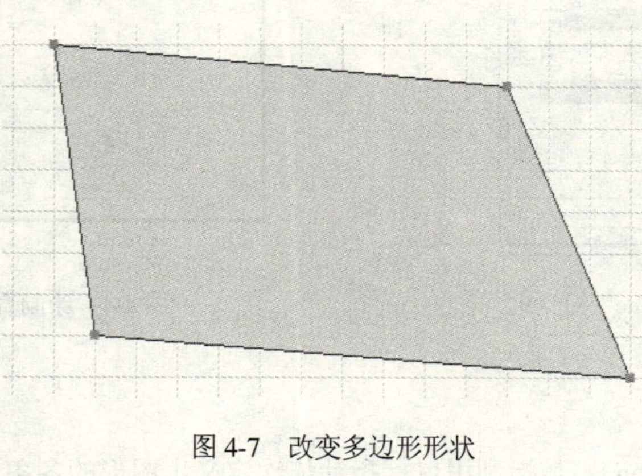

图 4-7　改变多边形形状

4.14 绘制圆弧与椭圆弧

1. 绘制圆弧与椭圆弧命令

绘制圆弧线可通过菜单命令 Place→Drawing Tools→Arcs，将编辑模式切换到绘制圆弧线模式。绘制椭圆弧线可使用菜单命令 Place→Drawing Tools→Elliptic Arcs 或单击绘图工具栏上的按钮。

2. 绘制图形

（1）绘制圆弧

绘制圆弧的操作过程如下：

1）在待绘图形的圆弧中心处单击鼠标左键，然后移动鼠标会出现圆弧预拉线。

2）调整好圆弧半径，然后单击鼠标左键，指针会自动移到圆弧缺口的一端，调整好其位置后单击鼠标左键，指针会自动移动到圆弧缺口的另一端，单击鼠标左键的同时，结束该圆弧线的绘制，并进入下一个圆弧线的绘制流程，下一次圆弧的默认半径为刚才绘制的圆弧半径，开口也一致。

3）结束绘制圆弧操作后，单击鼠标右键或按下〈Esc〉键，即可将编辑模式切换回等待命令模式。绘制的圆弧如图 4-8 所示。

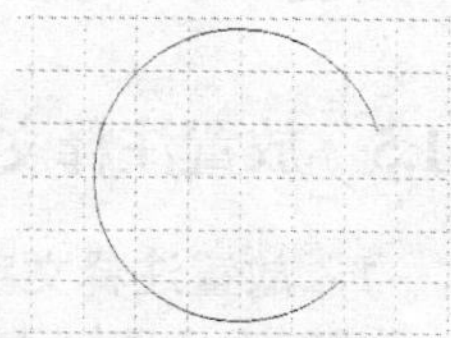

图 4-8　绘制的圆弧

（2）绘制椭圆弧

椭圆弧线与圆弧线略有不同，圆弧线实际上是带有缺口的标准圆形，而椭圆弧线则为带有缺口的椭圆形。所以利用绘制椭圆弧线的功能也可以绘制出圆弧线。椭圆弧绘制的操作过程如下：

1）在待绘制图形的椭圆弧中心点处单击鼠标左键，然后移动鼠标会出现椭圆弧预拉线。

2）调整好椭圆弧 X 轴半径后单击鼠标左键，然后移动鼠标调整好椭圆弧 Y 轴半径后单击鼠标左键，指针会自动移动到椭圆弧缺口的一端，调整好其位置后单击鼠标左键，指针会自动移动到椭圆弧缺口的另一端，单击鼠标左键的同时，结束该椭圆弧线的绘制，同时进入下一个椭圆弧线的绘制流程。

3）结束绘制椭圆弧操作后，单击鼠标右键或按下〈Esc〉键，即可将编辑模式切换回等待命令模式。绘制的图形如图 4-9 所示。

图 4-9　绘制的椭圆弧

3. 编辑图形属性

如果在绘制圆弧线或椭圆弧线的过程中按下〈Tab〉键，或者单击已绘制好的圆弧线或椭圆弧线，可打开其属性对话框。“Arc（圆弧属性）”和“Elliptical（椭圆弧属性）”对话框内容基本相同，如图 4-10 和图 4-11 所示，不同的是，“Arc”对话框中控制半径的参数只有 Radius 一项，而“Elliptical Arc”对话框则有 X-Radius、Y-Radius（X 轴半径、Y 轴半径）两种。其他的属性有 X-Location、Y-Location（中心点的 X 轴、Y 轴坐标）、LineWidth（线宽）、Start Angle（缺口起始角度）、End Angle（缺口结束角度）、Color（线条颜色）、Selection（切换选取状态）。

如果用鼠标左键单击已绘制好的圆弧线或椭圆弧线，可使其进入选取状态，此时其半径及缺口端点会出现控制点，拖动这些控制点可调整圆弧线或椭圆弧线的形状。此外，也可以直接拖动圆弧线或椭圆弧线本身来调整其位置。

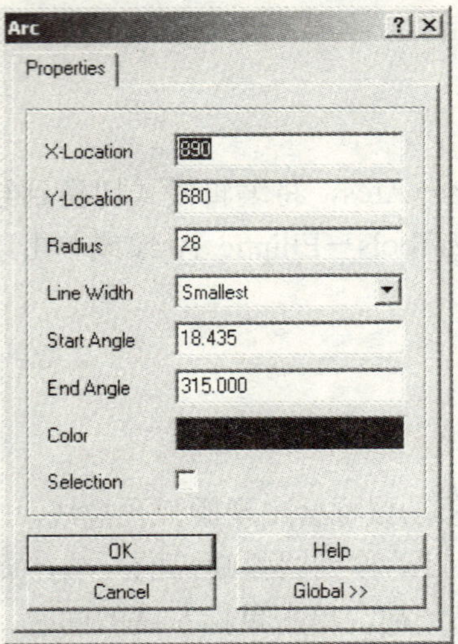

图 4-10　“Arc（圆弧属性）”对话框

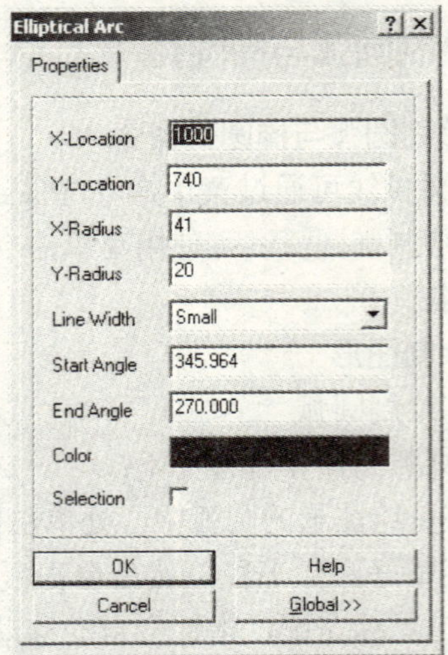

图 4-11　“Elliptical Arc（椭圆弧属性）”对话框

4.1.5　放置注释文字

1．放置注释文字命令

若要在绘图页上加上注释文字（Annotation），可以通过菜单命令 Place→Annotation，或单击绘图工具栏上的 T 按钮，将编辑模式切换到放置注释文字模式。

2．放置注释文字

执行放置注释文字命令后，鼠标指针旁边会多出一个大十字符号和一个虚线框，在想放置注释文字的位置上单击鼠标左键，绘图页面中就会出现一个名为“Text”的字串，并进入下一次操作过程，如图 4-12 所示。

如果要将编辑模式切换回等待命令模式，可在此时单击鼠标右键或按下〈Esc〉键。

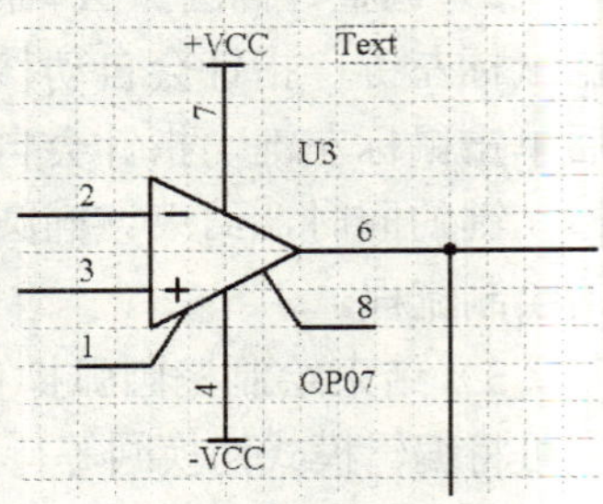

图 4-12　放置注释的文本

3．编辑注释文字

如果在完成放置动作之前按下〈Tab〉键，或者直接在“Text”字串上双击鼠标，即可打开“Annotation”对话框，如图 4-13 所示。

在此对话框中最重要的属性是 Text 栏，它负责保存显示在绘图页中的注释文字串（只能是一行），并且可以修改文字。此外还有其他几项属性：X-Location、Y-Location（注释文字的坐标），Orientation（字串的放置角度），Color（字串的颜色），Font（字体），Selection（切换选取状态）。

如果想修改注释文字的字体，则可以单击 Change 按钮，系统将弹出一个字体设置对话框，此时可以设置字体的属性。

下面对图 4-12 所示的注释文字进行属性修改设置，在“注释文字属性”对话框中单击 Change 按钮，然后将“Text”文本修改为“D/A 模块”，颜色修改为红色，字体修改为楷体 GB2312。修改属性后的注释文字如图 4-14 所示。

4.1.6 放置文本框

1．放置文本框命令

若要在绘图页上放置文本框，可通过菜单命令 Place→Text Frame，或单击绘图工具栏上的按钮，将编辑状态切换到放置文本框模式。

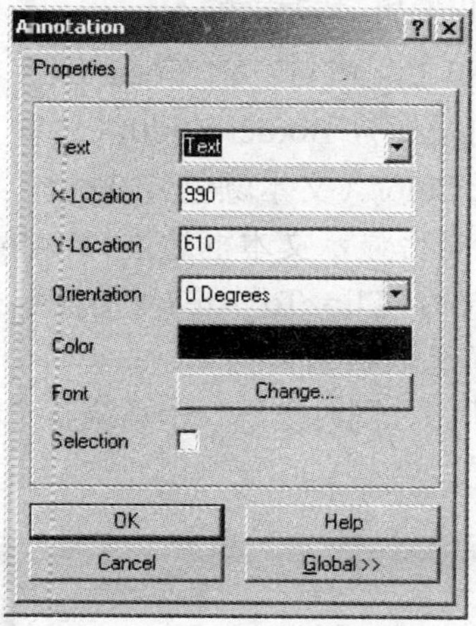

图 4-13 “Annotation（注释文字属性）”对话框

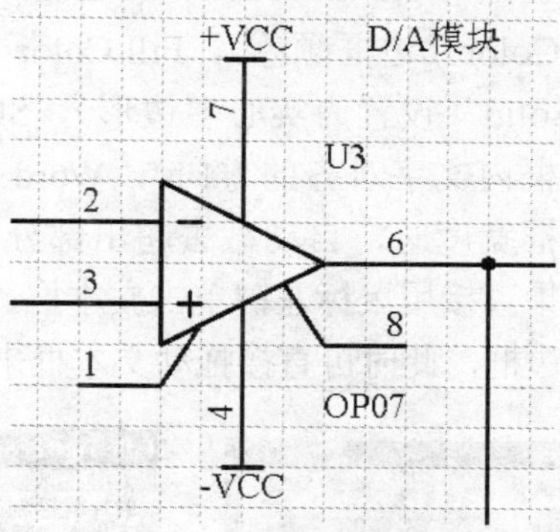

图 4-14 修改注释文字属性后的图形

2．放置文本框

前面所介绍的注释文字仅限于一行的范围，如果需要多行的注释文字，就必须使用文本框（Text Frame）。

执行放置文本框命令后，鼠标指针旁边会多出一个大十字符号，在需要放置文本框的一个边角处单击鼠标左键，然后移动鼠标，就可以在屏幕上看到一个虚线的预拉框，用鼠标左键单击该预拉框的对角位置，即可结束当前文本框的放置过程，并自动进入下一个放置过程。

放置了文本框后，当前屏幕上应该有一个白底的矩形框，其中有一个“Text”字串，如图 4-15 所示。如果要将编辑状态切换回等待命令模式，可在此时单击鼠标右键或按下〈Esc〉键。

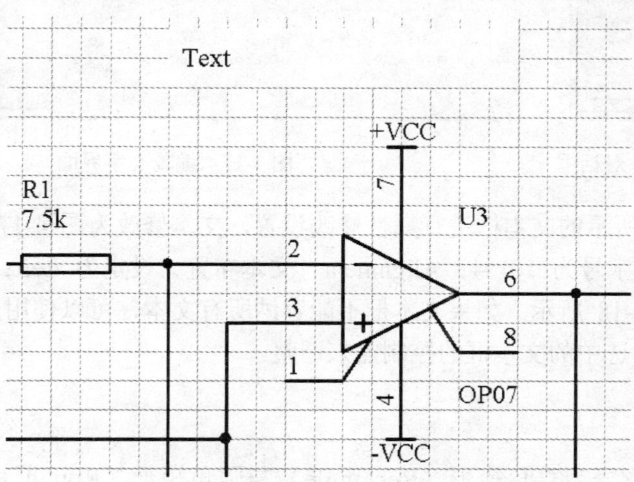

图 4-15 放置文本框

3. 编辑文本框

如果在完成放置文本框的操作之前按下〈Tab〉键，或者直接用鼠标双击文本框，就会打开 Text Frame 对话框，如图 4-16 所示。

在这个对话框中最重要的选项是 Text 栏，它负责保存显示在绘图页中的注释文字串，但在此处并不局限于一行。单击 Text 栏右边的 Change 按钮，可打开如图 4-17 所示的 Edit TextFrame Text 窗口，这是一个文字编辑窗口，可以在此编辑显示字串。

在 Text Frame 对话框中还有其他一些选项，如：X1-Location、Y1-Location（文本框左上角坐标），X2-Location、Y2-Location（文本框右下角坐标），Border Width（边框宽度），Border Color（边框颜色），Fill Color（填充颜色），Text Color（文本颜色），Font（字体），Draw Solid（设置为实心多边形），Show Border（设置是否显示文本框边框），Alignment（文本框内文字对齐的方向），Word Warp（设置字回绕），Clip To Area（当文字长度超出文本框宽度时，自动截去超出部分）、Selection（切换选取状态）。

如果直接用鼠标左键单击文本框，可使其进入选中状态，同时出现一个环绕整个文本框的虚线边框，此时可直接拖动文本框来改变其放置的位置。

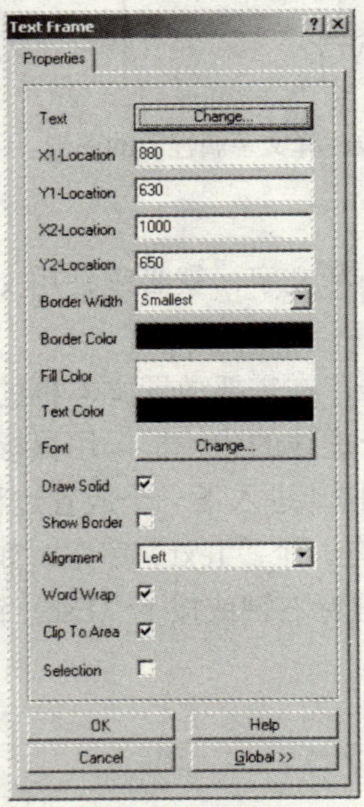

图 4-16 “Text Frame”对话框

图 4-17 编辑文字界面

下面对图 4-15 所示的文本框进行属性修改设置，文本修改为图 4-17 中的文字；字体修改为楷体 GB3212，字号为 10 号；Alignment（文本布置）设定为 Left；其他不变，修改属性后的文本框如图 4-18 所示。如果文本框不能容纳所有文本，可以使用属性对话框修改 X、Y 对角坐标，或拖动选中的文本框的控制点来调整。

4.1.7 绘制矩形

这里介绍的矩形分为直角矩形（Rectangle）与圆角矩形（Round Rectangle），它们的差别在于矩形的四个边角是否由椭圆弧线所构成。除此之外，二者的绘制方式与属性均十分相似。

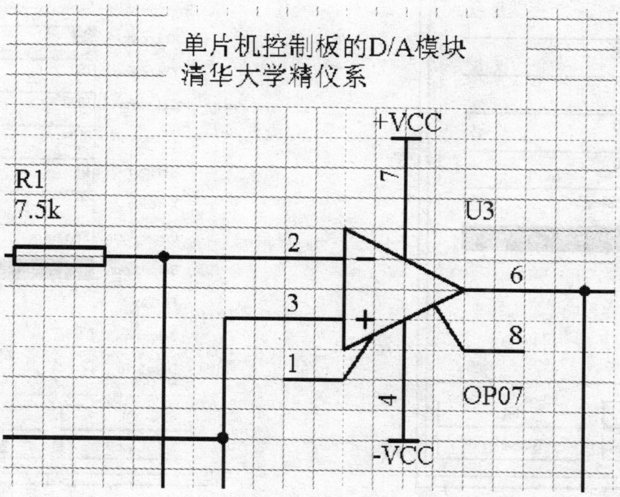

图 4-18　修改文本属性后的图形

1. 绘制矩形命令

绘制直角矩形可通过菜单命令 Place→Drawing Tools→Rectangle 或单击绘图工具栏上的□按钮。绘制圆角矩形可通过菜单命令 Place→Drawing Tools→Round Rectangle 或单击绘图工具栏上的▢按钮。

2. 绘制矩形

执行绘制矩形命令后，鼠标指针旁边会多出一个大十字符号，然后在待绘制矩形的一个角上单击鼠标左键，接着移动鼠标到矩形的对角，再单击鼠标左键，即可完成该矩形的绘制过程，同时进入下一个绘制矩形的过程。

若要将编辑模式切换回等待命令模式，可在此时单击鼠标右键或按下〈Esc〉键。绘制的直角矩形和圆角矩形如图 4-19 所示。

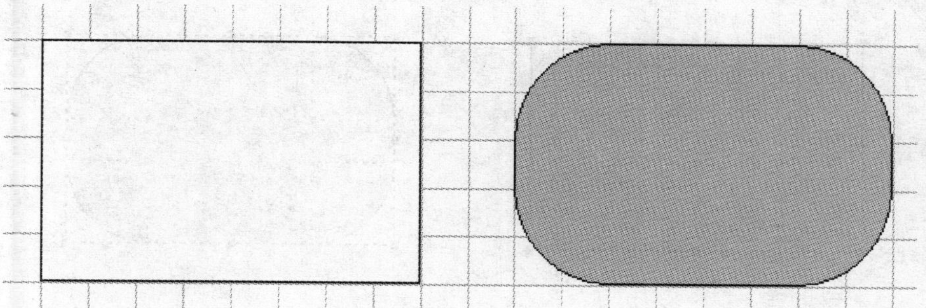

图 4-19　绘制的直角矩形和圆角矩形

3　编辑修改矩形属性

在绘制矩形的过程中按下〈Tab〉键，或者直接用鼠标双击已绘制好的矩形，就会打开如图 4-20 或图 4-21 所示的“Rectangle（矩形）”或“Round Rectangle（圆角矩形）”对话框。

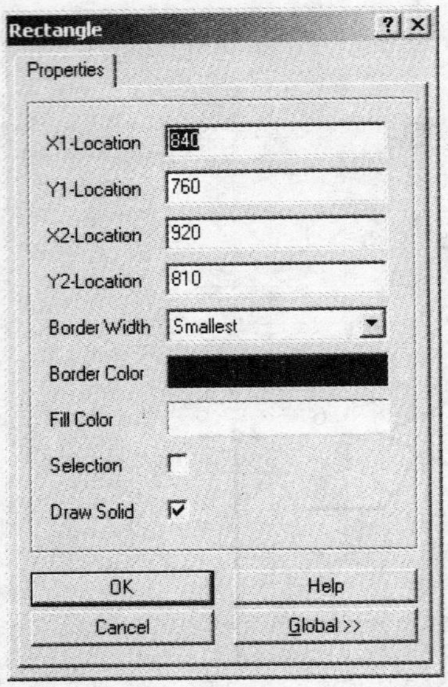

图 4-20　“Rectangle（直角矩形）”对话框

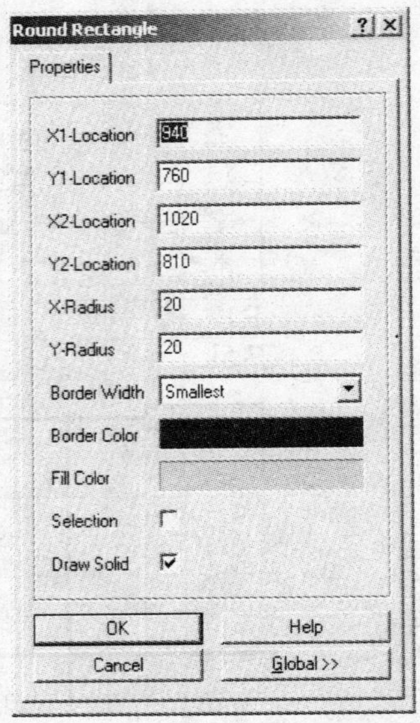

图 4-21　“Round Rectangle（圆角矩形）”对话框

其中，圆角矩形比直角矩形多两个属性：X-Radius 和 Y-Radius，它们是圆角矩形一个椭圆角的 X 轴半径与 Y 轴半径。除此之外，直角矩形与圆角矩形共有的属性包括：X1-Location、Y1-Location（矩形左上角坐标），X2-Location、Y2-Location（矩形右下角坐标），Border Width（边框宽度），Border Color（边框颜色），Fill Color（填充颜色），Selection（切换选取状态）和 Draw Solid（设置为实心多边形）。

如果直接用鼠标左键单击已绘制好的矩形，可使其进入选中状态，在此状态下可以通过移动矩形本身来调整其放置的位置。在选中状态下，直角矩形的四个角和各边的中点都会出现控制点，可以通过拖动这些控制点来调整该直角矩形的形状。对于圆角矩形来说，除了上述控制点之外，在矩形的四个角内侧还会出现一个控制点，这是用来调整椭圆角的半径的，如图 4-22 所示。

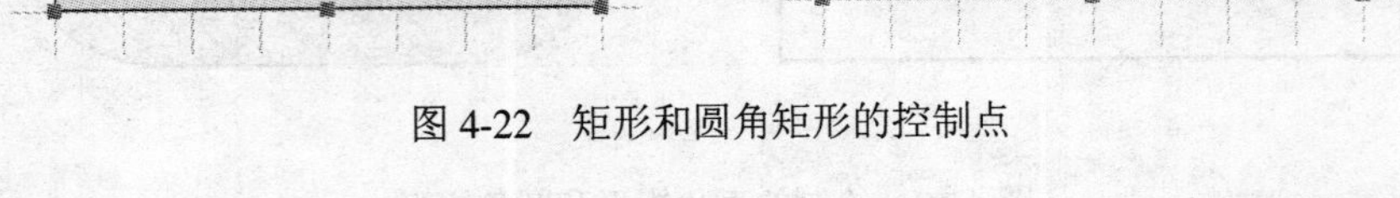

图 4-22　矩形和圆角矩形的控制点

4.1.8　绘制圆与椭圆

1．绘制椭圆或圆命令

绘制椭圆（Ellipses），可通过菜单命令 Place→Drawing Tools→Ellipses，或单击绘图工具栏上的按钮，将编辑状态切换到绘制椭圆模式。由于圆是 X 轴半径和 Y 轴半径相等的特殊的椭圆，所以利用绘制椭圆的工具即可绘制出标准的圆。

2. 绘制圆与椭圆

执行绘制椭圆命令后，鼠标指针旁边会多出一个大十字符号，首先在待绘制图形的中心点处单击鼠标左键，然后移动鼠标会出现预拉椭圆形线，分别在适当的 X 轴半径处与 Y 轴半径处单击鼠标左键，即完成该椭圆形的绘制，同时进入下一次绘制过程。如果设置的 X 轴与 Y 轴的半径相等，则可以绘制正圆。

此时，如果希望将编辑模式切换回等待命令模式，可单击鼠标右键或按下〈Esc〉键。绘制的图形如图 4-23 所示。

3. 编辑图形属性

如果在绘制椭圆形的过程中按下〈Tab〉键，或是直接用鼠标双击已绘制好的椭圆形，即可打开如图 4-24 所示的“Ellipse”对话框，在此对话框中可以设置该椭圆形的一些属性，如 X-Location、Y-Location（椭圆形的中心点坐标），X-Radius 和 Y-Radius（椭圆的 X 轴半径与 Y 轴半径），Border Width（边框宽度），Border Color（边框颜色），Fill Color（填充颜色），Draw Solid（设置为实心多边形），Selection（切换选取状态）。

如果想将一个椭圆改变为标准圆，可以修改 X-Radius 和 Y-Radius 编辑框中的数值，使之相等即可。

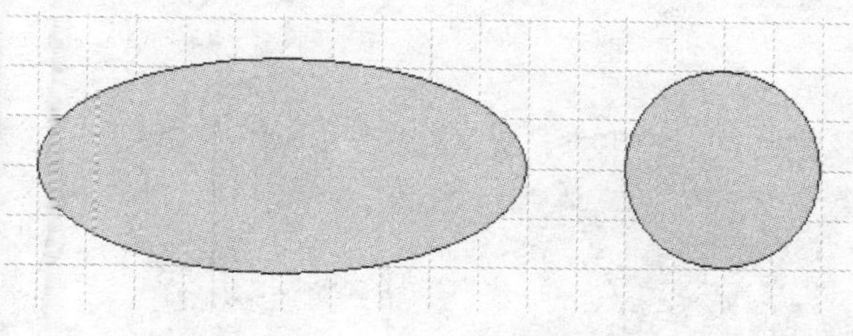

图 4-23　绘制的椭圆和圆

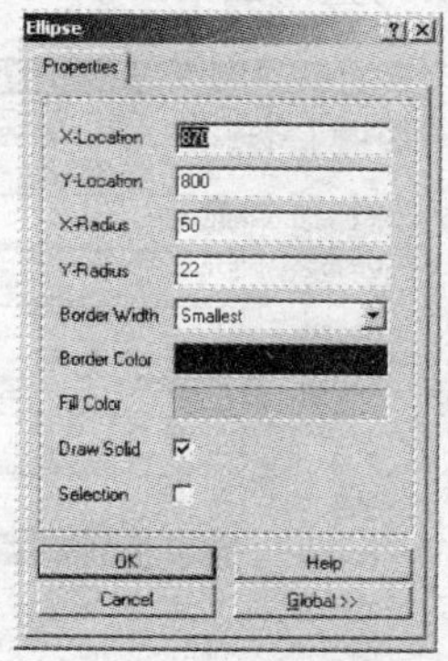

图 4-24　“Ellipse（椭圆属性）对话框

4.19　绘制饼图

1. 绘制饼图命令

所谓饼图（Pie Charts），就是有缺口的圆形。若要绘制饼图，可通过菜单命令 Place→Drawing Tools→Pie Charts 或单击绘图工具栏上的按钮，将编辑模式切换到绘制饼图模式。

2. 绘制饼图

执行绘制饼图命令后，鼠标指针旁边会多出一个饼图形符号。首先，在待绘制图形的中心处单击鼠标左键，然后移动鼠标会出现饼图预拉线。调整好饼图半径后单击鼠标左键，鼠标指针会自动移到饼图缺口的一端，调整好其位置后单击鼠标左键，鼠标指针会自动移到饼图缺口的另一端，同时结束该饼图的绘制，并进入下一个饼图的绘制流程。此时如果单击鼠标右键或按下〈Esc〉键，可将编辑模式切换回待命模式。绘制的饼图如图 4-25 所示。

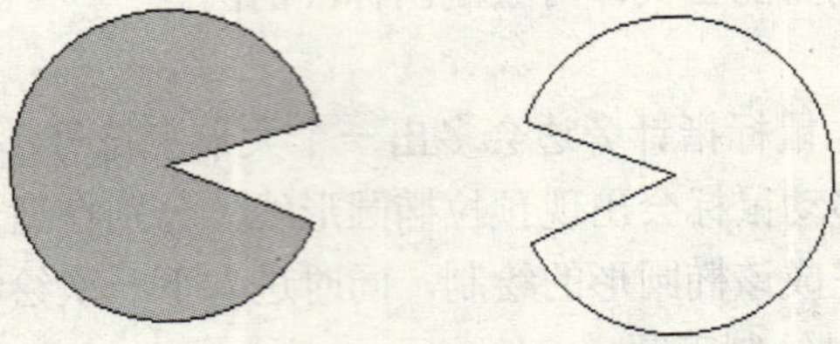

图 4-25　绘制的饼图

3．编辑饼图

如果在绘制饼图的过程中按下〈Tab〉键，或者直接用鼠标双击已绘制好的饼图，可打开如图 4-26 所示的 Pie Chart 对话框。在该对话框中可设置如下属性：X-Location、Y-Location（中心点的 X 轴、Y 轴坐标），Radius（半径），Border Width（边框宽度），Start Angle（缺口起始角度），End Angle（缺口结束角度），Border Color（边框颜色），Fill Color（填充颜色），Draw Solid（设置为实心饼图），Selection（切换选取状态）。

如果直接用鼠标左键单击已绘制好的饼图，可使其进入选中状态，此时可拖动饼图以调整其位置。在选中状态下，饼图的半径及其缺口的两端都会出现控制点，分别拖动这些控制点可以调整饼图的形状，如图 4-27 所示。

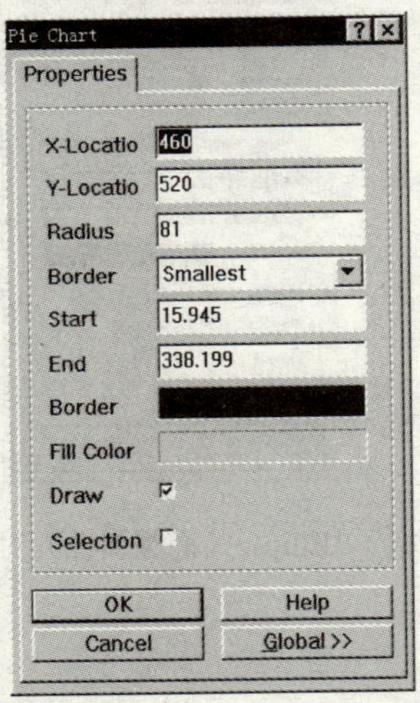

图 4-26　“Pie Chart”对话框

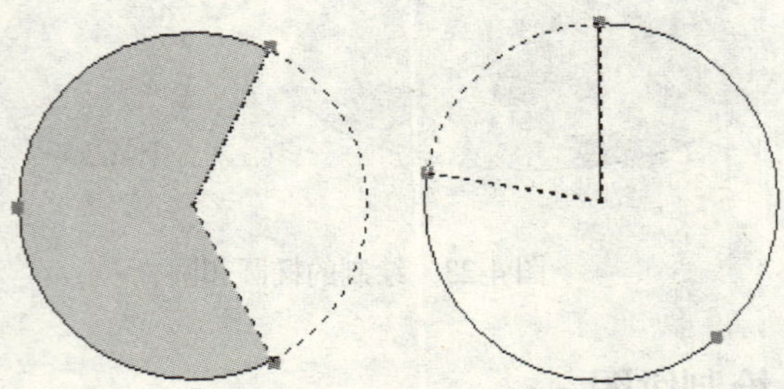

图 4-27　调整饼图形状

4.1.10　插入图片

1．插入图片的命令

如果希望在绘图页内插入图像文件，可通过菜单命令 Place→Drawing Tools→Graphic，或单击绘图工具栏上的按钮。

2．插入图片

执行插入图片的命令后，将打开如图 4-28 所示的 Image File 对话框。可以在“查找范围”栏中指定图片所在的文件夹，在“文件类型”栏中指定图片的格式，然后在文件列表中选定相应的图像文件名，单击“打开”按钮，即可插入图片。图片插入完毕后，系统会返回 Image File 对话框，进入下一次操作流程。插入的图片如图 4-29 所示。

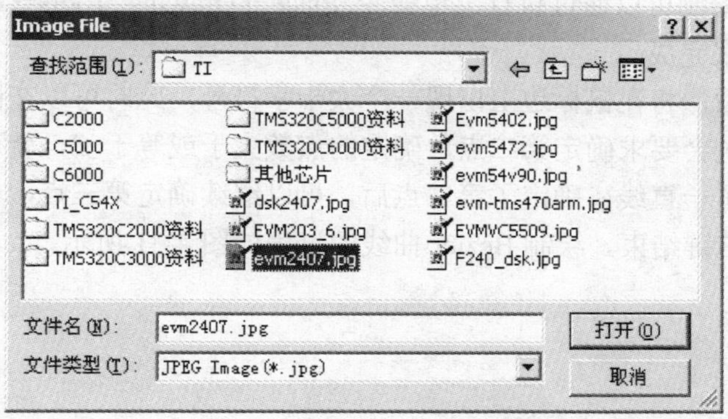

图 4-28 “Image File（插入图片）”对话框

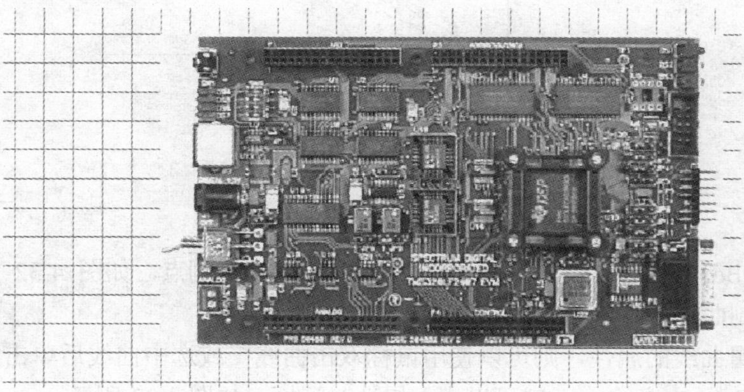

图 4-29 插入的图片

3 编辑图片

如果直接双击已插入的图片，或在插入图片的过程中按〈Tab〉键，可打开如图 4-30 所示的 Graphic 对话框。该对话框中包括如下选项：File Name（图片的文件名，包括其所在路径），X1-Location、Y1-Location（矩形左上角坐标），X2-Location、Y2-Location（矩形右下角坐标），Border Width（边框宽度），Border Color（边框颜色），Selection（切换选取状态），Border On（设置显示边框），X∶Y Ratio 1∶1（保持 X 轴与 Y 轴比例）。单击 File Name 栏右边的 Browse 按钮，可打开一个与 Image File 对话框很相似的“打开文件”对话框，可以在此重新指定显示图片所对应的文件。

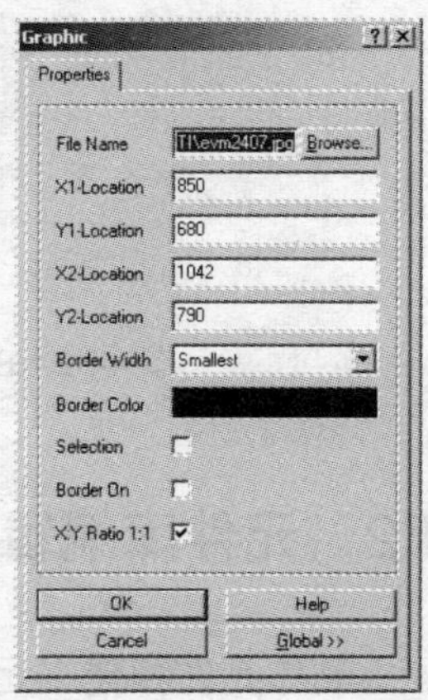

图 4-30 “Graphic（图片属性）”对话框

如果直接单击已放置好的图片，可使其进入选中状态，此时就可以拖动图片本身来调整其位置。在选中状态下，图片的四个角及四个边的中心点处都会出现控制点，用鼠标拖动这些控制点可以调整图片的形状。

4.1.11 绘制 Bezier 曲线

Bezier 曲线的绘制可以通过执行菜单命令 Place→Drawing Tools→Beziers，或单击绘图工具栏上的按钮来完成。

当激活该命令后，将在鼠标边上出现一个大十字符号，此时可以在图纸上绘制曲线，当确定第一点后，系统会要求确定第二点，确定的点数大于或等于 2，就可以生成曲线，当只有两点时，就生成了一直线。确定了第二点后，可以继续确定第三点，一直可以延续下去，直到用户单击鼠标右键结束。绘制 Bezier 曲线的过程如图 4-31 所示。

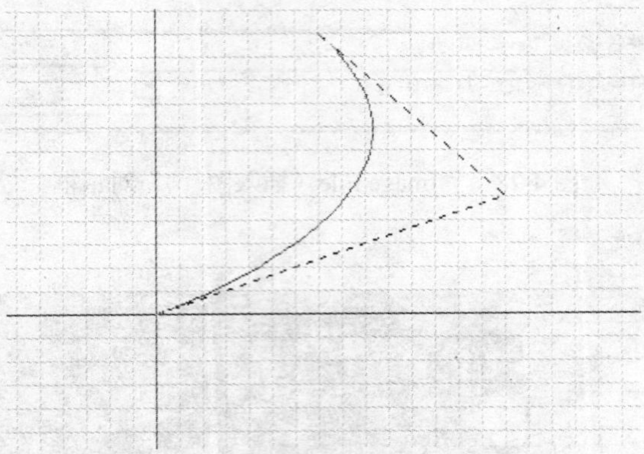

图 4-31　绘制 Bezier 曲线示意图

如果选中 Bezier 曲线，则会显示绘制曲线时生成的控制点，如图 4-32 所示，这些控制点其实就是绘制曲线时确定的点。

如果想编辑曲线的属性，则可以使用鼠标双击曲线；或选中曲线后单击鼠标右键，从快捷菜单中选取 Properties 命令，就可以进入属性对话框，如图 4-33 所示。

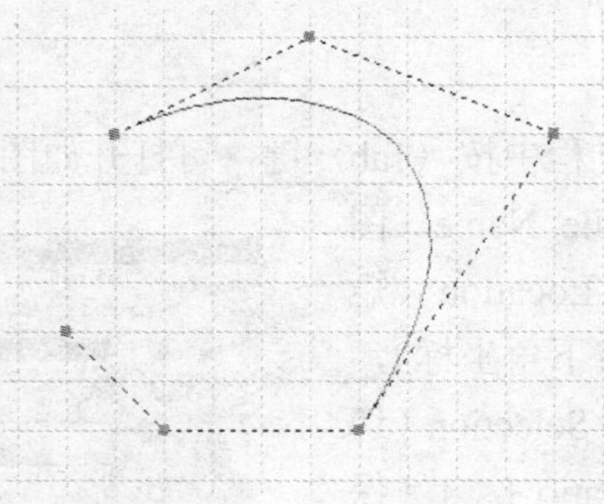

图 4-32　Bezier 曲线控制点

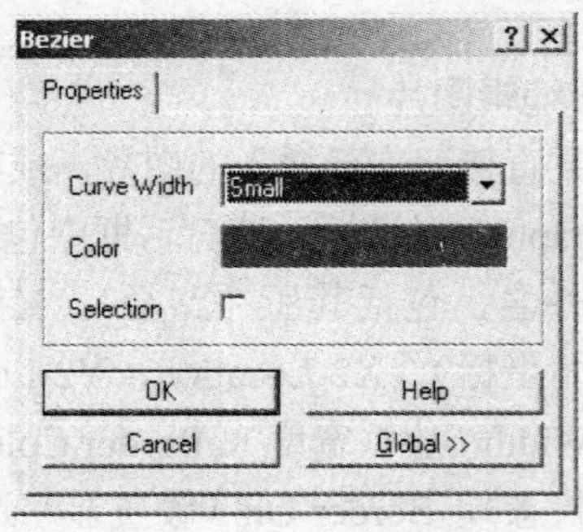

图 4-33　“Bezier 曲线”对话框

4.2 元件库编辑器

制作元件和建立元件库是使用 Protel 99 SE 的元件库编辑器来进行的，在进行元件制作讲解前，先熟悉一下元件库编辑器。

4.2.1 加载元件库编辑器

原理图元件库编辑器的启动方法如下：

1）在当前设计管理器环境下，执行菜单命令 File→New，系统将显示新建文件对话框，如图 4-34 所示。

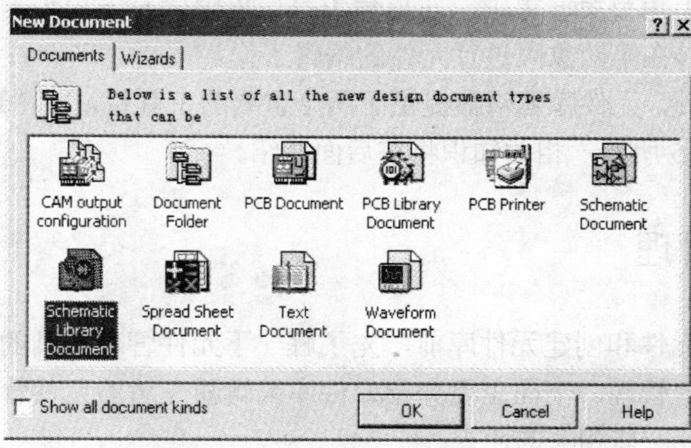

图 4-34 “New Document（新建文件）”对话框

2）从“新建文件”对话框中选择原理图元件库编辑器图标，如图 4-34 所示。

3）双击图标或者单击 OK 按钮，系统便在当前设计管理器中创建一个新元件库文档，此时用户可以修改文档名。

4）双击设计管理器中的电路原理图元件库文档图标，就可以进入原理图元件库编辑器界面，如图 4-35 所示。

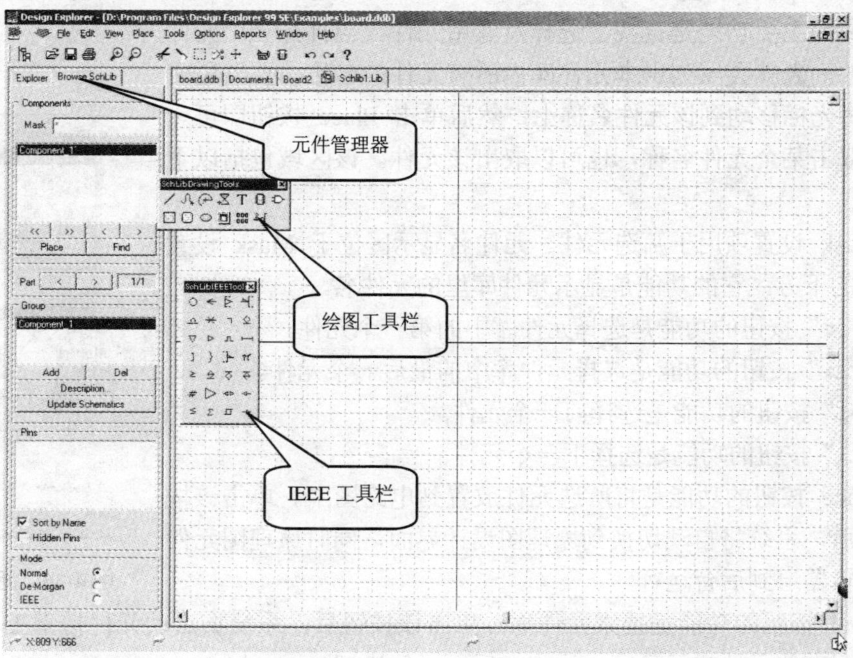

图 4-35 元件库编辑器界面

4.2.2 元件库编辑器界面简介

当用户启动元件库编辑器后，屏幕将出现如图 4-35 所示的元件库编辑器界面。

元件库编辑器与原理图设计编辑器界面相似。主要由元件管理器、主工具栏、菜单、常用工具栏、编辑区等组成。不同的是，前者在编辑区有一个十字形坐标轴，将元件编辑区划分为四个象限，即右上角为第一象限，左上角为第二象限，左下角为第三象限，右下角为第四象限。一般情况下，在第四象限进行元件的编辑工作。

除了主工具栏以外，元件库编辑器提供了两个重要的工具栏，即图形绘制工具栏和 IEEE 符号工具栏，如图 4-35 所示，相关知识将在后面介绍。

4.3 元件库的管理

在讲述如何制作元件和创建元件库前，先了解一下元件管理工具的使用，以便为后面创建新元件时可以有效地管理。下面主要介绍元件库编辑器左边的元件管理器的组成和使用方法，同时还将介绍其他一些相关的命令。

4.3.1 元件管理器

单击图 4-35 中的选项卡 Browse Schlib，就可以看到元件管理器，如图 4-36 所示。元件管理器有 4 个区域：Components（元件）区域、Group（组）区域、Pins（引脚）区域、Mode（元件模式）区域。

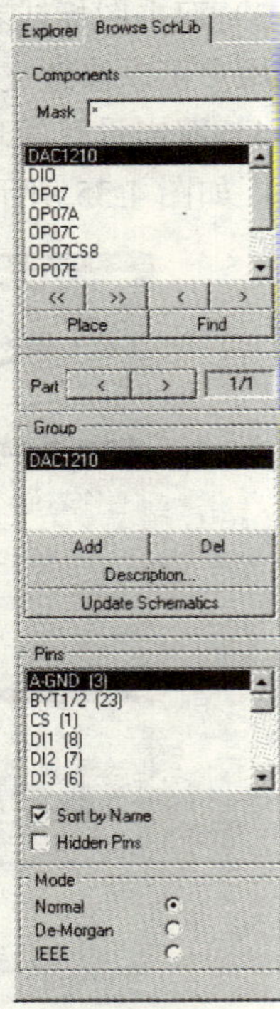

图 4-36 元件管理器

（1）Components 区域

该区域的主要功能是查找、选择及取用元件。当打开一个元件库时，元件列表就会罗列出本元件库内所有元件的名称。要取用元件，只要将光标移动到该元件名称上，然后单击 Place 按钮即可。如果直接双击某个元件名称，也可以取出该元件。该区域包括以下选项：

- Mask 设置项用于筛选元件。元件名显示区位于 Mask 设置项的下方，它的功能是显示元件库里的元件名。
- “<<”按钮的功能是选择元件库中的第一个元件。
- “>>”按钮的功能是选择元件库中的最后一个元件。
- “<”按钮的功能是选择前一个元件。
- “>”按钮的功能是选择下一个元件。
- Place 按钮的功能是将所选元件放置到电路图中。单击该按钮后，系统将自动切换到原理图设计界面，同时原理图元件编辑器退到后台运行。
- Find 按钮的功能是搜索元件库。单击该按钮后，系统将启动元件搜索工具，搜索已经存在的元件或元件库。这将在后面进行讲解。

- “Part”是针对复合封装元件而设计的。Part 右边有一个状态栏，显示当前的器件号。

（2）Group 区域

该区域的主要功能是查找、选择及取用元件集。所谓元件集，就是共用元件符号的元件，例如，74xx 的元件集有 74LSxx、74Fxx、74HCxx 等，它们都是非门元件，引脚名称与编号都一致，所以可以共用元件符号，以节省元件库的空间。

- Add 按钮的功能是添加元件组，将指定的元件名称归入该元件库。单击该按钮后，会出现如图 4-37 所示的对话框。输入指定的元件名称，单击 OK 按钮，即可将指定元件添加进元件组。
- Del 按钮用于将元件组的显示区内指定的元件从该元件组里删除。
- 单击 Description 按钮，将显示 Component Text Fields 对话框，如图 4-38 所示。这个对话框共有 Designator、Library Fields 和 Part Field Names 三个选项卡。

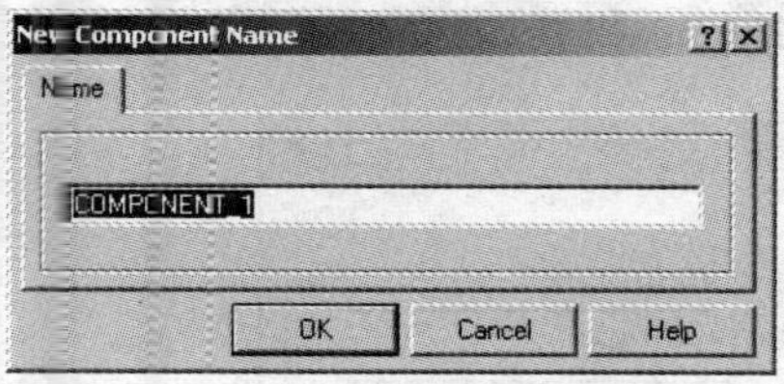

图 4-37　添加元件组对话框

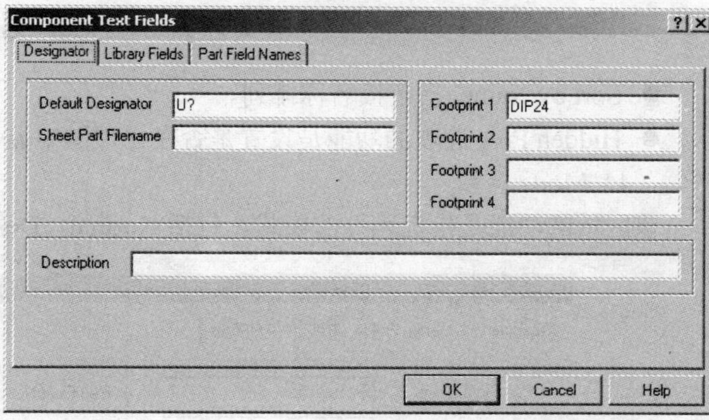

图 4-38　“Component Text Fields”对话框

Designator 选项卡包括如下选项：Default Designator（默认的流水序号，如 U?）、Sheet Part Filename（如果该元件是绘图页元件，则在此处设置对应子绘图页的路径及文件名）、Description（元件描述，通常是关于本元件功能的简要说明）、Footprint（元件封装形式，共有 4 栏）。

Component Text Fields 对话框的 Library Fields 选项卡如图 4-39 所示，共有 8 个 Text Field 栏，用户可根据需要进行设置，设置的内容将会显示在元件属性对话框中，但不能在原理图中修改。每个数据域最多能够容纳 255 个字符。

Component Text Fields 对话框的 Part Field Names 选项卡如图 4-40 所示，共有 16 个 Part Field Name 栏，用户可根据需要进行设置，比如输入元件制造商和产品目录数。每个数据域最多能够容纳 255 个字符。在绘制原理图时若使用该元件，可以看到这些数据内容，用户可以对其进行修改。

- Update Schematics 按钮的功能是更新电路图中有关该元件的部分。单击该按钮，系统将该元件在元件编辑器中所做的修改反映到原理图中。

（3）Pins 区域

该区域的主要功能是将当前工作中元件引脚的名称及状态列于引脚列表中，引脚区域用于显示引脚信息。该区域包括以下两个复选框：

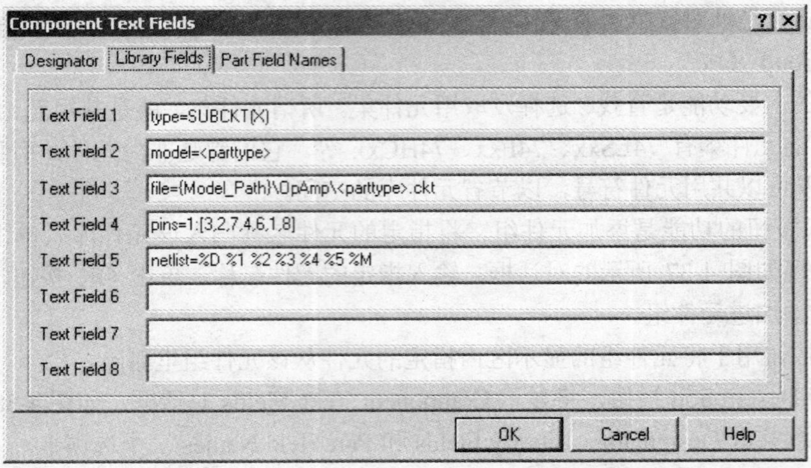

图 4-39 “Library Fields”选项卡

- Sort by Name 指定按名称排列。
- Hidden Pins 选项的功能是设置是否在元件图中显示隐含引脚。

（4）Mode 区域

该区域的功能是指定元件的模式，包括 Normal、De-Morgan 和 IEEE 三种模式。

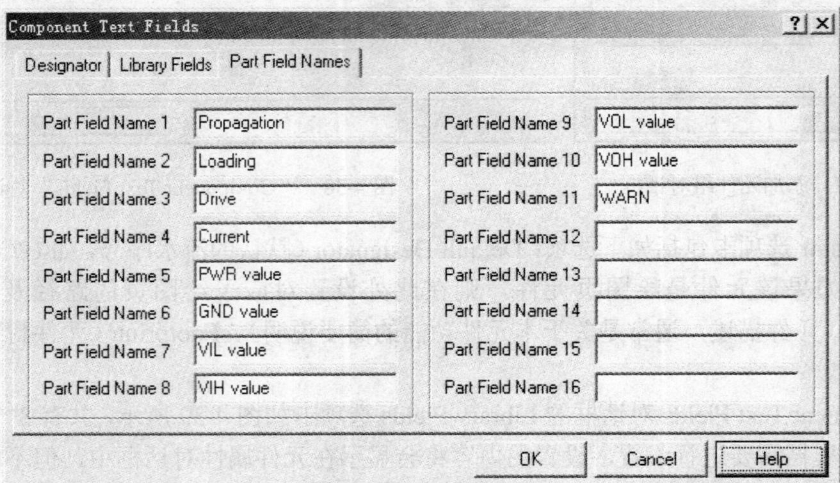

图 4-40 “Part Field Names”选项卡

4.3.2 利用 Tools 菜单管理元件

元件管理器的功能也可以通过 Tools 菜单命令来实现，Tools 菜单如图 4-41 所示。各项命令说明如下：

1）New Component 的功能是添加元件。

2）Remove Component 的功能是删除元件管理器的 Component 区域中指定的元件。

3）Rename Component 的功能是修改元件管理器的 Component 区域中的指定元件的名称。

4）Remove Component Name 的功能是删除元件组里指定的元件名称。如果该元件仅有一个元件名称，则元件图也会一起被删除。此命令相当于单击 Group 区域的 Del 按钮。

5）Add Component Name 的功能是往元件组里添加元件名称。此命令相当于单击 Group 区域的 Add 按钮。

6）Copy Component 的功能是将该元件复制到指定的元件库中。单击此命令后，会弹出相应的对话框。选择元件库后按 OK 按钮，即可将该元件复制到指定的元件库中。

7）Move Component 的功能是将该元件移到指定的元件库中。单击此命令后，会出现对话框。选择元件库后按 OK 按钮，即可将该元件移到指定的元件库中。

8）New Part 的功能是在复合封装元件中新增元件。

9）Remove Part 的功能是删除复合封装元件中的元件。

10）Next Part 的功能是切换到复合封装元件中的下一个元件。相当于 Component 区域中 Part 右边的“<”按钮。

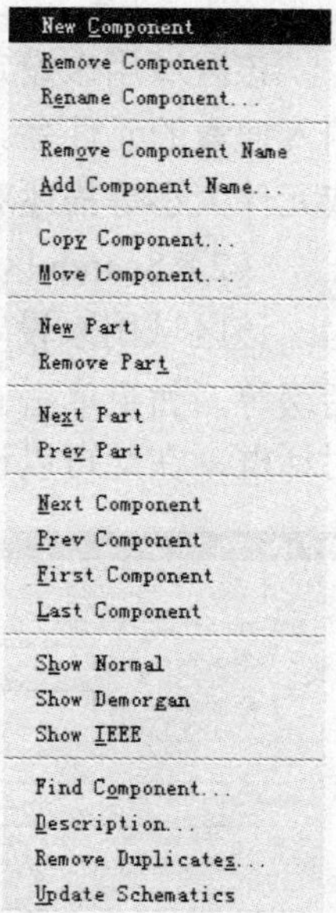

图 4-41　Tools 菜单项

11）Prev Part 的功能是切换到复合封装元件中的前一个元件。相当于 Component 区域中 Part 右边的“>”按钮。

12）Next Component 的功能是切换到元件中的下一个元件。相当于 Component 区域中 Part 右边的“<”按钮。

13）Prev Component 的功能是切换到元件中的前一个元件。相当于 Component 区域中 Part 右边的“>”按钮。

14）First Component 的功能是切换到元件库中的第一个元件，相当于 Component 区域中“<<”按钮。

15）Last Component 的功能是切换到元件库中的最后一个元件，相当于 Component 区域中“>>”按钮。

16）Show Normal 相当于 Mode 区域中的 Normal 选项。

17）Show Demorgan 相当于 Mode 区域中的 Demorgan 选项。

18）Show IEEE 相当于 Mode 区域中的 IEEE 选项。

19）Find Component 相当于 Component 区域中的 Find 按钮。

20）Description 的功能是启动元件描述对话框，相当于 Group 区域中的 Description 按钮。

21）Remove Duplicates 的功能是删除元件库中重复的元件名。

22）Update Schematics 的功能是将元件库编辑器中所做的修改，更新到打开的原理图中，相当于 Group 区域中的 Update Schematics 按钮。

4.3.3　查找元件

元件管理器为用户提供了查找元器件的工具。即在元件管理器中，单击 Find 按钮，系统将弹出如图 4-42 所示的查找元件对话框，在该对话框中，可以设定查找对象，以及查找范围，可以查找的对象为包含在.ddb 和.lib 文件中的元件。该对话框包括三个区域。

（1）Find Component 区域

该区域用来设定查找的对象，可以在选择 By Library Reference 复选框后，在其编辑框中填入搜索的元件名。也可以选择 By Description 复选框，然后在其编辑框中输入日期、时间或元件大小等描述对象，系统将会搜索所有符合对象描述的元件。

（2）Search 区域

该区域用来设定搜索方位，查找元件时可以根据实际情况设定查找的路径、目录和文件后缀等。如果单击 Path 文本框右侧的按钮，则系统会弹出如图 4-43 所示的“浏览文件夹”对话框，在此可以设置搜索路径。

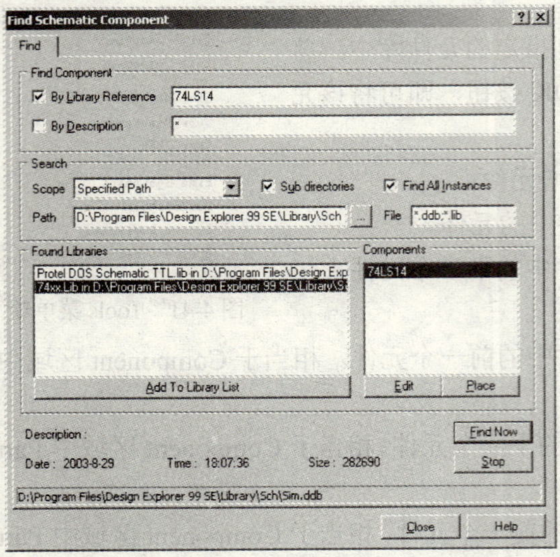

图 4-42　查找元件对话框

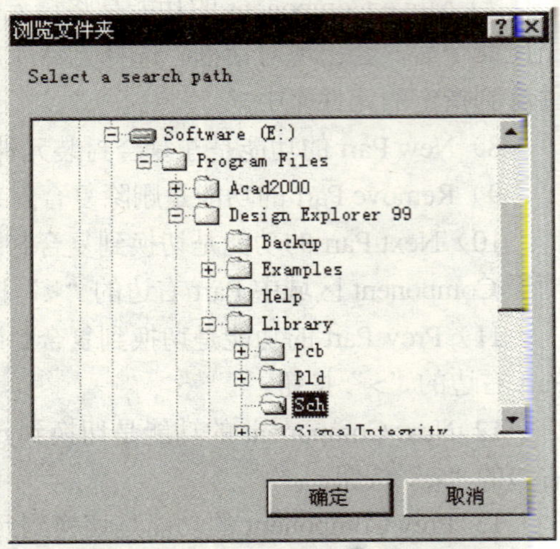

图 4-43　“浏览文件夹”对话框

（3）Found Libraries 区域

在该区域的描述列表框中将显示所搜索到元件所属的元件库，如果单击 Add To Library List 按钮，则将选中的元件库加到当前元件库管理器中。单击 Edit 按钮，则对选中的元件进行编辑。单击 Place 按钮，则自动切换到原理图设计界面，同时原理图元件编辑器退到后台运行。

如果需要停止搜索，则可以单击 Stop 按钮。

注意：在整个搜索过程中速度可能比较慢，用户需要耐心等待。

4.4　元件绘图工具

前面讲述了元件库管理器的使用，现在讲解如何制作元件。制作元件可以利用绘图工具进行，常用的绘图工具包括一般绘图工具栏和 IEEE 符号工具栏。

4.4.1　一般绘图工具

图 4-44 为元件库编辑系统中的一般绘图工具栏。绘图工具栏的打开与关闭可以通过选取主工具栏里的图标，或执行菜单命令 View→Toolbars→Drawing Toolbar 来实现。

图 4-44　绘图工具栏

绘图工具栏上的命令也对应 Place 菜单上的各命令。也可以从 Place 菜单上直接选取命令。工具栏上各按钮的功能见表 4-2。

表 4-2　一般绘图工具栏按钮及其功能

按　钮	对应菜单命令	功　能
	Place→Line	绘制直线
	Place→Beziers	绘制贝塞尔曲线
	Place→Elliptical Arcs	绘制椭圆弧线
	Place→Polygons	绘制多边形
	Place→Text	插入文字
	Tools→New Component	插入新部件
	无	添加新部件至当前显示的元件
	Place→Rectangle	绘制直角矩形
	Place→Round Rectangle	绘制圆角矩形
	Place→Ellipses	绘制椭圆形及圆形
	Place→Graphic	插入图片
	Edit→Paste Array	将剪贴板的内容阵列粘贴
	Place→Pins	绘制引脚

这些命令中，大部分与 4.1 节介绍的绘图工具栏操作一致，本节将讲述前面没有讲过的命令和不同的命令。下面仅对绘制引脚命令进行实例讲解。

4.4.2　绘制引脚

执行菜单命令 Place→Pins 或单击一般绘图工具栏上的按钮，可将编辑模式切换到放置引脚模式，此时鼠标指针旁边会多出一个大十字符号及一条短线，这时就可以进行引脚的绘制工作。如果在放置引脚前按〈Tab〉键，则会打开当前引脚属性编辑对话框，此时可以先设置引脚属性。引脚放置完毕后，单击鼠标右键结束操作，图 4-45 即为绘制的引脚实例，引脚在元件图上的放置是按顺序增加流水号的。

如果需要编辑放置的引脚，则可以双击需要编辑的引脚，或者先选中引脚，然后单击鼠标右键，从快捷菜单中选取 Properties 命令，就可以进入属性对话框，如图 4-46 所示。

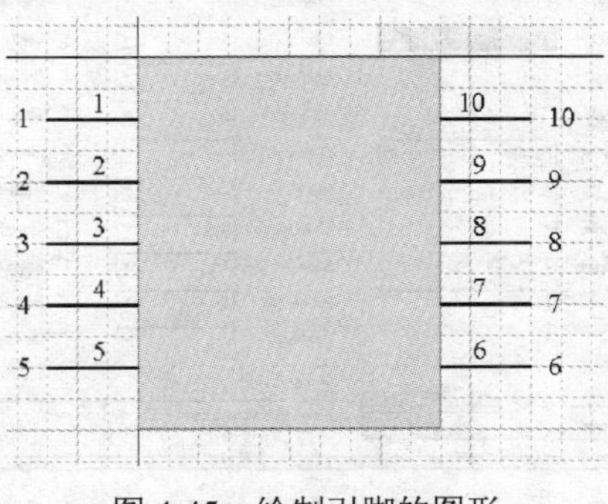

图 4-45　绘制引脚的图形

引脚属性编辑框中各选项的意义如下：

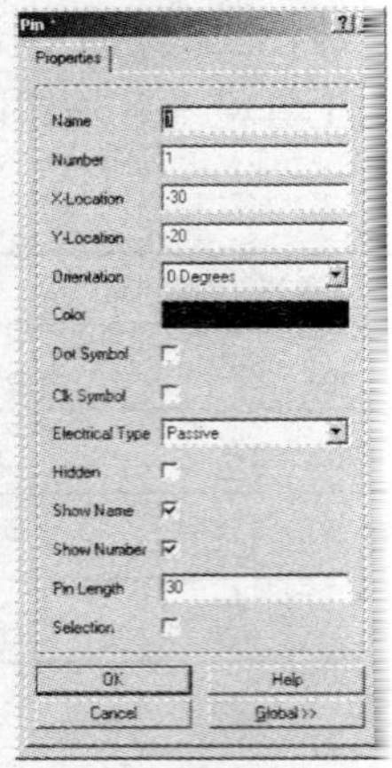

图 4-46 “Pin（引脚属性）”对话框

- Name 编辑框中为引脚名，是引脚左边的一个符号，用户可以进行修改。
- Number 编辑框中为引脚号，是引脚右边的一个符号，用户也可以进行修改。
- X-Location 编辑框中为引脚 X 向的位置。
- Y-Location 编辑框中为引脚 Y 向的位置。
- Orientation 是一个下拉列表选择框，其为引脚方向选择，有 0º、90º、180º和 270º共 4 种旋转角度。
- Color 操作框为引脚颜色设定。
- Dot Symbol 复选框为是否在引脚上加一圆点。
- Clk Symbol 复选框为是否在引脚上加一个时钟符号。
- Electrical Type 下拉列表选项用来设定该引脚的电气性质。
- Hidden 复选框为是否隐藏该引脚。
- Show Name 复选框为是否显示引脚名。选中为显示，否则为不显示。
- Show Number 复选框为是否显示引脚号。选中为显示，否则为不显示。
- Pin Length 编辑框用来设置引脚的长度。
- Selection 复选框用来确定是否选中该引脚。
- 单击 Global 按钮可进入全局属性对话框，如图 4-47 所示。在 Attributes To Match By 区域的 Wild Card 设置项内，填入“*”表示不管电路图中其他的引脚名或引脚号是什么，都符合整体修改条件。也可以指定某个特定的网络名称，表示整个电路图中所有同名的网络名称都符合整体修改条件。

在 Copy Attributes 区域中，“{}”用以指定如何修改。例如，要将已放置在引脚图中的 N1、N2、N3、…引脚名称或引脚号更改为 D1、D2、D3、…，那么在 Wild Card 设置项中填入“N*”，在 Copy Attributes 区域中填入“{N=D}”，最后按 OK 按钮，即可完成网络名称的整体修改。

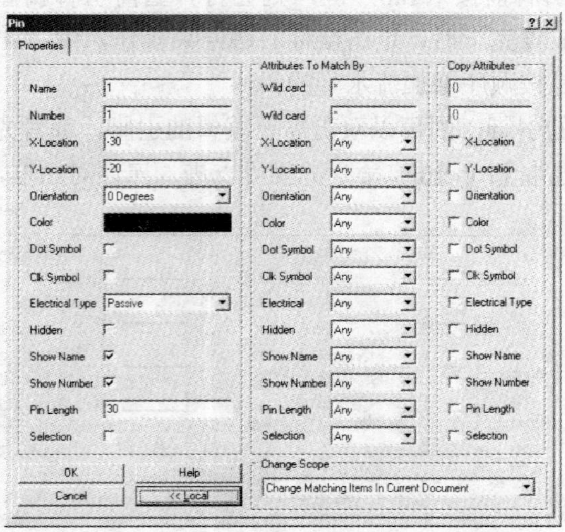

图 4-47 “pin（引脚全局属性）”对话框

4.4.3 IEEE 符号

图 4-48 为元件库编辑系统中的 IEEE 符号工具栏。IEEE 符号工具栏的打开与关闭可以通过选取主工具栏里的图标或执行菜单命令 View→Toolbars→IEEE Toolbar 来实现。

IEEE 符号工具栏上的命令对应 Place 菜单中 IEEE Symbols 子菜单上的各命令。我们也可以从 Place 菜单中直接选取命令。工具栏上各按钮的功能如表 4-3 所示。

图 4-48 IEEE 符号工具栏

表 4-3 IEEE 符号工具栏按钮及其功能

按钮	功能	按钮	功能
	放置低态触发符号		放置低态触发输出符号
	放置左向信号	π	放置 π 符号
	放置上升沿触发时钟脉冲	≥	放置大于或等于号
	放置低态触发输入符号		放置具有提高阻抗的开集性输出符号
	放置模拟信号输入符号		放置开射极输出符号
	放置无逻辑性连接符号		放置具有电阻接地的开射极输出符号
	放置具有暂缓性输出的符号	#	放置数字输入信号
	放置具有开集性输出的符号		放置反相器符号
	放置高阻抗状态符号		放置双向信号
	放置高输出电流符号		放置数据左移符号
	放置脉冲符号	≤	放置小于或等于号
	放置延时符号	Σ	放置 Σ 符号
	放置多条 I/O 线组合符号		放置施密特触发输入特性的符号
	放置二进制组合的符号		放置数据右移符号

4.5 制作一个元件

本节利用前面介绍的制作工具，来绘制一个元件。绘制的实例为图 4-49 所示的触发器，并将它保存在“board2.lib”元件库中，具体操作步骤如下：

1）单击菜单 File→New 命令，从编辑器选择框中选中原理图元件库编辑器，然后双击元件库文件图标，默认名为 schlib1.lib，可以重新保存为 board2.lib，或者重命名为 board2.lib。然后进入原理图元件库编辑工作界面。

2）使用菜单命令 View→Zoom In 或按〈Page Up〉键将元件绘图页的四个象限相交点处放大到足够程度，因为一般元件均是放置在第四象限，而象限交点即为元件基准点。

3）使用菜单命令 Place→Rectangle 或单击一般绘图工具栏上的□按钮，绘制一个直角矩形，将编辑状态切换到画直角矩形模式。此时鼠标指针旁边会多出一个大十字符号，将大十字指针中心移动到坐标轴原点处（X：0，Y：0）单击鼠标左键，把它定为直角矩形的左上角；移动鼠标指针到矩形的右下角，再单击鼠标左键，结束这个矩形的绘制过程。绘制结果如图 4-50 所示，直角矩形的大小为 6 格×6 格。

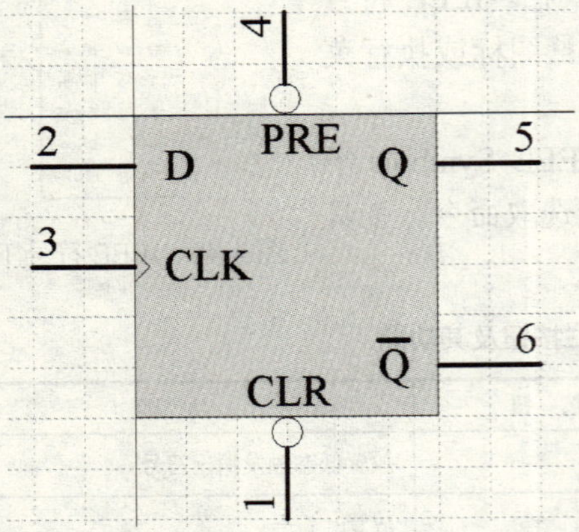

图 4-49　触发器实例

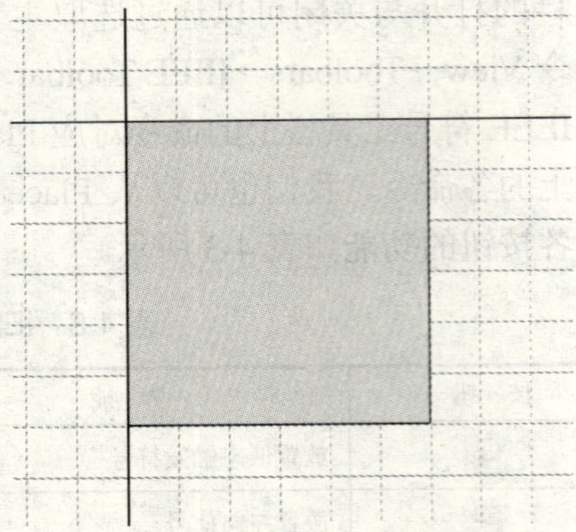

图 4-50　绘制矩形

4）绘制元件的引脚。执行菜单命令 Place→Pins 或单击一般绘图工具栏上的按钮，可将编辑模式切换到放置引脚模式，此时鼠标指针旁边会多出一个大十字符号及一条短线，此时按〈Tab〉键进入“Pin”对话框，如图 4-51 所示。将引脚长度（Pin Length）修改为 20。

5）分别绘制 6 根引脚，如图 4-52 所示。放置引脚时可以先按〈Space〉键使引脚旋转 90º，使大十字形符号处于矩形边框上。

注意： 放置引脚时，基准点是出现在图形界面中的一个大十字符号上，将大十字符号对准需要放置引脚的矩形边框，就可以完成一条引脚的放置。

6）编辑各管脚。双击需要编辑的引脚，或者先选中引脚，然后单击鼠标右键，从快捷菜单中选取 Properties 命令，进入引脚属性对话框，如图 4-51 所示，在对话框对引脚的属性进行修改。具体修改方式如下：

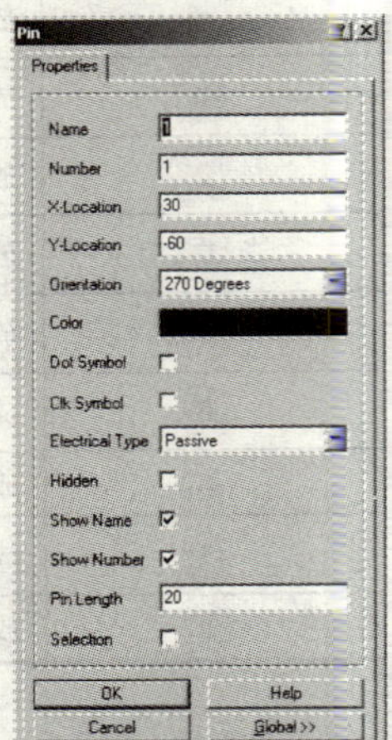

图 4-51　“pin（引脚属性）”对话框

- 引脚 1：名称 Name 修改为 C\L\R\，并选中 Dot 复选框，不选中 Show Name 复选框（因为引脚名一般是水平布置的，而旋转后名称也旋转了），旋转角度为 270º，引脚的电气类型为 Input。
- 引脚 2：名称 Name 修改为 D，旋转角度为 180º，引脚的电气类型为 Input。
- 引脚 3：名称 Name 修改为 CLK，并选中 CLK 复选框，旋转角度为 180º，引脚的电气类型为 Input。
- 引脚 4：名称 Name 修改为 P\R\E\，选中 Dot 复选框，旋转角度为 90º，不选中 Show Name 复选框（因为引脚名一般是水平布置的，而旋转后名称也旋转了），引脚的电气类型为 Input。
- 引脚 5：名称 Name 修改为 Q，旋转角度为 0º，引脚的电气类型为 Output。
- 引脚 6：名称 Name 修改为 $\overline{Q}$。当用户需要使输入的字母头上带一短横线，可以使用

“Q\”来实现。本例引脚 6 的 Name 编辑框中输入“Q\”，在图形中显示的即为$\overline{Q}$，旋转角度为 0°，引脚的电气类型为 Output。

引脚属性修改后的图形如图 4-53 所示。

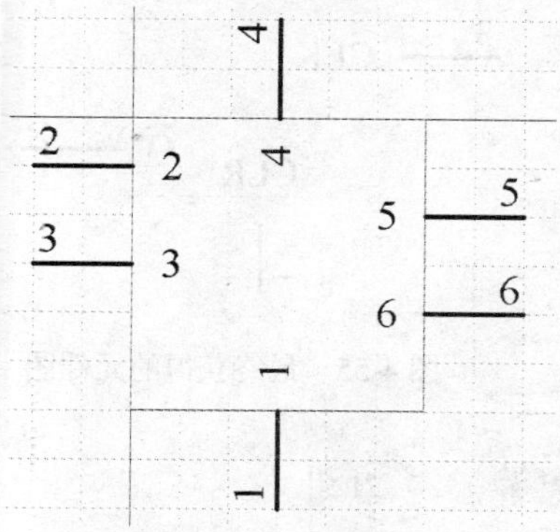

图 4-52　放置引脚后的图形

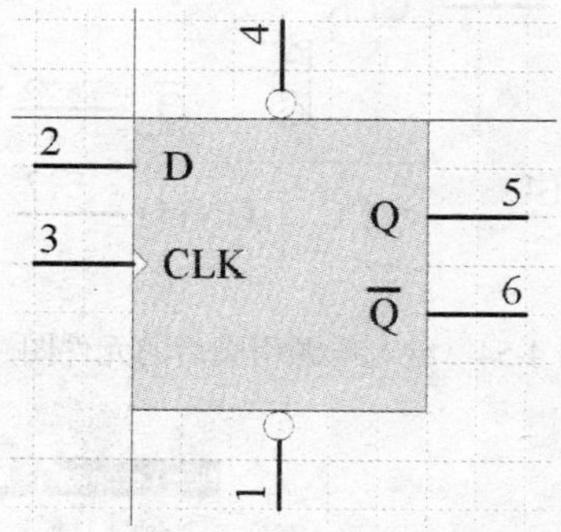

图 4-53　修改引脚属性后的图形

说明：当放置引脚时，可以直接旋转到需要的角度，因为引脚 0°时的电气段为左侧，所以需要旋转设置。

7）绘制隐藏的引脚。通常，在电路图中会把电源引脚隐藏起来。所以绘制电源引脚时，需要将其属性设置为 Hidden（在元件属性对话框中设置）。本实例分别绘制两个电源引脚：14 为 VCC，7 为接地 GND，引脚的电气类型均为 Power，并选中 Hidden 复选框（将电源引脚隐藏）。绘制了这两个引脚后的图形如图 4-54 所示。

说明：图 4-54 显示了$\overline{\text{PRE}}$和$\overline{\text{CLR}}$引脚名，因为此时将元件管理器的 Hidden Pins 复选框选中了，这样有助于绘制电源引脚图。

8）从图 4-53 中可以看出，1 脚和 4 脚的名称没有显示出来，需要向这两个引脚添加注释文字。执行 Place→Annotation 菜单命令，或直接从绘图工具栏上选择放置注释文本的命令，分别在 1 脚和 4 脚的名称端放置 CLR 和 PRE 注释文字。

刚放置注释文字时，仅仅放置了 Text 文字块，还需要对其属性进行修改，就可实现插入 CLR 和 PR 注释文字，1 脚和 4 脚的注释文字属性修改如下：

- 1 脚：Text 文本修改为 CLR，X-Location 修改为 22，Y-Location 修改为-60，颜色修改为黑色。
- 4 脚：Text 文本修改为 PRE，X-Location 修改为 25，Y-Location 修改为-10，颜色修改为黑色。

插入注释文字后的元件如图 4-55 所示，即为最终获得的元件图。

9）如果该元件是复合封装的，则可以执行菜单 Tools→New Part 命令，即可向该元件中添加绘制封装的另一部分，其过程与上面一致，不过电源通常是共用的。

10）保存已绘制好的元件。执行菜单命令 Tools→Rename Component，打开“New Component Name”对话框，如图 4-56 所示，将元件名称改为 74LS74，然后执行菜单命令 File—Save 将元件保存到当前元件库文件中。

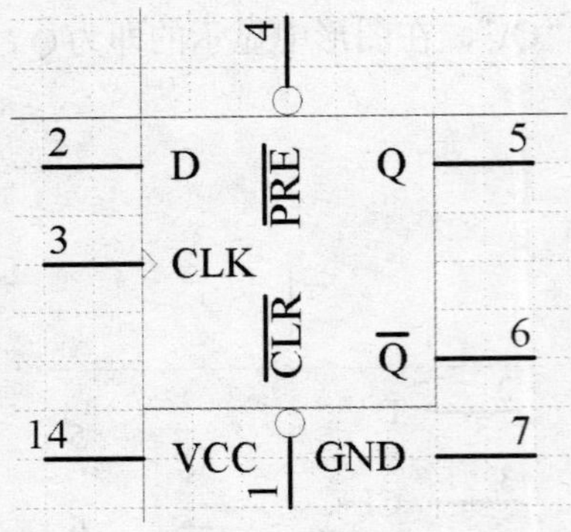

图 4-54　绘制电源引脚后的元件图

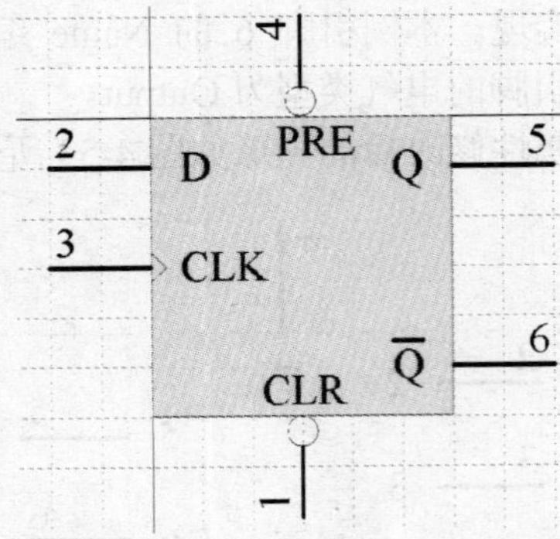

图 4-55　最终获得的元件图

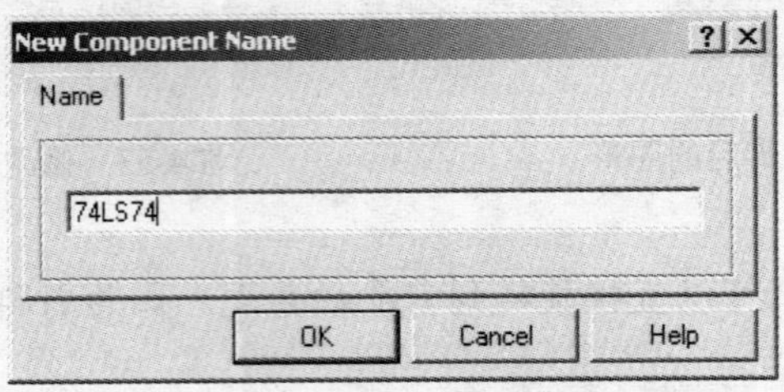

图 4-56　“New Component Name”对话框

当执行完上述操作后，可以查看以下元件库管理器，如图 4-57 所示，其中已经添加了一个 74LS74 元件，该元件位于 board2.lib 中，而 board2.lib 属于 board.ddb 数据库文件，因为绘制该元件是在打开的 board.ddb 数据库文件中进行的。

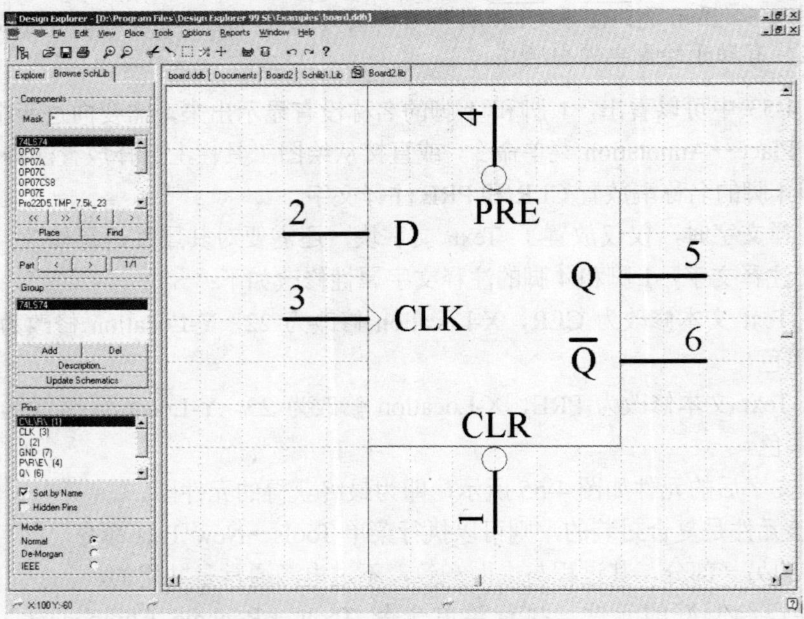

图 4-57　添加了 74LS74 元件后的元件库管理器

11）设置元件的描述特性。在元件管理器中选中该元件，然后单击 Description 按钮，系统将弹出如图 4-58 所示的元件文本域设置对话框。此时可以设置默认的流水号、元件封装形式以及其他相关的描述。

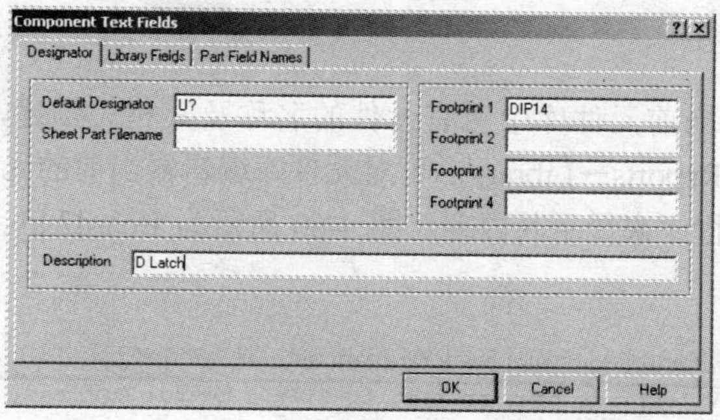

图 4-58 “Component Text fields”对话框

如果想在设计原理图时使用此元件，只需将该库文件装载到元件库中，取用 74LS74 元件即可。另外，若要在现有的元件库中加入新设计的元件，只需进入元件库编辑器，选择现有的元件库文件，再执行菜单命令 Tools→New Component，然后就可以按照上面的步骤设计新的元件。

4.6 产生元件报表

在元件库编辑器里，可以产生三种报告：元件报表（Component Report）、元件库报表（Library Report）和元件规则检查表（Component Rule Check Report）。

4.6.1 元件报表

通过菜单命令 Reports→Component，可对元件库编辑器当前窗口中的元件产生元件报表，系统会自动打开 TextEdit 程序来显示其内容，如图 4-59 所示。图示为 4.5 节制作的元件 74LS74 元件的元件报表内容。

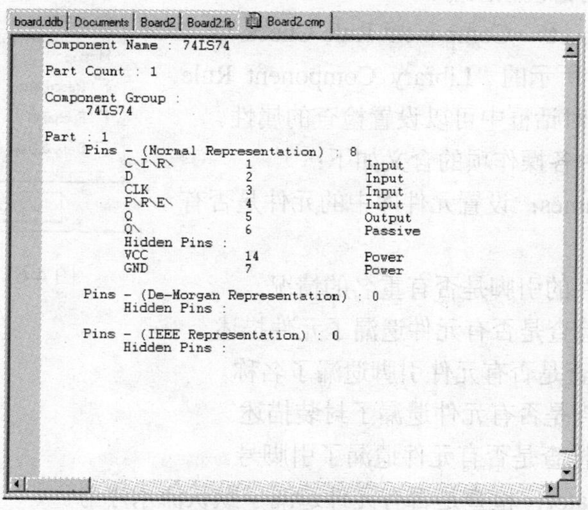

图 4-59 元件报表窗口

元件报表的扩展名为.Cmp，元件报表列出了该元件的所有相关信息，如：子元件个数、元件组名称以及各个子元件的引脚细节等。

4.6.2 元件库报表

元件库报表列出了当前元件库中所有元件的名称及其相关描述，元件库报表的扩展名为.Rep。通过菜单命令 Reports→Library，可对元件库编辑器当前的元件库产生元件库表，系统会自动打开 TextEdit 程序来显示其内容。图 4-60 所示为 Board2.lib 元件库的元件库报表内容。

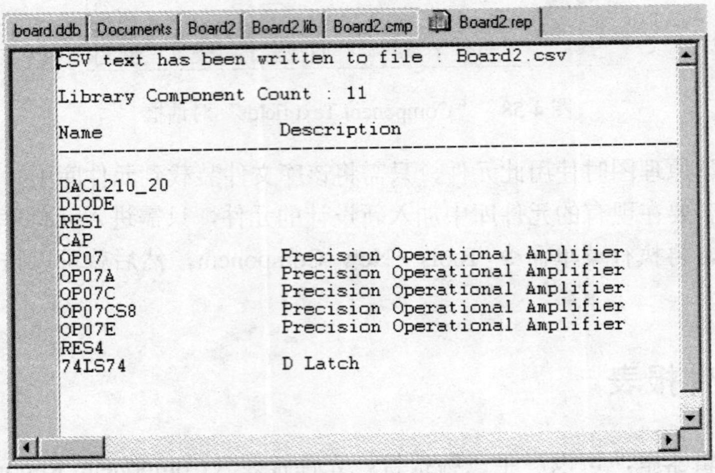

图 4-60 board2.Lib 元件库报表内容

4.6.3 元件规则检查表

元件规则检查表主要用于帮助用户进行元件的基本验证工作，包括检查元件库中的元件是否有错，并将有错的元件列出来，指明错误原因等。

执行菜单命令 Reports→Component Rule Check 后，系统将弹出如图 4-61 所示的“Library Component Rule Check”对话框，在该对话框中可以设置检查的属性。

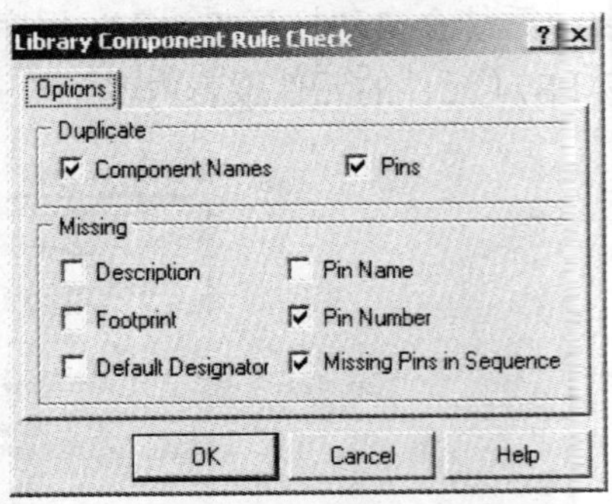

图 4-61 元件检查对话框

元件检查对话框中各操作项的含义如下：

- Component Names：设置元件库中的元件是否有重名的情况。
- Pins：设置元件的引脚是否有重名的情况。
- Description：检查是否有元件遗漏了元件描述。
- Pin Name：检查是否有元件引脚遗漏了名称。
- Footprint：检查是否有元件遗漏了封装描述。
- Pin Number：检查是否有元件遗漏了引脚号。
- Default Designator：检查是否有元件遗漏了默认流水序号。

- Missing Pins in Sequence：检查按照顺序是否遗漏了元件引脚。

这里以 Board2.lib 为例，执行元件规则检查命令 Reports→Component Rule Check，则生成的元件检查表如下：

```
Component Rule Check Report for : Board2.lib
Name                      Errors
----------------------------------------------------------------
OP07                      (Missing Pin Number In Sequence : 5 [1..8])
OP07A                     (Missing Pin Number In Sequence : 5 [1..8])
OP07C                     (Missing Pin Number In Sequence : 5 [1..8])
OP07CS8                   (Missing Pin Number In Sequence : 5 [1..8])
OP07E                     (Missing Pin Number In Sequence : 5 [1..8])
74LS74                    (Missing Pin Number In Sequence : 8,9,10,11,12,13
```

根据这些错误提示，可以对元件库的元件进行修改。比如 74LS74 出现的错误，主要是因为 74LS74 元件是由两个组件组成，另一组件的引脚为 8,9,10,11,12,13。公共引脚为 14 和 7。可以使用前面所讲述的制作元件的方法添加另一部分组件。

第 5 章　电路的层次化设计

电路的层次化设计是在实践的基础上提出的，是随着计算机技术的发展而逐步实现的一种先进的项目设计方法。对于一个非常庞大的电路原理图（称之为项目）不可能将它一次完成，也不可能将这个原理图画在一张图纸上，更不可能由一个人单独完成。Protel 99 SE 提供了一个很好的项目组设计工作环境。项目主管的主要工作是将整个原理图划分为各个功能模块，由各个工作组成员来设计各个功能模块。这样，通过网络，整个项目可以层次化设计，使得设计进程大大加快。

5.1　电路的层次化设计方法

电路的层次化设计方法实际上是一种模块化的设计方法。用户可以将待设计的系统划分为多个子系统，子系统下面又可划分为若干功能模块，功能模块再细分为若干个基本模块。设计好基本模块，定义好模块之间的连接关系后，即可完成整个设计过程。

设计时可以从系统开始，逐级向下进行，也可以从最基本的模块开始，逐级向上进行，还可以调用相同的电路图重复使用。

1. 自顶而下的层次图设计方法

所谓自顶而下，就是将总的电路分为子系统模块，然后再分割为基本模块。使用自顶而下的方法来实现层次化设计的流程图如图 5-1 所示。

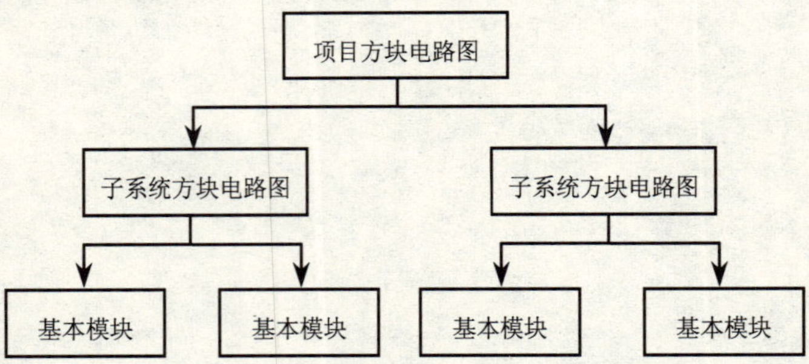

图 5-1　自顶而下的层次图设计流程图

2. 自下而上的层次图设计方法

所谓自下而上，就是先完成子模块原理图的设计，然后再将它们组成子系统电路框图，最后生成总的项目原理图，其流程图如图 5-2 所示。

3. 重复性层次图的设计方法

所谓重复性层次图，是指在层次式电路图中，有一个或多个电路图被重复地调用。绘制电路图时，不必重复绘制相同的电路图。典型的重复性层次图的示意如图 5-3 所示。

图 5-3 中，共有 10 张原理图，除了主电路图外，A.SCH 共出现了 3 次，B.SCH 出现了 6 次。设计者只需绘制其中的 3 张，即主电路图、A.SCH 和 B.SCH。在绘制被重复调用的原

理图时，元件序号先不必指定，留待后面让系统处理。

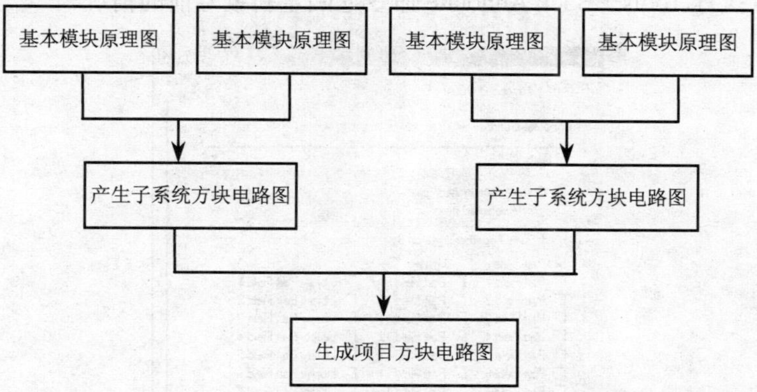

图 5-2　自下而上的层次图设计流程图

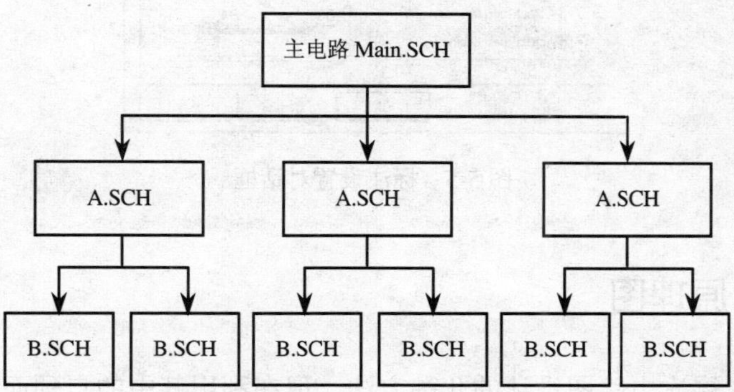

图 5-3　重复性层次图的示意图

要让重复性层次图有实用价值，还必须将各个被重复调用的原理图复制成副本，安排好各个副本中元件的序号，才能够产生网络表，进行电路板设计。以图 5-3 为例，首先将主电路图、A.SCH 和 B.SCH 这 3 个电路图转化成相互独立且相互关联的 10 张电路图，即将重复性层次图转化为一般性层次图。其步骤如下：

1）重复性层次图向一般性层次图转化，将重复性的原理图复制成层次图。

2）复制完电路图后，必须将各个电路图中的元件进行编号，即设置元件序号。单击 Tools→Annotate 菜单命令，如图 5-4 所示。执行此命令后，会出现如图 5-5 所示的标注设置对话框。

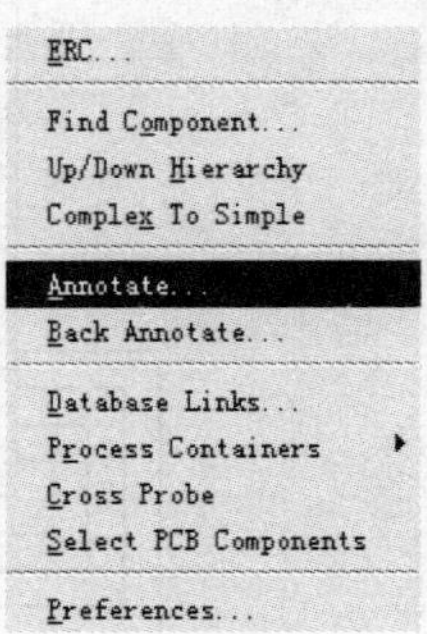

图 5-4　Tools 菜单

其中，Update Sheet Numbers 选项的功能是重新编排图号，此项必选；Annotate Option 选项中，?Parts 项是针对整个项目的。如果项目中的元件序号还没有编号，系统将自动给予编号。图 5-5 所示对话框的详细操作请参考第 3.8 节。

3）设置完对话框后，系统立即自动编号，并将编号的结果存为“*.rep”格式文件，作为项目的一部分出现在项目管理器中。同时系统还会启动文本编辑器，显示报告文件。

用户还可以执行 Tools→Back Annotate 命令返回重新编号前的情况。

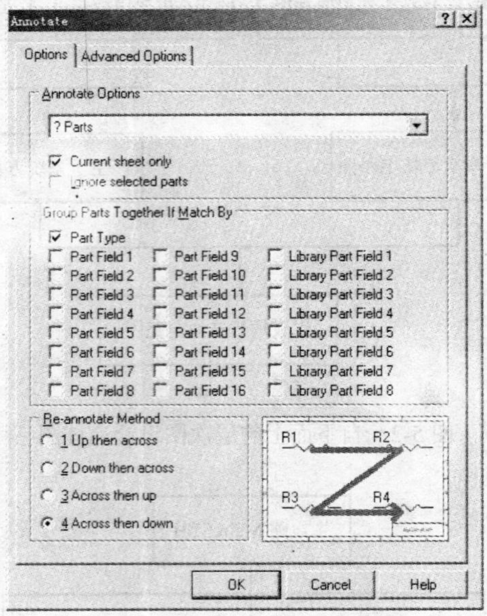

图 5-5　标注设置对话框

5.2　层次化的原理图

5.1 节中讲到了层次电路图设计的几种方法，现在利用其中的自顶而下的层次图设计方法，以如图 5-6 所示的原理图为实例，介绍绘制层次原理图的一般过程。

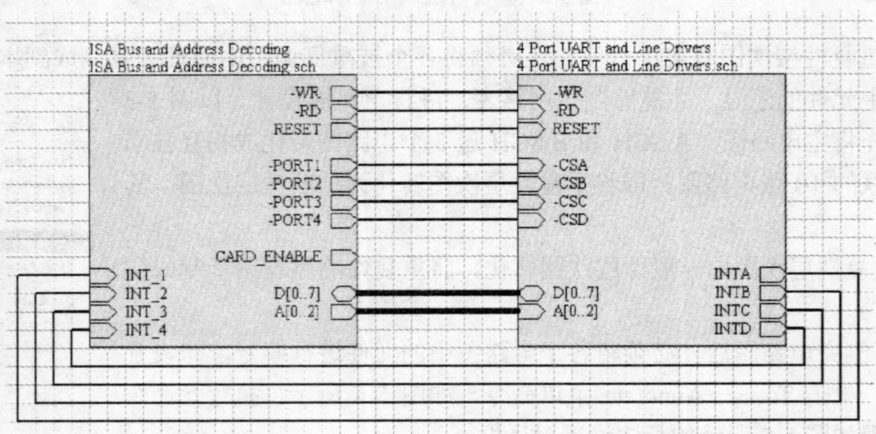

图 5-6　绘制层次原理图实例

图 5-6 所示为一个层次化的原理图，整张原理图表示了一个完整的电路，该电路图是一个 4 串行接口的原理图。它由串行接口和线驱动模块（4 Port UART and Line Drivers.sch）、ISA 总线与地址解码模块（ISA Bus and Address Decoding.sch）两个模块组成。其层次结构关系

如图 5-7 所示。

绘制层次原理图一般步骤如下：

1）启动原理图设计服务器，请参见 1.5 节，并建立层次原理图的文件名。

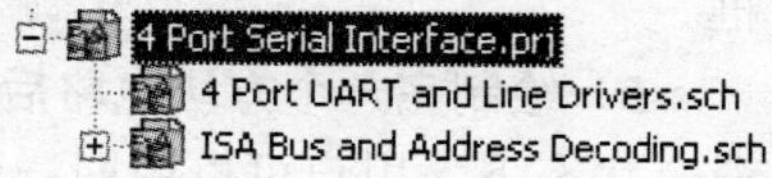

图 5-7　层次结构关系

2）在工作平面上打开绘图工具 Wiring Tools，可使用以下方法之一执行绘制方块电路命令：

- 用鼠标左键单击 Wiring Tools 中的按钮。
- 执行菜单命令 Place→Sheet Symbol。

3）执行绘制方块电路命令后，光标变为十字形状，同时出现方块电路，如图 5-8 所示。

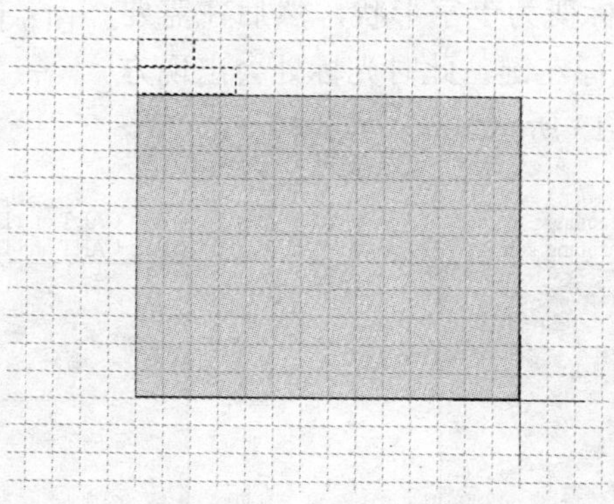

图 5-8　放置完方块电路的状态

在此状态下，按〈Tab〉键，会出现“方块电路属性设置”对话框，如图 5-9 所示。在对话框中，将 Filename 选项设置为 4 Port UART and Line Drivers.sch，这表明该电路代表了串行接口和线驱动模块；将 Name 选项设置为 4 Port UART and Line Drivers。这就定义了方块电路的名称。

4）设置完属性后，确定方块电路的大小和位置。将光标移动到适当的位置后，单击鼠标左键，确定方块电路的左上角位置。然后拖动鼠标，移动到适当的位置后，单击鼠标左键，确定方块电路的右下角位置。这样就定义了方块电路的大小和位置，绘制出了一个名为电路的模块，如图 5-10 所示。

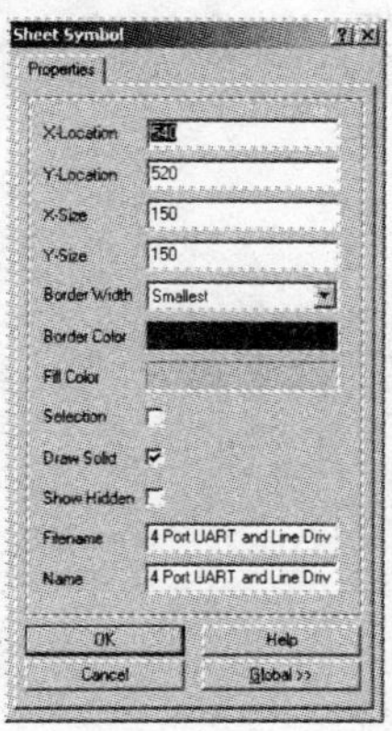

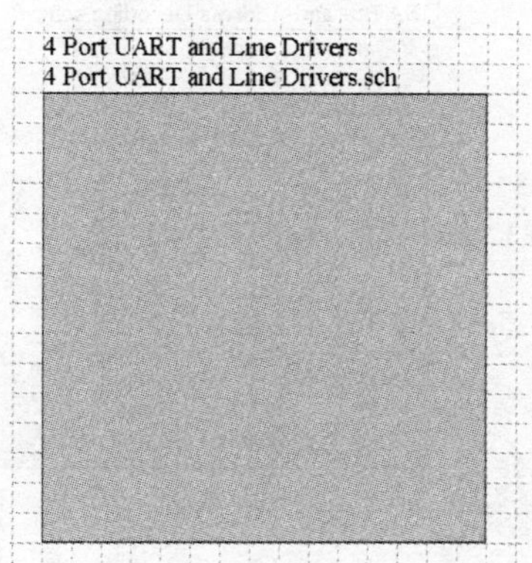

图 5-9　“Sheet Symbol（方块电路属性）”对话框　　图 5-10　绘制串行接口和线驱动模块的方块电路

用户如果要更改文字标注，只需用鼠标双击文字标注，会出现如图 5-11 所示的方块电路文字属性设置对话框。

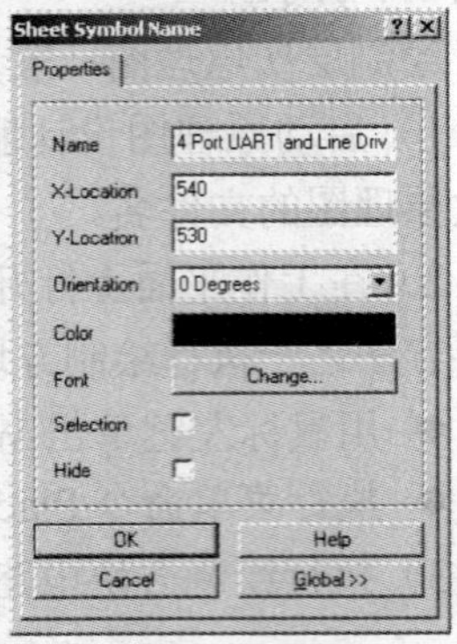

图 5-11 “sheet Symbol Name（方块电路文字属性）”对话框

5）绘制完一个方块电路后，仍处于放置方块电路的命令状态下，用户可以用同样的方法放置其他的方块电路，并设置相应的方块图文字属性，结果如图 5-12 所示。

6）执行放置方块电路端口的命令。方法是用鼠标左键单击 Wiring 工具栏中的按钮或者执行菜单命令 Place →Sheet Entry。

7）执行该命令后，光标变为十字形状，然后在需要放置端口的方块图上单击鼠标左键，此时光标处会出现方块电路的端口符号，如图 5-13 所示。

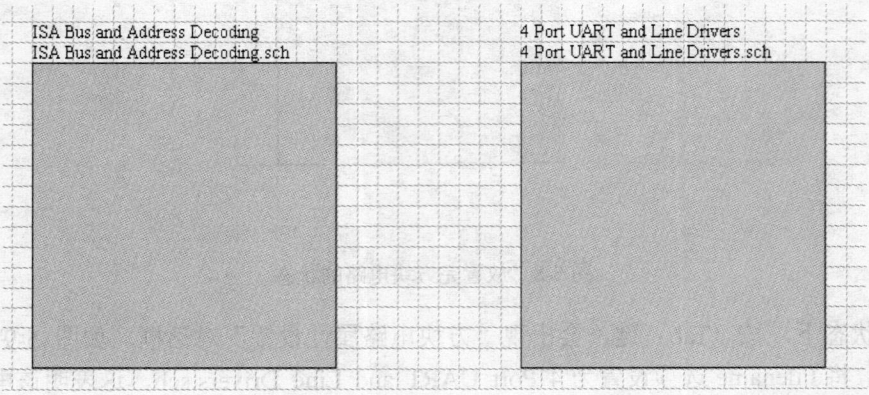

图 5-12 绘制完所有的方块电路

注意：当在需要放置端口的方块图上单击鼠标左键，光标处出现方块电路的端口符号后，光标就只能在该方块图内部移动，直到放置了端口并结束该步操作以后，光标才能在绘图区域自由移动。

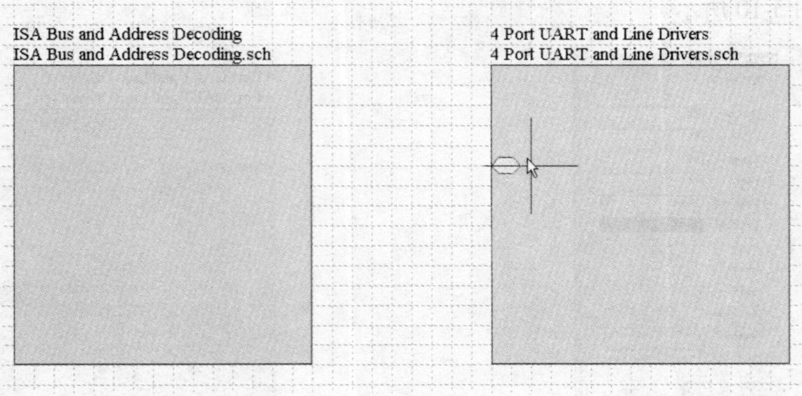

图 5-13 放置方块电路 I/O 端口的状态

在此命令状态下，按〈Tab〉键，会出现方块电路端口属性设置对话框，如图 5-14 所示。

在对话框中，将 Name 选项设置为 WR，即将端口名设为写选通信号。I/O Type 选项有不指定（Unspecified）、输出（Output）、输入（Input）和双向（Bidirectional）4 种。在此设置为 Output，即可将端口设置为输出。

Side 选项用来指定方块电路端口在方块图中的位置，如左（Left）、右（Right）、顶部（Top）和底部（Bottom）。相应地，在 Style 选项处会出现对应于 Side 选项的设置项。

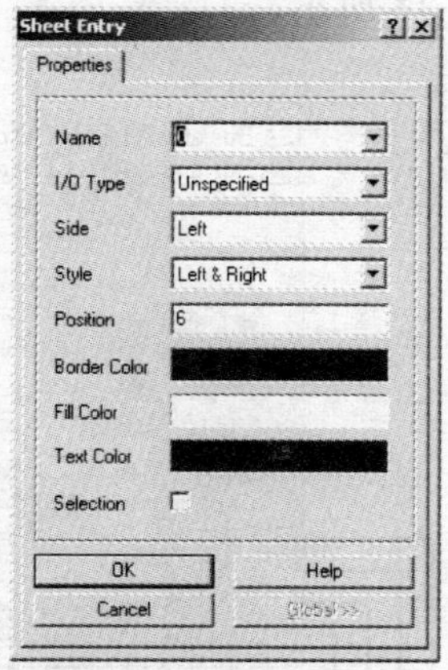

图 5-14 “Sheet Entry（方块电路端口属性）”对话框

8）设置完属性后，将光标移动到适当的位置后，单击鼠标左键将其定位，如图 5-15 所示。同样，根据实际电路的安排，可以在串行接口和线驱动模块上放置其他端口，结果如图 5-16 所示。

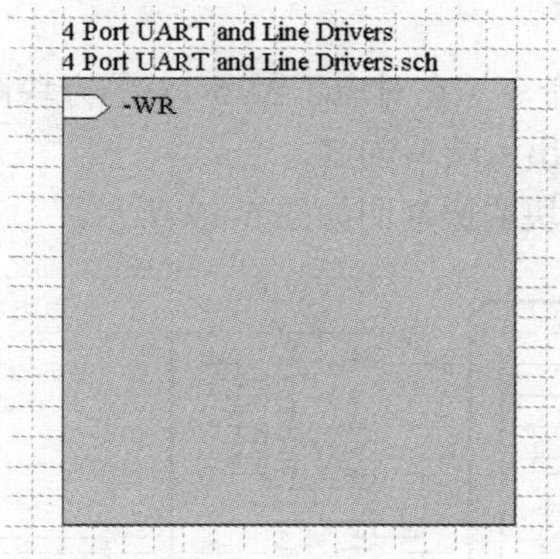

图 5-15 放置完一个端口

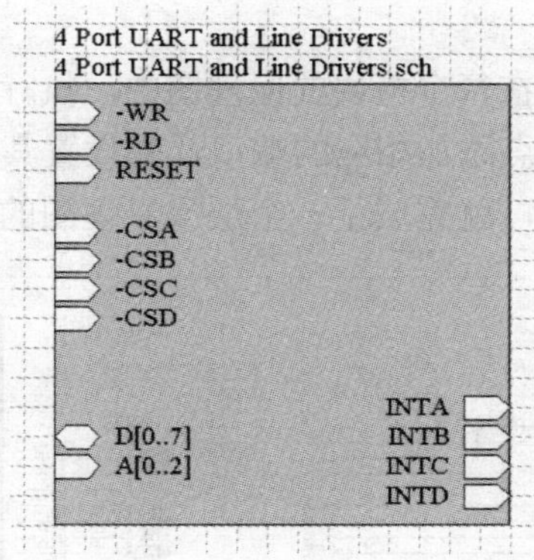

图 5-16 放置完端口的方块电路

9）重复上述操作，设置其他方块电路，如图 5-17 所示。

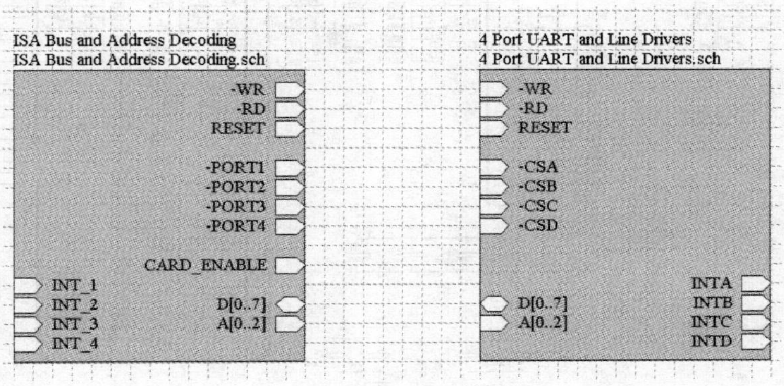

图 5-17 放置完所有端口的原理图

10）在图 5-17 的基础上，将电气关系上具有相连关系的端口用导线或总线连接在一起，

如图 5-18 所示

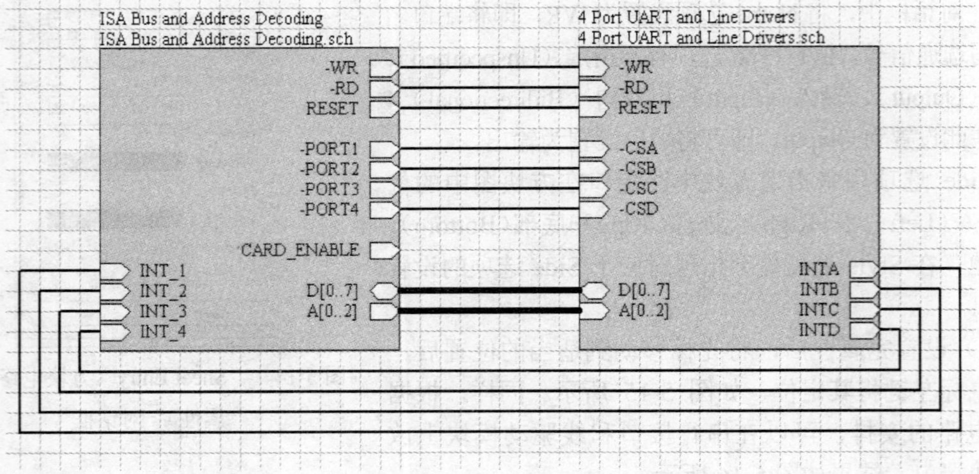

图 5-18　最终结果

11）在每个模块的原理图中，执行 Place→Port 命令，在对应于图 5-18 的方块图出入端口的连接点添加相应的端口，并设置其名称与方块图出入端口同名。

至此，就完成了一个层次原理图的建立。各个模块的原理图如图 5-19 所示。

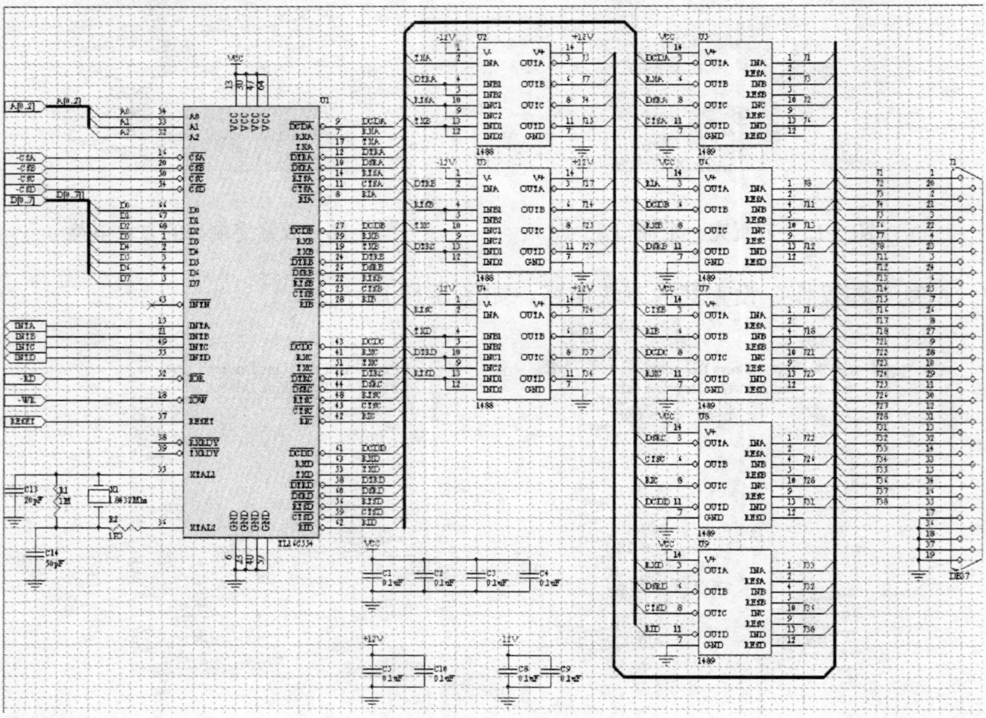

a)

图 5-19　4 串行接口的层次原理图

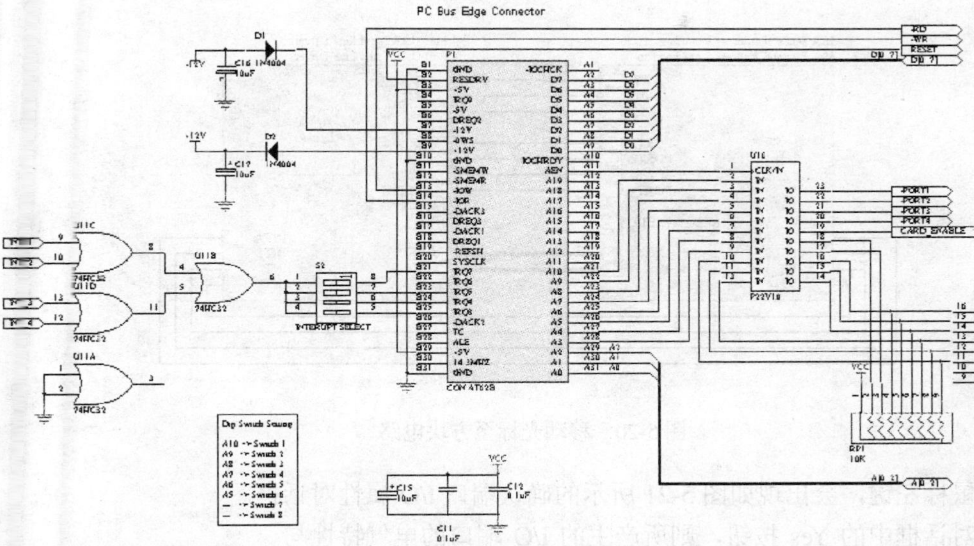

b)

图 5-19　4 串行接口的层次原理图（续）

a) 串行接口和线驱动模块　b) ISA 总线与地址解码模块

5.3　不同层次电路之间的切换

在同时读入或编辑层次电路的多张原理图时，不同层次电路图之间的切换是必不可少的。其切换方法有以下 3 种：

- 执行菜单命令 Tools→Up/Down Hierarchy，如图 5-4 所示。
- 用鼠标左键单击主工具栏的按钮执行该命令后，光标变成了十字形状。如果是上层切换到下层，只需移动光标到下层的方块电路上，单击鼠标左键，即可进入下一层。如果是下层切换到上层，只需移动光标到上层的方块电路的某个端口上，单击鼠标左键，即可进入上一层。
- 利用项目管理器。用户可以直接用鼠标左键单击项目窗口的层次结构中所要编辑的文件名即可。

5.4　由方块电路符号产生新原理图中的 I/O 端口符号

在采用自上而下的方法设计层次电路图时，首先是建立方块电路，再制作该方块电路相对应的原理图文件。而制作原理图时，其 I/O 端口符号必须和方块电路上的 I/O 端口符号相对应。Protel 99 SE 提供了一条捷径，即由方块电路符号直接产生原理图文件的端口符号。下面以图 5-6 为例，讲述其一般步骤：

1）执行菜单命令 Design→Create Sheet From Symbol。

2）执行该命令后，光标变成了十字形状，移动光标到方块电路 CPU 上，如图 5-20 所示。

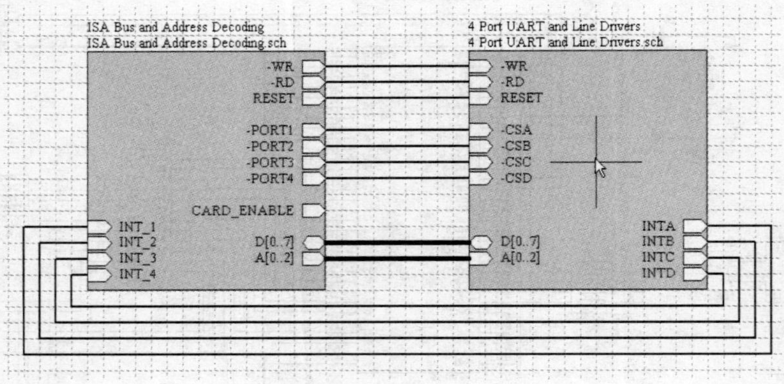

图 5-20　移动光标至方块电路

单击鼠标左键，会出现如图 5-21 所示的确认端口 I/O 属性对话框。

单击对话框中的 Yes 按钮，则所产生的 I/O 端口的电气特性与原来的方块电路中相反，即输出变为输入。单击对话框中的 No 按钮，则所产生的 I/O 端口的电气特性与原来的方块电路中相同，即输出仍为输出。

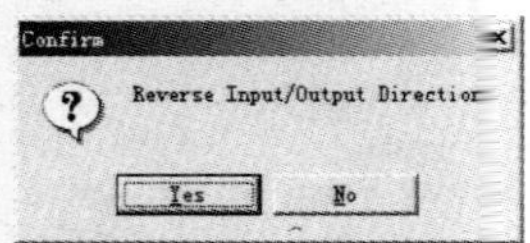

图 5-21　确认对话框

3）此处选择 Yes 按钮，则 Protel 99 SE 自动生成一个文件名为 CPU.sch 的原理图文件，并布置好 I/O 端口，如图 5-22 所示。

图 5-22　产生的新原理图

5.5　由原理图文件产生方块电路符号

如果在设计中采用自下而上的设计方法，则先设计原理图，再设计方块电路。Protel 99 SE 对此方法又提供了一条捷径，即由一张已经设置好端口的原理图直接产生方块电路符号。

仍以图 5-6 为例，讲述其一般步骤：

1）执行菜单命令 Design→Create Symbol From Sheet。

2）执行该命令后，会出现如图 5-23 所示的对话框。

选择要产生的方块电路的文件，然后单击 OK 按钮。此后，同样会出现如图 5-21 所示的对话框。单击 Yes 按钮，方块电路会出现在光标上，如图 5-24 所示。

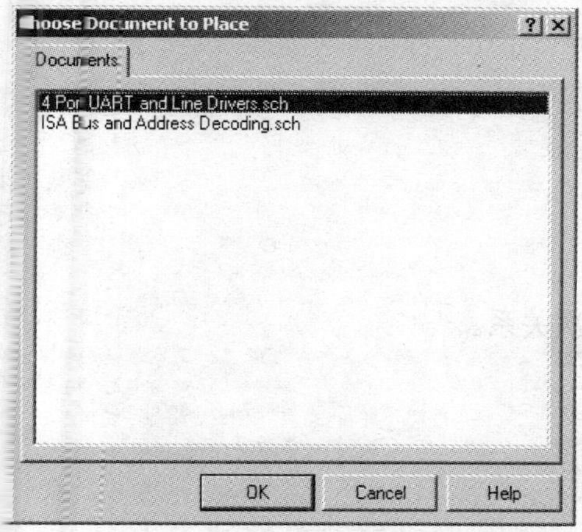

图 5-23　选择产生方块电路的文件

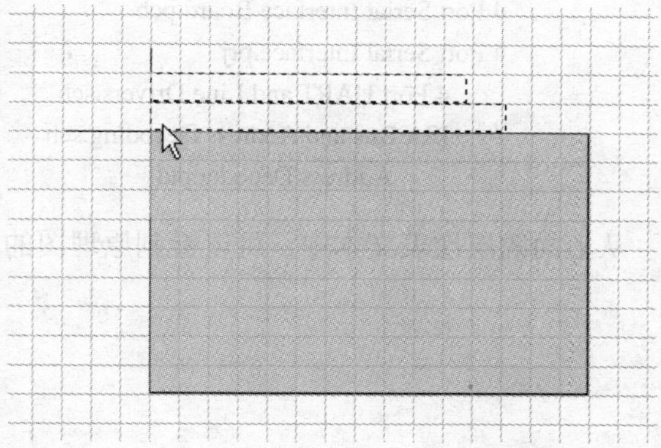

图 5-24　由原理图文件产生的方块电路符号的状态

3）移动光标至适当位置，按照前面放置方块电路的方法，将其定位，则可自动生成名为 CPU 的方块电路，如图 5-25 所示。然后根据层次原理图设计的需要，可以对方块电路上的端口进行适当的调整。

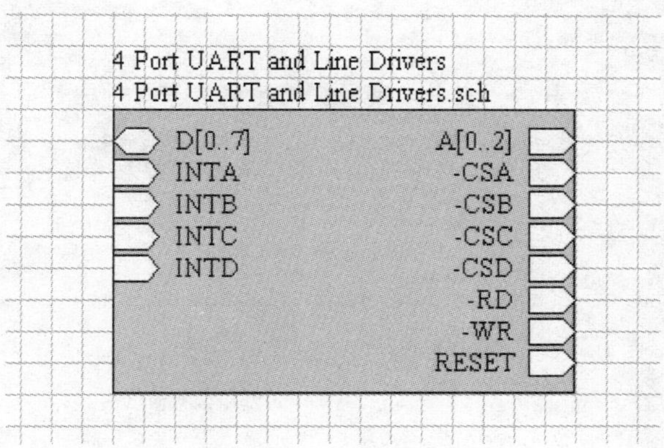

图 5-25　产生的方块电路

5.6　生成层次表

层次表记录了一个由多张绘图页组成的层次原理图的层次结构数据，其输出的结果为 ASCII 码文件，文件的扩展名为.Rep。生成层次原理图的操作如下：

1）打开已经绘制的层次原理图，比如打开前面绘制的层次原理图，如图 5-18 所示。

2）执行 Reports→Design Hierarchy 命令，系统将会生成该原理图的层次关系，其文本如下：

Design Hierarchy Report for D:\Program Files\Design Explorer 99 SE\Examples\4 Port Serial Interface.ddb

4 Port Serial Interface

Libraries

4 Port Serial Interface PCB Library.lib

4 Port Serial Interface Schematic Library.lib

4 Port Serial Interface Board.pcb

4 Port Serial Interface.prj

4 Port UART and Line Drivers.sch

ISA Bus and Address Decoding.sch

Address Decoder.pld

从上面的层次表文本中，可以看到原理图的层次关系。

第6章 生 成 报 表

在进行印制电路板的设计和布线之前，需要获得电气连接的网络表等信息。因此产生这些类似于网络表等报表文件非常重要，本章主要讲述原理图的报表生成操作。

6.1 产生 ERC 表

Protel 99 SE 在产生网络表之前，需要测试用户设计的电路原理图信号的正确性，这可以通过检验电气规则来实现。进行电气规则的测试，可以找出电路图中的一些电气连接方面的错误。检验了电路的电气规则后，就可以生成网络表等报表，以便于后面的 PCB 印制电路板的制作。

Advanced Schematic 提供了一个最基本的测试功能，即电气规则检查（Electrical Rule Check，ERC）。电气规则检查可检查电路图中是否有电气特性不一致的情况。例如，某个输出引脚连接到另一个输出引脚就会造成信号冲突，未连接完整的网络标签会造成信号断线，重复的流水号会使 Advanced Schematic 无法区分出不同的元件等。以上这些都是不合理的电气冲突现象，ERC 会按照用户的设置以及问题的严重性分别以错误（Error）或警告（Warning）信息来提请用户注意。

6.1.1 产生 ERC 表的各种选项

若要进行电气规则检查，可以执行Tools→ERC菜单命令，打开如图6-1所示的“Setup Electrical Rule Check（设置电气规则）”对话框，该对话框包括Setup和Rule Matrix两个选项卡。该对话框主要用于设置电气规则的选项、范围和参数，然后执行检查。

（1）Setup选项卡

Setup选项卡如图6-1所示，各选项的含义如下：

- Multiple net names on net：检查同一个网络上是否拥有多个不同名称的网络标识符。
- Unconnected net labels：检查绘图页中是否有未连接到其他电气对象的网络标签。
- Unconnected power objects：检查是否有未连接到其他电气对象的电源对象。
- Duplicate sheet numbers：检查项目中是否有绘图页号码相同的绘图页。
- Duplicate component designators：检查绘图页中是否有流水号相同的元件。当没有执行过菜单命令 Tools→Annotate 对所有元件重新排号时，或是没有使用 Tools→Complex to Simple

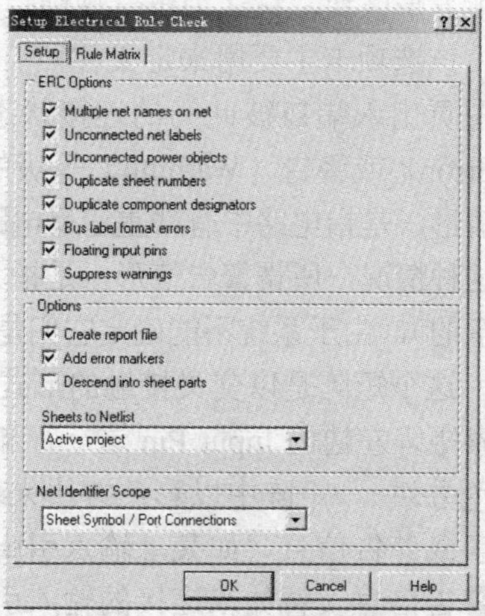

图 6-1 “Setup Electrical Rule Check”对话框

功能将一个复杂层次化项目转换成简单的层次化设计时，这种情况最常发生。

- Bus label format errors：检查附加在总线上的网络标签的格式是否非法，以至于无法正确地反映出信号的名称与范围。由于总线的逻辑连通性是由放置于总线上的网络标签来指定的，所以总线的网络标签应该能够描述全部的信号。
- Floating input pins：检查是否有未连接到任何其他网络的输入引脚，即出现所谓的 Floating（浮空）情形。
- Suppress warnings：设置在执行 ERC 时，忽略警告（Warning）等级的情况，而只对错误（Error）等级的情况进行标识。这种做法主要是为了让设计者省略一部分失误条件以加速 ERC 流程。但是，为了确保电路完美无缺，在作品最后一次进行 ERC 时，千万不要设置这个选项。
- Create report file：设置列出全部 ERC 信息并产生一个文本报告。
- Add error markers：设置在绘图页上有错误或警告情况的位置上放置错误标记（Error Markers）。这些错误标记可以帮助用户精确地找出有问题的网络连线。
- Descend into sheet parts：要求在执行 ERC 时，同时深入绘图页元件中进行检查。所谓绘图页元件（Sheet Parts），就是一个与绘图页符号类似的元件，它的引脚与其对应的子层绘图页上的输入/输出端口连通。子层的绘图页文件的路径与名称就定义在该元件的 Sheet Part path 数据栏中。
- Net Identifier Scope：设置网络标识符的工作范围。网络标识符的范围主要是在一个多张绘图页的设计中决定网络连通性的方法。

（2）Rule Matrix 选项卡

Rule Matrix 选项卡如图 6-2 所示。这是一个彩色的正方形区块，称之为电气规则矩阵。

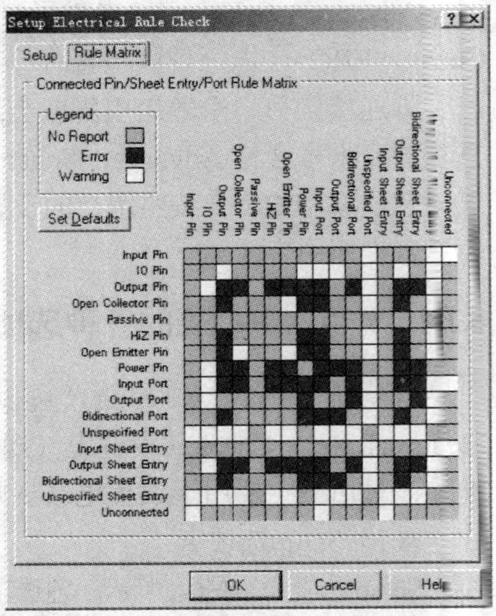

图 6-2　设置电气规则矩阵

该选项卡主要用来定义各种引脚、输入/输出端口、绘图页出入端口彼此间的连接状态是否已经构成错误（Error）或警告（Warning）等级的电气冲突。所谓错误情形，是指电路中有严重违反电路连接原理的连线情况出现，如 VCC 电源与 GND 接地短路这种情况。所谓警告情形，是指某些轻微违反电子电路原理的连线情况（甚至可能是设计者故意的），由于系统不能确定它们是否真正有误，所以就用警告等级的信息来提醒设计者。

这个矩阵是以交叉接触的形式读入的。如要看输入引脚连接到输出引脚的检查条件，就观察矩阵左边的 Input Pin 这一行和矩阵上方的 Output Pin 这一列之间的交叉处即可（默认为绿色方块）。矩阵中以彩色方块来表示检查结果。绿色方块表示这种连接方式不会产生任何错误或警告信息（如某一输入引脚连接到某一输出引脚），黄色方块表示这种连接方式会产生警告信息（譬如未连接的输入引脚），红色方块则表示这种连接方式会产生错误（譬如两个输出引脚连接在一起）。

电气规则矩阵定义的检查条件可由用户自行加以修改，只需在矩阵方块上单击鼠标左键进行切换即可。切换顺序为绿色（No Report，不产生报表）、黄色（Warning，警告）与红色（Error，错误），然后再回到绿色。

6.1.2 生成 ERC 结果

生成 ERC 结果的步骤如下：

1）打开原理图文件，执行菜单命令 Tools→ERC。

2）执行该命令后，将会出现如图 6-1 所示的对话框，用户可以设置有关电气规则检查的选项。

3）设置完电气规则检查选项后，程序自动进入文本编辑器，并生成相应的检查错误报告。如图 6-3 所示。

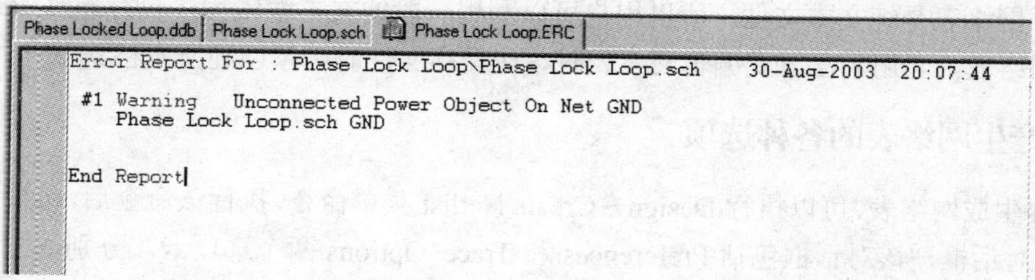

图 6-3　电气规则检查报告

4）系统在发生错误的位置放置红色的符号，提示错误的位置，如图 6-4 所示。

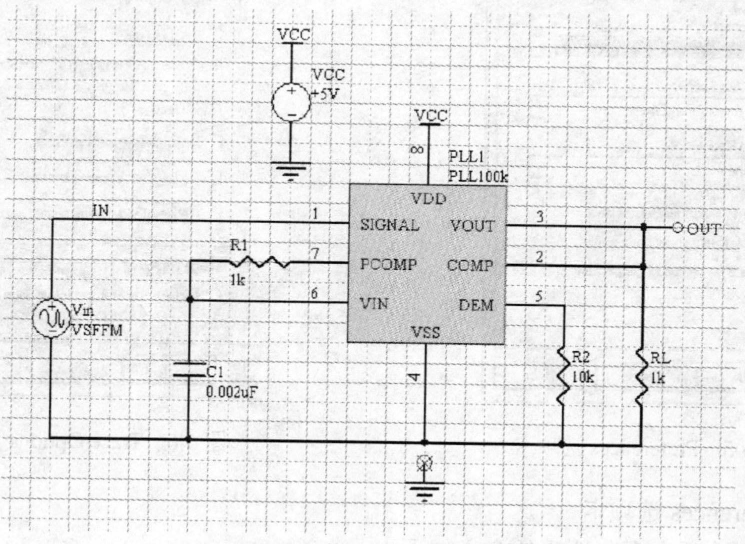

图 6-4　错误标记

6.2 网络表

在 Advanced Schematic 所产生的各种报表中，以网络表（Netlist）最为重要。绘制电路图的最主要的目的就是为了将设计电路转换出一个有效的网络表，以供其他后续处理程序（例如，PCB 程序或仿真程序）使用。由于 Protel 系统高度的集成性，可以在不离开绘图页编辑程序的情况下，直接执行命令产生当前原理图或整个项目的网络表。

在由原理图产生网络表时，使用的是逻辑的连通性原则，而非物理的连通性。也就是说，只要是通过网络标签所连接的网络，就被视为有效的连接，而并不需要真正地由连线（Wire）将网络各端点实际地连接在一起。

网络表有很多种格式，通常为 ASCII 码文本文件。网络表的内容主要为原理图中各元件的数据（流水号、元件类型与包装信息）以及元件之间网络连接的数据。某些网络表格式可以在一行包括这两种数据，但是 Protel 中大部分的网络表格式都是将这两种数据分为不同的部分，分别记录在网络表中。有些网络表中还可包含诸如元件文字（Component Text）或网络文字栏（NetText Fields）等额外的信息，某些仿真程序或 PCB 程序需要这些信息。

由于网络表是纯文本文件，所以用户可以利用一般的文本编辑程序自行建立或是修改已存在的网络表。当用手工方式编辑网络表时，在保存文件时必须以纯文本格式保存。

6.2.1 产生网络表的各种选项

若要生成网络表，可以执行 Design→Create Netlist 菜单命令，执行该命令后，将打开 Netlist Creation 对话框，该对话框包括 Preferences 和 Trace Options 两个选项卡，分别如图 6-5 和图 6-6 所示。

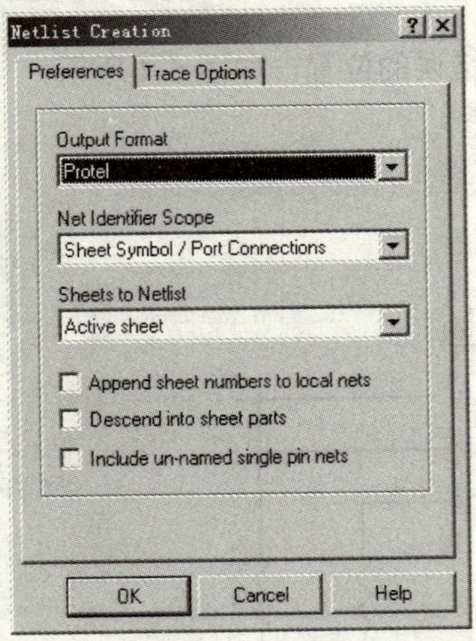

图 6-5　Preferences 选项卡

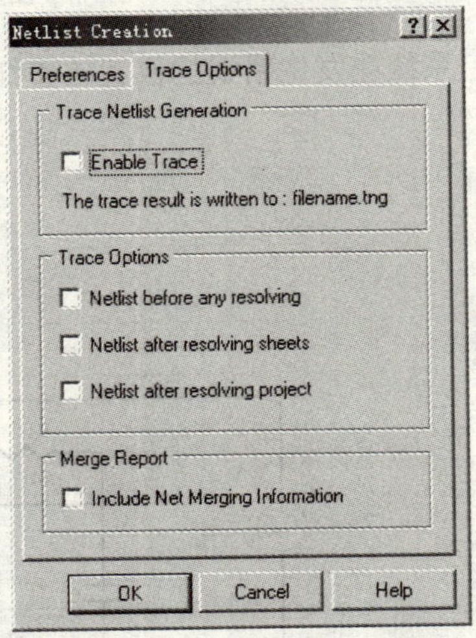

图 6-6　Trace Options 选项卡

（1）Preferences 选项卡

Preferences 选项卡中各选项的含义如下：

- Output Format：选择网络表输出的格式。
- Net Identifier Scope：设置网络标识符的工作范围。如同 ERC 表的设置，包括 Net Labels and PortsGlobal、Only Ports Global 和 Sheet Symbol/Port Connections 三个可选项。
- Append sheet number to local net names：设置在产生网络表时，为每个网络编号附加绘图页号码数据。假如在 Net Identifier Scope（网络标识符范围）栏中选择 Only Ports Global 项，那么各绘图页中的网络标签为区域性的。也就是说，在不同的绘图页中可能有名称相同的网络标签。通过附加绘图页号码的功能，可以确保在产生的网络表中每个网络的编号都是独一无二的。

- Descend into sheet parts：当使用绘图页元件时，应该激活这个选项，从而使产生的网络表将绘图页元件层次下的绘图页也包含在内。绘图页元件必须在其 Part 对话框的 Sheet Path 数据栏中标示出其对应的子绘图页的文件路径与名称。
- Include un-named single pins net：设置产生网络表时，也将所有未命名的单边连线都包含在内。所谓单边连线，指的是只有一端接到电气对象，而另一端空接（Floating）的连线。

（2）Trace Options 选项卡

Trace Options 选项卡中各选项的含义如下：

- Enable Trace：设置将产生网络表的过程记录下来，并存入.tng 跟踪记录文件中。
- Netlist before any resolving：设置在分解电路之前就产生网络表。
- Netlist after resolving sheets：设置在分解打开的绘图页后才产生网络表。
- Netlist after resolving project：设置在分解整个项目后才产生网络表。
- Include Net Merging information：设置将合并网络的数据也含入跟踪记录文件中。

6.2.2 Protel 网络表格式

标准的 Protel 网络表文件是一个简单的 ASCII 码文本文件，在结构上大致可分为元件描述和网络连接描述两部分。

1）元件的描述格式如下：

[	元件声明开始
C1	元件序号
RAD0.2	元件封装
0.1uf	元件注释
]	元件声明结束

元件的声明以“[”开始，以“]”结束，将其内容包含在内。

网络经过的每一个元件都必须有声明。

2）网络连接描述格式如下：

（	网络定义开始
NetU1_15	网络名称
U1-15	元件序号及元件引脚号
U11-9	元件序号及元件引脚号
）	网络定义结束

网络定义以“（”开始，以“）”结束，将其内容包含在内。网络的定义首先要定义该网络的各端口。网络定义中必须列出连接网络的各个端口。

6.2.3 生成网络表

本节以图 6-7 为例，介绍生成网络表的一般步骤：

1）执行 Design→Create Netlist 菜单命令。

2）执行该命令后，会出现如图 6-5 所示的对话框，用户可以在对话框中进行设置。

3）对话框设置完后，将进入 Protel 99 SE 的记事本程序，并保存为.net 文件，产生如图 6-8 所示的网络表。

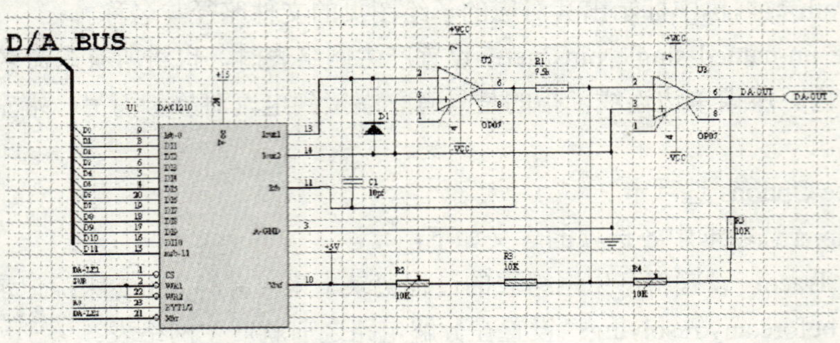

图 6-7　原理图

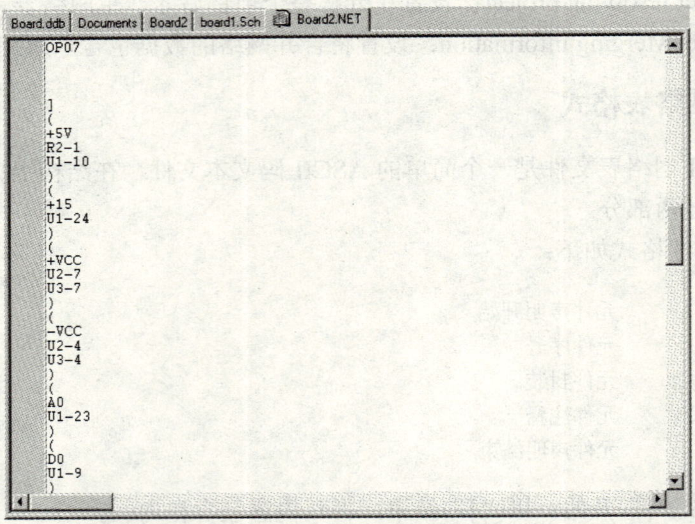

图 6-8　网络表文件

注意：网络表是联系原理图和 PCB 的中间文件，PCB 布线需要网络表文件（.net）。需要知道的是，网络表文件不但可以从原理图中获得，而且还可以自己按规则编写，同样可以用来建立 PCB。

6.3　产生元件列表

元件的列表主要是用于整理一个电路或一个项目文件中的所有元件。它主要包括元件的名称、标注、封装等内容。本节中以图 6-7 为例，讲述产生原理图的元件列表的基本步骤：

1）打开原理图文件，执行 Report→Bill of Material 菜单命令。

2）执行该命令后，系统会弹出如图 6-9 所示的对话框，可以选择是产生整个项目（Project）的元件列表，还是产生当前原理图（Sheet）的元件列表。用鼠标单击图中的 Next 按钮进入如图 6-10 所示的对话框，此对话框主要用于设置元件报表中所包含的内容。

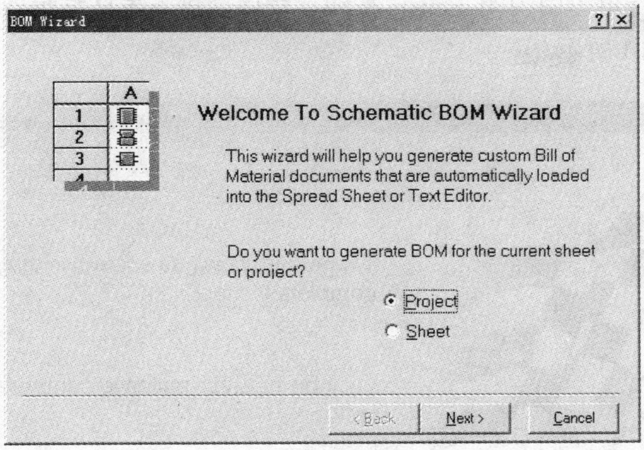

图 6-9　BOM Wizard 窗口

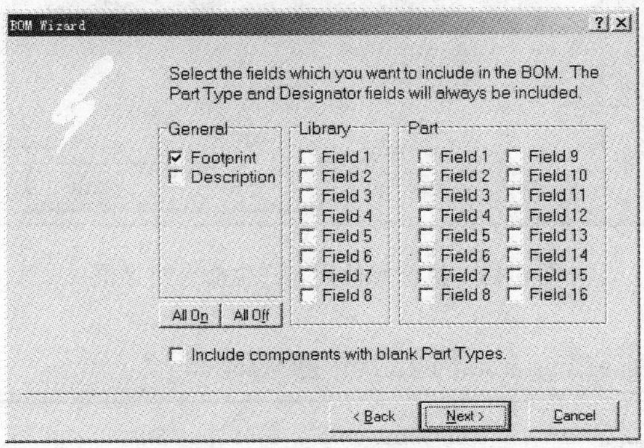

图 6-10　设置元件报表内容

3）设置完毕后，单击图中的 Next 按钮，进入如图 6-11 所示的对话框，要求选择需要加入表中的文字栏，然后单击图中的 Next 按钮，进入如图 6-12 所示的对话框。在该对话框中选择最终的元件列表以何种格式产生，系统共提供了 Protel Format、CSV Format 和 Client Spreadsheet 这 3 种格式。在此实例中选择 Client Spreadsheet 选项（即电子表格格式）。

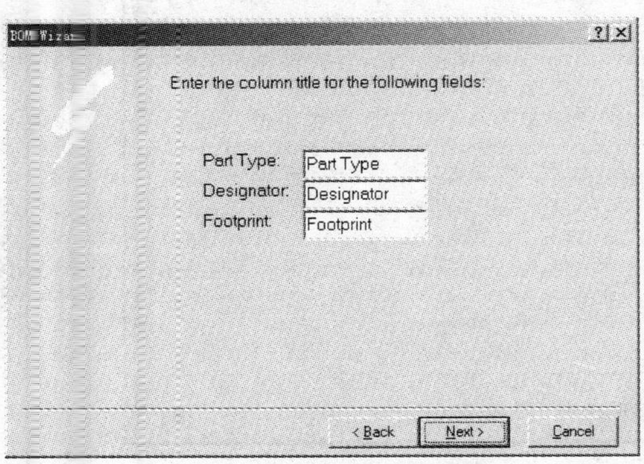

图 6-11　定义元件列表和项目名称

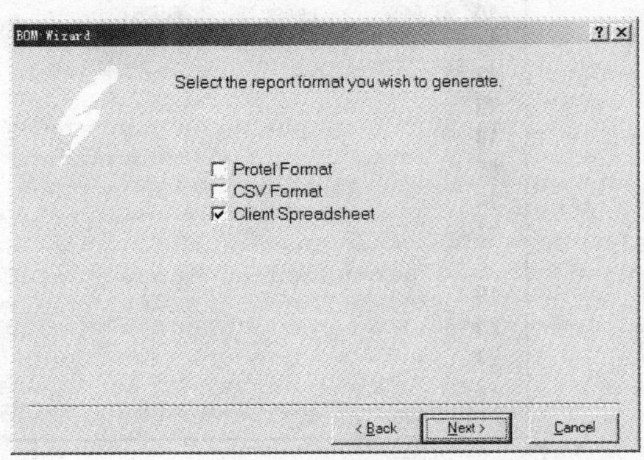

图 6-12　选择产生的元件列表的格式

4）选择 Client Spreadsheet 格式后，用鼠标单击图中的 Next 按钮，进入如图 6-13 所示的对话框。然后用鼠标单击图中的 Finish 按钮，程序会进入表格编辑器，并生成后缀为*.xls 的元件列表，如图 6-14 所示。

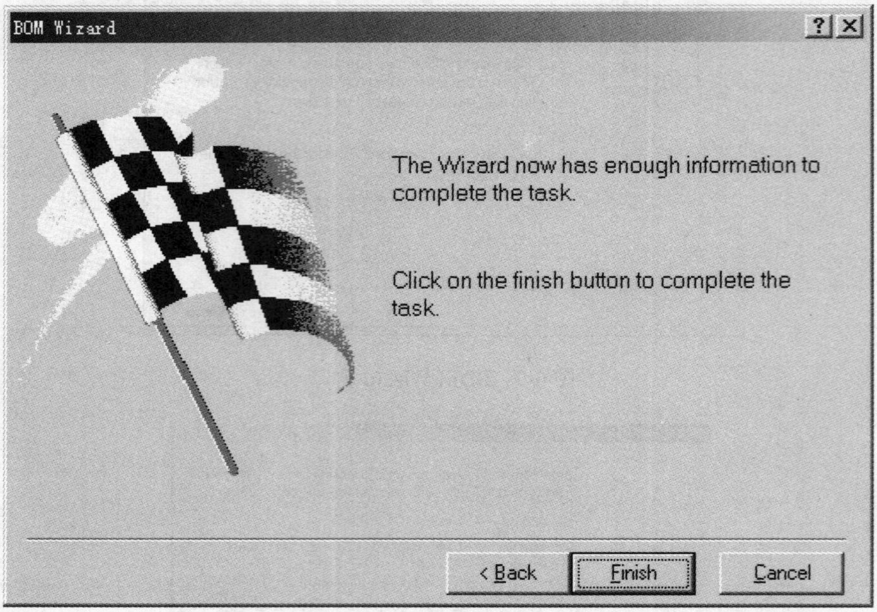

图 6-13　执行元件列表产生命令对话框

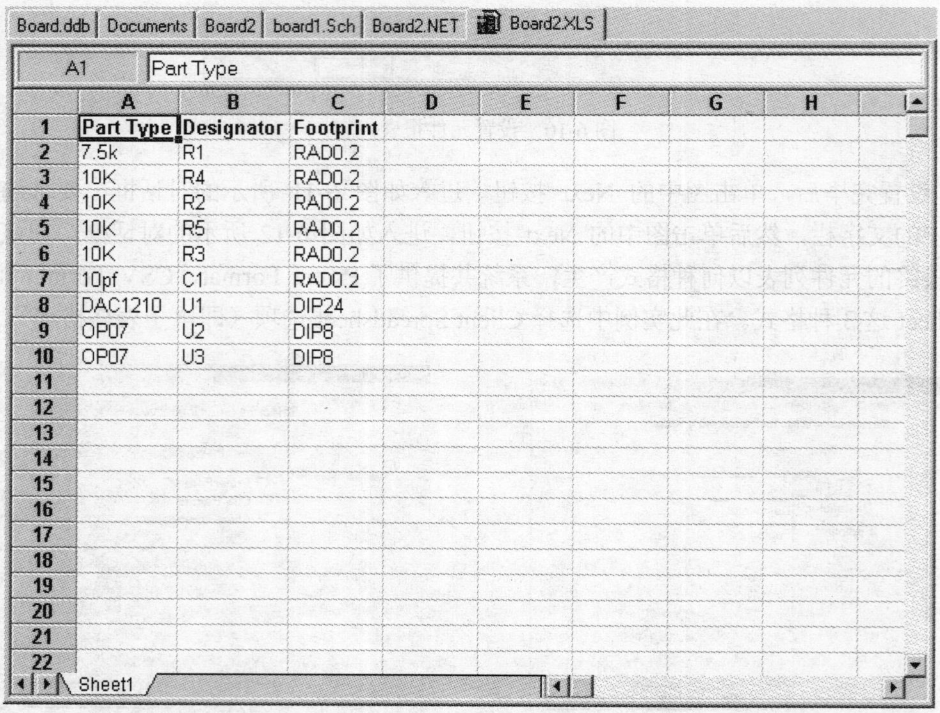

图 6-14　元件列表表格文件

6.4 交叉参考表

交叉参考表（Cross Reference）可为多张原理图中的每个元件列出其元件类型、流水号和隶属的绘图页文件名称。这是一个 ASCII 码文件，扩展名为.xrf。建立交叉参考表的步骤如下：

1）执行 Reports→Cross Reference 菜单命令。

2）执行该命令后，程序就会进入 Protel 99 SE 的 TextEdit 文本编辑器，并生成相应的报表文件，如下所示：

Part Cross Reference Report For : Board2.xrf　　06-FEB-2006　16:20:36

Designator	Component	Library Reference Sheet
C1	10pF	Board2
D1		Board2
R1	7.5k	Board2
R2	10k	Board2
R3	10k	Board2
R4	10k	Board2
R5	10k	Board2
U1	DAC1210	Board2
U2	OP07	Board2
U3	OP07	Board2

6.5 网络比较表

网络比较表（Netlist Comparison）可用于比较用户指定的两份网络表，并将二者的差别列成文件。网络比较表是一个 ASCII 码文件，其扩展名为.rep。通常，当更新电路图的版本时，可利用该功能将新版电路的修正部分记录下来存盘备查。生成网络比较表的步骤如下：

1）执行菜单命令 Report→Netlist Compare。

2）执行该命令后，会出现如图 6-15 所示的对话框。用户在对话框中输入参与比较的第一个网络文件。结束后，单击 OK 按钮，会再次弹出图 6-15 所示的对话框，提示用户输入第二个网络文件。

3）比较后，程序自动进入文本编辑框，并产生如下的报表文件：

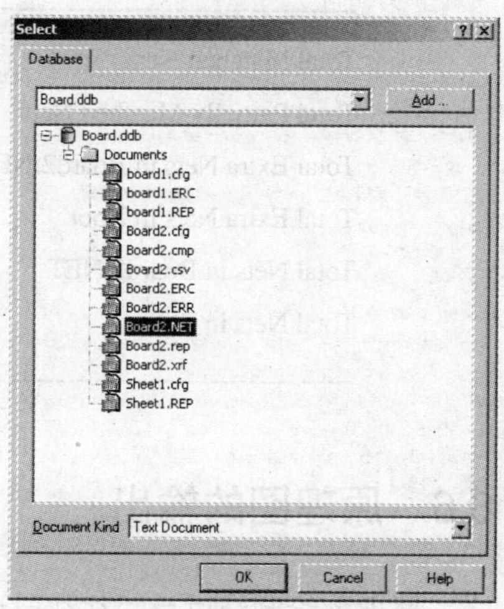

图 6-15　输入第一个网络文件

Extra Net SWR In Board2.NET

Extra Net NetU1_13 In Board2.NET
Extra Net NetU1_11 In Board2.NET
Extra Net NetR4_2 In Board2.NET
Extra Net NetR3_2 In Board2.NET
Extra Net NetR2_2 In Board2.NET
Extra Net GND In Board2.NET
Extra Net DA-OUT In Board2.NET
Extra Net DA-LE2 In Board2.NET
Extra Net DA-LE1 In Board2.NET
Extra Net D11 In Board2.NET
Extra Net D10 In Board2.NET
Extra Net D9 In Board2.NET
Extra Net D8 In Board2.NET
Extra Net D7 In Board2.NET
Extra Net D6 In Board2.NET
Extra Net D5 In Board2.NET
Extra Net D4 In Board2.NET
Extra Net D3 In Board2.NET
Extra Net D2 In Board2.NET
Extra Net D1 In Board2.NET
Extra Net D0 In Board2.NET
Extra Net A0 In Board2.NET
Extra Net -VCC In Board2.NET
Extra Net +VCC In Board2.NET
Extra Net +15 In Board2.NET
Extra Net +5V In Board2.NET

Total Matched Nets = 0
Total Partially Matched Nets = 0
Total Extra Nets in Board2.NET = 27
Total Extra Nets in Root = 0
Total Nets in Board2.NET = 27
Total Nets in Root = 0

6.6 原理图的输出

原理图绘制结束后，往往要通过打印机或绘图仪输出，以供设计人员参考、备档。用打印机打印输出时，首先要对打印机进行设置，包括打印机的类型设置、纸张大小的设定、原理图纸的设定等内容。其基本步骤如下：

1）执行 File→Setup Printer 菜单命令，系统将弹出如图 6-16 所示的对话框。

2）设置各项参数。在这个对话框中需要设置打印机类型，选择目标图形文件类型，设置颜色等。

- Select Printer：选择打印机。用户根据实际的硬件配置进行设定。
- Batch Type：选择输出的目标图形文件。有两种选择，即 Current Document 和 All Document，Current Document 选项只打印当前正在编辑的图形文件；All Document 选项打印输出整个项目中的所有文件。

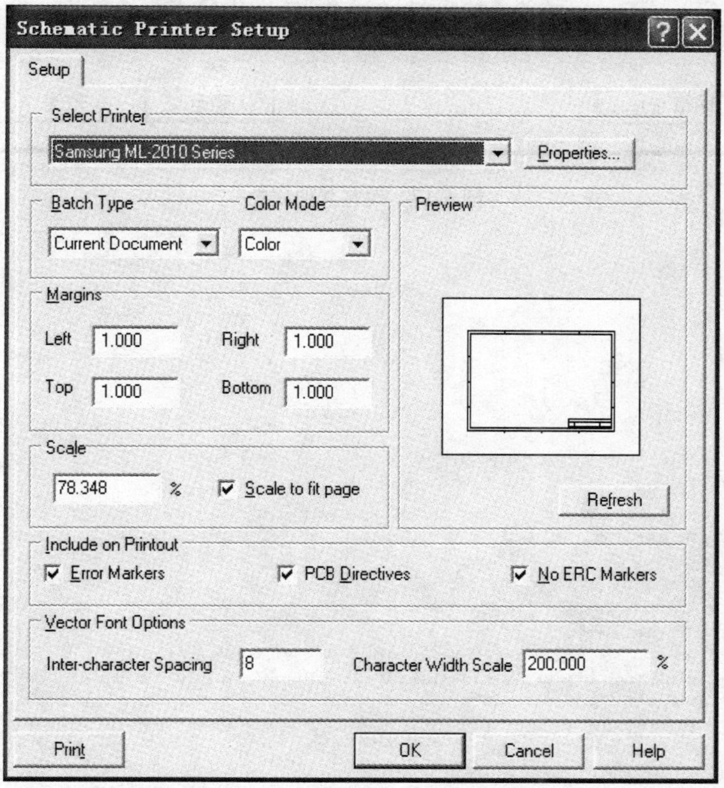

图 6-16 “Schematic Printer Setup”对话框

- Color Mode：输出颜色的设置。有两个可选项，Color 为彩色输出；Monochrome 为单色输出。
- Margin：设置页边空白宽度。
- Scale：设置缩放比例。

3）用鼠标左键单击图 6-16 中的 Properties 按钮，会出现如图 6-17 所示的对话框，可以进行打印机分辨率、纸张的大小、纸张的方向的设置。

用户只需单击“属性”按钮，即可对打印机的属性进行设置。

4）执行 File→Print 菜单命令，系统会按照上述设置进行打印。

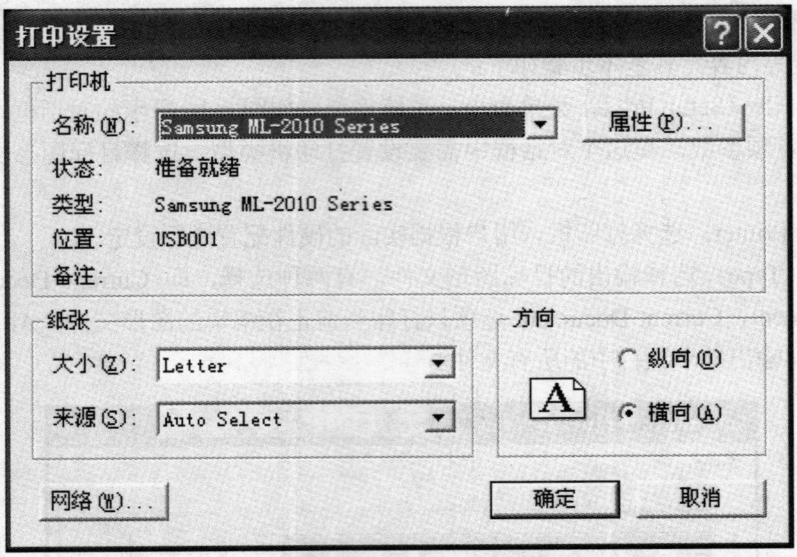
打印设置
打印机
名称(N): Samsung ML-2010 Series
属性(P)...
状态: 准备就绪
类型: Samsung ML-2010 Series
位置: USB001
备注:
纸张
大小(Z): Letter
来源(S): Auto Select
方向
纵向(O)
横向(A)
网络(W)...
确定
取消

图 6-17　设置其他属性

第 7 章　印制电路板设计基础

本章主要讲述与印制电路板设计密切相关的一些基本概念，包括印制电路板的结构以及在 PCB 设计时经常使用的一些相关概念，如元器件封装、飞线、导线、焊盘、盲孔和过孔等，再结合 Protel 99 SE 软件的使用，讲述一些基本的操作方法，为后面进行 PCB 设计作准备。

7.1　印制电路板基础

在用 PCB 系统进行设计前，先了解一下印制电路板的结构，理解一些基本概念，尤其是涉及布线规则时，这些概念很重要。

7.1.1　印制电路板结构

一般来说，印制电路板的结构有单面板、双面板和多层板三种。

1. 单面板

单面板是一种一面有敷铜，另一面没有敷铜的电路板。用户只可在敷铜的一面布线并放置元器件。单面板由于其成本低，不用打过孔而被广泛应用。由于单面板走线只能在一面上进行，因此，它的设计往往比双面板或多层板困难得多。

2. 双面板

双面板包括顶层（Top Layer）和底层（Bottom Layer）两层。顶层一般为元件面，底层一般为焊锡层面，双面板的两面都可以敷铜，都可以布线。双面板的电路一般比单面板的电路复杂，但布线比较容易，是制作电路板比较理想的选择。

3. 多层板

多层板就是包含了多个工作层的电路板。除了顶层、底层以外，它还包括中间层、内部电源或接地层等。随着电子技术的高速发展，电子产品越来越精密，电路板也就越来越复杂，多层电路板的应用也越来越广泛。多层电路板一般指三层以上的电路板。

7.1.2　元件封装

通常，设计完印制电路板后，需要将它拿到专门的单位制作成电路板。取回制好的电路板后，要将元器件焊接上去。那么，如何保证取用元件的引脚和印制电路板上的焊盘一致呢？这就需要元件封装。

元件封装是指元件焊接到电路板时所指的外观和焊盘位置。既然元件封装只是元件的外观和焊盘位置，那么纯粹的元件封装仅仅是空间的概念，因此，不同的元件可以共用同一个元件封装；另一方面，同种元件也可以有不同的封装，如 RES 代表电阻，它的封装形式可以是 AXIAL-0.4、C1608-0603、CR2012-0805 等，所以在取用焊接元件时，不仅要知道元件名称，还要知道元件的封装。元件的封装可以在设计原理图时指定，也可以在引进网络表时指定。

注意：在放置元件时，通常应该参考该元件生产单位提供的数据手册，选择正确的封装形式，如果 Protel 没有提供这种封装，可以自己按照数据手册绘制。

1．元件封装的分类

元件的封装形式可以分成两大类，即针脚式元件封装和 SMT（表面贴装式）元件封装。针脚式封装元件焊接时先要将元件针脚插入焊盘导通孔，然后再焊锡。由于针脚式元件封装的焊盘和过孔贯穿整个电路板，所以在其焊盘的属性对话框中，PCB 的层属性必须为 Multi Layer（多层）。SMT 元件封装的焊盘只限于表面层，在其焊盘的属性对话框中，Layer 层属性必须为单一表面，如 Top Layer 或者 Bottom Layer。

下面讲述最常见的两种封装，即 DIP 封装和芯片载体封装，它们分别属于针脚式元件封装和 SMT 元件封装。

（1）DIP 封装

双列直插封装（Dual In-line Package，DIP），属于针脚式元件封装，如图 7-1 所示。DIP 封装结构具有以下特点：适合 PCB 的穿孔安装，易于对 PCB 布线和操作方便。

DIP 封装结构形式有多层陶瓷双列直插式 DIP、单层陶瓷双列直插式 DIP、引线框架式 DIP（含玻璃陶瓷封接式、塑料包封结构式和陶瓷低熔玻璃封装式）。

（2）芯片载体封装

它属于 SMT 元件封装。芯片载体封装有陶瓷无引线芯片载体（Leadless Ceramic Chip Carrier，LCCC）（如图 7-2 所示）、塑料有引线芯片载体（Plastic Leaded Chip Carrier，PLCC）（如图 7-3 所示，与 LCCC 相似）、小尺寸封装（Small Outline Package，SOP）（如图 7-4 所示）、塑料四边引出扁平封装（Plastic Quad Flat Package，PQFP）（如图 7-5 所示）和球栅阵列（Ball Grid Array，BGA）封装（如图 7-6 所示）。与 PLCC 或 PQFP 封装相比，BGA 封装更加节省电路板面积。。

说明：SOP 和 PQFP 一般采用 SMT 表面贴封装式。

图 7-1　双列直插封装

图 7-2　LCCC 封装

图 7-3　PLCC 封装

图 7-4　SOP 封装

图 7-5　PQFP 封装

图 7-6　BGA 封装

2. 元件封装的编号

元件封装的编号一般为元件类型＋焊盘距离（焊盘数）＋元件外形尺寸。用户可以根据元件封装编号来判别元件封装的规格。如 AXIAL-0.4 表示此元件封装为轴状的，两焊盘间的距离为 400mil（约等于 10mm）；DIP16 表示双排引脚的元件封装，两排共 16 个引脚；RB.2/.4 表示极性电容类元件封装，引脚间距离为 200mil，元件直径为 400mil。这里.4 和 0.4 都表示 400mil。

说明：Protel 可以使用两种单位，即英制和公制。英制单位为 inch（英寸），在 Protel 中一般使用 mil，即微英寸，1/1000 in。公制单位一般为 mm（毫米），1 inch 为 25.4mm，而 1 mil 为 0.0254mm。本书中可能会出现 mil 和 mm 两种单位，请注意换算。

7.1.3 铜膜导线

铜膜导线也称铜膜走线，简称导线，用于连接各个焊盘，是印制电路板最重要的部分。印制电路板设计都是围绕如何布置导线来进行的。

与导线有关的另外一种线常称为飞线，即预拉线，飞线是在引入网络表后，系统根据规则生成的，用来指引布线的一种连线。

飞线与导线有本质的区别，飞线只是一种形式上的连线，它只是在形式上表示出各个焊盘间的连接关系，没有电气的连接意义。导线则是根据飞线指示的焊盘间的连接关系而布置的，是具有电气连接意义的连接线路。

7.1.4 助焊膜和阻焊膜

各类膜（Mask）不仅是 PCB 制作工艺过程中必不可少的，而且更是元件焊装的必要条件。按“膜”所处的位置及其作用，“膜”可分为元件面（或焊接面）助焊膜（TOP or Bottom Solder）和元件面（或焊接面）阻焊膜（TOP or Bottom Paste Mask）两类。助焊膜是涂于焊盘上，提高可焊性能的一层膜，也就是在绿色板子上比焊盘略大的浅色圆。阻焊膜的情况正好相反，为了使制成的板子适应波峰焊等焊接形式，要求板子上非焊盘处的铜箔不能粘锡，因此在焊盘以外的各部位都要涂覆一层涂料，用于阻止这些部位上锡。可见，这两种膜是一种互补关系。

7.1.5 层

Protel 的“层”不是虚拟的，而是印制板材料本身实实在在的铜箔层。现今，由于电子线路的元件密集安装、抗干扰和布线等特殊要求，一些较新的电子产品中所用的印制板不仅上下两面可供走线，在板的中间还设有能被特殊加工的夹层铜箔。例如，现在的计算机主板所用的印制板材料大多在 4 层以上。这些层因加工相对较难而大多用于设置走线较为简单的电源布线层（Ground Dever 和 Power Dever），并常用大面积填充的办法来布线（如 Fill）。上下位置的表面层与中间各层需要连通的地方用“过孔（Via）”来沟通。要注意的是，一旦选定了所用印制板的层数，务必关闭那些未被使用的层，以免布线出现差错。

7.1.6 焊盘和过孔

1. 焊盘（Pad）

焊盘的作用是放置焊锡、连接导线和元件引脚。焊盘是 PCB 设计中最常接触也是最重要的概念，但初学者却容易忽视它的选择和修正，在设计中千篇一律地使用圆形焊盘。选择元件的焊盘类型要综合考虑该元件的形状、大小、布置形式、振动和受热情况、受力方向等因素。Protel 在封装库中给出了一系列不同大小和形状的焊盘，如圆、方、八角、圆方和定位用焊盘等，但有时这还不够用，需要自己编辑。例如，对发热且受力较大、电流较大的焊盘，可自行设计成“泪滴状”。一般而言，自行编辑焊盘时除了以上所讲之外，还要考虑以下原则：

- 形状上长短不一致时，要考虑连线宽度与焊盘特定边长的大小差异不能过大。
- 需要在元件引脚之间走线时，选用长短不对称的焊盘往往事半功倍。
- 各元件焊盘孔的大小要按元件引脚粗细分别编辑确定，原则是孔的尺寸比引脚直径大 0.2～0.4mm。

2．过孔（Via）

为连通各层之间的线路，在各层需要连通的导线的交汇处钻上一个公共孔，这就是过孔。过孔有三种，即从顶层贯通到底层的穿透式过孔、从顶层通到内层或从内层通到底层的盲过孔以及内层间的隐藏过孔。

从上面看，过孔有两个尺寸，即通孔直径和过孔直径，如图 7-7 所示。通孔和过孔之间的孔壁用于连接不同层的导线。

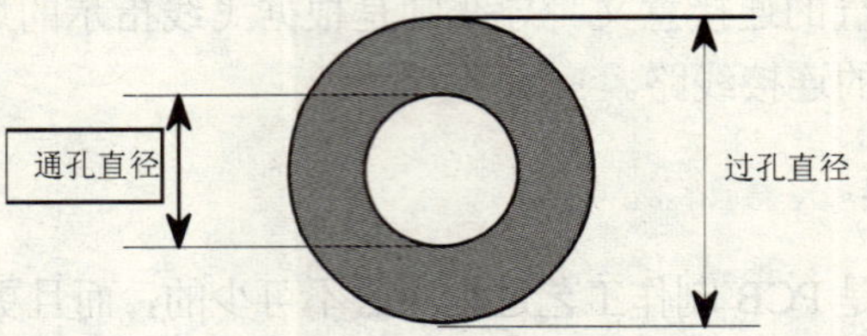

图 7-7　通孔和过孔尺寸

一般而言，设计线路时对过孔处理有以下原则：

- 尽量少用过孔，一旦选用了过孔，务必处理好它与周边各实体的间隙，特别是容易被忽视的中间各层与过孔不相连的线与过孔的间隙。
- 需要的载流量越大，所需的过孔尺寸越大，如电源层和地层与其他层连接所用的过孔就要大一些。

7.1.7　丝印层

为方便电路的安装和维修，在印制板的上下两表面印上所需要的标志图案和文字代号等，例如，元件标号和标称值、元件外观形状、厂家标志、生产日期等，这就是丝印层（Silkscreen Top/Bottom Overlay）。不少初学者在设计丝印层的有关内容时，只注意文字符号放置得整齐美观，而忽略了实际制出的 PCB 效果。在他们设计的印制板上，字符不是被元件挡住就是侵入了助焊区而被抹除，还有的把元件标号打在相邻元件上，如此种种的设计都会给装配和维修带来很大不便。正确的丝印层字符布置原则是：不出歧义，见缝插针，美观大方。

7.1.8　敷铜

对于抗干扰要求比较高的电路板，常常需要在 PCB 上敷铜。敷铜可以有效地实现电路板的信号屏蔽作用，提高电路板信号的抗电磁干扰能力。敷铜通常有两种方式，一种是实心填充方式，另一种是网格状的填充，如图 7-8 所示。在实际应用中，实心式的填充比网格状的更好，建议使用实心式的填充方式。

注意：建议对抗干扰要求比较高的 PCB 进行敷铜处理。

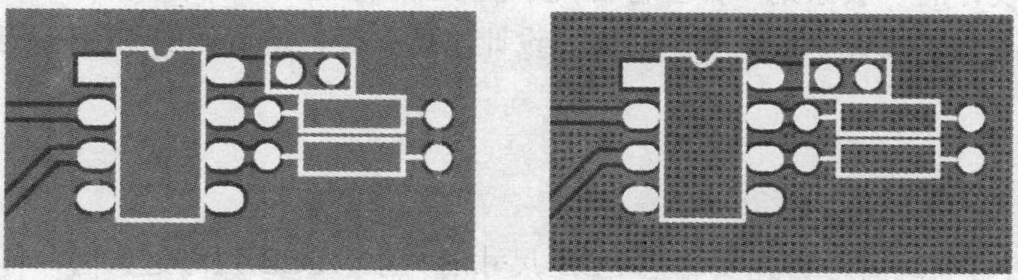

a)　　　　　　b)

图 7-8　敷铜的填充方式

a) 实心填充方式　b) 网格状填充方式

7.2　印制电路板布线流程

印制电路板设计的一般步骤如下：

1）绘制原理图。这是电路板设计的先期工作，主要是完成原理图的绘制，包括生成网络表。当然，有时也可以不进行原理图的绘制，而直接进入 PCB 设计系统。

2）规划电路板。在绘制印制电路板之前，用户要对电路板有一个初步的规划，比如，电路板采用多大的物理尺寸、采用几层电路板（单面板还是双面板）、各元件采用何种封装形式及其安装位置等。这是一项极其重要的工作，是确定电路板设计的框架。

3）设置参数。参数的设置是电路板设计的非常重要的步骤。设置参数主要是设置元件的布置参数、层参数、布线参数等。一般说来，有些参数用其默认值即可，有些参数被第一次设置后，几乎无需修改。

4）装入网络表及元件封装。网络表是印制电路板自动布线的灵魂，也是原理图设计系统与印制电路板设计系统的接口。因此这一步也是非常重要的环节。只有将网络表装入之后，才可能完成对电路板的自动布线。元件的封装就是元件的外形，对于每个装入的元件必须有相应的外形封装，才能保证电路板布线的顺利进行。

5）元件的布局。可以使用 Protel 99 SE 对元器件自动布局。规划好电路板并装入网络表后，用户可以让程序自动装入元件，并自动将元件布置在电路板边框内。Protel 也可以让用户手工布局。元件布局合理后，才能进行下一步的布线工作。

6）手动预布线。对比较重要的网络连接和电源网络的连接，应该手动预布线。

7）锁定手动预布的线，然后进行自动布线。Protel 采用世界上最先进的无网格、基于形状的对角线自动布线技术。只要将有关的参数设置得当，元件的布局合理，自动布线的成功率几乎是 100%。

8）手工调整。自动布线结束后，往往存在令人不满意的地方，需要手工调整。

9）文件保存及输出。完成电路板的布线后，保存完成的电路线路图文件。然后利用各种图形输出设备，如打印机或绘图仪输出电路板的布线图。

7.3 印制电路板设计的基本原则

PCB 设计得好坏对印制电路板的抗干扰能力影响很大。因此，在进行 PCB 设计时，必须遵守 PCB 设计的一般原则，并应符合抗干扰设计的要求。要使电子电路获得最佳性能，元件的布局及导线的布设是很重要的。为了设计出质量好、造价低的 PCB，应遵循本节讲述的一般原则。

7.3.1 布局

对 PCB 进行布局时，首先要考虑 PCB 尺寸的大小。PCB 尺寸过大时，印制线路长，阻抗增加，抗噪声能力下降，成本也增加；过小，则散热不好，且邻近线条易受干扰。在确定 PCB 的尺寸后，再确定特殊元件的位置。最后，根据电路的功能单元，对电路的全部元件进行布局。

1）在确定特殊元件的位置时要遵守以下原则：

- 尽可能缩短高频元件之间的连线，设法减少它们的分布参数和相互间的电磁干扰。易受干扰的元件不能距离太近，输入和输出元件应尽量远离。
- 某些元件或导线之间可能有较高的电位差，应加大它们之间的距离，以免放电引出意外短路。带强电的元件应尽量布置在调试时手不易触及的地方。
- 重量超过 15g 的元件，应当用支架加以固定，然后焊接。那些又大又重、发热量多的元件，不宜装在印制电路板上，而应装在整机的机箱底板上，且应考虑散热问题。热敏元件应远离发热元件。
- 对于电位器、可调电感线圈、可变电容器、微动开关等可调元件的布局，应考虑整机的结构要求。若是机内调节，应放在印制电路板上方便于调节的地方；若是机外调节，其位置要与调节旋钮在机箱面板上的位置相适应。
- 应留出印制电路板的定位孔和固定支架所占用的位置。

2）根据电路的功能单元对电路的全部元件进行布局时，要符合以下原则：

- 按照电路的流程安排各个功能电路单元的位置，使布局便于信号流通，并使信号尽可能保持一致的方向。
- 以每个功能电路的核心元件为中心，围绕它进行布局。元件应均匀、整齐、紧凑地排列在 PCB 上，尽量减少和缩短各元件之间的引线和连接。
- 在高频下工作的电路，要考虑元件之间的参数分布。一般电路应尽可能使元件平行排列。这样，不但美观，而且焊接容易，易于批量生产。
- 位于电路板边缘的元件，离电路板边缘一般不小于 2mm。电路板的最佳形状为矩形，长宽比为3∶2或4∶3。电路板面尺寸大于200mm×150mm 时，应考虑电路板所受的机械强度。

另外，板厚也可以按照推荐指定。对于 FR4 材料来说，一般标准的板厚为 0.062"（1.575mm）。其他典型的板厚有 0.010"（0.254mm）、0.020"（0.508mm）、0.031"（0.787mm）和 0.092"（2.337mm）。

7.3.2 布线

布线的方法以及布线的结果对 PCB 的性能影响也很大，一般布线要遵循以下原则：

1）输入和输出端的导线应避免相邻平行。最好添加线间地线，以免发生反馈耦合。

2）印制电路板导线的最小宽度主要由导线与绝缘基板间的粘附强度和流过它们的电流值决定。导线宽度应以能满足电气性能要求而又便于生产为宜，它的最小值由承受的电流大小而定，但最小不宜小于 0.2mm（8mil），在高密度、高精度的印制电路中，导线宽度和间距一般可取 0.3mm；导线宽度在大电流情况下还要考虑其温升，单面板实验表明，当铜箔厚度为 50μm、导线宽度为 1～1.5mm、通过电流为 2A 时，温升很小，因此，一般选用 1～1.5mm 宽度的导线就可以满足设计要求而不致引起温升；印制导线的公共地线应尽可能地粗，若有可能，应使用大于 2～3mm 的导线，这点在带有微处理器的电路中尤为重要，因为当地线过细时，由于流过的电流的变化，地电位变动，微处理器定时信号的电平不稳，会使噪声容限劣化；在 DIP 封装的 IC 引脚间走线，可应用 10－10 与 12－12 原则，即当两脚间通过两根线时，焊盘直径可设为 50mil （1mil=0.0254mm）、线宽与线距都为 10mil；当两脚间只通过 1 根线时，焊盘直径可设为 64mil、线宽与线距都为 12mil。

表 7-1 列出了线宽和电流的关系参考。读者可以在后面章节学习 PCB 布线时参考。

表 7-1　线宽和电流的关系

电流/A	1oz 铜的线宽/mil	2oz 铜的线宽/mil	单位长度的电阻/（mΩ/in）
1	10	5	52
2	30	15	17.2
3	50	25	10.3
4	80	40	6.4
5	110	55	4.7
6	150	75	3.4
7	180	90	2.9
8	220	110	2.3
9	260	130	2.0
10	300	150	1.7

3）印制电路板导线拐弯一般取圆弧形，而直角或夹角在高频电路中会影响电气性能。此外，尽量避免使用大面积铜箔，否则长时间受热，易发生铜箔膨胀和脱落现象。必须用大面积铜箔时，最好用栅格状。这样有利于排除铜箔与基板间粘合剂受热产生的挥发性气体。

4）印制导线的间距。相邻导线的间距必须满足电气安全要求，而且便于操作和生产，间距应尽量宽些，只要工艺允许，可使间距大于 0.5mm。当然，0.254mm（10mil）的导线间距对很多 PCB 制造厂来说也没问题。最小间距至少要能适合承受的电压，这个电压一般包括工作电压、附加波动电压以及其他原因引起的峰值电压。如果有关技术条件允许导线之间存在某种程度的金属残粒，则其间距就会减小。因此，设计者在考虑电压时应把这种因素考虑进去。在布线密度较低时，信号线的间距可适当地加大，对高、低电平悬殊的信号线应尽可能短且加大间距。

表 7-2 列出了推荐的导线以及导体的间距，根据电压和导线所在位置的不同，其间距也不同。

表 7-2 推荐的导线以及导体的间距

电压（DC 或 AC 峰值)/V	PCB 内部/mm	PCB 外部（<3050m)/mm	PCB 外部(>3050m)/mm
0～15	0.05	0.1	0.1
16～30	0.05	0.1	0.1
31～50	0.1	0.6	0.6
51～100	0.1	0.6	1.5
101～150	0.2	0.6	3.2
151～170	0.2	1.25	3.2
171～250	0.2	1.25	6.4
251～300	0.2	1.25	12.5
301～500	0.25	2.5	12.5

7.3.3 焊盘大小

焊盘的大小是指焊盘的直径和内孔直径。焊盘的内孔直径必须从元件引线直径和公差尺寸以及焊锡层厚度、孔径公差、孔金属电镀层厚度等方面考虑，焊盘的内孔直径一般不小于0.6mm，因为直径小于 0.6mm 的孔开模冲孔时不易加工，通常情况下，以金属引脚直径值加上 0.2mm 作为焊盘内孔直径，如电阻的金属引脚直径为 0.5mm 时，其焊盘内孔直径对应为0.7mm，焊盘直径取决于内孔直径。

当焊盘直径为 1.5mm 时，为了增加焊盘抗剥强度，可采用长不小于 1.5mm、宽为 1.5mm 的焊盘，或者长圆形焊盘，此种焊盘在集成电路引脚焊盘中最常见。对于超出范围的焊盘直径可用下列公式选取：

- 直径小于 0.4mm 的孔：$D/d=0.5\sim3$ （D 为焊盘直径，d 为内孔直径）。
- 直径大于 2mm 的孔：$D/d=1.5\sim2$ （D 为焊盘直径，d 为内孔直径）。

有关焊盘的其他注意事项如下：

- 焊盘内孔边缘到印制电路板边的距离要大于 1mm，这样可以避免加工时导致焊盘缺损。
- 焊盘的开口：有些器件是在经过波峰焊后补焊的，但由于经过波峰焊后焊盘内孔被锡封住，使器件无法插下去，解决办法是在印制电路板加工时对该焊盘开一个小口，这样波峰焊时内孔就不会被封住，而且也不会影响正常的焊接。
- 焊盘补泪滴：当与焊盘连接的走线较细时，要将焊盘与走线之间的连接设计成水滴状，这样的好处是焊盘不容易起皮，而且走线与焊盘不易断开。
- 相邻的焊盘要避免成锐角或大面积的铜箔。因为成锐角会造成波峰焊困难，而且有桥接的危险，大面积铜箔因散热过快会导致不易焊接。

7.3.4 印制电路板电路的抗干扰措施

印制电路板的抗干扰设计与具体电路有着密切的关系，这里仅就 PCB 抗干扰设计的几项常用措施作说明。

（1）电源线设计

根据印制电路板的允许电流，尽量加粗电源线宽度，减少环路电阻。同时，使电源线、地线的走向和数据传递的方向一致，这样有助于增强抗噪声能力。

（2）地线设计

地线设计的原则是：

1）数字地与模拟地分开。若电路板上既有逻辑电路又有线性电路，应使它们尽量分开。低频电路的地应尽量采用单点并联接地，实际布线有困难时，可部分串联后再并联接地。高频电路宜采用多点串联接地，地线应短而粗，高频元件周围尽量用栅格状的大面积铜箔。

2）接地线应尽量加粗。若接地线用很细的线条，则接地电位随电流的变化而变化，使抗噪声性能降低。因此应将接地线加粗，使它能通过三倍于印制电路板上的允许电流。如有可能，接地线的直径应在 2～3mm 以上。

3）接地线构成闭环路。只由数字电路组成的印制电路板，其接地电路构成闭环能提高抗噪声能力。

（3）大面积敷铜

印制电路板上的大面积敷铜具有两种作用：一是为散热，二是可以减小地线阻抗，并且屏蔽电路板的信号交叉干扰以提高电路系统的抗干扰能力。注意，初学者设计印制电路板时常犯的一个错误是大面积敷铜上不开窗口，而由于印制电路板板材的基板与铜箔间的粘合剂在浸焊或长时间受热时，会产生挥发性气体无法排除，热量不易散发，以致产生铜箔膨胀，脱落现象。因此，使用大面积敷铜时，应将其开窗口并设计成栅格状。

7.3.5　去耦电容配置

PCB 设计的常规做法之一是在印制电路板的各个关键部位配置适当的去耦电容。去耦电容的一般配置原则如下：

1）电源输入端跨接 10~100μF 的电解电容器。如有可能，接 100μF 以上的更好。

2）原则上每个集成电路芯片都应布置一个 0.01pF 的瓷片电容器，如遇印制电路板的空隙不够，可每 4～8 个芯片布置一个 1～10pF 的钽电容器。

3）对于抗噪能力弱、关断时电源变化大的元件，如 RAM、ROM 存储元件，应在芯片的电源线和地线之间直接接入去耦电容。

4）电容引线不能太长，尤其是高频旁路电容不能有引线。此外应注意以下两点：

- 在印制电路板中有接触器、继电器、按钮等元件时，操作它们时均会产生较大火花放电，必须采用 RC 电路来吸收放电电流。一般，*R* 取值 1～2kΩ，*C* 取值 2.2～47μF。
- CMOS 的输入阻抗很高，且易受干扰，因此，在使用时对不使用的端口要接地或接正电源。

7.3.6　各元件之间的接线

按照原理图，将各个元件的位置初步确定下来，然后经过不断地调整使布局更加合理，最后就需要对印制电路板中各元件进行接线，元件之间的接线安排方式如下：

1）印制电路中不允许有交叉电路，对于可能交叉的线条，可以用“钻”、“绕”两种办法解决。即让某引线从别的电阻、电容、三极管脚下的空隙处“钻”过去，或从可能交叉的某条引线的一端“绕”过去。在特殊情况下，如果电路很复杂，为简化设计，也允许用导线跨接来解决交叉电路问题。

2）电阻、二极管、管状电容器等元件有“立式”和“卧式”两种安装方式。立式指的是元件体垂直于电路板安装、焊接，其优点是节省空间。卧式指的是元件体平行并紧贴于电路板安装、焊接，其优点是元件安装的机械强度较好。这两种不同的安装元件，在印制电路板上的元件孔距是不一样的。

3）同一级电路的接地点应尽量靠近，并且本级电路的电源滤波电容也应接在该级接地点上。特别是本级晶体管基极、发射极的接地不能离得太远，否则因两个接地间的铜箔太长会引起干扰与自激，采用这样“一点接地法”的电路，工作较稳定，不易自激。

4）总地线必须严格按高频—中频—低频逐级按弱电到强电的顺序排列原则，切不可随便翻来覆去乱接，级间宁可接线长点，也要遵守这一规则。特别是变频头、再生头、调频头的接地线安排要求更为严格，如有不当，就会产生自激以致无法工作。调频头等高频电路常采用大面积包围式地线，以保证其有良好的屏蔽效果。

5）强电流引线（公共地线、功放电源引线等）应尽可能宽些，以降低布线电阻及其压降，可减小寄生耦合而产生的自激。

6）阻抗高的走线尽量短，阻抗低的走线可长一些，因为阻抗高的走线容易发射和吸收信号，引起电路不稳定。电源线、地线、无反馈元件的基极走线、发射极引线等均属低阻抗走线。

7）电位器安放位置应当满足整机结构安装及面板布局的要求，因此应尽可能放在板的边缘，旋转柄朝外。

8）设计印制电路板的电路图时，在使用 IC 座的场合下，一定要特别注意 IC 座上定位槽放置的方位是否正确，并注意各个 IC 脚位置是否正确。例如，第 1 脚只能位于 IC 座的右下角或者左上角，而且紧靠定位槽（从焊接面看）。

9）在对进出接线端布置时，相关联的两引线端的距离不要太大，一般为 2～3/10 in 左右较合适。进出接线端尽可能集中在 1～2 个侧面，不要过于分散。

10）在保证电路性能要求的前提下，设计时应力求合理走线，少用外接跨线，并按一定顺序要求走线，力求直观，便于安装和检修。

11）设计应按一定顺序或方向进行，例如，按由左往右或由上而下的顺序进行。

7.4 印制电路板的叠层设计

PCB 的叠层常常由板的目标成本、制造技术和所要求的布线通道数所决定。对于大部分工程设计，存在许多相互冲突的要求，通常，最后的设计策略是在考虑各方面的折中后决定的。PCB 可以从最低成本的 1 层到高性能系统所要求的 30 层或更多层。

7.4.1 多层板

具有许多层的 PCB 常常用于高速、高性能的系统。其中，多层用于 DC 电源或地参考平面，这些平面通常是没有任何分割的实体平面，因为具有足够的层用作电源或地层，因此没有必要将不同的 DC 电压置于一层上。无论一个层的名称是什么（例如，“Ground”、+5V、VCC 或 Digital power 等），该平面将会用作与它们相邻的传输线上信号的返回电流通路。构造一个好的低阻抗的返回电流通路是这些平面层的最重要的 EMC（电磁兼容性）目标。

信号层分布在实体参考平面层之间。它们可以是对称的带状线或非对称的带状线。在大部分设计中，会使用到这些配置的组合。

下面以一个 12 层板为例，来说明多层板的结构和布局。如图 7-9 所示为一个流行的 12 层 PCB 结构，其分层结构为 T-P-S-P-S-P-S-P-S-S-P-B，其中“T”为顶层，“P”为参考平面层，“S”为信号层，“B”为底层，顶层和底层用作元件焊盘，信号在顶层和底层不会传输太长的距离，以便减少来自走线的直接辐射。

该设计首先要考虑可以用于其他任何叠层配置的设计。

其次，就是确定哪个参考平面层将必须包含用于不同的 DC 电压的多个电源区。在本实例中，假设第 11 层具有多个 DC 电压。这就意味着设计者必须将高速信号尽可能远离第 10 层和底层，因为返回电流不能流过第 10 层以上的参考平面，并且需要使用缝合电容（Stitching Capacitor）。在该实例中，第 3、5、7 和 9 层分别为高速信号的信号层。

接着就要规划最重要信号的布线。在大多数设计场合中，走线尽可能以一个方向进行布局，以便优化层上可能的布线通道数。第 3 层和第 7 层可以设定为“东西”走线，而第 5 层和第 9 层设置为“南北”走线。走线布在哪一层是根据其所连接目的的方向来确定的。

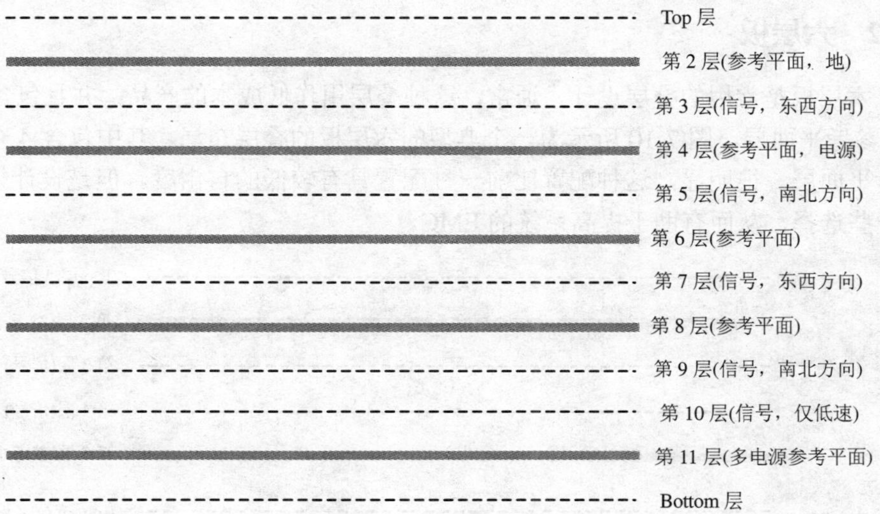

图 7-9　12 层 PCB 的配置

一个重要的考虑就是对于高速信号的走线时层的变化，并且哪些不同的层将用于一个独立的走线。另一个重要的考虑就是确保返回电流可以从一个参考平面流到需要流过的新参考平面。实际上，最好的设计并不要求返回电流改变参考平面，而是简单地从参考平面的一侧改变到另一侧。例如，下面信号层的组合可以一起用作信号层对：第 3 层和第 5 层；第 5 层和第 7 层；第 7 层和第 9 层。这就允许一个东西方向和一个南北方向的走线形成一个布线组合。但是像第 3 层和第 9 层这样的组合就不应该使用，因为这会要求一个返回电流从第 4 层流到第 8 层。尽管一个解耦电容可以放置在过孔附近，但是在高频时，由于存在引线和过孔电感而使电容失去作用。这种增加电容的布线策略也会增加元件的数量和产品的成本。

还有一个重要的考虑就是为参考平面层选定 DC 电压。假设该实例中，一个处理器因为内部信号处理的高速特性，所以在电源/地参考引脚上存在大量的噪声。因此，在为处理器提供的相同 DC 电压上使用解耦电容非常重要，并且尽可能有效地使用解耦电容。在后面的有关解耦的章节中，将会讨论板上解耦电容性能会严重地受到所连接的过孔、焊盘和连接走线所限制。降低这些元件的电感的最好方法就是使连接走线尽可能短和宽，并且尽可能使过孔短而粗。如果第 2 层分配为“Ground”，并且第 4 层分配为处理器的电源，则过孔离放置处理器和解耦电容的顶层的距离应该尽可能短。延伸到板的底层的过孔剩余部分不包含任何重要的电流，并且非常短，从而不会具有天线作用。图 7-9 所示就是这种叠层设计的描述，如果将一个电容放置在板的底层，则可以看出这样会产生更长的过孔，从而比放置电容在顶层产生更大的电感。

另外，如果将高速信号布在第 3 层和第 5 层，则建议使用一个与有效器件所驱动的信号走线具有相同电源的平面作为参考平面。也就是说，来自处理器（例如存储单元的总线和其他高速总线）的信号应该布在第 3 层和第 5 层，因此，它们可以共享相同的电源，并且返回电流可以更加容易返回到它们的源。

尽管上面的讲述主要是着重于最重要的信号和 IC，这些考虑也应该使用于其他信号和 IC。在第 10 层上的信号应该是低速信号，因为第 11 层上的参考平面具有多个电源，并且被切分为多个部分。

7.4.2 六层板

六层板是常用的叠层设计。通常，这种叠层用作低成本的产品，并且包含 4 个信号层和 2 个参考平面层。图 7-10 所示为一个典型的六层板的叠层布局，其中包含 4 个信号层和 2 个参考平面层。很明显，这种配置比前一种配置具有较低的自由度。但是设计人员依然可以使用一些选择，从而有助于提高系统的 EMC。

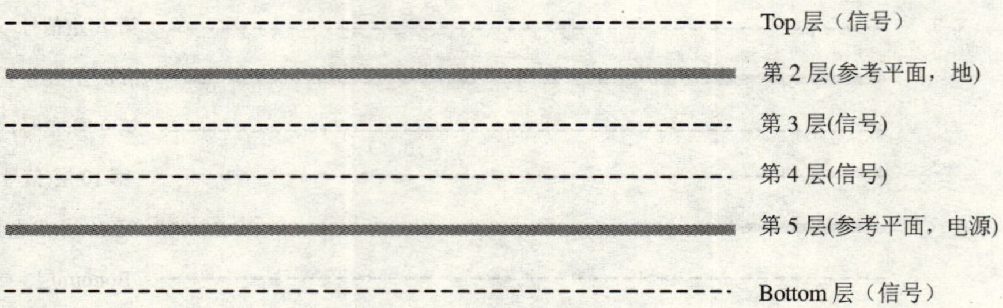

图 7-10　六层 PCB 的配置

与前面的 12 层配置一样，可以使用一个东西方向和一个南北方向的布线。另外，建议使用不要求返回电流改变参考平面的布线层对。在这种情况下，可以选择第 1 层和第 3 层作为布线层对，第 4 层和第 6 层作为另一个布线层对。顶层和底层必须用作信号布线。为了得到一个好的 EMC，建议将返回电流置于一个参考平面上，而不要将信号埋于两个参考平面之间。因此，第 3 层和第 4 层不能用于高速信号的布线层对。

第 2 层和第 5 层为地和电源参考平面层。通常，在 PCB 上会有多个不同的 DC 电压，因此，电源平面有可能会分割为许多个电源岛。如果第 2 层被用作地参考平面层，而设计人员必须保证所有高速信号布在第 1 层和第 3 层上，以便它们不会跨过分割的参考平面。当然，如果一个特定的信号通路不会跨过电源参考平面的分割区，也可以把这些信号布在第 4 层和第 6 层上。

7.4.3 四层板

四层板只有 2 个信号层和 2 个参考平面层，通常用于低成本的系统。如图 7-11 所示，描述了四层板的叠层配置。

布线通道数量的优化对于四层板来说是至关重要的，因为我们可以使用东西方向和南北方向的布线策略。无论如何在此时欲为返回电流保持相同的参考平面是不可能的。一个解耦电容必须放置在过孔附近，以便提供一个返回电流通路。连接电容焊盘和过孔的走线必须保持尽可能短并且尽可能宽，以便使电感/阻抗最小化。

参考平面一般分为地参考和电源参考。同样，电源参考也可能会分割为许多个不同的电压参考区。当电源参考平面用作一走线的信号参考时，则重要的考虑就是将走线布在实体参考区上，从而使走线不会跨过那些分割区。如果必须跨过分割区，则需要在靠近走线跨过分割区的地方放置一个缝合电容（Stitching Capacitor）。另外，连接电容焊盘和过孔的走线必须保持尽可能短并且尽可能宽，以便使电感/阻抗最小化。

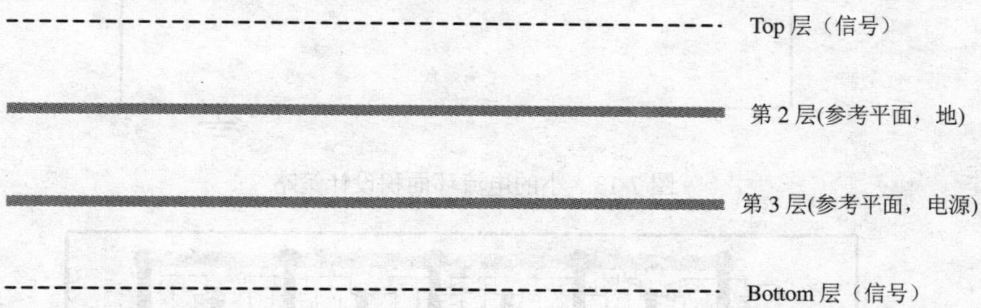

图 7-11　四层 PCB 的配置

7.4.4　单面板和双面板

单面板和双面板的设计对 EMC 来说不是很容易的。尽管不推荐使用这种叠层设计，但是这种设计还是经常被选用。对于这种叠层设计，通常没有实体参考平面，并且所有信号和所有电源，以及电源的返回均通过走线的方式进行布置。在这种设计策略中的主要考虑就是使信号电流的环面积尽可能小，不允许大的电流环面积存在，如图 7-12 所示。

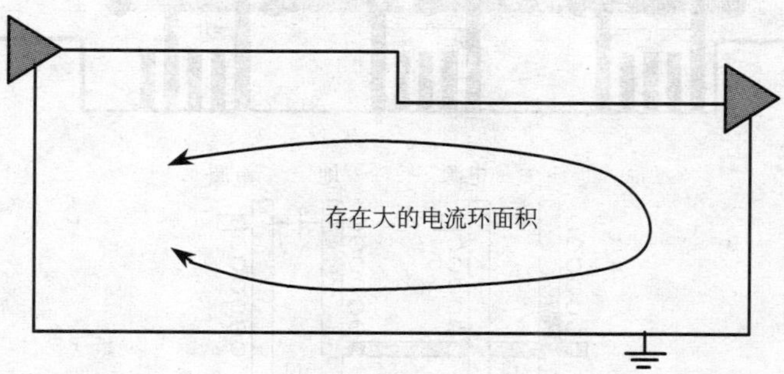

图 7-12　大的电流环面积在 PCB 中存在的情况

尽管在这种叠层设计中，信号的速度要小于前面所讲述的几种叠层设计，但是依然会产生 EMC 问题。一个信号返回走线尽可能平行地靠近信号走线，以便使环面积最小，从而最小化 RF 辐射。图 7-13 所示为这种设计策略的描述。另外，应该使信号走线尽可能短以最小化环面积。解耦电容应该尽可能放置在 IC 的附近，并且连接在电源和地引脚之间。

下面讲述两种典型的双面板布局策略。

（1）电源和地网格状结构的双面板布线

如图 7-14 所示，将电源和地设置为网格状，使之成为每个网格的总环路面积小于 1.[illegible]in^2。电源和地的走线以 90°分布，电源在一层，而地在另一层。地的走线以垂直方向置于顶层，而电源的走线以水平方向置于底层。在每个地和信号走线的交汇处及每个 IC 处，均放置解耦电容。这种布局方式目前已经不常用。

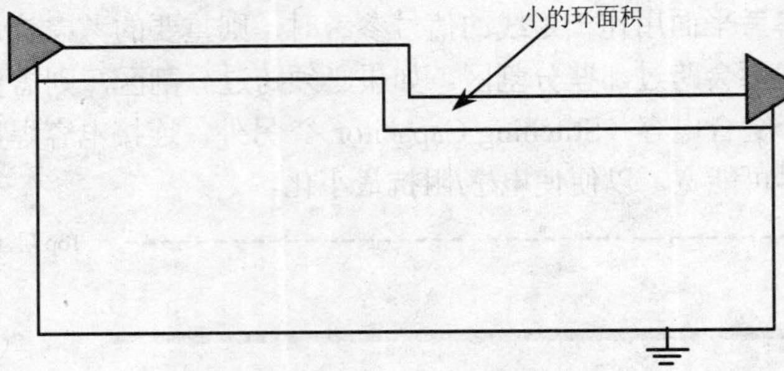

图 7-13　小的电流环面积设计策略

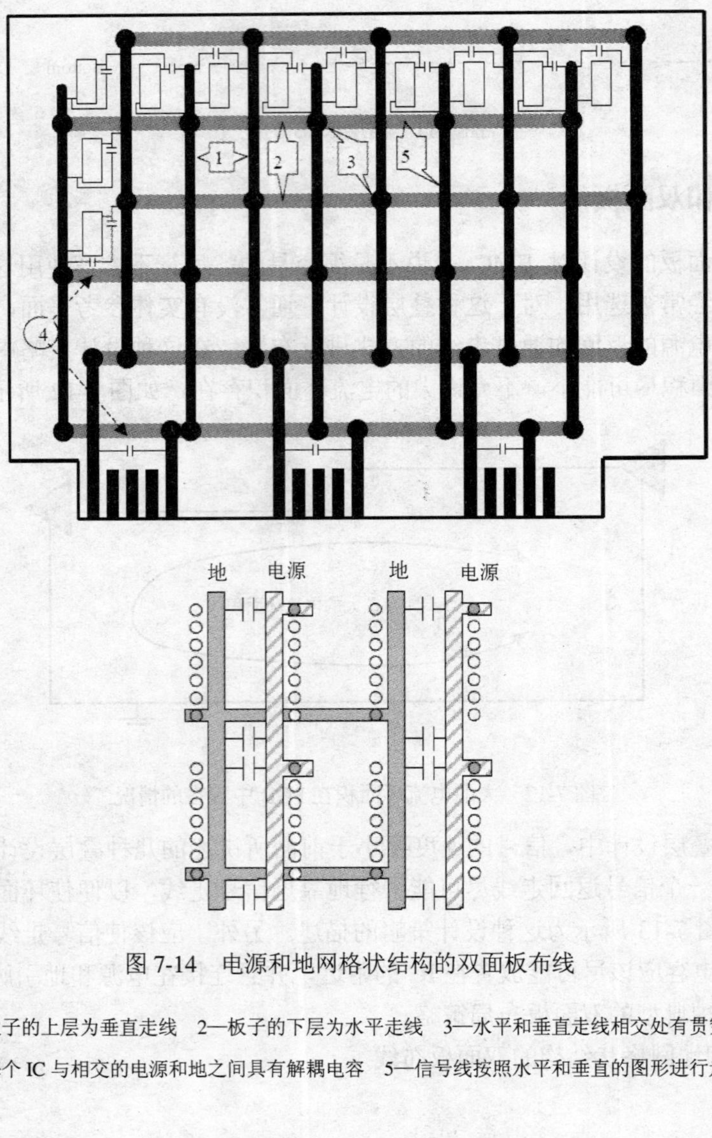

图 7-14　电源和地网格状结构的双面板布线

1—板子的上层为垂直走线　2—板子的下层为水平走线　3—水平和垂直走线相交处有贯穿孔
4—每个 IC 与相交的电源和地之间具有解耦电容　5—信号线按照水平和垂直的图形进行走线

（2）具有 RF 返回电流的双面板布线

具有较好的 RF 返回电流的双面板布线如图 7-15 所示，返回走线必须放置在靠近最容易受干扰的走线处，以使 RF 能量返回到它的源。电源和返回走线也必须相互平行布局，并且在电源和地之间，以及在产生开关能量的每个元件处均放置解耦电容。使用这种布局方法，可能会产生布线的困难，但是最大的优点就是能实现 EMC。

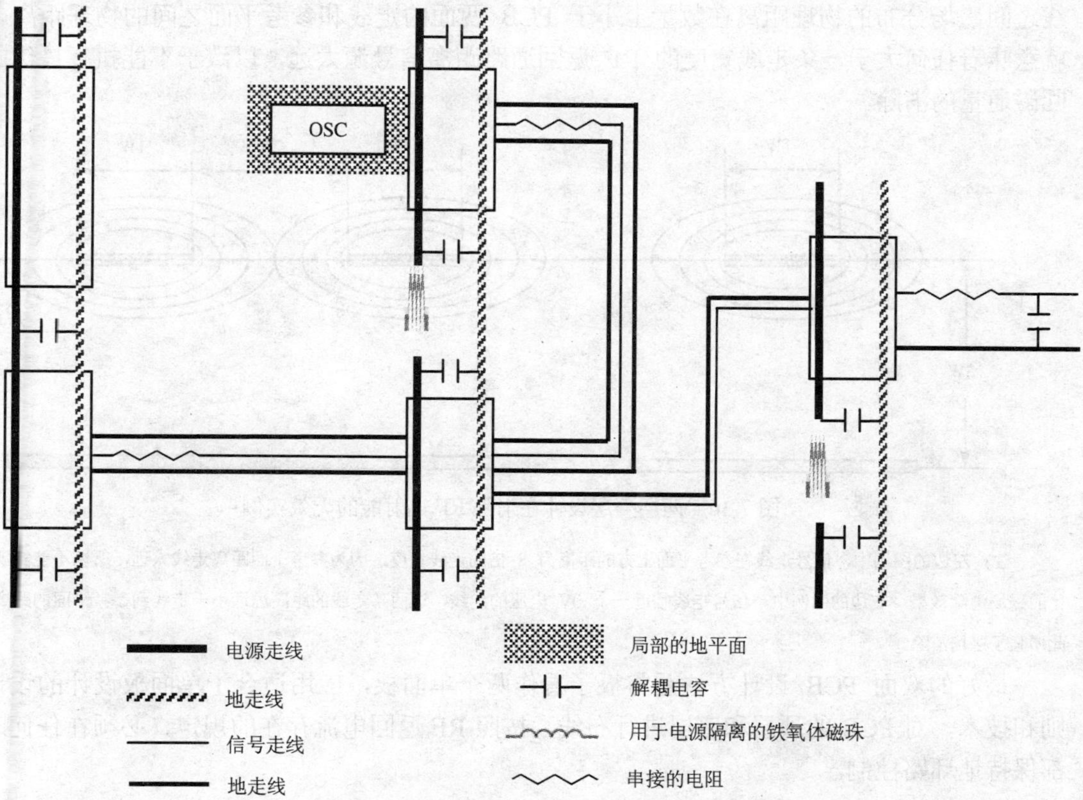

图 7-15　具有较好的 RF 返回电流的双面板布线

当使用网格状的电源和地的布局结构时，必须考虑确保网格尽可能多的地方连接在一起。如果缺少一个网格，则来自元件的 RF 环电流就找不到一个可靠的低阻抗返回通路，因此会加剧 RF 辐射。对电源和返回走线的布线要使用平行方式，并且相互靠近。这样可以获得低阻抗、小环面积的传输线结构或天线。由于环面积小，则产生的 RF 能量非常高，因此在更高的频率范围（MHz）才可以测得信号，因此，不会产生 EMC 问题。如果走线和 0V 参考之间的距离很大，则参考到 0V 的信号走线与返回走线之间依然可能会产生大的电流环。

当一个电源和地网格存在时，双面 PCB 的一个问题是如何实现元件之间的信号走线。几乎在每一个应用场合中，在一个双面板上完全实现网格化是不现实的。最优化的布局技术就是使用地填充作为一个返回通路，可以控制环面积并降低 RF 返回电流的阻抗。该地填充必须在尽可能多的位置和 0V 参考点相连接。

图 7-15 所示的另一种双面板的布局方法和图 7-14 是一致的。惟一的不同就是在顶层和底层的电源和地走线布局。通过使用顶层和底层进行电源和地的布局，使环面积尽可能小的布线就变得更加容易。

当分析一个标准厚度为 0.062in（1.6mm）的双面叠层设计 PCB 的 EMC 时，顶层（放置元件）和底层（具有地平面和 0V 参考）的物理距离常常被认为给顶层存在的 RF 电流提供了一个返回通路。如图 7-16 所示描述了这种情况。实际上，信号走线和返回平面之间的空间距离在物理上同走线之间的距离相比要大，这个走线和返回平面之间的大的物理距离不会获得最优的磁通量消除。对于这个实例，在信号走线的磁场分布近似为一条走线的宽度。走线之间磁场分布的物理距离在数量上小于 PCB 两面的走线和参考平面之间的物理距离。这就意味着任何大于一条走线宽度的 RF 返回通路距离信号源太远，以致于不能执行最优的返回磁通量的消除。

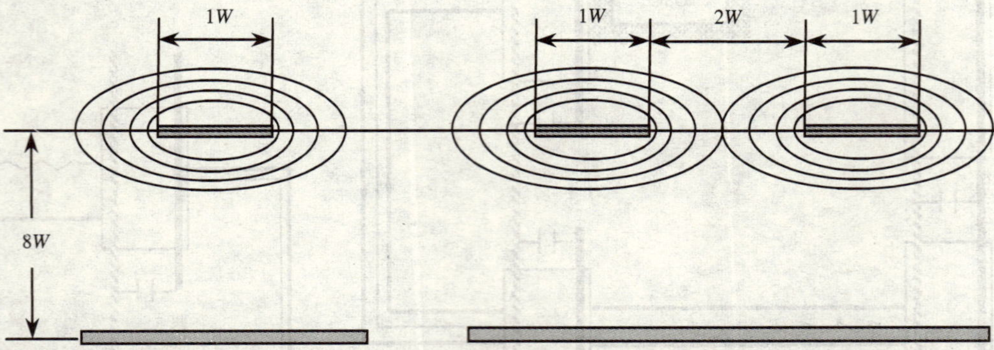

图 7-16　两层叠层设计在消除 RF 辐射能的无效实例

注：左边的图例中，信号走线在参考平面上方的距离为 8 倍的走线宽度，因为参考平面距离走线太远，所以不能实现最优化的磁场消除效果。右边的图例中，信号走线临近一个 0V 电压的走线，这两条走线的距离远远小于走线到参考平面的距离，因此增强了磁场消除。

最好的双面 PCB 设计方法是将板子看作两个单面板，应用适合于单面板设计的设计规则和技术，对 PCB 的顶层和底层进行布线。按照 RF 返回电流存在的规定，必须在任何时候都保持地环路控制。

7.4.5　叠层设计布局快速参考

表 7-3 列出了叠层设计布局的参考配置，包括最常用的叠层配置。

表 7-3　叠层设计布局的参考配置

叠层	1	2	3	4	5	6	7	8	9	10
2 层	S1 和地	S2 和电源								
4 层	S1	地	电源	S2						
4 层	地	S1	S2	电源						
6 层	S1	S2	地	电源	S3	S4				
6 层	S1	地	S2	S3	电源	S4				
6 层	S1	电源	地	S2	地	S3				
8 层	S1	S2	地	S3	S4	电源	S5	S6		
8 层	S1	地	S2	地	电源	S3	地	S4		
10 层	S1	地	S2	S3	地	电源	S4	S5	地	S6
10 层	S1	S2	电源	地	S3	S4	地	电源	S5	S6

7.5 印制电路板的布线配置

设计 PCB 时，有两种基本的布线配置：微带线（Microstrip）和带状线（Stripline）。微带线又分为表面微带线和埋入式微带线；带状线又分为对称式的和非对称式的带状线。图 7-17 描述了这两种布线的结构，图 7-18 所示为微带线和带状线在 PCB 中的布线配置。

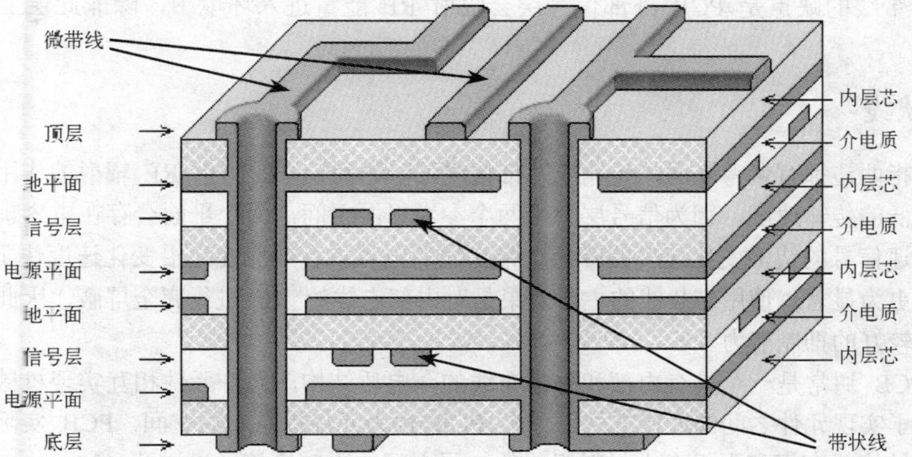

图 7-17 微带线和带状线的布线结构

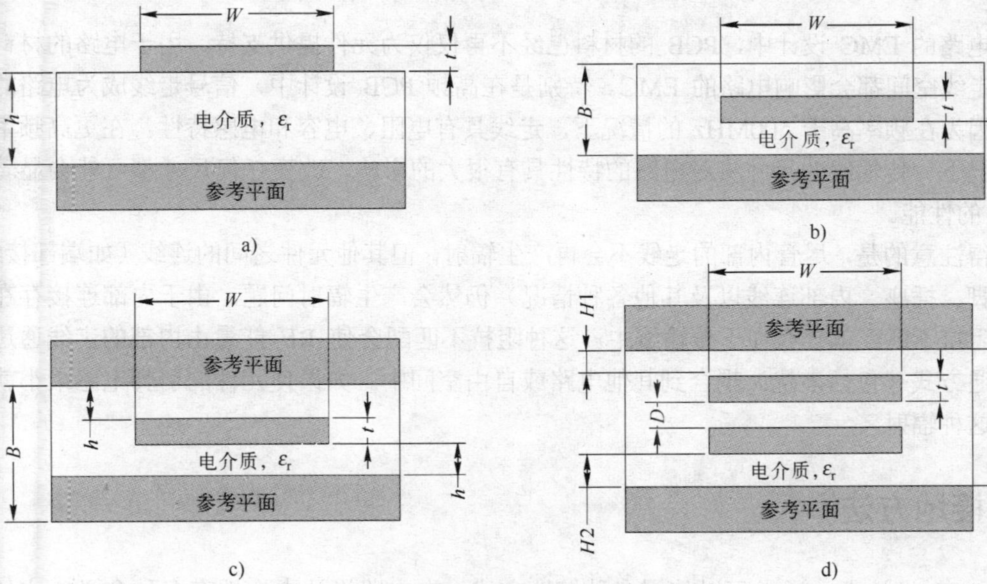

图 7-18 微带线和带状线的配置

a) 表面微带线 b) 埋入式微带线 c) 对称带状线 d) 非对称带状线

① 对称带状线：$H1=H2=h$；非对称带状线：$H1\neq H2$。

W—走线的宽度 h—走线离参考平面的高度 t—走线的宽度 B—全部电介质的厚度 D—两条带状线之间的距离

② 参考平面也称为镜像平面。

7.5.1 微带线

微带线指的是只有一面具有参考平面的 PCB 走线。微带线为 PCB 提供了对 RF 的抑制作用，同时也允许有比带状线更快的时钟或逻辑信号。因为较小的耦合电容及源和负载之间的较低的空载传输延迟，因此允许有更快的信号。电容有时候用于时钟信号以减缓数字信号的边沿变化。由于两个实体平面之间的较小的电容耦合，信号可以传输得更快。使用微带线的缺点是 PCB 外部信号层会辐射 RF 能量进入环境中，除非此层上下具有金属屏蔽。

7.5.2 带状线

带状线指两边都有参考平面的传输线。带状线可以达到较好的防止 RF 辐射的作用，但只能用于较低的传输速度，因为信号层介于两个参考平面之间，两个平面会存在电容耦合，从而导致高速信号的边沿变化速度的降低。带状线的电容耦合效应在边沿变化速度快于 1ns 的情况下，更为显著。使用带状线的主要效果是对内部走线的 RF 进行完全屏蔽，因此对射频辐射具有较好的抑制能力。

一个 PCB 通常是一个具有内部和外部布线的介电质结构，允许元件相互实现机械和电气连接。除了实现元件之间的连接之外，一个 PCB 也为元件提供布局空间。PCB 实际上是由具有多层结构的有机和无机介电材料组成的。层之间的内部连接通过过孔（Via）来实现。这些过孔镀上或填充金属就可以实现层之间的电信号导通。实体参考平面结构为元件提供了电源和地。在设计 PCB 时一个需要重点考虑的是被传输信号的传输延迟和电路之间的串扰问题。

在电路的 EMC 设计中，PCB 的材料已经不再仅仅为元件提供支持，用于电路的材料、尺寸和走线空间都会影响电路的 EMC。特别是在高频 PCB 设计中，信号走线成为电路的一部分，因为在频率高于 500MHz 的情况下，走线具有电阻、电容和电感特性。在更高频率的工作情况下，传输线的尺寸将对电路的特性具有很大的影响，改变任何尺寸都可能会显著影响 PCB 的性能。

值得注意的是，尽管内部的走线不会再产生辐射，但其他元件之间的连线（如端部接线、元件引脚、插座、内部连线以及其他各种情况）仍然会产生辐射问题。由于内部连接存在阻抗，则阻抗不匹配就会存在于传输线中。这种阻抗不匹配会使 RF 能量由内部的走线通过辐射或导通方式（包括串扰）耦合到其他电路或自由空间中。如果使元件的引脚电感最小就可以降低这种辐射。

7.6 接地方法

在 PCB 设计中，通常可以使用多种接地方式。在电路设计中，地有多种含义，比如数字地、模拟地、信号地、噪声地、电源地等。在 PCB 设计中，常用的接地方式有单点接地、多点接地和混合接地。但是一般情况不会使用单点和多点的混合接地方式。下面主要介绍单点接地和多点接地方式。如图 7-19 所示为单点接地简图，如图 7-20 所示为多点接地方式。

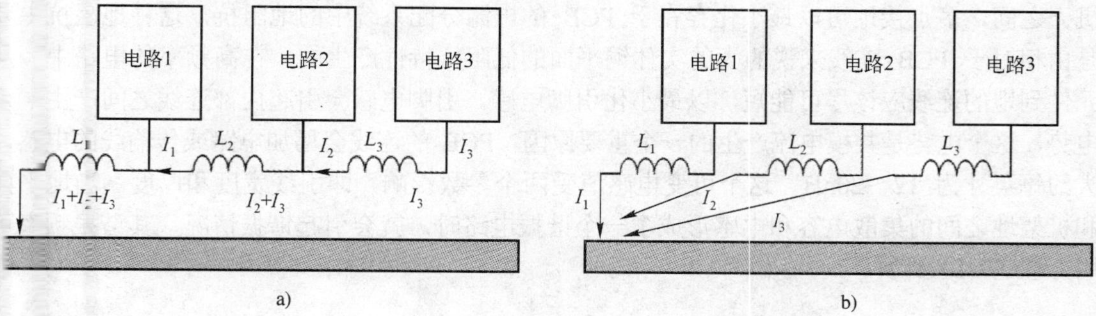

图 7-19　单点接地方法

a) 串联单点接地　b) 并联单点接地

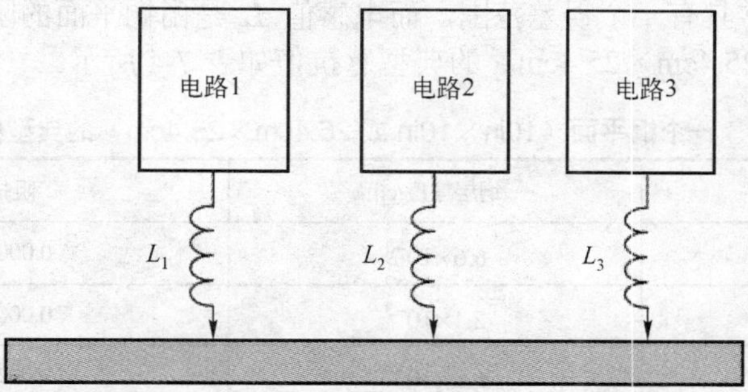

图 7-20　多点接地方法

7.6.1　单点接地

当电路中的元件和信号连线的信号频率小于 1MHz 时，通常使用单点接地方式。在比较高频率的情况下，连线的电感会使 PCB 的阻抗增加，而在更高的频率时，电源平面与信号连线的阻抗就会对系统产生影响。如果连线的长度等于或接近信号的四分之一波长的奇数倍，则此时阻抗会很大。如果连线或地具有很高的阻抗，则会产生天线效应，并且辐射 RF 能量。所以，如果超过了 1MHz 的信号频率，通常要使用多线接地。

单点接地方式通常应用在信号以辐射状传递的情况下，比如音频电路、模拟仪器、60Hz 的交流和直流（DC）电源系统，以及装在塑料壳内的系统。尽管单点接地通常用在低频的产品上，但在高频电路或系统上偶尔也会应用。

在 CPU 或 I/O 接口板上使用单点接地会导致地平面和金属机架之间产生环流电流。环流电流会产生磁场，从而产生电场，同时产生 RF 电流。因此，在个人电脑或类似的设备上基本不采用单点接地方式。因为不同的子系统和周边在不同位置直接连接到金属机架，会产生许多环路结构。通过这种传递机制，由电磁场产生的感应电流会将电压耦合到电路中，从而产生环路结构。多点接地方式会使这些环路分散在较宽的区域，从而可能避免产生这种问题。RF 环电流应该被控制，而不允许将能量无意中传递到对磁场干扰敏感的其他电路和子系统中。

7.6.2　多点接地

高频的电路产品设计通常要求使用多点接地方式。通过将 RF 电流旁路连接到地平面和机壳之间，多点接地可以最小化存在于 PCB 的电源分配系统中的地阻抗，这种地阻抗主要是由相对于 PCB 连线来说的大的实体铜平面的低阻抗特性产生的。在高频率的电路中，从元件到地的连线应该尽可能短，以最小化引脚电感。引脚电感会引起内部连线之间产生一个电势，这个电势是共模电流产生的一个重要原因。PCB 的连线会增加电路或传输线的电感，大约每英寸为 12～20nH。这个可变电感值受两个参数影响，即引线宽度和厚度。当地平面和机架地之间的集散电容和电感形成了一个谐振电路时，就会引起谐振情况，其谐振频率可用方程（7-1）计算：

$$f = 2\pi \frac{1}{\sqrt{LC}} \tag{7-1}$$

式中，L 为电路电感值；C 为电路电容值；f 为谐振频率。

该电容值 C 通常具有一个误差范围，而电感值 L 是由铜平面的阻抗所决定的。一个铜平面（10in×10in 或 25.4cm×25.4cm）的典型感抗值如表 7-4 所示。

表 7-4　一个铜平面（10in×10in 或 25.4cm×25.4cm）的典型感抗值

信号频率	铜层厚度/cm	阻抗值/(Ω/in^2)
1MHz	6.6×10^{-3}	0.00026
10MHz	2.1×10^{-3}	0.00082
100MHz	6.6×10^{-4}	0.0026
1GHz	2.1×10^{-4}	0.0082

许多设计的一半结构都是将一个 PCB 置于一个金属安装板或机架上。在电源/地平面和机架之间就可能会产生谐振。如图 7-21 所示，描述了 PCB 中存在的电容和电感与安装平面或金属壳的关系。无论采取何种配置方式，总是存在电容和电感的。根据安装点之间的距离，以及电源和地平面的自激频率，电路中将会存在环路电流。这些环路电流被认为是涡流，并且会与邻近的其他电路板、机架、内部的电缆、周边元件、I/O 电路、连接器或自由空间产生耦合。

除了平面中的电感外，当在 PCB 中布线配置为微带线时，长的导线也会产生天线的效应，特别是对于时钟信号和其他周期数据脉冲信号。通过将导线电感降到最低，并消除导线产生的 RF 辐射电流或传输线内的磁通，就可以达到良好的信号品质以及 RF 抑制。

数字电路必须看作高频的模拟电路。具有许多逻辑元件的 PCB 必须有一个好的低感抗电源分配网络。PCB 内的地平面通常可以提供给电源及信号电流一个较低电感的回路路径，这使得在信号的相互连接上可以产生一个增强的固定阻抗传输线。当将地平面和机架平面连接在一起时，必须采取措施将出现在电源和地平面之间的高频 RF 能量消除，通常可以使用旁路去耦电容来实现。高频的 RF 电流通常由电源分配网络（平面）的振荡电路和它们与信号导线的物理关系产生。通常可以使用高品质的旁路去耦电容来消除这些 RF 电流，在每个电源和地之间连接的 0.1μF 和 0.001μF 两个电容，这样就可以去除 RF 电流。

机架地也必须直接连接到 PCB 的地平面，以便最小化存在于 PCB 板和机架之间的 RF 电压和电流。如果磁场环流很小（小于最高的 RF 频率的 1/20 波长）时，将会增强 RF 的抑制，或者消除或最小化磁通。

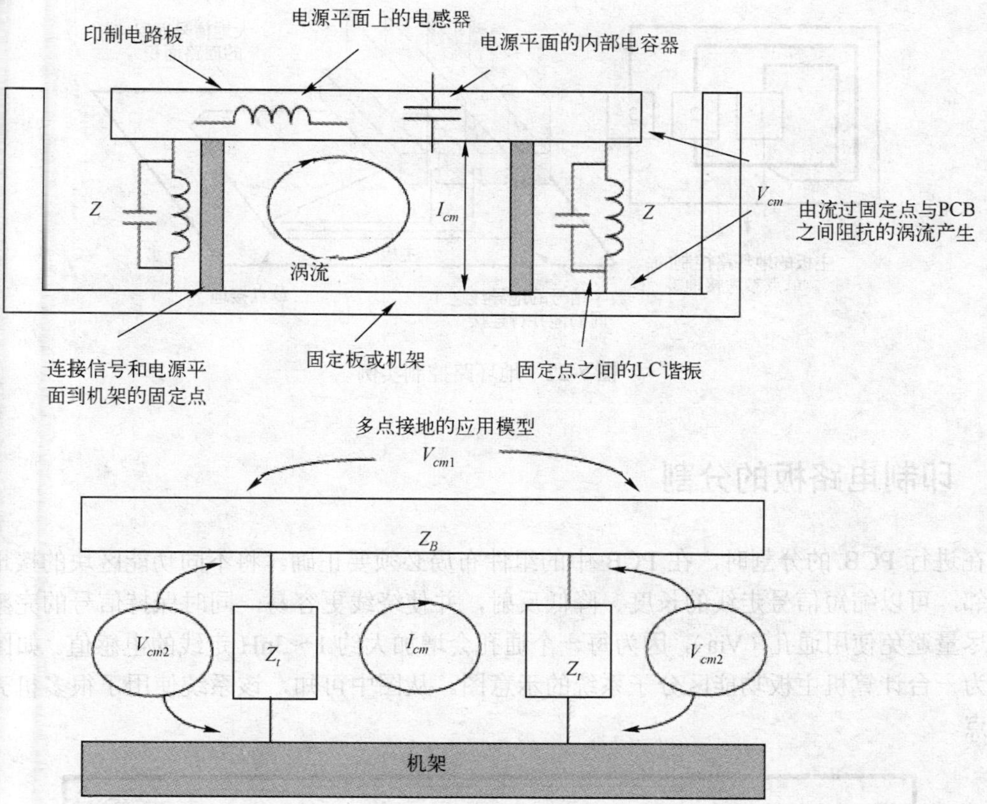

图 7-21 多点接地连接机架的谐振模型

7.7 接地和信号回路

在 RF 能量的产生和传递中，地环路起主要作用。RF 电流总是试图经过任何存在的路径或媒介回到其源，比如元件、导线、电源或地平面、存在串扰的相邻导线等。RF 电流总是存在源和负载之间，这是由于信号和回路之间总是存在一个闭环。无论是否存在电感，这样的环会使两个器件之间产生电势差。传输线中的电感会使在一个源和电路之间的 RF 电流产生电磁耦合，从而增加了返回路径的 RF 损失。

在 PCB 设计中，抑制 EMI（电磁干扰）的最重要的设计考虑就是提供最优的地或信号返回路径的控制。应该对每个地与 0V 参考结构的固定连接（PCB 地和机架地之间的机械连接），以及 RF 噪声产生的 RF 电流进行工程分析。为了最小化地电势，产生高速逻辑和振荡电路的元件必须尽可能靠近地连接点。将 RF 电流产生元件尽可能靠近地连接点将可以最小化 RF 环路电流，而 RF 环路电流会在机架中形成涡流。必须把所有不想要的 RF 电流都转移到 0V 参考结构中。

在一个具有适配卡并且单点接地的 PC 中产生的 RF 环路电流的实例如图 7-22 所示。

从图中可知，一个返回环路区域存在于适配卡和单点地参考之间。每个环路会辐射产生一个电磁场。如果环路天线产生的 RF 能量存在于一个 PCB 中，则必须采取一些围堵措施。围堵措施可以使这些不需要的 RF 电流不至于耦合到其他电路或辐射到外部环境造成 EMI 问题。因此，应该避免产生内部的 RF 环路电流。

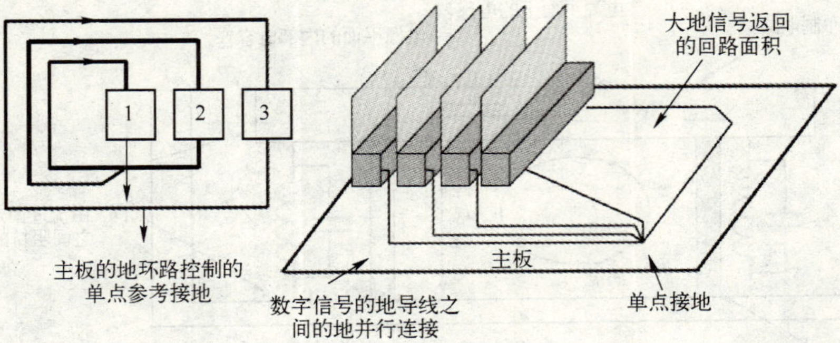

图 7-22　地环路控制实例

7.8　印制电路板的分割

在进行 PCB 的分割时，在 PCB 中的组件布局必须要正确。将不同功能区块的接地线紧密相邻，可以缩短信号走线的长度、降低反射，并使绕线更容易，同时保持信号的完整性。应该尽量避免使用通孔（Via），因为每一个通孔会增加大约 1～3nH 走线的电感值。如图 7-23 所示为一台计算机主板功能区分子系统的示意图。从图中可知，该系统使用了很多机壳金属接地点。

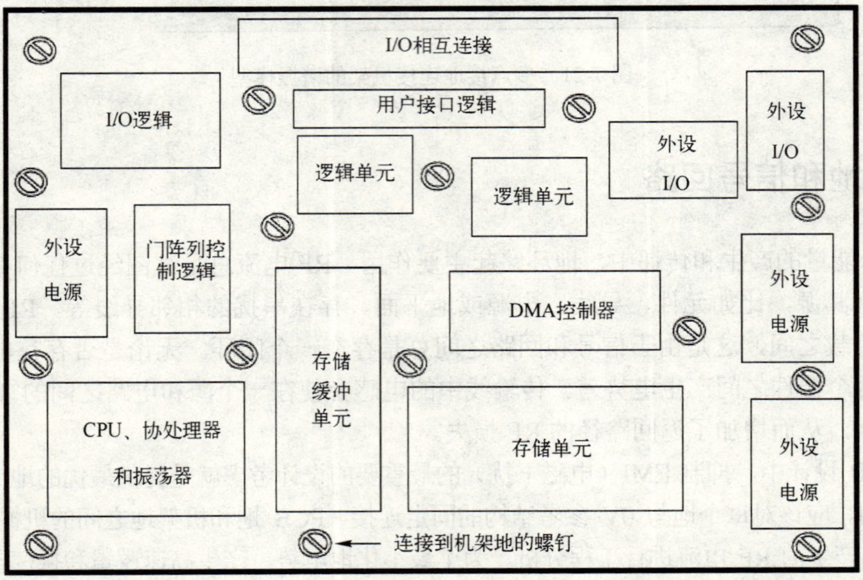

图 7-23　计算机主板功能区分子系统的示意图

高频设计的场合应注意将地平面（Ground Plane）连接至机架地（Chassis Ground），使用多点接地的方法有效地分离共模涡流，使其不会耦合到其他区域。时钟频率在 50MHz 以上的设计就需要更多的接地，以降低共模电流及地的环路效应。每一个子区域至少要有 4 个接地点围绕着，这些接地点可以获得最好的长宽比，因此，可以获得很好的电磁兼容效果。

如图 7-23 所示，在提供外围元器件电源的外设电源前后各有一个接地点（螺钉或类似的连接）。在 PCB 或外围元器件的电源所产生的噪声必须使用去耦旁路（Bypass）电容将 AC 噪声分流到机架地，这些去耦电容可降低电源产生的 RF 电流与信号及数据线的耦合。将电源连接器的不期望的 RF 电流分流到机架地，也可以优化主机板与外围设备的数据传输的信号质量，同时也能降低 EMI。

大部分 PCB 都包含功能子系统或区域。比如，一个典型的主机板具有的区域包括：CPU、存储器、ASIC、总线接口、系统控制器、PCI 总线、SCSI 总线、USB 接口、外围设备接口（FDD、HDD）、视频、音频和其他元器件等。每个子系统或区域具有不同的 RF 能量频带宽。不同的数字元件所产生的 RF 能量的频谱区域都不同，信号的频率越高，与数字信号跳变相关的操作所产生的 RF 能量的频带也越高。时钟信号是 RF 能量产生的主要来源，因为时钟信号是周期性的，并且占空比为 50%。

要防止不同频率的带宽区域之间互相耦合，可采用功能分割。分割（Partitioning）即是将不同的功能区域进行物理分割。分割方式要根据不同的产品而采用不同的方式，通常可用多块 PCB、组件间的隔离、Layout 的隔离等方式。

适当的分割可以优化信号质量，并且间化布线。分割可以使 RF 环路面积更小，从而优化信号质量。设计工程师在布线之前，必须先规划好哪些组件属于哪一个功能区块，而这些信息可以从组件供货商处获得。

功能分割可以认为是将一个功能区域同另一个功能区域分离开，以便使不同功能的电路隔离开来，如图 7-24 所示。在一个 I/O 区域的电源和地平面的分割可以防止 PCB 的一部分产生的 RF 电流进入其他区域。在 PCB 设计中，我们想获得的就是使与特性子区域相关的电磁场限制在需要这部分能量的区域。来自时钟区域的电磁能量不能传递到 I/O 电路或相互连接中。因为在处理器和 I/O 之间会存在电势差，所以它们之间的分割必须很好地进行去耦。只要存在电势差，则在这两个区域中就会产生共模能量。一旦将电缆连接到 PCB，共模能量就会从电源分配系统传输到信号线，从而形成天线效应。I/O 相互连接会辐射共模或差模 RF 能量，防止来自高带宽区域的不需要的 RF 能量进入 I/O 部分（低带宽区域）或其他功能区域，是设计者的布局和布线的设计目标。

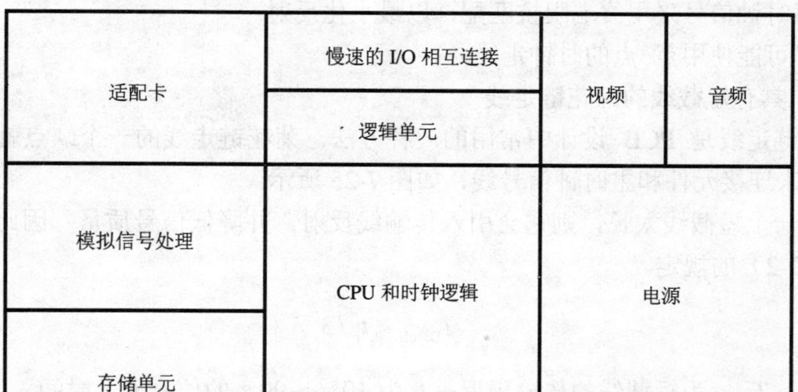

图 7-24　功能分割实例

功能分割需要注意两个方面，即处理传导的能量和辐射的 RF 能量。传导的 RF 能量会通过信号线在子功能区域和电源分配网路之间进行传输，而辐射的 RF 能量通过自由空间进行传输。

设计一个最优化的分割布局是不可能的，另一种技术就是在产生不期望的 RF 能量的部分进行屏蔽分割，从而控制辐射并增强 PCB 的抗干扰能力。当实现电路的正确操作时，即使使用金属屏蔽分割，也可能无法确保屏蔽的完整性。因为在高频（通常在 800MHz 以上）时，与屏蔽相关的内置孔和槽会妨碍辐射能的有效消除。

7.9 信号走线

正确的布线有助于保持信号的完整性。为了布局一条干净整洁的走线，设计人员应该使用好的信号完整性分析工具进行仿真分析。下面将讲述两种类型的布线方法：单端走线和差分对走线。

7.9.1 单端走线

单端走线连接源和负载/接收器，通常用于点-点的布线连接、时钟走线、低速信号和非关键 I/O 布线。这部分主要讨论用于时钟信号的不同的单端走线方式。可以使用如下几种方式将相同的时钟信号和多个器件相连接，以驱动多个器件。

- 菊花链走线，包括带短截线和不带短截线两种形式。
- 星形走线。
- 蛇形走线。

在布线时应该遵循以下原则，以改善时钟信号传输线的信号完整性。

- 使时钟信号走线尽可能直，使用圆弧形拐角或 45° 角过渡而不使用直角。
- 尽可能不要使用多个信号层给时钟信号布线。
- 尽可能不要使用过孔在时钟信号传输线上。
- 将地参考平面和外层相邻，以最小化噪声。如果使用内层布局时钟信号走线，则使用两个参考平面将这个信号层夹在中间。
- 对时钟信号采用终端阻抗匹配，以最小化反射；
- 尽可能使用点-点的时钟走线。

（1）具有短截线的菊花链走线

菊花链走线是 PCB 设计中常用的一种方法。菊花链走线的一个缺点就是短截线或短走线必须用来连接元件和主时钟信号线，如图 7-25 所示。

如果一个短截线太长，则它会引入传输线反射，并降低信号质量。因此短截线长度不能超过式（7-2）的规定。

$$T_{\text{Dstub}} < t_r / 3 \qquad (7\text{-}2)$$

式中，T_{Dstub} 为短截线的传输延迟；t_r 为 10%～90%的信号上升时间。

对于 1ns 的上升时间边沿，分值长度应该小于 0.5in。如果设计需要时钟信号驱动多个器件，则所有短截线长度都应该遵循这个规则。

注意，如果可能，设计人员应该避免在 PCB 设计中使用短截线方式。对于高速信号设计，即使非常短的短截线，也会产生信号完整性问题。

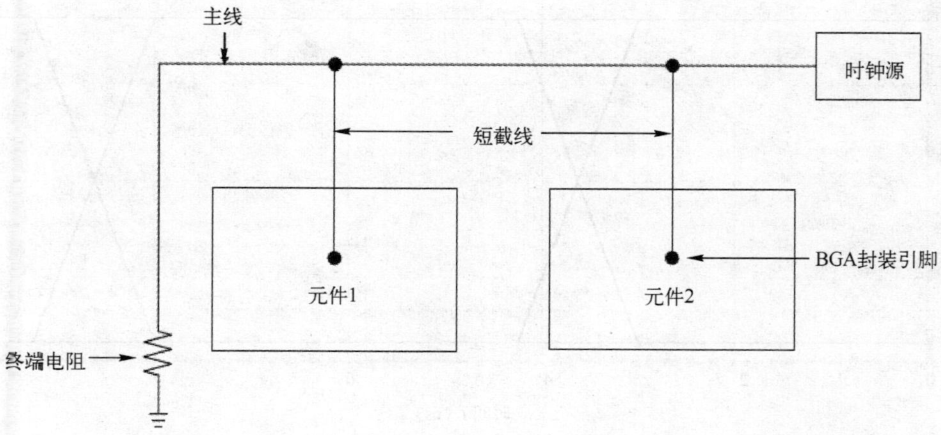

图 7-25　连接元件和主时钟信号线的短截线菊花链方式

图 7-26～图 7-28 分别为使用不同差分长度的菊花链布线的 SPICE 仿真结果。当短截线长度减少时，则反射噪声也会相应减小（从图中可以看出信号的眼状开放区增加）。

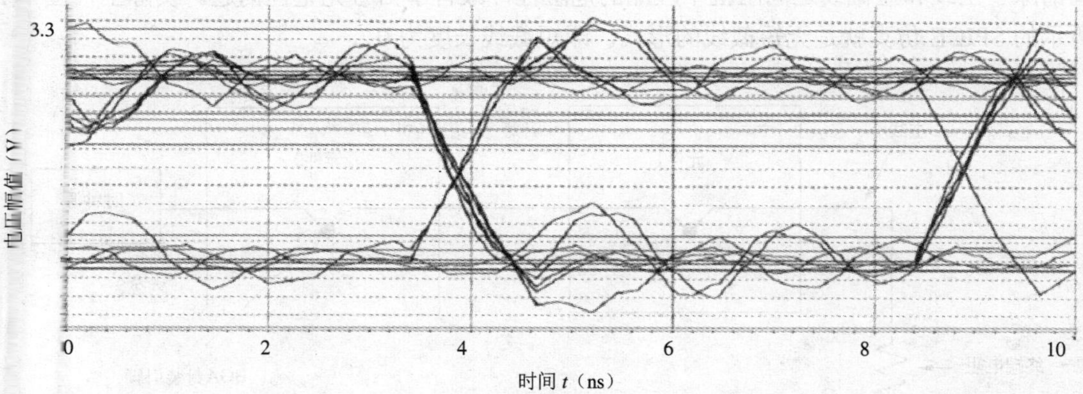

图 7-26　短截线长度为 0.5in 时的 SPICE 仿真

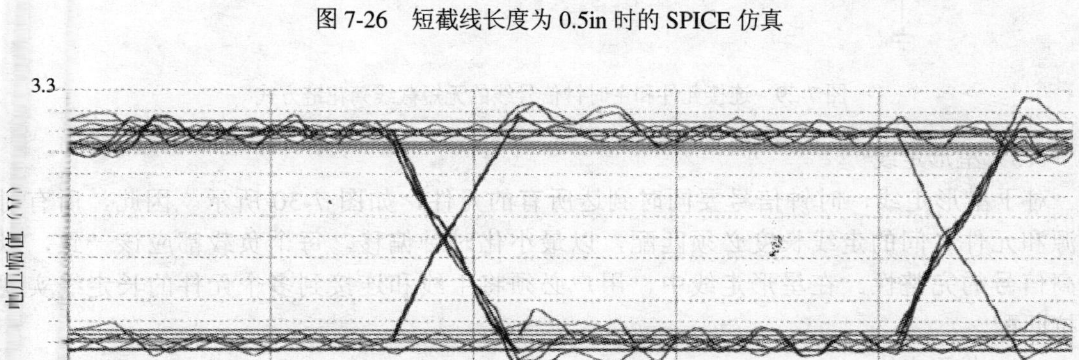

图 7-27　短截线长度为 0.25in 时的 SPICE 仿真

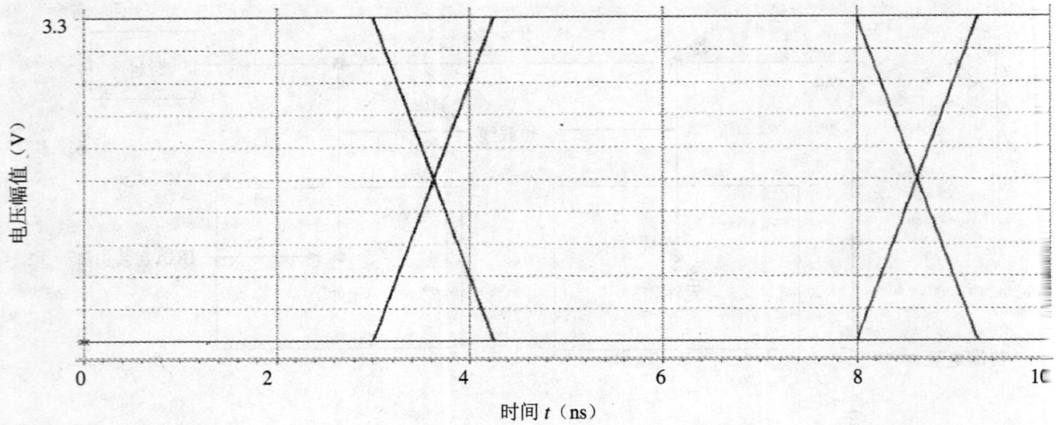

图 7-28　短截线长度为 0in 时的 SPICE 仿真

（2）无短截线的菊花链走线

如图 7-29 所示为主线和所驱动的元件相连接的没有短截线的菊花链布线方式。这种布局消除了主线和短截线之间阻抗不匹配的危险性，改善了信号完整性问题。实际上，图 7-28 所示的 SPICE 仿真就是无短截线的形式，即短截线长度为 0。

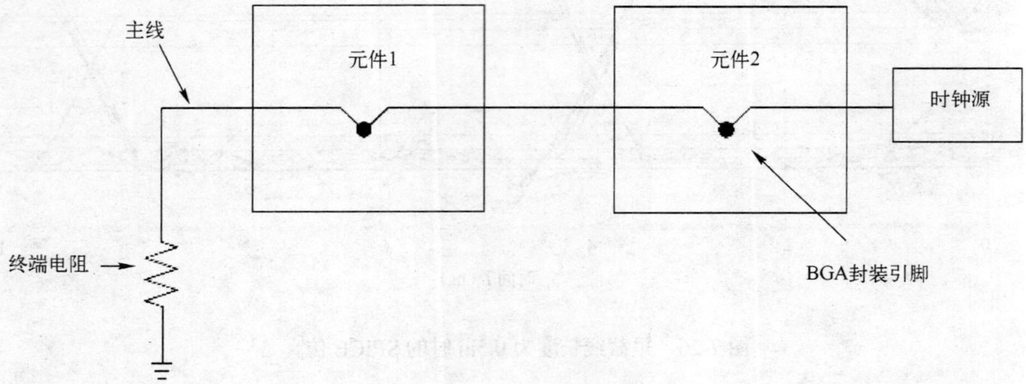

图 7-29　连接元件和主时钟信号线的无短截线菊花链方式

（3）星形走线

对于星形走线，时钟信号要同时到达所有的元件，如图 7-30 所示。因此，所有时钟源和元件之间的走线长度必须匹配，以最小化时钟偏移。每个负载都应该一致，以提高信号的完整性。在星形走线中，用户必须将主线和连接到多个元件的长走线实现阻抗匹配。

（4）蛇形走线

当一个设计要求源和多个负载的走线长度等长时，就需要将一些走线弯曲以满足走线长度匹配，如图 7-31 所示，这就是蛇形走线方式。无论如何，不正确的走线弯曲会影响信号完整性和传输延迟。为了最小化串扰，要确保满足式（7-3）的规则。

$$S \geqslant 3H \tag{7-3}$$

式中，S 为走线平行部分的间距；H 为信号走线在地参考平面上的高度，如图 7-32 所示。

注意：在布线时，应尽可能避免蛇形走线。可以使用圆弧代替来实现等长走线。

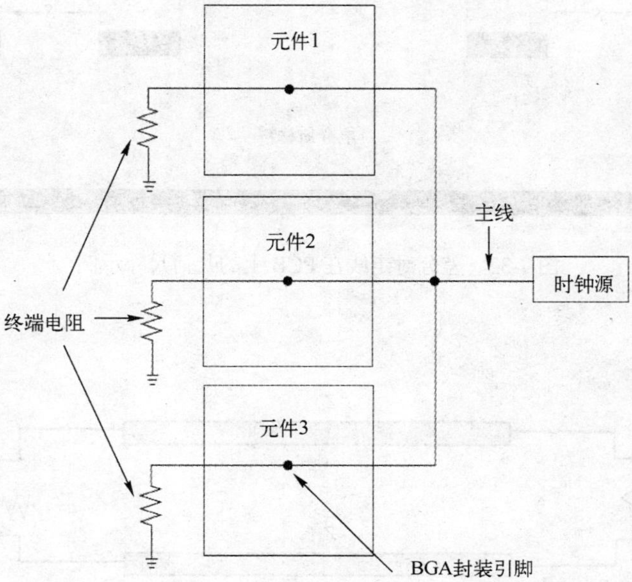

图 7-30　连接元件和主时钟信号线的星形走线方式

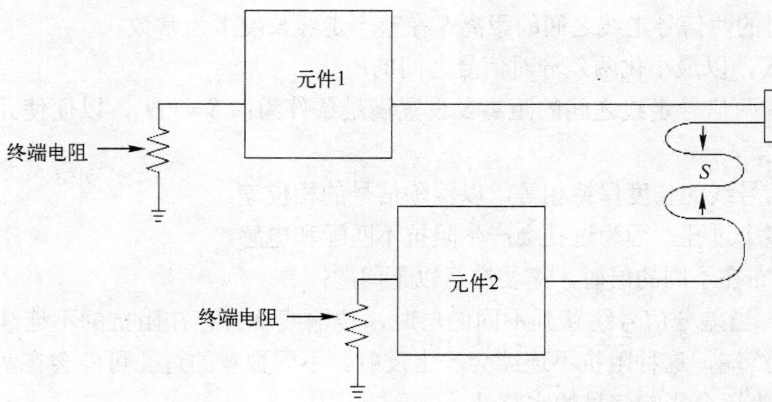

图 7-31　连接元件和主时钟信号线的蛇形走线方式

7.9.2　差分对走线

为了获得最好的信号完整性，可以使用差分对来对高速信号进行走线。

图 7-32 所示为差分对走线在 PCB 上的几何尺寸示例。图 7-33 所示为差分对走线的示例。其中，图 7-32 中的 D 为两个差分对信号之间的距离；S 为差分对两信号之间的距离；W 为差分对走线的宽度；H 为信号走线在地参考平面上的高度。

当使用差分对走线时，要遵循以下规则：

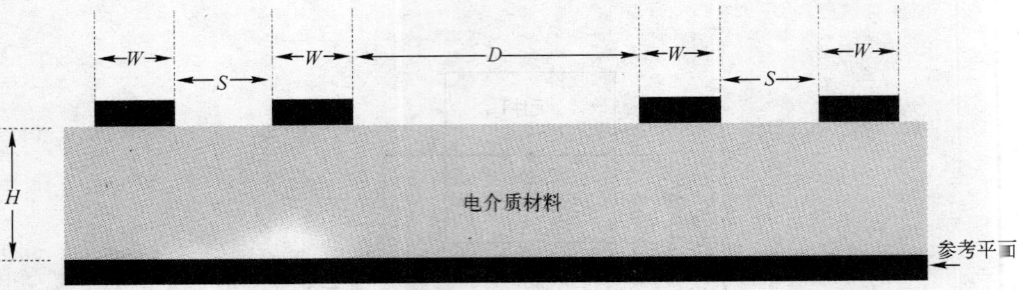

图 7-32　差分对走线在 PCB 上的几何尺寸示例

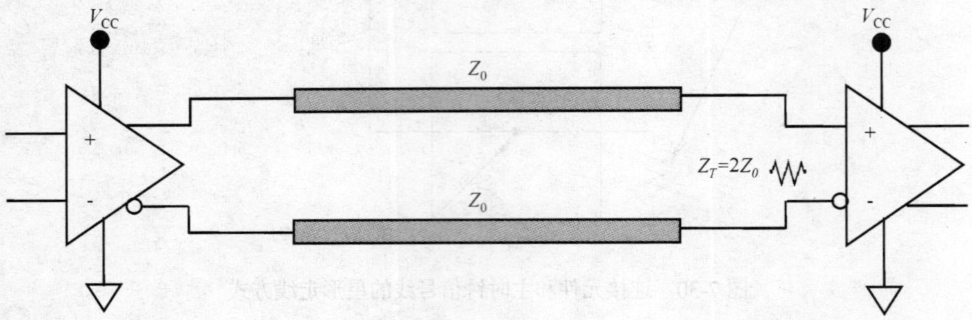

图 7-33　差分对走线的示例

- 保持差分对的两信号走线之间的距离 S 在整个走线长度上为常数。
- 确保 $D>2S$，以最小化两差分对信号之间的串扰。
- 将差分对的两信号走线之间的距离 S 设置满足条件为：$S=3H$，以便使元件的反射阻抗最小化。
- 将两差分信号线的长度保持相等，以消除信号的相位差。
- 避免使用多个过孔，因为过孔会产生阻抗不匹配和电感。

当将差分信号布在不同的层时，需要注意以下问题：

1）阻抗控制。当差分信号跳跃到不同的层时，传输线就会存在阻抗的不连续问题。如果没有选择合适的终端，这种阻抗不连续会产生反射。不同数量的过孔可能会在两个差分信号路径上存在，因为还会影响信号的完整性。

2）返回电流和层跳跃。返回电流的磁通消除可能不能达到最优。假设一个双面板，没有任何电源和地参考平面。那么将差分对信号分开会导致 RF 能量的显著增加。对于多层板，因为层跳跃，返回电流的 RF 能量的去除也可能无法达到最优。

3）传输速度。通过表层微带线的信号可以比通过带状线的信号更快地传输到负载。所以差分对信号会出现相位差，从而产生信号完整性问题。

4）共模能量的产生。如果接收器不是直接连接的负载，而是中间使用了电缆或连接器（比如背板配置）实现相互连接，则一个容性负载将会出现在走线上。这个容性负载会使差模信号转化为共模，从而使 EMI 问题恶化。

7.9.3 使用地保护走线

为了使高速时钟信号、周期信号或其他边沿变化速度很快的信号产生较少的 RF 能量，并且尽可能多地吸收这些高频信号走线上的共模电流产生的噪声，以便减少对其他走线或环境产生的 EMI 问题，可以对这些关键信号使用地保护走线。地保护走线就在关键信号走线的上下或两旁，使用地参考走线将关键信号走线包围在中间，把关键信号的 RF 能量限制在一个区域，并且地参考走线尽可能吸收它。

要降低共模电流，最好的办法就是减小信号走线与地参考平面之间的距离。但是在大多数情况下，这种方法是不可能的，因为信号平面与地参考平面具有一定规格，以便保持电路板的固定阻抗值。但是也可以通过给信号走线提供一条额外的电流回路，以降低噪声和共模电流。

地保护线可以用来提供这样的回路以让共模电流返回到地。信号走线和地保护线之间的距离应该力求做到在制造工艺允许范围内最小。使用地保护走线具有以下一些优点：

- 可以防止高危险信号与邻近元件或走线之间产生串扰现象。
- 防止共模 RF 耦合现象发生在高危险信号与其他电路之间。
- 提供了一条额外的低阻抗返回路径，降低了 RF 共模电流。
- 可以形成一个良好的阻抗控制，获得同轴线的传输效果。

地保护线用于单层或双层板上（没有电源或地参考平面）的效果最好。因为单层或双层板上没有完整的电源或地参考平面，所以为信号走线提供一条额外的 RF 电流返回通路非常有效。对于多层板，因为存在地参考平面作为返回通路，完全可以实现地保护线的功能。如图 7-34 所示为地保护线的示例。

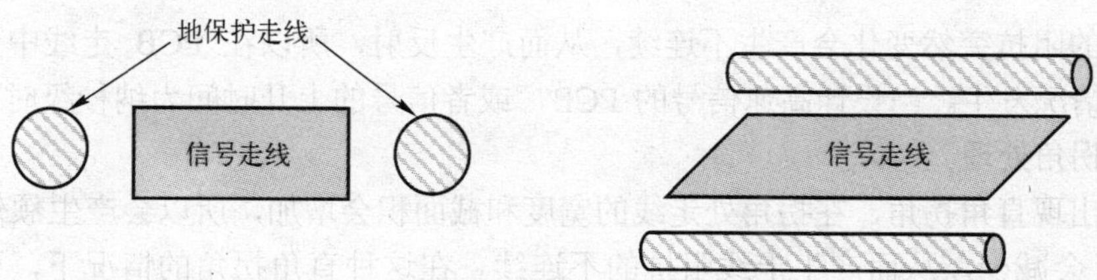

图 7-34 地保护走线示例

当使用地保护线时，尽量减小地保护线与信号线的距离（制造工艺允许范围内），这一距离必须在整条走线上保持固定，这样就可以保证其分布电容最低，从而可以对干扰谐波具有最大的抑制效果。另外，还要在地保护线的两段与地相连接，如图 7-35 所示。

将接地点尽量靠近驱动元件以及末端点，如果走线长度很长，那么应该在中间增加几个过孔，将地保护线连接到地平面。

当保护走线因为走线路径上的过孔或通孔元件引脚而阻挡在布线路径之外，那么它必须越过障碍后立刻返回到布线路径上来。在信号走线和地保护线之间不要防止任何元件或其他东西。当两个或更多个的周期信号或时钟信号走线平行布置时，它们会共享它们之间或邻近的一条公共的地保护线。但是应该采取措施尽可能防止多条信号走线共享相同的保护线，差分对信号线例外（因为差分信号线不要求保护线）。

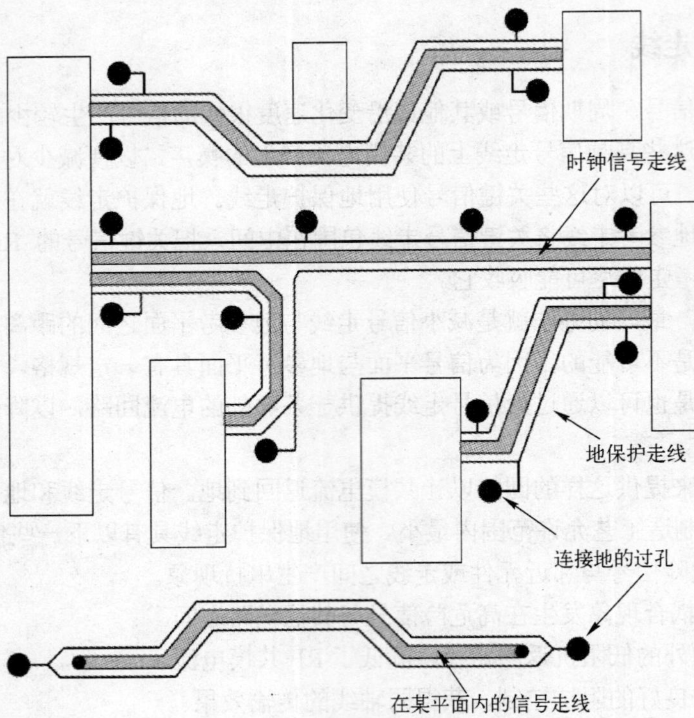

图 7-35　地保护线

7.10　拐角走线

信号线的阻抗突然变化会产生不连续，从而产生反射，所以在 PCB 走线中要避免这种阻抗不连的情况发生。当设计高速信号的 PCB，或者信号的上升时间为纳秒级时，要特别注意走线时的拐角处理。

当走线出现直角拐角，在拐角处走线的宽度和截面积会增加，所以会产生额外的寄生电容，阻抗 Z_0 会减少，从而产生走线阻抗的不连续。在这种直角拐角的情况下，可以在拐角处使用两个 45° 角或圆角来实现直角拐角，这样，走线的线宽和截面积可以保持一致，从而避免阻抗的不连续问题的产生。如图 7-36 所示，即为直角拐角的处理方法，从图中比较看，圆角方式是最好的。通常，45° 角可以应用于 10GHz 的信号，而圆角可以应用于 10GHz 以上的信号。

对于 45° 角的走线，其拐角长度 $L \geqslant 3W$ ，效果最好。

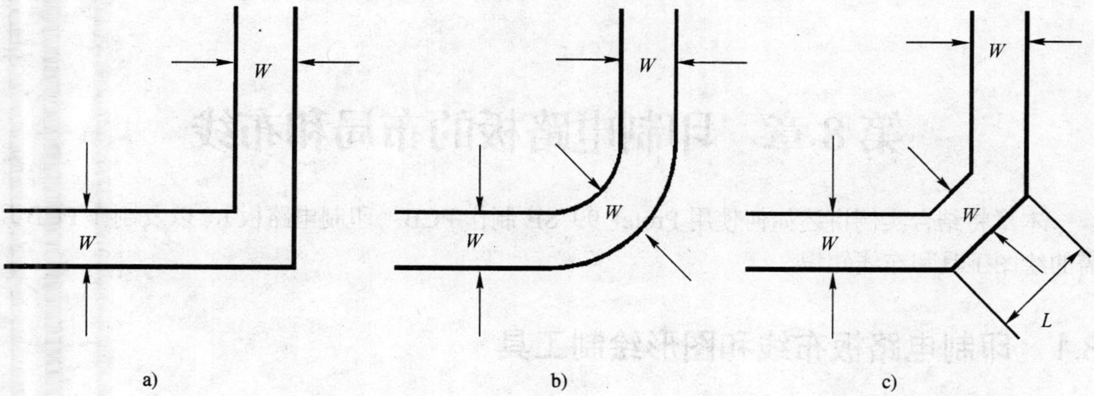

图 7-36　直角拐角的走线处理

a) 直角走线　b) 圆角走线　c) 45°角走线

第 8 章　印制电路板的布局和布线

本章将结合实例讲述如何使用 Protel 99 SE 制作 PCB（印制电路板），以及制作 PCB 所需的绘图工具和布线知识。

8.1　印制电路板布线和图形绘制工具

PCB 设计服务器提供了绘图工具 Placement Tools，如图 8-1 所示。设计者可以通过执行命令 View→Toolbars→Placement Tools 来实现工具栏的打开与关闭，工具栏中的每一项都与命令 Place 下的各项对应。

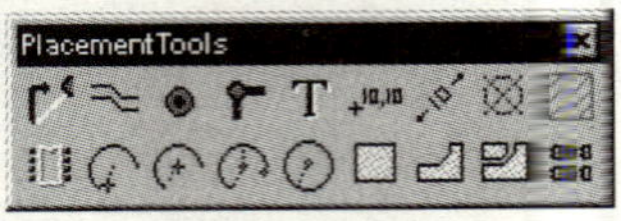

图 8-1　Placement Tools 工具栏

8.1.1　绘制导线

当需要绘制导线时，一般首先选择绘制导线命令 Place→Keepout→Track，或用鼠标单击绘图工具栏中的按钮，执行绘制导线命令。执行绘制导线命令后，光标变成了十字形状，将光标移到所需的位置，单击鼠标，确定导线的起点，然后将光标移到导线的终点，再次单击鼠标，即可绘制出一条导线，如图 8-2 所示。在放置导线的同时，可以按〈Tab〉键打开导线属性设置对话框，设置导线的参数。

将光标移到新的位置，按照上述步骤，再绘制其他导线。双击鼠标右键，光标变成箭头后，退出该命令状态。

绘制完导线后，还可以对导线进行编辑处理，并设置导线的属性。

使用鼠标双击已布局的导线，或者在进入绘制导线状态时按〈Tab〉键，或者选中导线后单击鼠标右键，从弹出的快捷菜单中选取 Properties 命令，系统将弹出如图 8-3 所示的导线属性设置对话框，对话框中的各个选项说明如下：

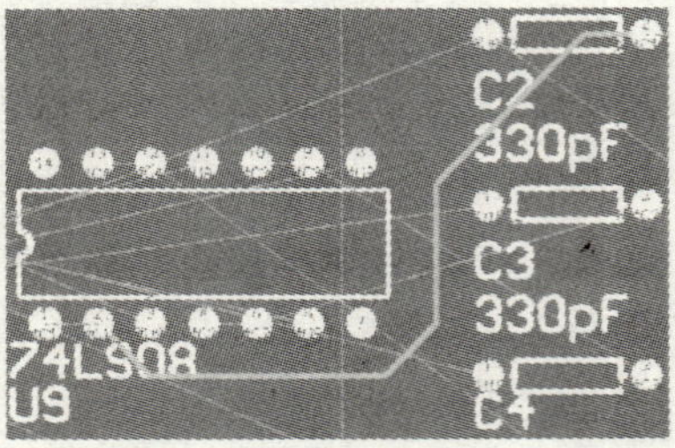

图 8-2　绘制出一根导线

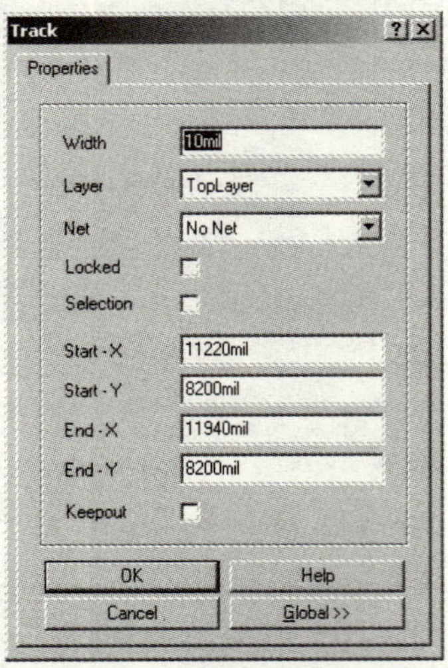

图 8-3　“Track（导线属性设置）”对话框

- Width：设定导线宽度。
- Layer：设定导线所在的层。
- Net：设定导线所在的网络。
- Locked：设定导线位置是否锁定。
- Selection：设定导线是否处于选取状态。
- Start-X：设定导线起点的 X 轴坐标。
- Start-Y：设定导线起点的 Y 轴坐标。
- End-X：设定导线终点的 X 轴坐标。
- End-Y：设定导线终点的 Y 轴坐标。
- Keepout：该复选框选中后，则此导线具有电气边界特性。

8.1.2 放置焊盘

在制作元件封装时，通常需要使用焊盘，以便实现元件引脚在 PCB 上的焊接。

1．放置焊盘的步骤

1）用鼠标单击绘图工具栏中的放置焊盘命令按钮，或执行 Place→Pad 命令。

2）执行该命令后，光标变成了十字形状，将光标移到所需的位置，单击鼠标，即可将一个焊盘放置在该处。

3）将光标移到新的位置，按照上述步骤，再放置其他焊盘。如图 8-4 所示为放置了多个焊盘的电路板。双击鼠标右键，光标变成箭头后，退出该命令状态。

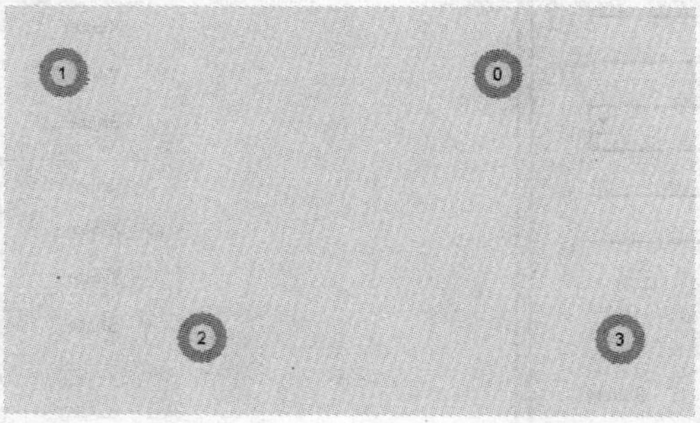

图 8-4　放置焊盘

4）用户还可以在此命令状态下，单击 Tab 键，进入如图 8-5 所示的焊盘属性对话框，作进一步修改。

2．焊盘属性设置

在放置焊盘的状态下按〈Tab〉键或在已放置的焊盘上双击鼠标，都可以打开如图 8-5 所示的焊盘属性设置对话框。该对话框包括 3 个选项卡。

（1）Properties 选项卡

- Use Pad Stack：设定采用特殊焊盘。选择此复选框后，本选项卡将不可设置。
- X-Size：设定焊盘 X 轴尺寸。
- Y-Size：设定焊盘 Y 轴尺寸。
- Shape：选择焊盘形状。单击右侧的下拉按钮，即可选择焊盘形状，这里共有 3 种焊盘形状，即 Round（圆形）、Rectangle（正方形）和 Octagonal（八角形）。

- Designator：设定焊盘序号。
- Hole Size：设定焊盘通孔直径。
- Layer：设定焊盘所在层。通常多层电路板焊盘层为 Multi Layer。
- Rotation：设定焊盘旋转角度，对圆形焊盘没有意义。
- X-Location：设定焊盘的 X 轴坐标。
- Y-Location：设定焊盘的 Y 轴坐标。
- Testpoint：有两个选项，即 Top 和 Bottom，如果选择了这两个复选框，则可以分别设置该焊盘的顶层或底层为测试点，设置测试点属性后，在焊盘上会显示 Top & Bottom Test-point 文本，并且 Locked 属性同时也被自动选中，使该焊盘被锁定。

（2）Pad Stack 选项卡

Pad Stack 选项卡中共有 3 个区域，即 Top、Middle 和 Bottom 区域，如图 8-6 所示。

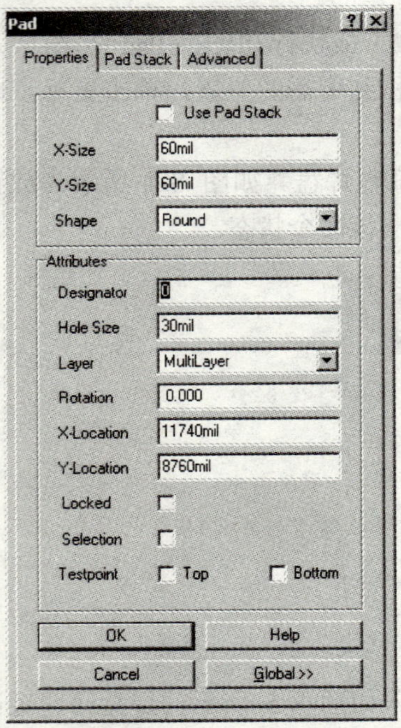

图 8-5 “pad（焊盘属性）”对话框

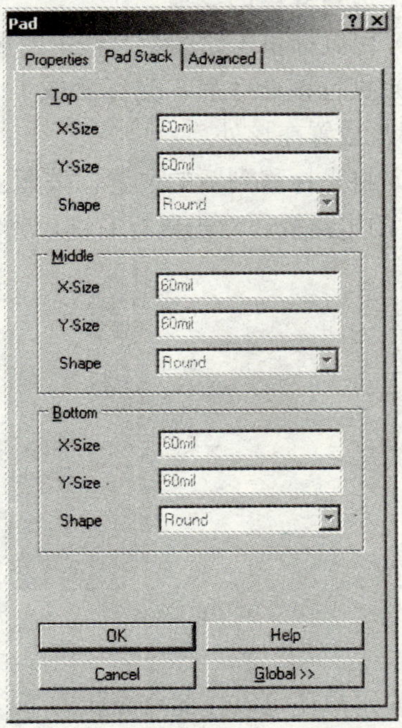

图 8-6 Pad Stack 选项卡

3 个区域分别用于指定焊盘在顶层、中间层和底层的大小和形状。每个区域里的选项都具有相同的 3 个选项。

- X-Size：设定焊盘 X 轴尺寸。
- Y-Size：设定焊盘 Y 轴尺寸。
- Shape：选择焊盘形状。单击右侧的下拉按钮，即可选择焊盘形状。焊盘形状有 3 种，即 Round（圆形）、Rectangle（正方形）和 Octagonal（八角形）。

（3）Advanced 选项卡

Advanced 选项卡共有 3 个选项，如图 8-7 所示。

- Net：设定焊盘所在网络。
- Electrical type：指定焊盘在网络中的电气属性，它包括 Load（中间点）、Source（起点）和 Terminator（终点）。
- Plated：设定是否将焊盘的通孔孔壁加以电镀。
- Solder Mask：为设置焊盘的助焊膜属性，选择 Override 可设置助焊延伸值，这对于设置 SMT（贴片封装）式的焊点非常有用。如果选中 Tenting，则助焊膜是一个隆起，此时不能设置助焊延伸值。
- Paste Mask：为设置焊盘阻焊膜的属性，可以修改 Override 阻焊延伸值。

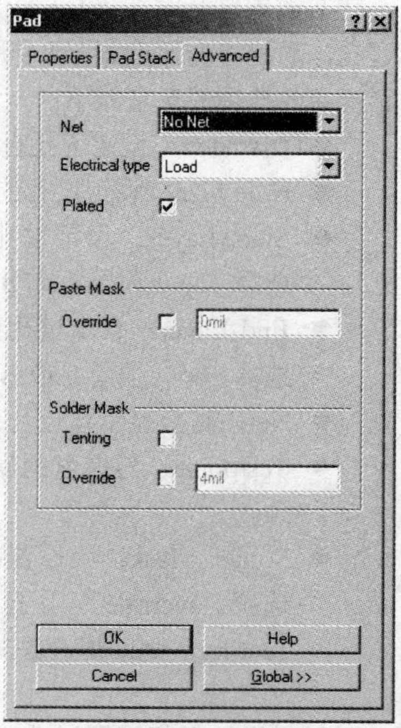

图 8-7　Advanced 选项卡

8.1.3　放置过孔

过孔是为了实现通过不同层之间的网络连接而设置的通孔或盲孔，过孔的多少对 PCB 的性能具有很大影响，特别是高速 PCB 的设计。

1．放置过孔

1）用鼠标单击绘图工具栏中的按钮，或执行 Place→Via 命令。

2）执行命令后，光标变成十字形状，将光标移到所需的位置，单击鼠标左键，即可将一个过孔放置在该处。

3）将光标移到新的位置，按照上述步骤，再放置其他过孔，如图 8-8 所示，为放置了过孔后的图形。

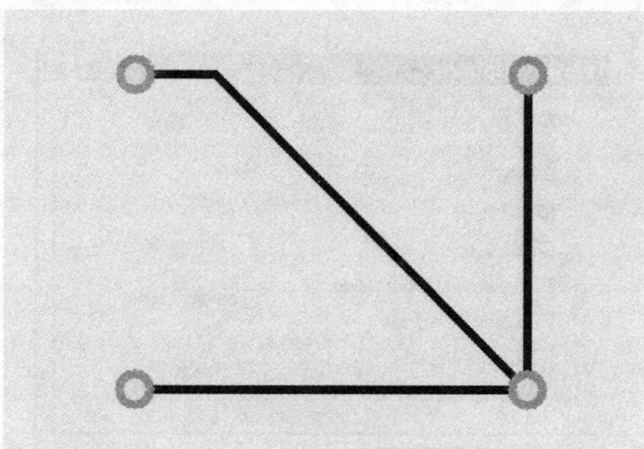

图 8-8　放置多个过孔

4）双击鼠标右键，光标变成箭头后，退出该命令状态。

2．过孔属性设置

在放置过孔时按〈Tab〉键或者在电路板上用鼠标双击过孔，系统将会弹出如图 8-9 所示的过孔属性对话框。该对话框中各选项的意义如下：

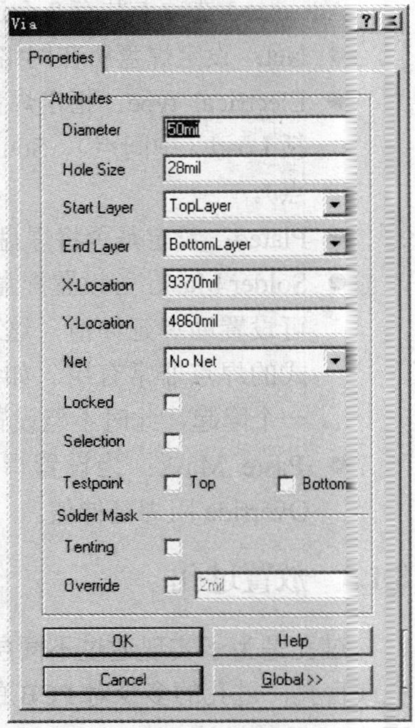

图 8-9　过孔属性对话框

- Diameter：设定过孔直径。
- Hole Size：设定过孔的通孔直径。
- Start Layer：设定过孔穿过的开始层，设计者可以选择 Top（顶层）或 Bottom（底层）。
- End Layer：设定过孔穿过的结束层，设计者也可以选择 Top（顶层）或 Bottom（底层）。
- Net：将会显示该过孔是否与 PCB 的网络相连。
- Testpoint：与焊盘的属性对话框相应的选项意义一致。
- Solder Mask：为设置过孔的助焊膜属性，用户可以选择 Override，用于设置助焊延伸值。如果选中 Tenting，则助焊膜是一个隆起，此时不能设置助焊延伸值。

如果设计者想设置过孔更多的属性，可以单击 Global 按钮，系统将会打开过孔属性全局对话框，用户可以设置其他属性。

8.1.4　设置补泪滴

设计者可以对选中的实体以及所有的焊盘和过孔等进行补泪滴设置。泪滴焊盘和过孔形状可以定义为弧形或线性。执行选项命令 Tools→Teardrop Options 后，系统将弹出如图 8-10 所示的补泪滴设置对话框。

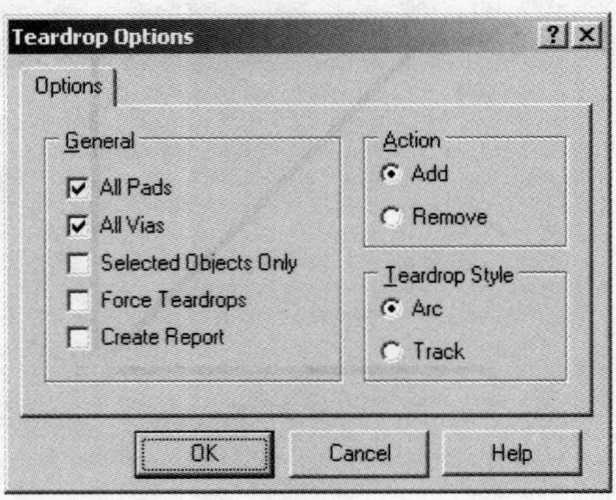

图 8-10　“Teardrop Options（补泪滴设置）”对话框

注意：对于表贴元件的安装焊盘，最好进行补泪滴。对 PCB 的过孔也应该补泪滴。

如果要对单个焊盘或过孔补泪滴，可以先双击焊盘或过孔，使其处于选中状态，然后选择补泪滴对话框中的All Pads或Selected Objects Only选项，最后单击OK按钮结束。

8.1.5 放置字符串

在绘制印制电路板时，常常需要在板上放置字符串（仅为英文），放置字符串的具体步骤如下：

1）用鼠标单击绘图工具栏中的T按钮。

2）单击此按钮后，光标变成了十字形状，在此状态下，单击〈Tab〉键，会出现如图8-11所示的字符串标注属性对话框，在这里可以设置字符串的内容和大小。

3）设置完成后，退出对话框，单击鼠标左键，把字符串放到相应的位置，如图8-12所示。

4）用同样的方法放置其他字符串标注。用户要更换字符串标注的方向，只需按空格键〈Space〉，即可进行调整，或在图8-11所示的字符串属性对话框中的Rotation编辑框中输入字符串旋转角度。

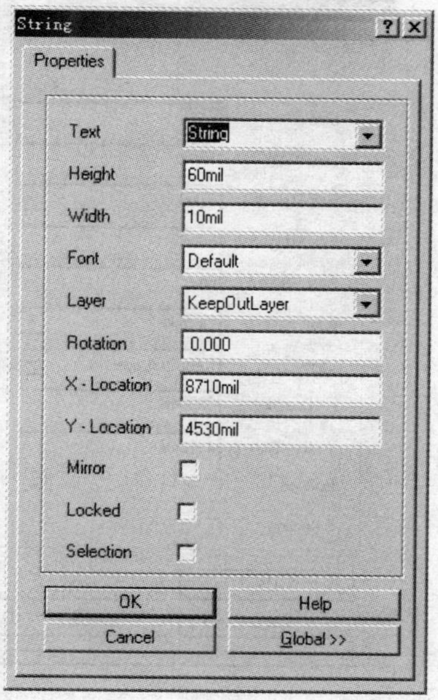

图8-11 “String（字符串标注属性）”对话框

图8-12 放置多个字符串

当放置了字符串后，如果需要对其进行编辑，则可选中字符串，然后单击鼠标右键，从快捷菜单中选取Properties命令项，或者使用鼠标双击字符串，系统也将弹出如图8-11所示的字符串属性编辑对话框。其中：

- Text：用来输入字符串内容。
- Height：用来设置字符串的高度。
- Width：设置字符串的宽度。
- Mirror：选中该复选框，则字符串以镜像方式放置。

8.1.6 放置坐标

将当前鼠标所处位置的坐标放置在工作平面上的具体步骤如下：

1）用鼠标单击绘图工具栏中的按钮。

2）执行命令后，光标变成了十字形状，在此命令状态下，单击〈Tab〉键，会出现如图8-13所示的坐标属性对话框。按要求设置该对话框。

3）设置完成后，退出对话框，单击鼠标左键，把坐标放到相应的位置，如图8-14所示。

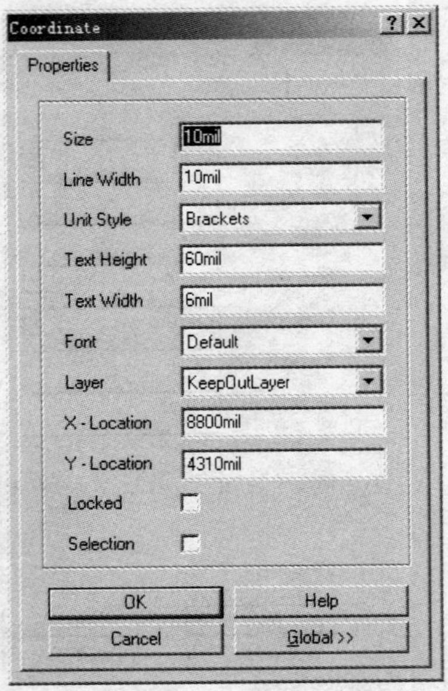

图 8-13 “Coordinate（坐标属性）”对话框

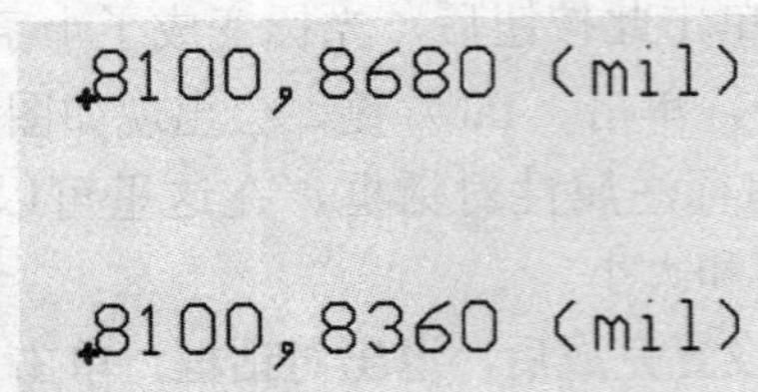

图 8-14 放置多个坐标

4）用同样的方法放置其他坐标。

当放置了坐标后，如果需要对其进行编辑，则可选中坐标，然后单击鼠标右键，从快捷菜单中选取 Properties 命令项，或者用鼠标双击坐标，系统也将弹出如图 8-13 所示的坐标属性对话框。

8.1.7 放置尺寸标注

在设计印制电路板时，有时需要标注某些尺寸的大小，以方便印制电路板的制造。放置尺寸标注的具体步骤如下：

1）用鼠标单击绘图工具栏中的按钮，系统将出现如图 8-15 所示的状态。

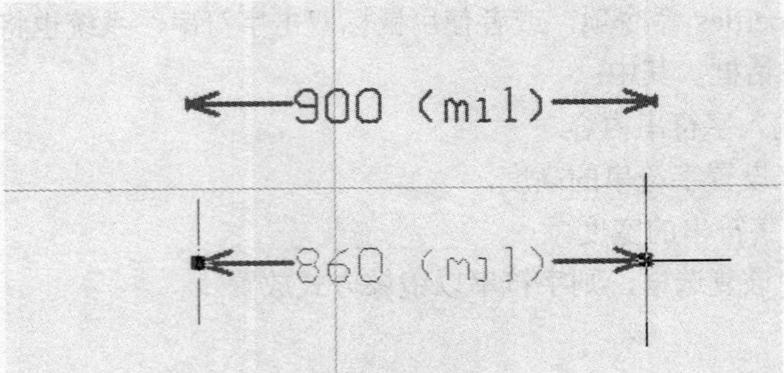

图 8-15 执行尺寸标注命令后的状态

2）移动光标到尺寸的起点，单击鼠标左键，即可确定标注尺寸的起始位置。

3）移动光标，中间显示的尺寸随着光标的移动而不断地发生变化，到合适的位置后单击鼠标左键加以确认，即可完成尺寸标注，如图 8-16 所示。

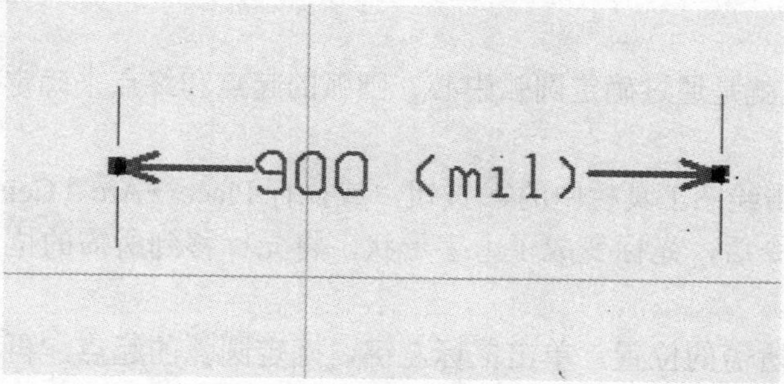

图 8-16　完成的一个尺寸标注

4）用户还可以在放置尺寸标注命令状态下，单击〈Tab〉键，进入如图 8-17 所示的尺寸标注属性对话框，作进一步的修改。

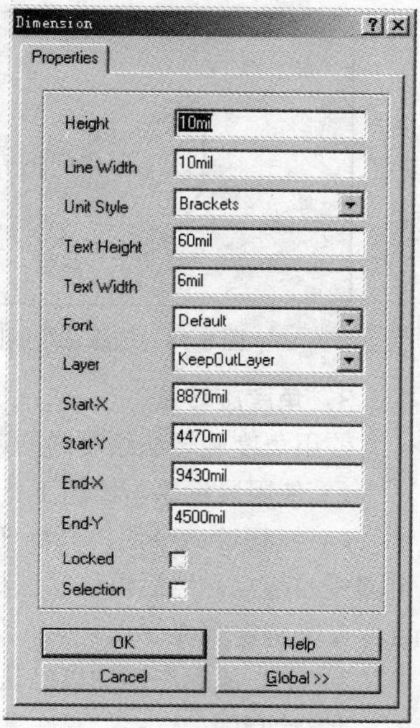

图 8-17　“Dimension（尺寸标注属性）”对话框

当放置了尺寸标注后，如果需要对其进行编辑，则可选中尺寸标注，然后单击鼠标右键，从快捷菜单中选取 Properties 命令项，或者双击尺寸标注，系统也将会弹出如图 8-17 所示的尺寸标注属性对话框。

5）将光标移到新的位置，按照上述步骤，再放置其他标注。

6）双击鼠标右键，光标变成箭头后，退出该命令状态。

8.1.8　设置初始原点

在设计印制电路板的过程中，用户一般使用系统提供的坐标系，如果用户自己定义坐标系，只需设置用户坐标原点即可，具体步骤如下：

1）用鼠标单击绘图工具栏中的按钮，或者选择执行 Edit→Origin→Set 命令。

2）执行命令后，光标变成了十字形状，将光标移到所需的位置，单击鼠标左键，即可将该点设置为用户定义坐标系的原点。

3）若用户想恢复原来的坐标系，执行命令 Edit→Origin→Reset 即可。

8.1.9　绘制圆弧或圆

Protel 99 SE 提供了三种绘制圆弧的方法：边缘法、中心法和角度旋转法。

1．边缘法

边缘法就是通过圆弧上的两点即起点与终点来确定圆弧的大小的方法。其绘制过程如下：

1）使用鼠标单击绘图工具栏中的按钮，或执行 Place→Arc（Edge）命令。

2）执行该命令后，光标变成了十字形状，将光标移到所需的位置，单击鼠标左键，确定圆弧的起点。然后再移动鼠标到适当位置后单击鼠标左键，确定圆弧的终点。

3）单击鼠标左键确认，即得到一个圆弧，如图 8-18 所示为使用边缘法绘制的圆弧。

2. 中心法

中心法绘制圆弧就是通过确定圆弧中心、圆弧的起点和终点来确定一个圆弧。其绘制过程如下：

1）使用鼠标单击绘图工具栏中的按钮，或执行 Place→Arc（Center）命令。

2）执行上述命令后，光标变成了十字形状，将光标移到所需的位置，单击鼠标左键，确定圆弧的中心。

3）将光标移到所需的位置，单击鼠标左键，确定圆弧的起点，再移动鼠标到适当位置后单击鼠标左键，确定圆弧的终点。

4）单击鼠标左键确认，即可得到一个圆弧，如图 8-19 所示为使用中心法绘制的圆弧。

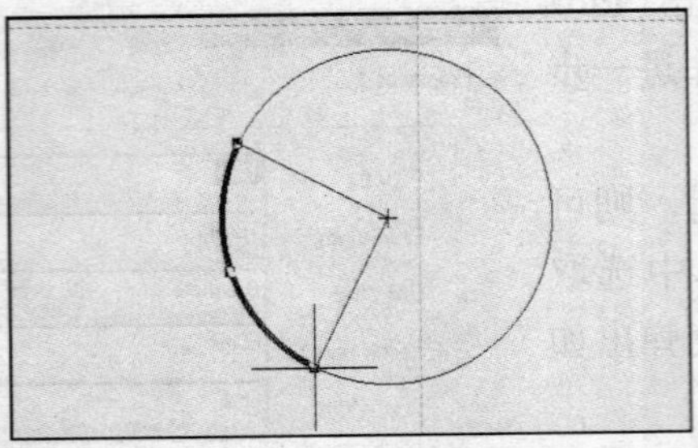

图 8-18　边缘法绘制圆弧

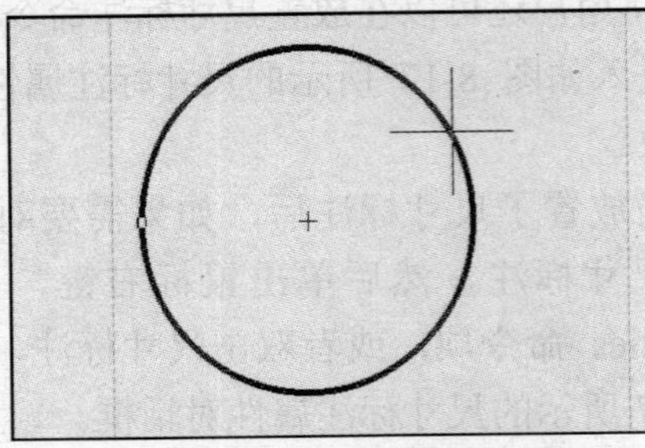

图 8-19　中心法绘制圆弧

3. 角度旋转法

使用角度旋转法绘制圆的过程如下：

1）使用鼠标单击绘图工具栏中的按钮，或执行 Place→Arc（Any Angle）命令。

2）执行该命令后，光标变成了十字形状，将光标移到所需的位置，单击鼠标左键，确定圆弧的起点。然后再移动鼠标到适当位置后单击鼠标左键，确定圆弧的圆心，最后再单击鼠标左键确定圆弧终点。

3）单击鼠标左键加以确认，即可得到一个圆弧。

4. 绘制圆

绘制圆的过程如下：

1）使用鼠标单击绘图工具栏中的按钮，或选择执行 Place→Full Circle 命令。

2）执行该命令后，光标变成了十字形状，将光标移到所需的位置，单击鼠标左键，确定圆的圆心，然后再单击鼠标左键确定圆的大小。

3）单击鼠标左键加以确认，即可得到一个圆，如图 8-20 所示。

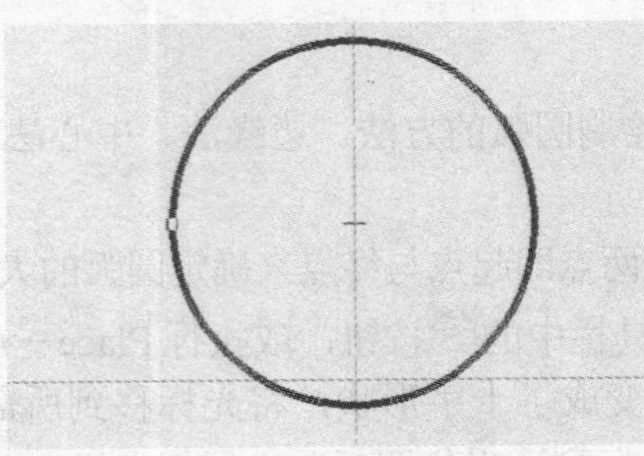

图 8-20　绘制的圆

5. 编辑圆弧

当绘制好圆弧后，如果需要对其进行编辑，则可选中圆弧，然后单击鼠标右键，从快捷菜单中选取 Properties 命令项，或者使用鼠标双击圆弧，系统也将会弹出如图 8-21 所示的圆弧属性编辑对话框。其中：

- Width：为设置圆弧的宽度。
- Layer：用来选择圆弧所放置的层位置。
- Net：用来设置圆弧的网络层。
- X-Center 和 Y-Center：用来设置圆弧的圆心位置。
- Radius：用来设置圆弧的半径。
- Start Angle：用来设置圆弧的起始角。
- End Angle：用来设置圆弧的终止角。
- Locked：用来设定是否锁定圆弧。

在绘制圆弧状态下，也可以按〈Tab〉键，先编辑好对象，再绘制圆弧。

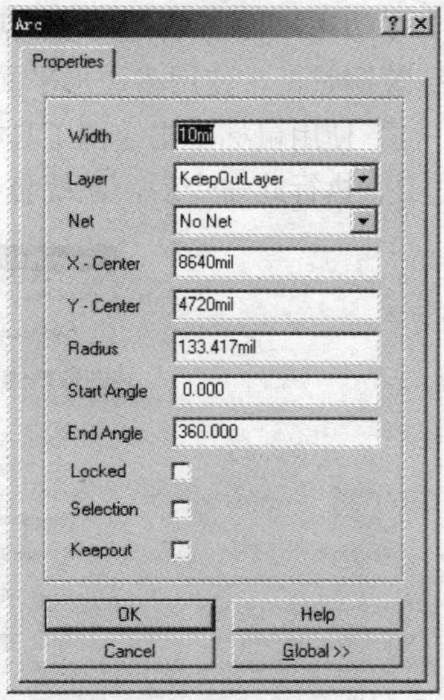

图 8-21 “Arc（圆弧属性）”对话框

8.1.10 放置填充

填充一般用于制作 PCB 插件的接触面或者用于增强系统的抗干扰性而设置的大面积电源或地。在制作印制电路板的接触面时，则放置填充的部分在实际制作的电路板上是外露的敷铜区。填充通常放置在 PCB 的顶层、底层或内部的电源和接地层上，放置填充的一般操作方法如下：

1）使用鼠标单击绘图工具栏中的按钮，或执行 Place→Keepout→Fill 命令。

2）执行该命令后，用户只需确定矩形块的左上角和右下角位置即可，如图 8-22 所示为放置的填充。

当放置了填充后，如果需要对其进行编辑，则可选中填充，然后单击鼠标右键，从快捷菜单中选取 Properties 命令项，或者使用鼠标双击坐标，系统也将会弹出如图 8-23 所示的填充属性对话框。在放置填充状态下，也可以按〈Tab〉键，先编辑好对象，再放置填充。

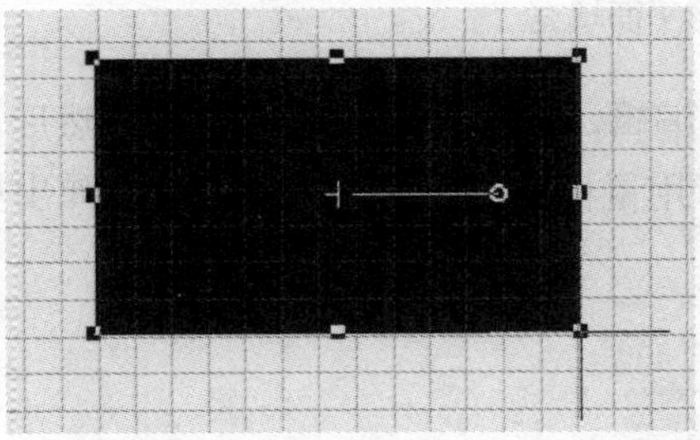

图 8-22 放置的填充

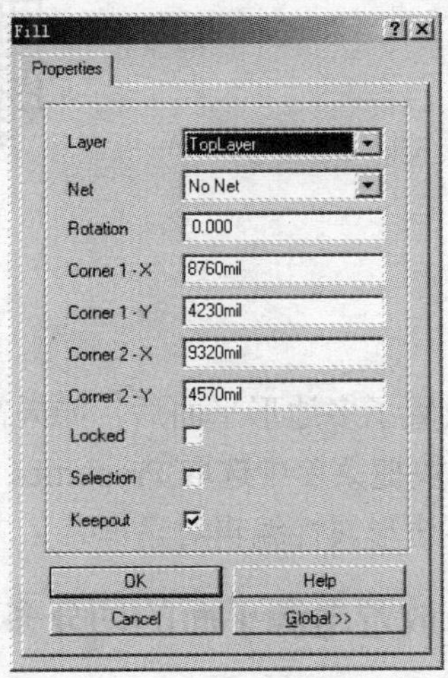

图 8-23 “Fill（填充属性）”对话框

8.1.11 放置多边形平面

多边形平面与填充类似，常用于大面积电源或接地，以增强系统的抗干扰性。对 PCB 进行敷铜时，常使用多边形平面。放置多边形的方法如下：

1）使用鼠标单击绘图工具栏中的按钮，或执行 Place→Polygon Plane 命令。

2）执行此命令后，系统将会弹出如图 8-24 所示的设置多边形属性对话框。

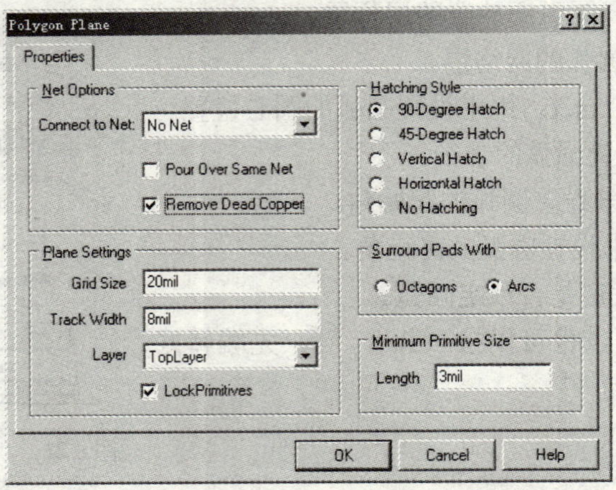

图 8-24 “Polygon Plane（多边形属性）”对话框

3）设置完对话框后，光标变成了十字形状，将光标移到所需的位置，单击鼠标左键，确定多边形的起点。然后再移动鼠标到适当位置单击鼠标左键，确定多边形的中间点。

4）在终点处单击鼠标右键，程序会自动将终点和起点连接在一起，形成一个封闭的多边形平面，如图 8-25 所示。

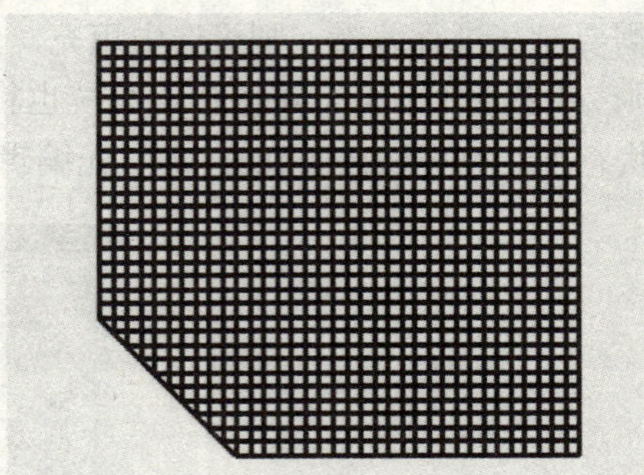

图 8-25 多边形平面填充

当放置了多边形平面后，如果需要对其进行编辑，则可选中多边形平面，然后单击鼠标右键，从快捷菜单中选取 Properties 命令项，或者用鼠标双击坐标，系统也将会弹出如图 8-24 所示的多边形属性编辑对话框。

8.1.12 放置电源平面的切分多边形

切分多边形与多边形类似，不过它是用来分割内部电源层（Internal Plane）的。有时候在一层电源层上可能需要有两个参考镜像平面，比如，在某一层内部电源层上同时需要有VCC参考平面和GND参考平面，那么此时就需要使用切分多边形来对内部电源层进行分隔。下面讲述放置切分多边形的方法。

1）使用鼠标单击绘图工具栏中的按钮，或执行Place→Split Plane命令。

2）执行此命令后，系统将会弹出如图8-26所示的切分多边形属性对话框。

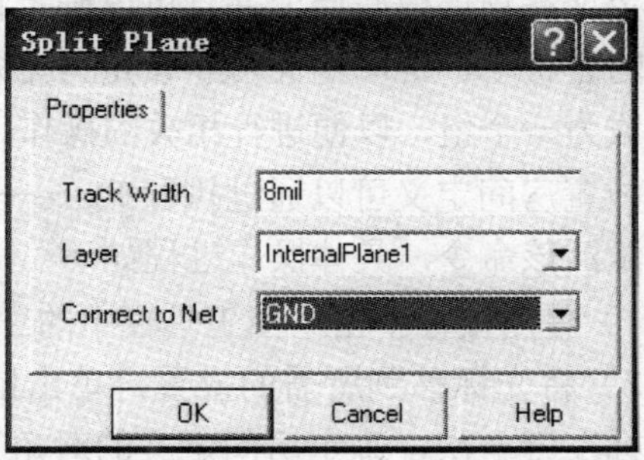

图8-26 “Split Plane（切分多边形属性）”对话框

在该对话框中，可以在Layer下拉列表中选择需要分割的内部电源层，在Connect to Net编辑框中输入切分多边所连接的电源参考，如GND或其他电源参考。Track Width为切分多边形的线宽。

3）设置完对话框后，光标变成了十字形状，将光标移到所需的位置，单击鼠标左键，确定多边形的起点。然后再移动鼠标单击鼠标左键一次，确定多边形的中间点。

4）在终点处单击鼠标右键，程序会自动将终点和起点连接在一起，形成一个封闭的切分多边形，如图8-27所示，在该多边形内部为Connect to Net编辑框中选择的参考平面。

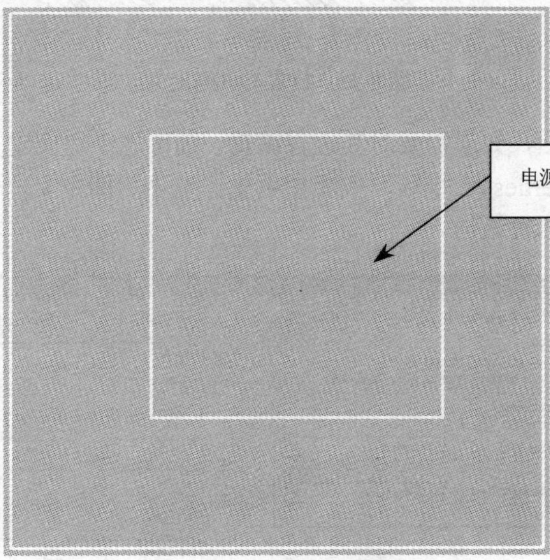

图8-27 切分多边形填充

当放置了切分多边形后，如果需要对其进行编辑，则可选中切分多边形，然后单击鼠标右键，从快捷菜单中选取Properties命令项，或者使用鼠标双击坐标，系统也会弹出如图8-26所示的切分属性编辑对话框。

注意：要设置切分多边形填充，必须已经设置了内部电源（Internal Plane）或接地层，否则该命令不起作用。

8.1.13 放置房间定义

在对电路图布线获取PCB图形时，可以将元件、元件类或封装分配给一个房间，房间可以定义在顶层或底层，并且可以确定目标保持在其内或其外。当移动房间时，房间内的实体也随之移动。房间定义可以设定为无效，也可以被锁定。房间的主要作用就是使其内部的元件成为一个组，以便进行相关的操作。

放置房间定义可以通过执行 Place→Room 命令实现，也可以直接单击绘图工具栏中的按钮激活该命令，具体操作过程如下：

1）使用鼠标单击绘图工具栏中的按钮，或选择执行 Place→Room 命令。

2）将光标移到所需的位置，单击鼠标左键，确定房间定义的起点。然后再移动鼠标单击鼠标左键一次，确定房间定义的对角点。放置的房间定义如图 8-28 所示。如果继续在其他地方放置房间定义，则 Room Definition 会自动增加序列，用户也可以修改这个名称为自己需要的名称，这需要在房间定义属性对话框中实现。

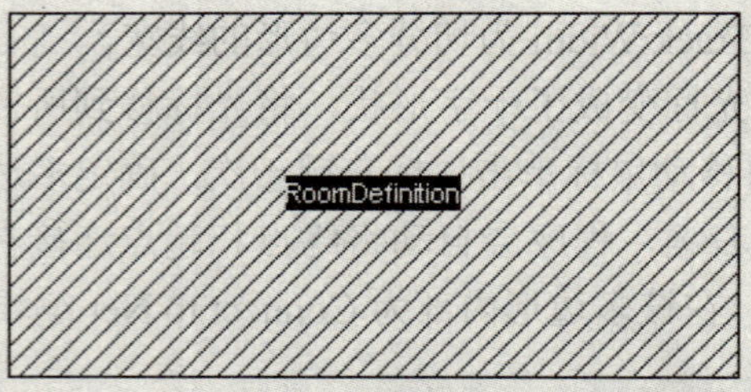

图 8-28　放置的房间定义

当放置了房间定义后，如果需要对其进行编辑，则可选中房间定义，然后单击鼠标右键，从快捷菜单中选取 Properties 命令项，或者使用鼠标双击房间定义，系统将会弹出如图 8-29 所示的房间定义属性编辑对话框。

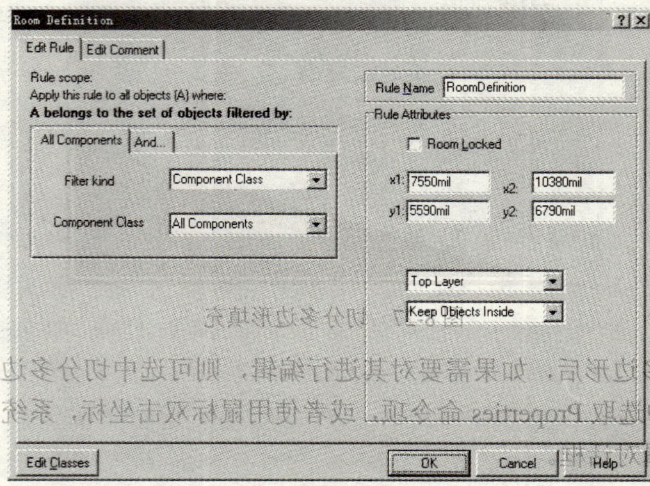

图 8-29　“Room Definition（房间定义属性编辑）”对话框

其中：

● Rule Name（规则名）：用户可以设置该房间定义所应用的规则名，也可以输入自己定义的名称。

● Room Locked：该复选框选中后，该房间定义被锁定。

● X1/Y1/X2/Y2：这 4 个编辑框用来设定房间定义的对角点坐标，以确定房间定义大小。

用户可以选择房间定义的位置是 PCB 的顶层（Top Layer）还是底层（Bottom Layer），也可以选择房间内部是否允许存在对象（选择 Keep Object Inside 或 Keep Object Outside）。

还可以设置房间定义所应用的范围，这可以通过 Filter Kind（筛选种类）列表框设置，并可选择所筛选类别的子类（Class）。

8.2 印制电路板设计编辑器

进入 PCB 设计系统，实际上就是启动 Protel 99 SE 的 PCB 设计编辑器。前面介绍过启动原理图设计编辑器的步骤，启动 PCB 设计编辑器与之类似。具体步骤如下：

1）进入 Protel 99 SE 系统，从 File 菜单中打开一个已存在的设计库，或执行 File→New 命令建立新的设计管理器。

2）进入设计管理器后，在设计管理器环境下执行 File→New 命令，系统将弹出 New Document 对话框，如图 8-30 所示。选取 PCB Document 图标，单击 OK 按钮。

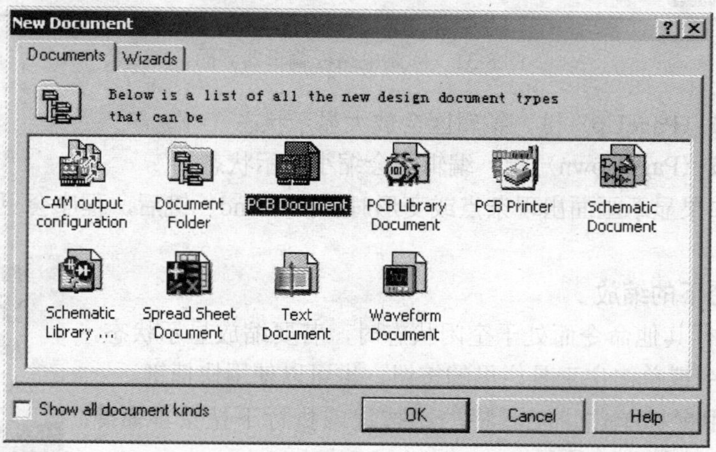

图 8-30 “New Document（新建文件）”对话框

3）新建立的文件将包含在当前的设计库中，可以在设计管理器中更改文件的文件名。单击此文件，系统将进入印制电路板编辑器，如图 8-31 所示。

8.2.1 印制电路板编辑器界面缩放

设计人员在设计线路图时，往往需要对编辑区的工作画面进行缩放或局部显示等，以方便设计者编辑、调整。实现的方法比较灵活，可以执行菜单命令，也可以单击主工具栏里的图标，还可以使用快捷键。

1．命令状态下的缩放

当系统处于其他命令状态下时，鼠标无法移出工作区去执行一般的命令。此时要缩放显示状态，必须用快捷键来完成此项工作。

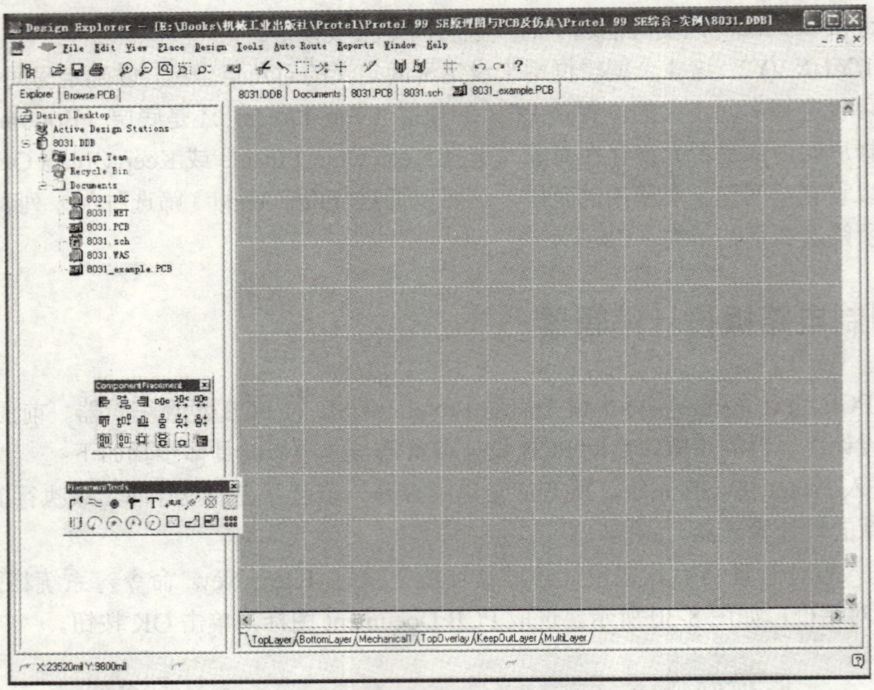

图 8-31　印制电路板编辑器界面

1）放大。按〈PageUp〉键，编辑区会放大显示状态。

2）缩小。按〈PageDown〉键，编辑区会缩小显示状态。

3）更新。如果显示画面出现杂点或变形时，按〈End〉键后，程序会更新画面，恢复正确的显示图形。

2. 空闲状态下的缩放

当系统未执行其他命令而处于空闲状态时，若要缩放显示状态，可以执行菜单命令或单击主工具栏里的按钮，也可以使用快捷键。

1）放大。用鼠标单击主工具栏的按钮或执行下拉菜单命令 View→Zoom In，如图 8-32 所示。

2）缩小。用鼠标单击主工具栏的按钮或执行图 8-32 中的下拉菜单命令 View→Zoom Out。

3）采用上次的显示比例显示。执行图 8-32 中的下拉菜单命令 View→Zoom Last。

4）利用 View→Fit Document 缩放工作面。执行该命令可以缩放工作面，使整个图面置于编辑区中。如果电路板边框外还有图形，也一并显示于编辑区。

5）利用 View→Fit Board 缩放工作平面。执行该命令可以缩放工作平面，使整个图面置于编辑区中，不显示电路板边框外的图形。

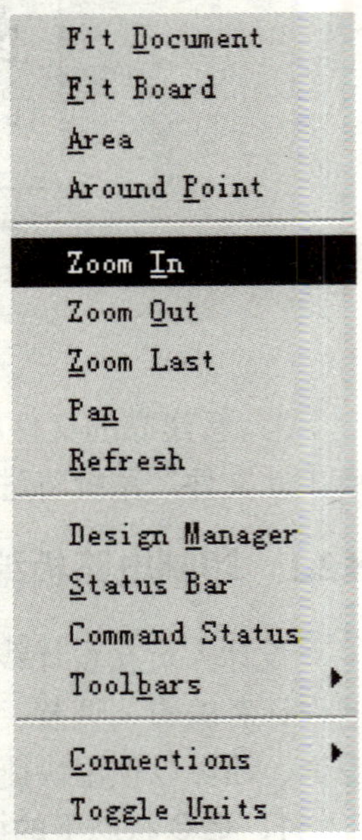

图 8-32　“View”子菜单

6）移动显示位置。在设计电路时，需要经常查看各个部分的电路，所以需要移动显示位置。用户可执行图 8-32 中的菜单命令 View→Pan。方法是：在执行命令之前，先将光标移动到目标点，然后执行本命令，目标点位置就会移到工作区的中心位置显示。也就是说，以该目标点为屏幕中心，显示整个屏幕。

7）更新画面。在设计中，经常碰到由于移动元件等操作而使画面显示出现问题，虽然这不影响电路的正确性，但不美观。这时，可以通过图 8-32 中的 View→Refresh 菜单命令来更新画面。

8）利用菜单命令 View→Area 放大显示用户设定的选择框区域，这种方式是通过确定用户选定区域中对角线上的两个角的位置，来确定需要进行放大的区域。方法如下：首先执行 View→Area 菜单命令，其次移动十字光标到目标的左上角位置，然后拖动鼠标，将光标移动到目标的右下角适当的位置，再单击鼠标加以确认，即可放大所选框中的区域。

9）利用菜单命令 View→Around Point 放大显示用户设定的选择框区域。这种方式是通过确定用户选定区域的中心位置和选定区域的一个角的位置，来确定需要进行放大的区域。方法如下：首先执行菜单命令 View→Around Point，其次移动十字光标到目标区的中心，单击鼠标，然后将光标移动到目标区的右下角，再单击鼠标加以确认，即可放大所选框中的区域。

8.2.2 工具栏的使用

与原理图设计系统一样，PCB 也提供了各种工具栏。在实际工作过程中往往要根据需要将这些工具栏打开或者关闭，常用工具栏、状态栏、管理器的打开和关闭方法与原理图设计系统的基本相同，Protel 99 SE 为 PCB 设计提供了 4 个工具栏，包括 Main Toolbar（主工具栏）、Placement Tools（放置工具栏）、Component Placement（元件位置调整工具栏）和 Find Selections（查找选择集工具栏）。要打开各工具栏，可通过如图 8-33 所示的菜单实现。

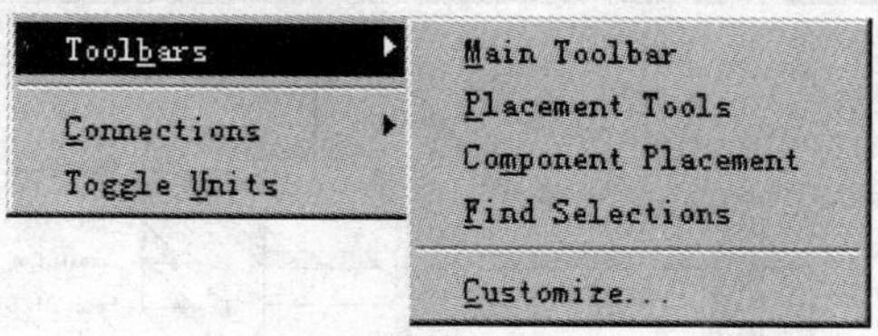

图 8-33 Toolbars 子菜单

（1）主工具栏

Protel 99 SE 的主工具栏如图 8-34 所示，该工具栏为用户提供了缩放、选取对象等命令按钮。

图 8-34 Main Toolbar

（2）放置工具栏

Protel 99 SE 的放置工具栏如图 8-35 所示。该工具栏主要为用户提供了图形绘制以及布线命令。

（3）元件位置调整工具栏

Protel 99 SE 为用户提供了方便元件排列和布局的工具栏 Component Placement（元件位置调整工具栏），如图 8-36 所示。

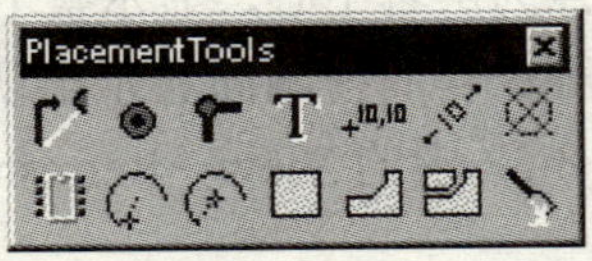

图 8-35　Placement Tools

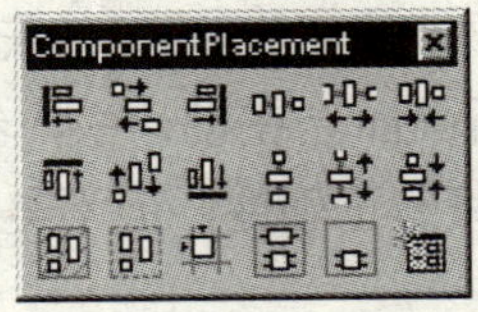

图 8-36　Component Placement

（4）查找选择集工具栏

Protel 99 SE 为用户提供了方便选择原来所选择的对象的工具栏 Find Selections（查找选择集工具栏），如图 8-37 所示。

工具栏上的按钮允许从一个选择物体以向前或向后的方向走向下一个。这种方式是有用的，用户既能在选择的属性中查找，也能在选择的元件中查找。

图 8-37　Find Selections

8.3　印制电路板工作层

8.3.1　层的管理

Protel 99 SE 目前扩展到 32 个信号层、16 个内层电源/接地层、16 个机械层。用户可以在层堆栈管理器中定义层的结构，可以看到层堆栈的立体效果。对电路板工作层的管理可以执行 Design→Layer Stack Manager 命令，系统将弹出如图 8-38 所示的对话框。

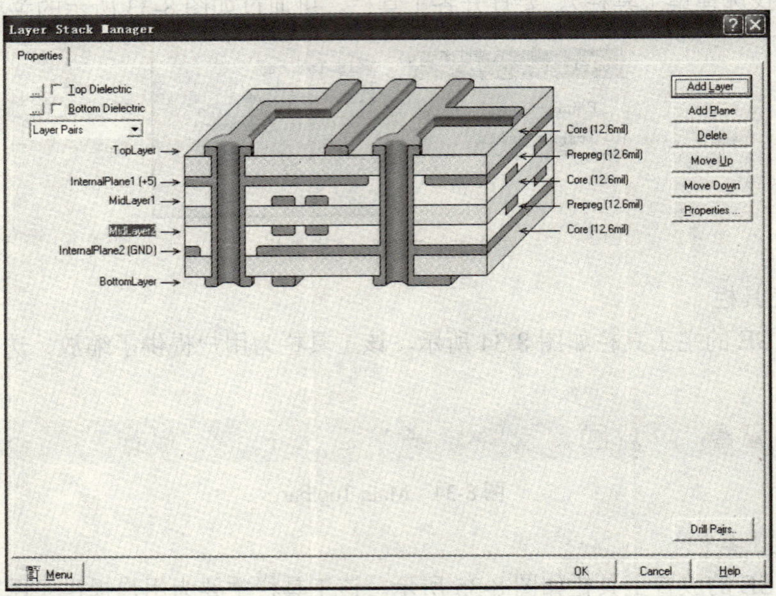

图 8-38　PCB 层管理器

- 单击 Add Layer 按钮可以添加信号层。
- 单击 Add Plane 按钮可添加内层电源/接地层，不过添加信号层前，首先应该使用鼠标单击信号层添加的位置处，然后再设置。

- 如果选中 Top Dielectric 复选框，则在顶层添加绝缘层。
- 如果选中 Bottom Dielectric 复选框，则在底层添加绝缘层。
- 如果用户需要设置中心层的厚度，则可以在 Core 处编辑设定厚度。
- 如果用户想重新排列中间的信号层，可以使用 Move Up 和 Move Down 按钮来操作。如果用户需要设置某一层的厚度，则可以选中该层，然后单击 Properties 按钮，系统将弹出如图 8-39 所示的对话框设置信号层的厚度，还可以设置层名。

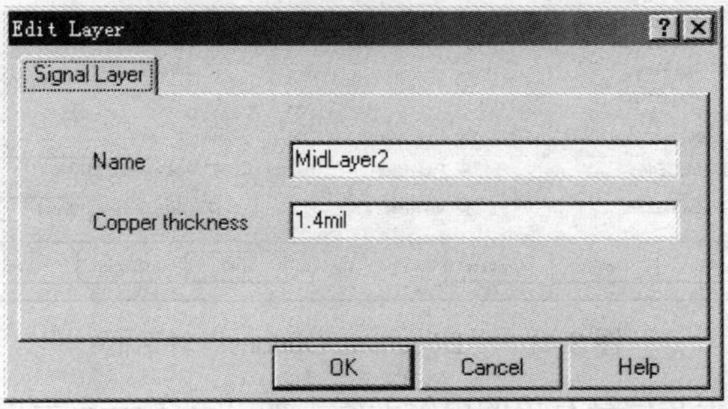

图 8-39 “Edit Layer（层设置）”对话框

系统还提供了一些多层板实例样板供用户选择使用，要使用该功能设置多层板，可以在 PCB 层堆栈管理器（Layer Stack Manager）中单击鼠标右键，在弹出的菜单中有一个 Example Layer Stack 子菜单，如图 8-40 所示，通过它可以选择设置多层板。

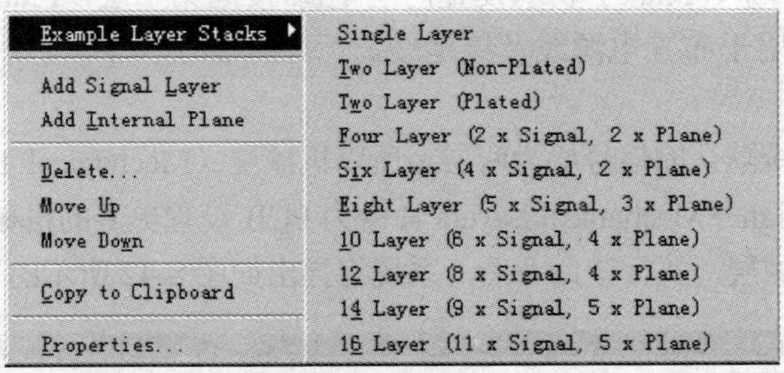

图 8-40 PCB 层堆栈管理器快捷菜单

8.3.2 层的类型

在设计印制电路板时，往往会碰到工作层选择的问题。Protel 99 SE 提供了多个工作层供用户选择，用户可以在不同的工作层上进行不同的操作。当进行工作层设置时，应该执行 PCB 设计管理器的 Design→Options 命令，系统将弹出如图 8-41 所示的 Document Options 对话框，其中只显示用到的信号层、电源层、机械层。

Protel 99 SE 提供的工作层在图 8-41 的 Layers 选项卡中设置，主要有以下几种。

1．信号层

Protel 99 SE 可以绘制多层板，如果当前板是多层板，则在信号层（Signal Layers）可以全部显示出来，用户可以选择其中的层面，主要有 Top、Bottom、MidLayer1、MidLayer2…，如果用户没有设置 MidLayer 层，则这些层不会显示在该对话框中，用户可以执行 Design→Layer Stack Manager 命令设置信号层，执行该命令后，系统将弹出如图 8-38 所示的对话框。

此时用户可以设置多层板。

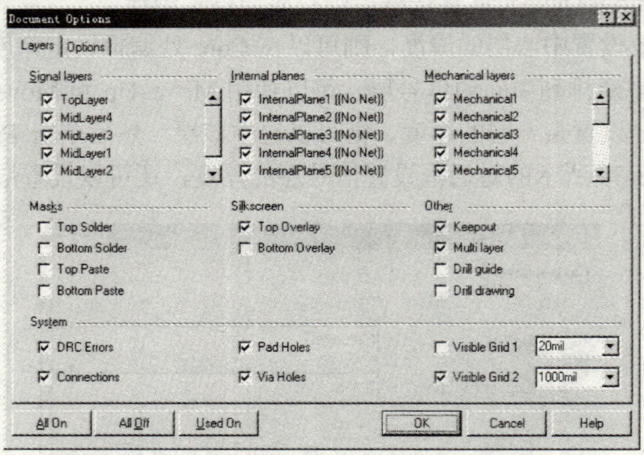

图 8-41 “Document Options”对话框

信号层主要用于放置与信号有关的电气元素，如 Top Layer 为顶层，用于放置元件面；Bottom 为底层，用作焊锡面；Mid 层为中间工作层，用于布置信号线。

2．内层电源/接地层

如果用户绘制的是多层板，则用户可以执行 Design→Layer Stack Manager 命令设置内层电源/接地层（Internal Plane）。如果用户设置内层电源/接地层，则会显示如图 8-38 所示的层面，否则不会显示。其中，Plane1 表示设置内层电源/接地第一层，Plane2、Plane3 依此类推。内层电源/接地层主要用于布置电源线及接地线。

3．机械层

制作 PCB 时，系统默认的信号层为两层，所以机械层（Mechanical Layers）默认只有一层，不过用户可以执行 Design→Mechanical Layers 命令为 PCB 设置更多的机械层，在 Protel 99 SE 中最多可以设置 16 个机械层，执行该命令后，系统将弹出如图 8-42 所示的设置机械层对话框。

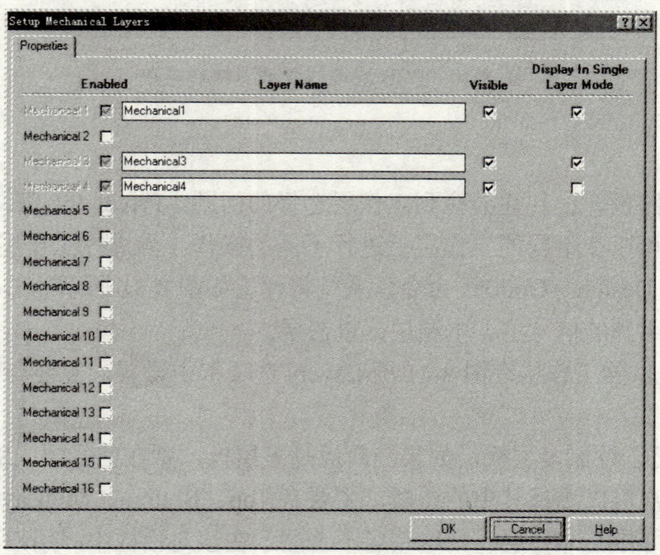

图 8-42 “Design Mechanical Layers（设置机械层）”对话框

通过该对话框可以选定使用哪一个机械层，Visible 复选框用来确定可见方式，Display In Single Layer Mode 复选框用来授权是否可以在单层显示时放到各个层上。

4．助焊膜及阻焊膜

Protel 99 SE 提供的助焊膜及阻焊膜（Solder Mask & Paste Mask）有 4 个选项：Top Solder（设置顶层助焊膜）、Bottom Solder（设置底层助焊膜）、Top Paste（设置顶层阻焊膜）、Bottom Paste（设置底层阻焊膜）。

5．丝印层

丝印层（Silkscreen）主要用于在印刷板的上下两表面印刷所需要的标志图案和文字代号等，包括顶层丝印层（Top Overlay）、底层丝印层（Bottom Overlay）两种。

6．其他工作层

Protel 99 SE 除了提供以上的工作层以外，还提供有以下的其他工作层（Others），其他工作层共有 4 个复选框，各复选框的意义如下：

- Keep out：用于设置是否禁止布线层，设定电气边界，此边界外不会布线。
- Multi layer：用于设置是否显示复合层。如果不选择此项，过孔就无法显示出来。
- Drill gride：主要用来选择绘制钻孔导引层。
- Drill drawing：主要用来选择绘制钻孔图层。

7．系统设置

用户还可以在 System 操作框中设置 PCB 设计系统参数，各选项如下：

- Connections：用于设置是否显示飞线。在绝大多数情况下都要显示飞线。
- DRC Errors：用于设置是否显示自动布线检查错误信息。
- Pad Holes：用于设置是否显示焊盘的通孔。
- Via Holes：用于设置是否显示过孔的通孔。
- Visible Grid1：用于设置是否显示第一组栅格。
- Visible Grid2：用于设置是否显示第二组栅格。

8.3.3 层的设置

在实际的设计过程中，几乎是不可能打开所有的工作层的，这就需要用户设置工作层，将自己需要的工作层打开。

1．设置工作层

设置工作层的步骤如下：

1）执行 Design→Options 菜单命令，系统将会出现如图 8-41 所示的 Document Options 对话框。

2）在该对话框中，用鼠标单击 Layers 选项卡，即可进入工作层设置对话框。从对话框中可以发现，每一个工作层前都有一个复选框。如果工作层前的复选框中有符号“√”，则表明工作层被打开，否则该工作层处于关闭状态。当单击 All On 按钮时，将打开所有的工作层；单击 All Off 按钮时，所有的工作层将处于关闭状态；单击 Used On 按钮时，则可以由用户设定工作层。

3）在图 8-41 中，用鼠标单击 Options 选项卡，即可设置 Options 选项，如图 8-43 所示。Options 选项包括栅格设置（Snap）、电气栅格设置(Electrical Grid)、计量单位设置等。

2. 设置参数

在图 8-43 的各个选项中可以进行以下设置：

1）栅格的设置包括移动栅格的设置和可视栅格的设置。移动栅格主要用于控制工作空间的对象移动栅格的间距。光标移动的间距由在 Snap 右边的编辑框输入的尺寸确定，用户可以分别设置 X、Y 向的栅格间距。

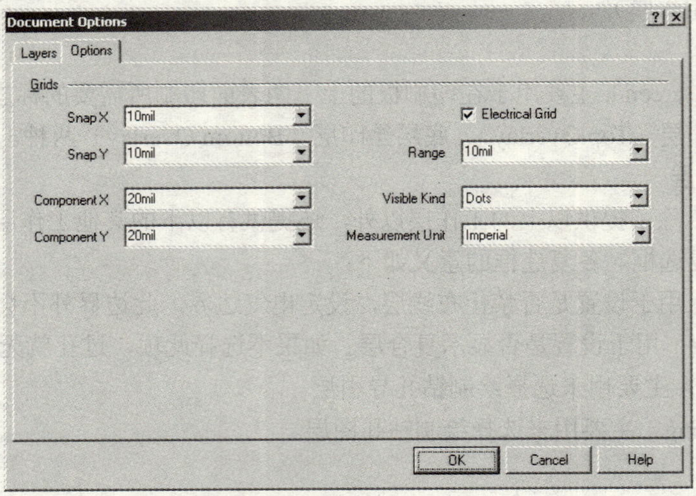

图 8-43　设置 Options 选项

如果用户已经在设计 PCB 的工作界面中，可以使用〈Ctrl+G〉快捷键打开设置 Snap Grids 的对话框操作。

2）Component X/Y 用来设置控制元件移动的间距。

- Component X：用于设置 X 向栅格间距。
- Component Y：用于设置 Y 向栅格间距。
- Visible Kind：用于设置显示栅格的类型。系统提供了两种栅格类型，即 Lines（线状）和 Dots（点状）。

3）电气栅格设置主要用于设置电气栅格的属性。它的含义与原理图中的电气栅格的属性相同。选中 Electrical Grids 复选框表示具有自动捕捉焊盘的功能。Range（范围）用于设置捕捉半径。在布置导线时，系统会以当前光标为中心，以 Grid 设置值为半径捕捉焊盘，一旦捕捉到焊盘，光标会自动加到该焊盘上。

4）Measurement Units (度量单位)用于设置系统度量单位，系统提供了两种度量单位，即 Imperial（英制）和 Metric（公制），系统默认为英制。

技巧： 工作层的选择也可直接使用鼠标单击图纸屏幕上的标签，如图 8-44 所示。

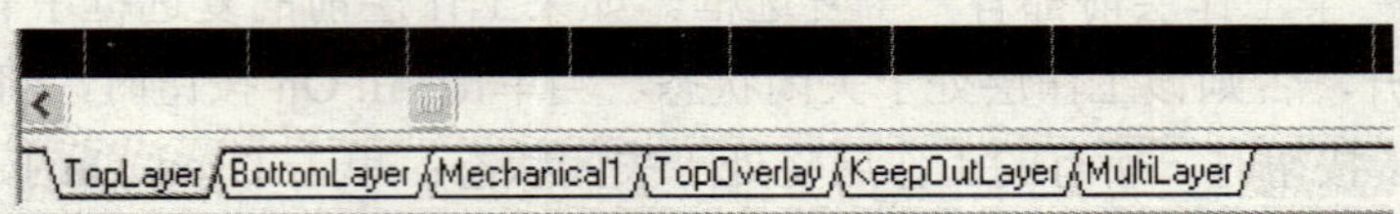

图 8-44　工作层选择标签

8.4 印制电路板电路参数设置

设置系统参数是印制电路板设计过程中非常重要的一步。系统参数包括光标显示、层颜色、系统默认设置、PCB 设置等。许多系统参数是符合用户的个人习惯的，因此，一旦设定，将成为用户个性化的设计环境。

执行 Tools→Preference 菜单命令，系统将弹出如图 8-45 所示的 Preferences 对话框。它共有 5 个选项卡，即 Options 选项卡、Display 选项卡、Colors 选项卡、Show/Hide 选项卡、Defaults 选项卡、Signal Integrity 选项卡。下面就具体讲述各个选项卡的设置。

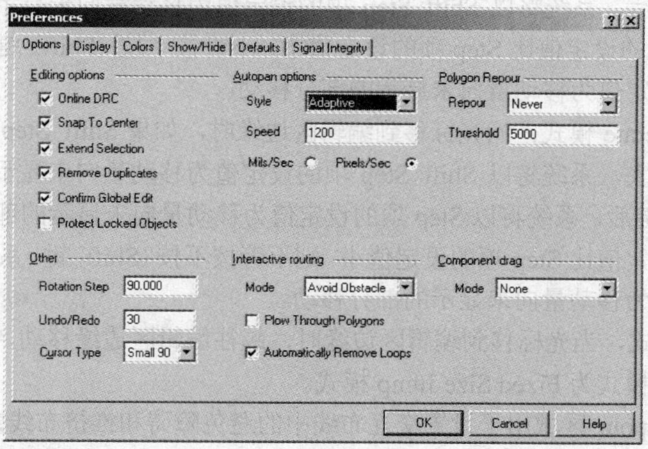

图 8-45 “Preferences”对话框

1. Options 选项卡的设置

单击 Options 标签，即可进入 Options 选项卡，如图 8-45 所示。Options 选项卡用于设置一些特殊的功能。它包含 Editing、Autopan、Undo/Redo 和 Draw Order 等。

1）Editing Options 区域用于设置编辑操作时的一些特性，包括如下选项：

- Online DRC：用于设置在线设计规则检查。选中此项后，在布线过程中，系统自动根据设定的设计规则进行检查。
- Snap To Center：用于设置当移动元件封装或字符串时，光标是否自动移动到元件封装或字符串参考点。系统默认选中此项。
- Extend Selection：用于设置当选取电路板组件时，是否取消原来选取的组件。选中此项，系统不会取消原来选取的组件，连同新选取的组件一起处于选取状态。系统默认选中此项。
- Remove Duplicates：用于设置系统是否自动删除重复的组件。系统默认选中此项。
- Confirm Global Edit：用于设置在进行整体修改时，系统是否出现整体修改结果提示对话框。系统默认选中此项。
- Protect Locked Objects：用于保护锁定的对象，选中该复选框有效。

2）Autopan Options 区域用于设置自动移动功能。Style 选项用于设置移动模式，系统一共提供了 7 种移动模式，具体如下：

- Adaptive 为自适应模式，系统将会根据当前图形的位置自适应选择移动方式。
- Disable 模式，取消移动功能。
- Re-Center 模式，当光标移到编辑区边缘时，系统将光标所在的位置设置为新的编辑区中心。
- Fixed Size Jump 模式，当光标移到编辑区边缘时，系统将以 Step 项的设定值为移动量向未显示的部分移动。当按下〈Shift〉键后，系统将以 Shift Step 项的设定值为移动量向未显示的部分移动。
- Shift Accelerate 模式，当光标移到编辑区边缘时，如果 Shift Step 项的设定值比 Step 项的设定值大，系统将以 Step 项的设定值为移动量向未显示的部分移动。当按下〈Shift〉键后，系统将以 Shift Step 项的设定值为移动量向未显示的部分移动。如果 Shift Step 项的设定值比 Step 项的设定值小，不管按不按〈Shift〉键，系统都将以 Shift Step 项的设定值为移动量向未显示的部分移动。
- Shift Decelerate 模式，当光标移到编辑区边缘时，如果 Shift Step 项的设定值比 Step 项的设定值大，系统将以 Shift Step 项的设定值为移动量向未显示的部分移动。当按下〈Shift〉键后，系统将以 Step 项的设定值为移动量向未显示的部分移动。如果 Shift Step 项的设定值比 Step 项的设定值小，则不管按不按〈Shift〉键，系统都将以 Shift Step 项的设定值为移动量向未显示的部分移动。
- Ballistic 模式，当光标移到编辑区边缘时，越往编辑区边缘移动，移动速度越快。系统默认移动模式为 Fixed Size Jump 模式。

3）Polygon Repour 区域用于设置交互布线中的避免障碍和推挤布线方式。如果 Polygon Repour 中选为 Always，则可以在已敷铜的 PCB 中修改走线，敷铜会自动重铺。

4）Rotation Step 选项用于设置旋转角度。在放置组件时，按一次空格键，组件会旋转一个角度，系统默认值为 90°，即按一次空格键，组件会旋转 90°。

5）Undo/Redo 选项用于设置撤销操作/重复操作的步数。

6）Cursor Type 选项用于设置光标类型。系统提供了 3 种光标类型，即 Small 90（90°小光标）、Large 90（90°大光标）、Small 45（45°小光标）。

7）Interactive Routing 用来设置交互布线模式，用户可以选择 3 种方式：Ignore Obstacle（忽略障碍）、Avoid Obstacle（避开障碍）和 Push Obstacle（移开障碍）。

8）Plow Through Polygons 复选框如果选中后，则布线时使用多边形来检测布线障碍。

9）Automatically Remove Loops 复选框用于设置自动回路删除。选中此项，在绘制一条导线后，如果发现存在另一条回路，则系统将自动删除原来的回路。

10）Component drag 区域的 Mode 列表框中共有两个选项，即 Component Tracks 和 None。选择 Component Tracks 项，在使用菜单命令 Edit→Move→Drag 移动组件时，与组件连接的铜膜导线会随着组件一起伸缩，不会和组件断开；选择 None 项，在使用菜单命令 Edit→Move→Drag 移动组件时，与组件连接的铜膜导线会和组件断开，此时菜单命令 Edit→Move→Drag 和 Edit→Move→Move 没有区别。

2. Display 选项卡的设置

单击 Display 标签，即可进入 Display 选项卡，如图 8-46 所示。Display 选项卡用于设置屏幕显示和元件显示模式，其中主要可以设置如下一些选项。

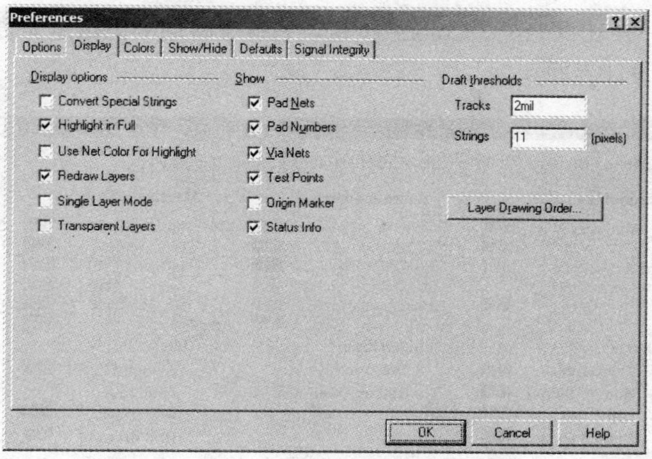

图 8-46　Display 选项卡

（1）屏幕显示设置

屏幕显示可以通过 Display Options 区域的选项设置：

- Convert Special Strings 复选框用于设置是否将特殊字符串转化成它所代表的文字。
- Highlight in Full 复选框用于使所选网络亮显。
- Use Net Color For Highlight 复选框对于选中的网络，用于设置是否仍然使用网络的颜色，还是一律采用黄色。
- Redraw Layers 复选框用于设置当重画印制电路板时，系统将一层一层地重画。当前的层最后才会重画，所以最清楚。
- Single Layer Mode 复选框用于设置只显示当前编辑的层，其他层不被显示。
- Transparent Layers 复选框用于设置所有的层都为透明状，选择此项后，所有的导线、焊盘都变成了透明色。

（2）PCB 显示设置

PCB 显示设置可以通过 Show 区域选项设置：

- Pad Nets 用于设置是否显示焊盘的网络名称。
- Pad Numbers 用于设置是否显示焊盘序号。
- Test Points 选中后，可显示测试点。
- Origin Marker 用于设置是否显示指示绝对坐标的黑色带叉圆圈。

（3）显示模式

Draft thresholds 区域用于设置图形显示的极限，Tracks 框设置的数目为导线显示极限，如果大于该值的导线，则以实际轮廓显示，否则只以简单直线显示；Strings 框设置的数目为字符显示极限，如果像素大于该值的字符，则以文本显示，否则只以框显示。

3. Colors 选项卡的设置

单击 Colors 标签，即可进入 Colors 选项卡，如图 8-47 所示，该选项卡用于设置层的颜色。

设置层颜色时，单击层右边的颜色块，即可从打开的颜色选择对话框中选择需要设置的颜色。层颜色设置对话框中有一个 Default Colors 按钮。单击该按钮，层颜色被恢复成系统默认的颜色。另外，单击 Classic Colors 按钮，系统会将层颜色指定为传统的设置颜色，即 DOS 中采用的黑底设计界面。

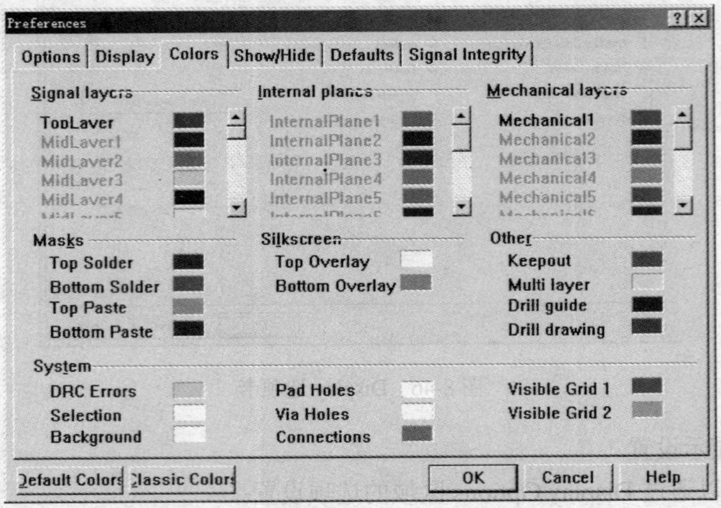

图 8-47　Colors 选项卡

4．Show/Hide 选项卡的设置

单击 Show/Hide 标签，即可进入 Show/Hide 选项卡，如图 8-48 所示，Show/Hide 选项卡用于设置各种图形的显示模式。

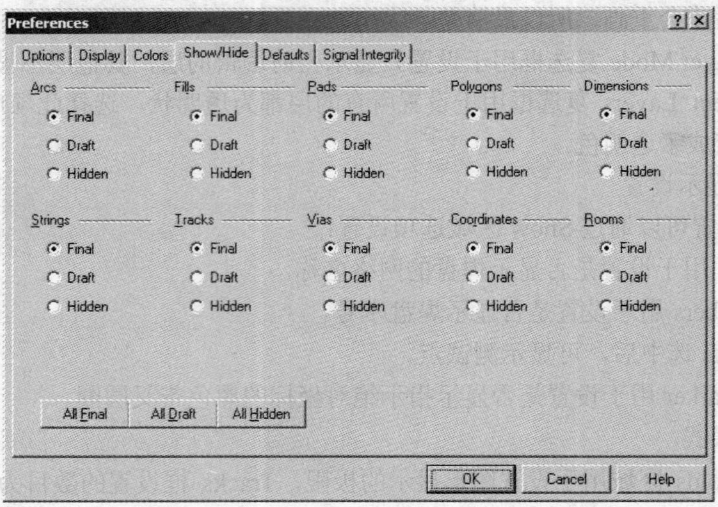

图 8-48　Show/Hide 选项卡

选项卡中的每一个设置区域都有相同的 3 种显示模式，即 Final（精细）显示模式、Draft（简易）显示模式和 Hidden（隐藏）模式。

在该选项卡中，用户可以分别设置 PCB 的几何对象的显示模式。

5．Defaults 选项卡的设置

单击 Defaults 标签，即可进入 Defaults 选项卡，如图 8-49 所示。

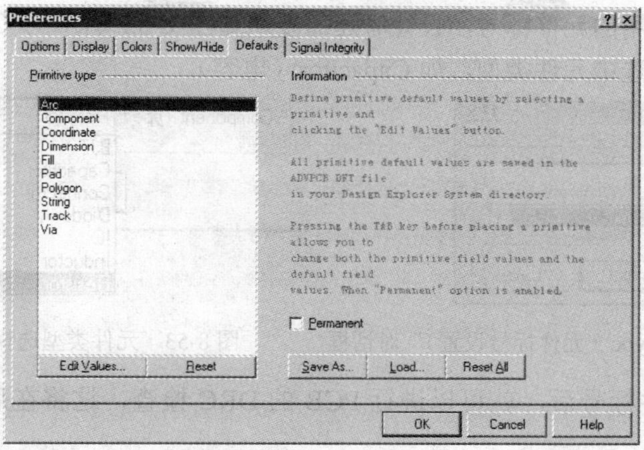

图 8-49　Defaults 选项卡

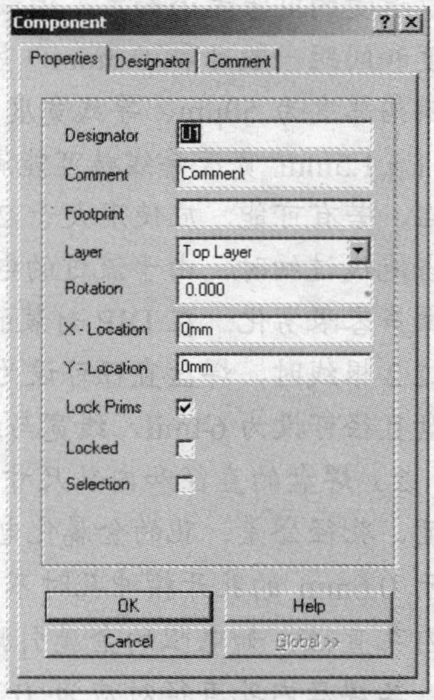

图 8-50　系统默认值编辑对话框

Defaults 选项卡用于设置各个组件的系统默认设置。各个组件包括 Arc（圆弧）、Component（元件封装）、Coordinate（坐标）、Dimension（尺寸）、Fill（金属填充）、Pad（焊盘）、Polygon（敷铜）、String（字符串）、Track（铜膜导线）、Via（过孔）等。若要将系统设置为默认设置，可在图 8-49 所示的对话框中，选中组件，单击 Edit Values 按钮，即可进入编辑系统默认值对话框。

假设选中了元件封装组件（Component），则单击 Edit Values 按钮，可进入元件封装的系统默认值编辑对话框，如图 8-50 所示。各项的修改会在取用元件封装时反映出来。

6．Signal Integrity 选项卡的设置

Signal Integrity（信号完整性）选项卡如图 8-51 所示。通过该选项卡可以设置元件标号和元件类型之间的对应关系，为信号完整性分析提供信息。

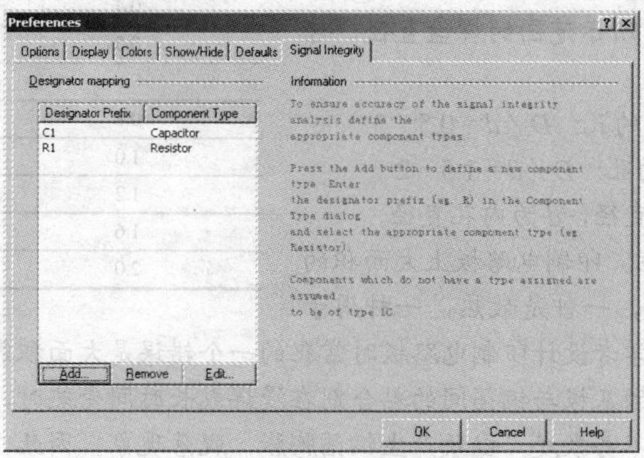

图 8-51　Signal Integrity 选项卡

单击图 8-51 中的 Add 按钮，系统将弹出如图 8-52 所示的元件标号设置对话框。在该对

话框中，可以输入所用的元件标号，设计者还需要从如图 8-53 所示的 Component Type（元件类型）下拉列表中选中元件类型，如 Capacitor（电容）。

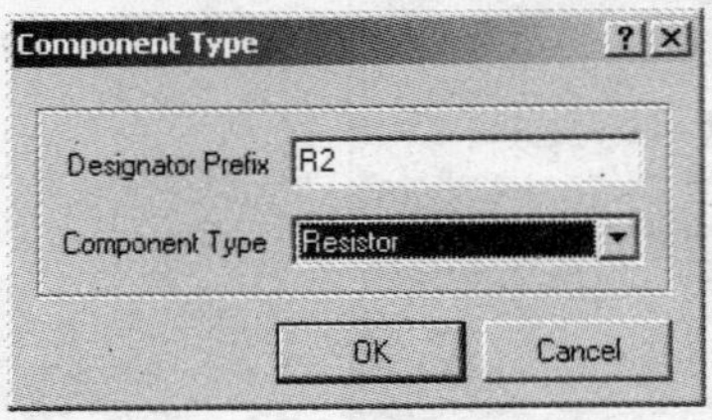

图 8-52　“Component Type（元件标号设置）”对话框

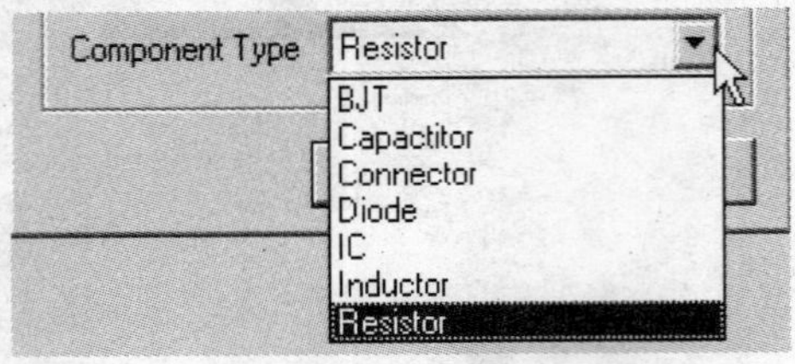

图 8-53　元件类型选择下拉列表

在此添加完元件标号后，就可以进行 PCB 的 DRC 检查，这将在后面有关章节讲解。

技巧：

1）印制导线的宽度。导线宽度应以能满足电气性能要求而又便于生产为宜，它的最小值以承受的电流大小而定，但最小不宜小于 0.2mm，在高密度、高精度的印制电路中，导线宽度和间距一般可取 0.3mm；导线宽度在大电流情况下还要考虑其温升，单面板实验表明，当铜箔厚度为 50μm、导线宽度为 1～1.5mm、通过电流为 2A 时，温升很小，因此，一般选用 1～1.5mm 宽度导线就可能满足设计要求而不致引起温升；印制导线的公共地线应尽可能地粗，若有可能，应使用大于 2～3mm 的线条，这点在带有微处理器的电路中尤为重要，因为当地线过细时，由于流过的电流的变化，地电位变动，微处理器定时信号的电平不稳，会使噪声容限劣化；在 DIP 封装的 IC 脚间走线，可应用 10－10 与 12－12 原则，即当两脚间通过 2 根线时，焊盘直径可设为 50mil、线宽与线距都为 10mil，当两脚间只通过 1 根线时，焊盘直径可设为 64mil、线宽与线距都为 12mil。

2）焊盘的直径和内孔尺寸。焊盘的内孔尺寸必须从元件引线直径和公差尺寸以及锡层厚度、孔径公差、孔的金属化电镀层厚度等方面考虑，焊盘的内孔一般不小于 0.6mm，因为小于 0.6mm 的孔开模冲孔时不易加工，通常情况下，以金属引脚直径值加上 0.2mm 作为焊盘内孔直径，如电阻的金属引脚直径为 0.5mm 时，其焊盘内孔直径对应为 0.7mm，焊盘直径取决于内孔直径，如表 8-1 所示。

表 8-1　孔直径与焊盘直径对照

孔直径/mm	焊盘直径/mm
0.4	1.5
0.5	1.5
0.6	2
0.8	2.5
1.0	3.0
1.2	3.5
1.6	4
2.0	5

对于超出表 8-1 所示范围的焊盘直径，可用下列公式选取：

直径小于 0.4mm 的孔：$D/d=0.5\sim3$

直径大于 2mm 的孔：$D/d=1.5\sim2$

式中，D 为焊盘直径，d 为内孔直径。

3）大面积的敷铜。印制电路板上大面积的敷铜通常有两种作用，一种是散热，一种用于屏蔽来减小干扰。初学者设计印制电路板时常犯的一个错误是大面积敷铜上没有开窗口，而由于印制电路板板材的基板与铜箔间的粘合剂在浸焊或长时间受热时，会产生挥发性气体，导致无法排除，热量不易散发，以致产生铜箔膨胀，脱落现象。因此，在使用大面积的敷铜时，应将其开窗口设计成网状。

4）印制电路板的厚度应根据印制电路板的功能及所装元件的重量、印制电路板插座规格、印制电路板的外形尺寸和所承受的机械负荷来决定。多层印制电路板的总厚度及各层间厚度的分配应根据电气和结构性能的需要以及覆箔板的标准规格来选取。常见的印制电路板厚度有 0.5mm、1mm、1.5mm、2mm 等。

8.5 准备原理图和网络表

本节以图 8-54 所示的电路原理图为例，讲述如何制作一块印制电路板。要制作印制电路板，需要有原理图和网络表，这是制作印制电路板的前提。

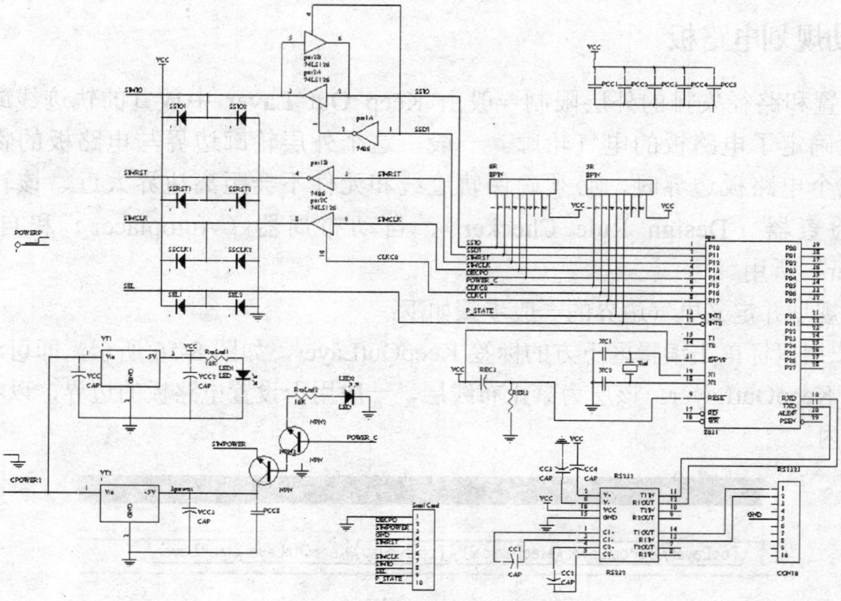

图 8-54 电路原理图

执行网络表生成命令 Design→Create Netlist，系统将生成一个对应于该电路原理图的网络表。该电路原理图生成的网络表如图 8-55 所示。该网络表的文件名为 8031.NET，在后面生成 PCB 时将会使用。

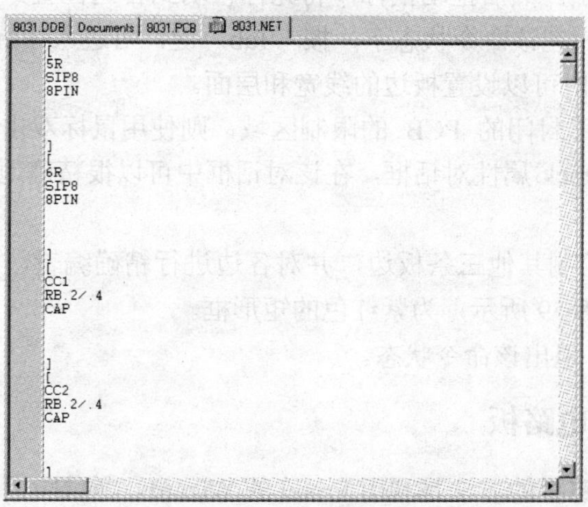

图 8-55 生成的电路原理图网络表

8.6 规划电路板和电气定义

对于要设计的电子产品，需要设计人员首先确定其电路板的尺寸。因此，首要的工作就是电路板的规划，也就是说电路板板边的确定，并且确定电路板的电气边界。

在执行 PCB 布局处理前，必须创建一个 PCB 的电气定义。一个电气定义涉及一个元件的生成和 PCB 的跟踪路径轮廓，PCB 的布局将在这个轮廓中进行，规划 PCB 的布局有两种方法：一种方法是手动设计规划电路板和电气定义，另一种方法是利用 Protel 的向导。

8.6.1 手动规划电路板

元件布置和路径安排的外层限制一般由 Keep Out Layer 中放置的轨迹线或圆弧所确定，这也就确定了电路板的电气轮廓。一般，这个外层轮廓边界与电路板的物理边界相同，设置这个电路板边界时，必须确保轨迹线和元件不会距离边界太近，该轮廓边界由设计规则检查器（Design Rule Checker）、自动布局器（Autoplacer）和自动布线器（Autorouter）所用。

电路板规划并定义电气边界的一般步骤如下：

1）用户用鼠标单击编辑区下方的标签 KeepOutLayer，如图 8-56 所示，即可将当前的工作层设置为 KeepOutLayer。该层为禁止布线层，一般用于设置电路板的边界，以将元件限制这个范围之内。

图 8-56　当前的工作层设置为 KeepOutLayer

2）执行命令 Place→Keepout→Track，或单击 Placement Tools 工具栏中相应的按钮。

3）执行该命令后，光标会变成十字形状。将光标移动到适当的位置，单击鼠标左键，即可确定第一条边的起点。然后拖动鼠标，将光标移动到合适位置，单击鼠标左键，即可确定第一条边的终点。用户在该命令状态下，按〈Tab〉键，可进入 Line Constraints 属性对话框，如图 8-57 所示，此时可以设置板边的线宽和层面。

如果用户已经绘制了封闭的 PCB 的限制区域，则使用鼠标双击区域的板边，系统将会弹出如图 8-58 所示的 Track 属性对话框，在该对话框中可以很精确地进行定位，并且可以设置工作层和线宽。

4）用同样的方法绘制其他三条板边，并对各边进行精确编辑，使之首尾相连。绘制完的电路板电气边界如图 8-59 所示，为紫红色的矩形框。

5）单击鼠标右键，退出该命令状态。

8.6.2 使用向导生成电路板

另一种设计规划电路板的方法是利用 Protel 的 Wizards（向导）。具体操作过程如下

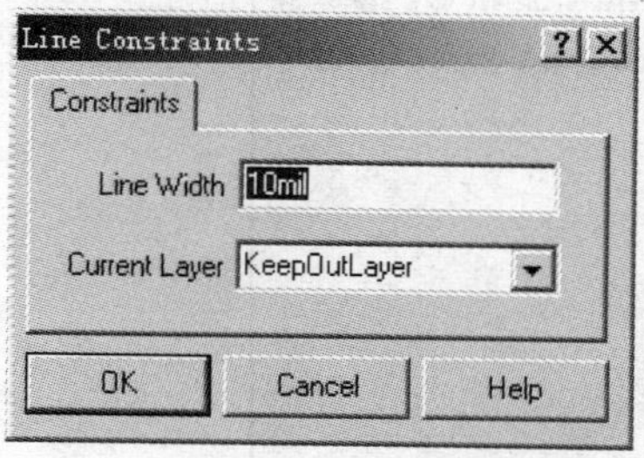

图 8-57 “Line Constraints”对话框

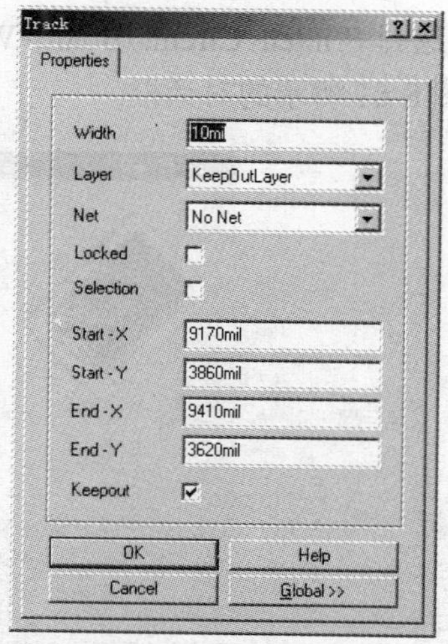

图 8-58 “Track”对话框

1）执行 File→New 命令，在弹出的对话框中选择 Wizards 选项卡，如图 8-60 所示。

图 8-59 设置完电路板的板边

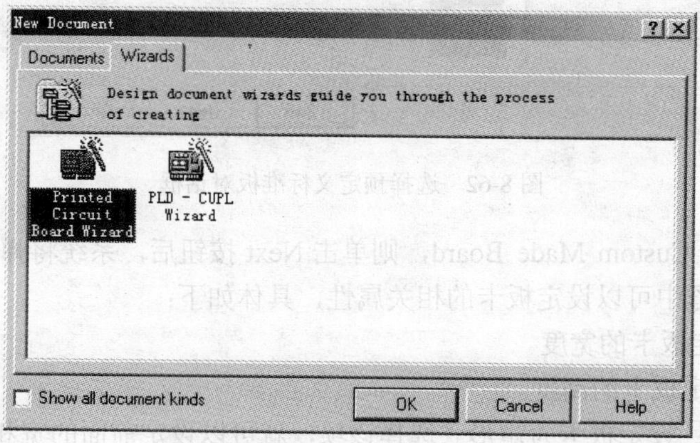

图 8-60 Wizards 选项卡

2）选择 Printed Circuit Board Wizard（印制电路板向导）图标，单击 OK 按钮，系统将弹出如图 8-61 所示的对话框。

图 8-61　生成印制电路板向导

3）单击 Next 按钮，就可以开始设置印制电路板的相关参数，此时系统将弹出如图 8-62 所示的选择预定义标准板对话框。在该对话框的 Units 框中可以选择印制电路板的单位，Imperial 为英制（mil），Metric 为公制（mm）。然后可以在板卡的类型选择下拉列表中选择板卡的类型。如果选择了 Custom Made Board，则需要自己定义板卡的尺寸、边界和图形标志等参数，而选择其他选项，则直接采用系统已经定义的参数。

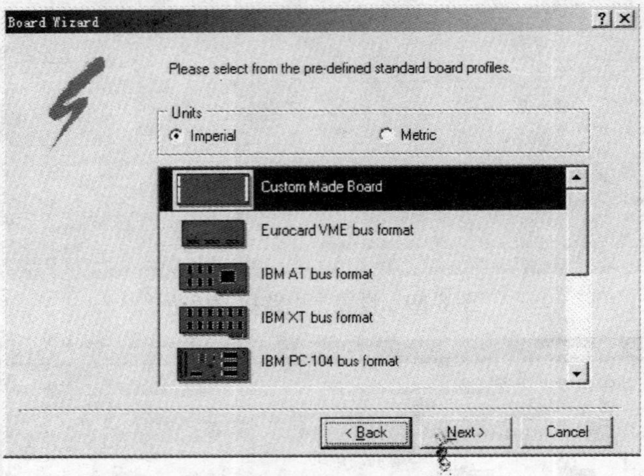

图 8-62　选择预定义标准板对话框

4）如果选择了 Custom Made Board，则单击 Next 按钮后，系统将弹出如图 8-63 所示的对话框，在该对话框中可以设定板卡的相关属性，具体如下：

- Width：设定板卡的宽度。
- Height：设定板卡的高度。
- Rectangular：设定板卡为矩形（选择该项，就可以设定前面的宽和高）。
- Circular：设定板卡为圆形（选择该项，则需要设定的几何参数为 Radius，即半径）。

- Custom：用户自定义板卡的形状。
- Boundary Layer：设定板卡边界所在的层，一般为 Keep Out Layer。
- Dimension Layer：设定板卡的尺寸所在的层，一般选择机械层（Mechanical Layer）。
- Track Width：设定导线宽度。
- Dimension Line Width：设定尺寸线宽。
- Title Block and Scale：设定是否生成标题块和比例。
- Legend String：是否生成图例和字符。
- Dimension Lines：是否生成尺寸线。
- Corner Cutoff：是否角位置开口。
- Inner Cutoff：是否内部开一个口。

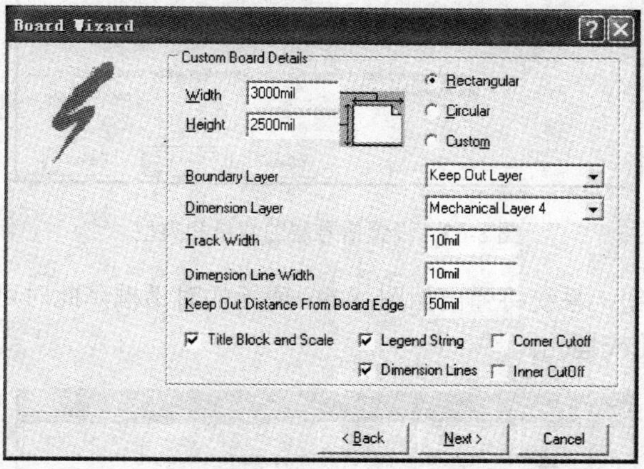

图 8-63　自定义板卡的参数设置

然后系统将弹出几个设置板卡几何参数的对话框，设置完毕后，系统将弹出如图 8-64 所示的对话框，此时可以设置板卡的一些相关的产品信息。

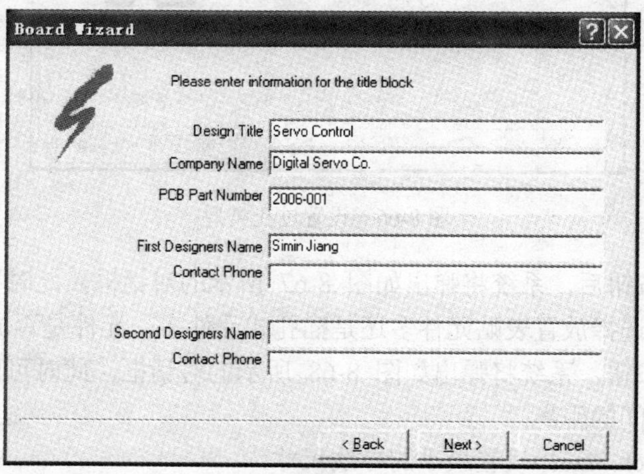

图 8-64　板卡产品信息设置对话框

如果第 3）步选择的是标准板，则单击 Next 按钮后，系统会弹出一个选择板卡类型的对话框。然后单击 Next 按钮，也会弹出如图 8-64 所示的对话框。

5）单击 Next 按钮后，系统将弹出如图 8-65 所示的对话框，此时可以设置信号层的数量和类型，同时还可以选择内部电源层，这里只提供了 2 和 4 层内部电源层的设置。如果需要增加内部电源层，可以进入 PCB 设计管理器后，使用层管理器来添加内部电源层。

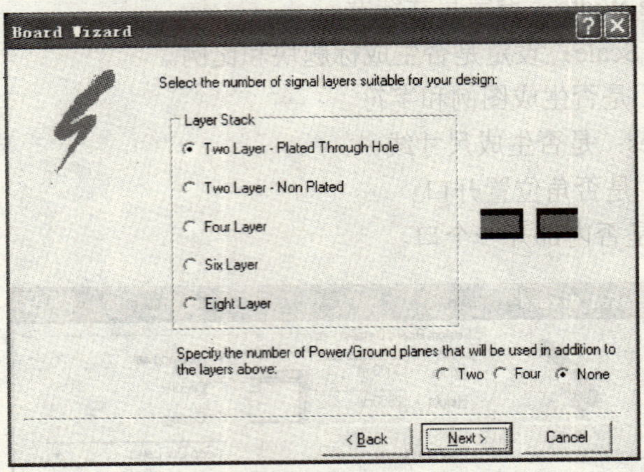

图 8-65　设置信号层的数量和类型

6）单击 Next 按钮，系统将弹出如图 8-66 所示的对话框，此时可以设置过孔类型，是设置为通孔，还是盲孔或埋孔。

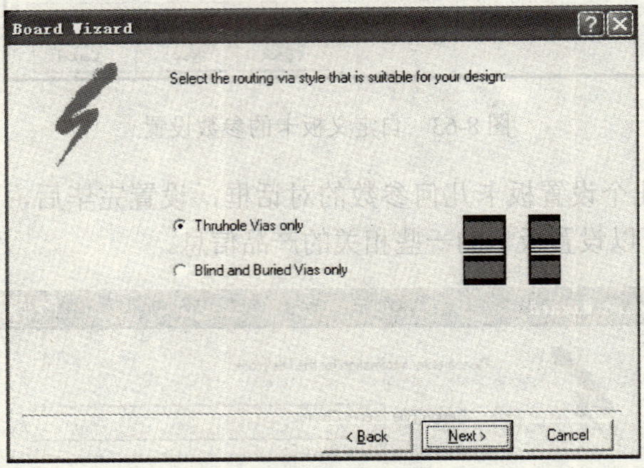

图 8-66　设置过孔类型

7）单击 Next 按钮后，系统将弹出如图 8-67 所示的对话框，此时可以设置将要使用的布线技术，用户可以选择放置表贴元件多还是插孔式元件多，元件是否放置在板的两面。

8）单击 Next 按钮，系统将弹出如图 8-68 所示的对话框，此时可以设置最小的导线尺寸、过孔尺寸和导线间的距离。

- Minimum Track Size：设置最小的导线尺寸。
- Minimum Via Width：设置最小的过孔宽度。
- Minimum Via HoleSize：设置过孔的孔尺寸。
- Minimum Clearance：设置最小的线间距。

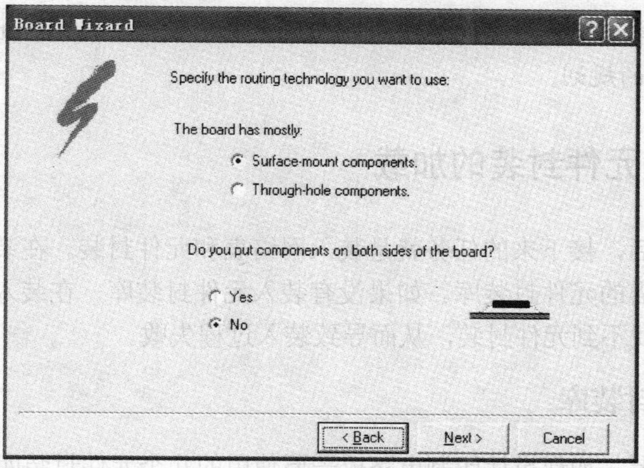

图 8-67　设置使用的布线技术

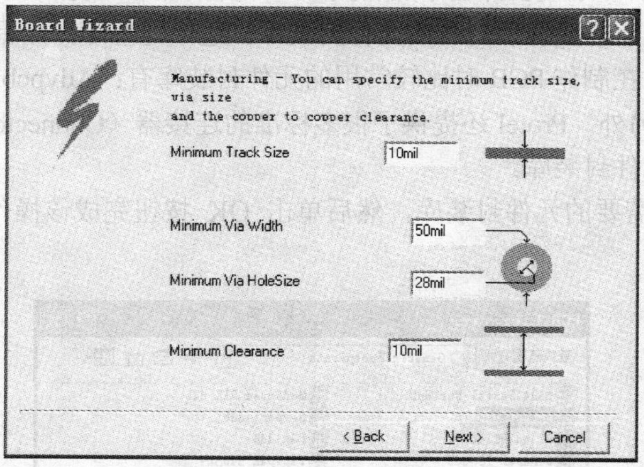

图 8-68　设置最小的尺寸限制

9）单击 Next 按钮，最后弹出完成对话框，此时单击 Finish 按钮，完成印制电路板的生成。如图 8-69 所示，该印制电路板为已经规划好的板，可以直接在上面放置网络和元件。

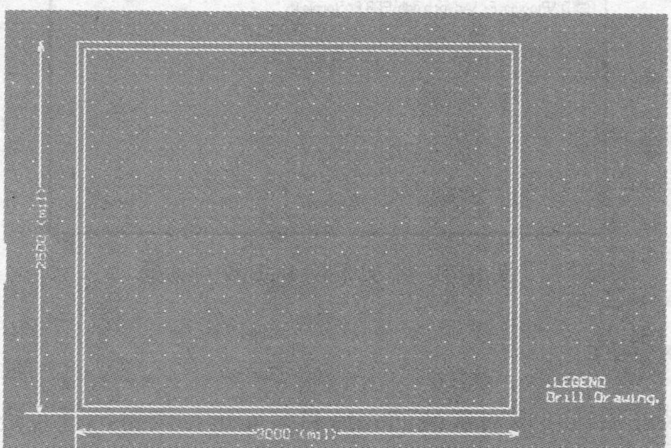

图 8-69　新生成的 PCB

技巧：对于初学者来说，建议使用向导来规划电路板，这样，Protel 会以上面的各步骤指导用户完成 PCB 的规划。

8.7 网络表与元件封装的加载

电路板规划好后，接下来的任务就是装入网络表和元件封装。在装入网络表和元件封装之前，必须装入所需的元件封装库。如果没有装入元件封装库，在装入网络表及元件的过程中，程序将会提示找不到元件封装，从而导致装入过程失败。

8.7.1 加载元件封装库

根据设计的需要，加载设计印制电路板需要使用的几个元件封装库，其基本步骤如下：

1）执行 Design→Add→Remove Library 命令。

2）执行该命令后，系统会弹出添加/删除 PCB 库对话框，如图 8-70 所示。在该对话框中，找出原理图中的所有元件所对应的元件封装库。选中这些库，用鼠标单击 Add 按钮，即可添加这些元件库。在制作 PCB 时比较常用的元件封装库有：Advpcb.ddb、DC to DC.ddb、General IC.ddb 等，另外，Protel 还提供了很多标准的连接器（Connector）封装，用户可以选择自己设计所需的元件封装库。

3）添加完所有需要的元件封装库，然后单击 OK 按钮完成该操作，程序即可加载所选中的元件封装库。

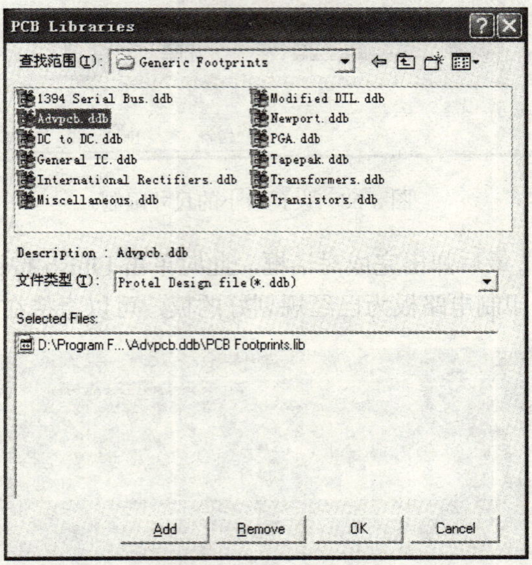

图 8-70 添加/删除 PCB 库对话框

8.7.2 浏览元件封装库

当加载元件封装库后，可以对加载的元件封装库进行浏览，查看是否有自己需要的元件封装。因为 Protel 99 SE 为用户提供了大量的 PCB 库元件，所以进行电路印制板设计制作时，也常需要浏览元件库，选择自己需要的元件封装。浏览元件封装库的具体操作方法如下：

1）执行 Design→Browse Components 命令，执行该命令后，系统会弹出浏览元件库对话框，如图 8-71 所示。

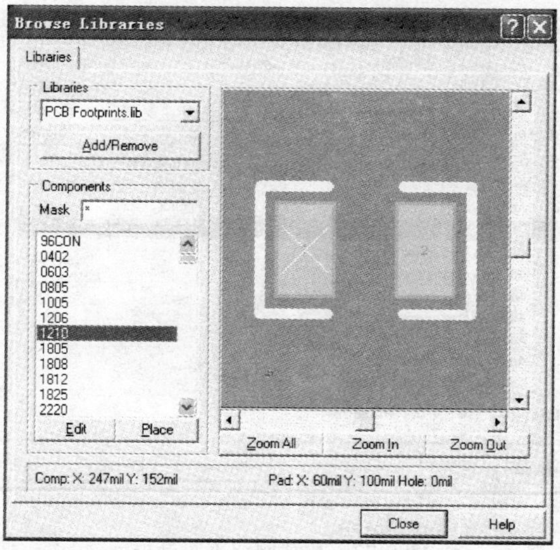

图 8-71　浏览元件库对话框

2）在该对话框中可以查看元件的类别和形状等。用户还可以单击 Edit 按钮对选中的元件进行编辑，也可以单击 Place 按钮将选中的元件放置到电路板上。

8.7.3　网络表与元件封装的加载

加载元件封装库以后，就可以加载 PCB 的网络表与元件封装。网络表与元件封装的加载过程实际上是将原理图设计的数据加载到印制电路板设计系统 PCB 的过程。PCB 设计系统中的数据的所有变化，都可以通过网络宏（Netlist Macro）来完成。通过分析网络表文件和 PCB 系统内部的数据，可以自动生成网络宏。

如果用户是第一次加载网络表文件，则网络宏是为整个网络表文件生成的。如果用户不是首次加载网络表文件，而是在原有网络表的基础上进行的修改或添加，则网络宏仅是针对修改、添加的那一部分设计而言的。用户可以通过修改、添加或删除网络宏来更改原先的设计。

如果在原理图设计阶段已经产生了网络表，那么用户就可以按照下面的步骤将网络表与元件封装加载。

1．网络表与元件封装加载的步骤

1）打开已经创建的 PCB 文件，本实例的 PCB 文件为 8.5 节中的 8031.NET 文件。

2）执行命令 Design→Load Nets。

3）执行该命令后，系统会弹出如图 8-72 所示的加载网络表对话框。

4）在 Netlist File 输入选框中，输入网络表文件名。

如果不知道网络表文件所在的位置，可以单击对话框中的 Browse 按钮，系统将弹出如图 8-73 所示的网络表文件选择对话框，在该对话框中，用户可以选取网络表目标文件。

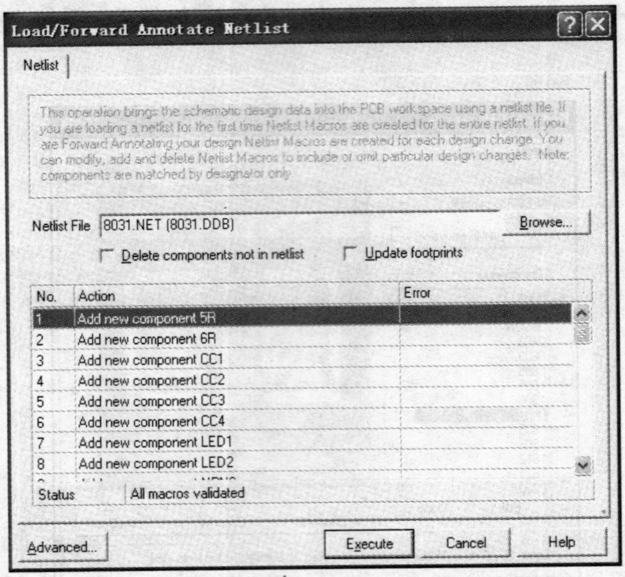

图 8-72　加载网络表对话框

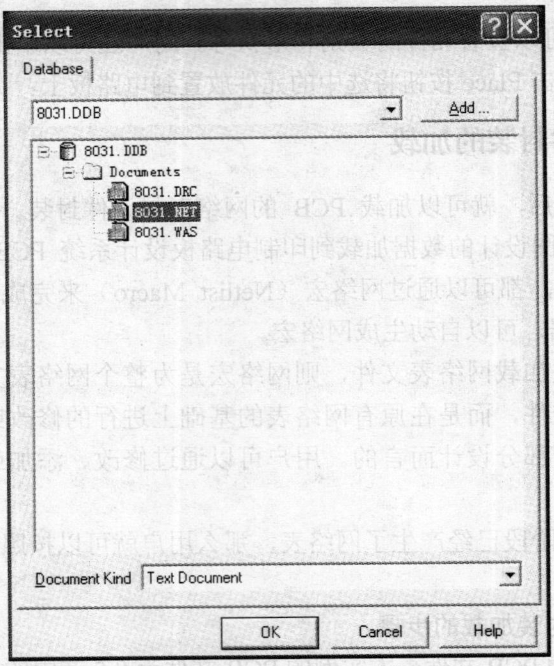

图 8-73　网络表文件选择对话框

如果用户想查看网络表所生成的宏，可以双击图 8-72 所示的列表中的对象，系统将弹出如图 8-74 所示的对话框，在该对话框中显示该宏的属性，用户还可以修改宏。

如果用户选中 Advanced 按钮，则可以打开网络表管理器对话框，实现对网络表的管理和操作。这将在后续章节介绍。

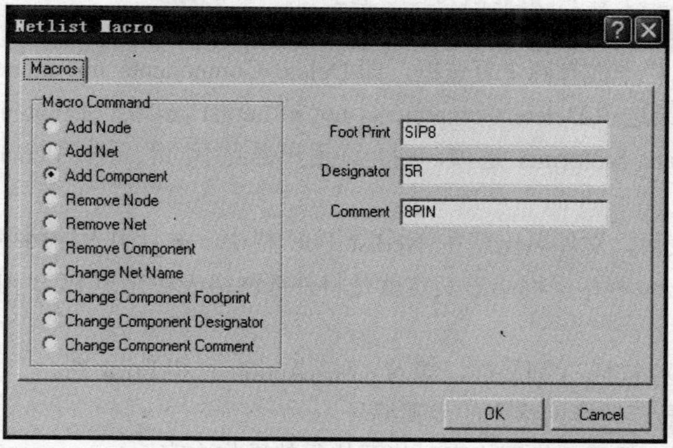

图 8-74　网络表宏属性对话框

注意：每个元件必须具有引脚的封装形式，对于电路原理图中从元件库中装载的元件，一般均具有封装形式，但是如果是用户自己创建的元件库或从 Digital Tools 工具栏上选择装载的元器件，则应该设定其封装形式（即属性 Footprint 项），例如，电阻引脚封装可设定为 AXIAL0.4。

如果没有设定封装形式，或者封装形式不匹配，则在装入网络表时，会在列表框中显示某些宏是错误的，这将不能正确加载该元件。用户应该返回电路原理图，修改该元件的属性或电路连接，再重新生成网络表，然后切换到 PCB 文件中进行操作。

5）单击图 8-72 中的 Execute 按钮，即可实现加载网络表与元件。结果如图 8-75 所示。

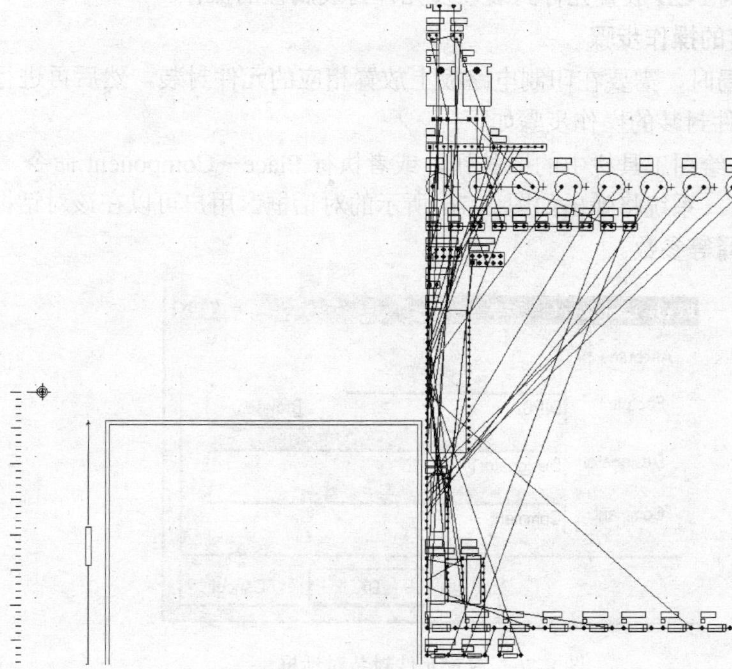

图 8-75　加载网络表后的 PCB

2. 加载网络表对话框的说明

1）Netlist File 栏下面有两个复选框，即 Delete Components not in netlist 选项和 Update footprints 选项。如果选中 Delete Components not in netlist 选项，则系统将删除没有连线的元件；如果选中 Update footprints 选项，则允许用户遇到不同的元件封装时，进行元件封装的更新。

2）引入网络表后，文件名出现在 Netlist File 栏中，并且引入的网络表以网络宏的形式出现在 Netlist Macros 栏中。网络宏其实就是将外部网络表转化为 PCB 内部网络表时需要执行的操作。

Netlist Macros 栏包括 3 列属性，即 No.列、Action 列和 Error 列。

- No.列用于显示转换网络表的步骤编号。
- Action 列用于显示转换网络表时将要执行的操作内容。
- Error 列用于显示网络表中出现的错误。

3）Netlist Macros 栏的下部还有一个网络表状态栏，用于显示网络表是否有错误。如果有错误，其中将显示错误的个数；如果没有错误，状态栏将显示 All macros validated 字样，警告信息不会在状态栏显示。

8.8 放置元件封装

前面已经讲述了 PCB 制作的一些重要知识，在进行具体布局和布线之前，有时候需要在 PCB 中添加一些原理图中没有的元件，比如，为了增加 PCB 的抗干扰性能，需要添加一些电容和电感等元件。因此，往加载了网络表的 PCB 中添加元件封装也是一个必要了解的操作。下面讲述如何向 PCB 放置元件封装以及元件封装属性的操作。

1. 放置元件封装的操作步骤

当进行 PCB 布局时，需要在印制电路板上放置相应的元件封装，然后再进行连线，才能生成 PCB。放置元件封装的操作步骤如下：

1）使用鼠标单击绘图工具栏中的按钮，或者执行 Place→Component 命令。

2）执行此命令后，系统将弹出如图 8-76 所示的对话框。用户可以在该对话框中输入元件的封装、标号、注释等参数。

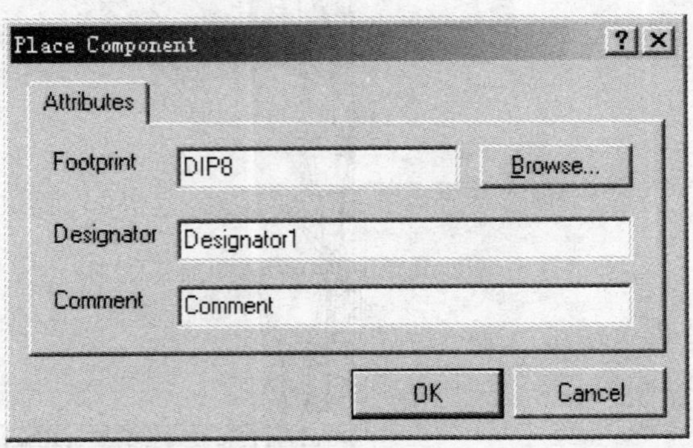

图 8-76　放置元件封装对话框

- Footprint：用来输入封装，即装载哪种封装。用户也可以单击 Browse 按钮，系统将弹出如图 8-77 所示的对话框，用户可以通过该对话框选择所需要放置的封装。
- Designator：用来输入封装名称，系统默认为 Designator xx。
- Comment：用来输入封装的注释。

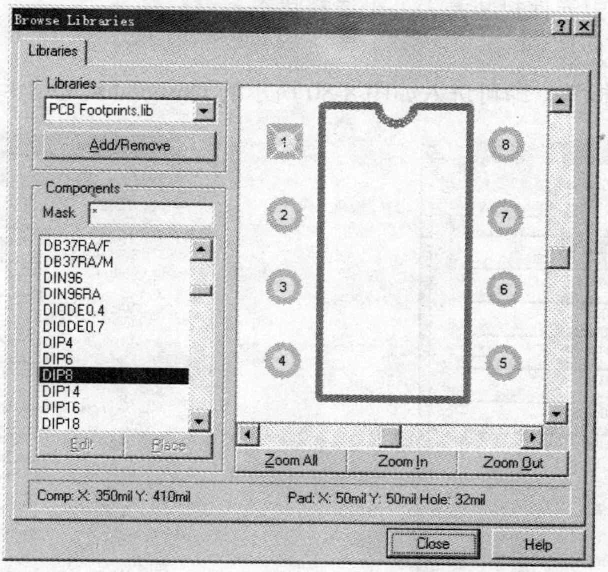

图 8-77　浏览元件库对话框

3）用户还可以在放置封装前，即在命令状态下，单击〈Tab〉键，进入元件封装属性对话框，进行封装属性的设置。

4）用户可以根据实际需要，设置完参数后，即可把元件放置到工作区中，如图 8-78 所示。

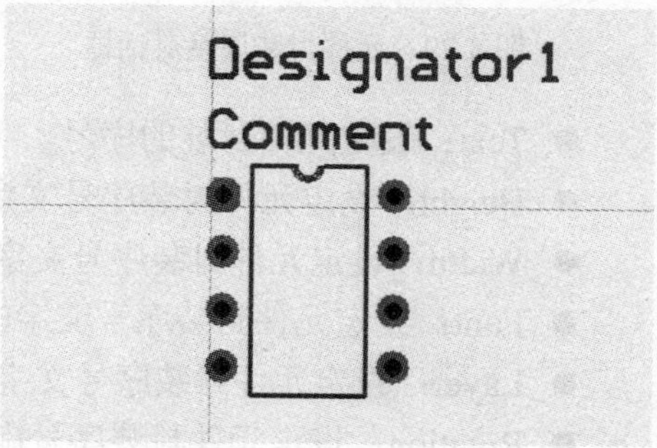

图 8-78　放置的元件封装

2．设置元件封装属性

设置元件封装属性需要开启元件属性设置对话框。当在放置元件封装时按〈Tab〉键，或者使用鼠标双击在印制电路板上已经放置的元件封装，或者选中封装，然后单击鼠标右键，从快捷菜单中选取 Properties 命令，均可以开启如图 8-79 所示的元件封装属性对话框。

图 8-79 所示的元件封装属性对话框中有 3 个选项卡，即 Properties 选项卡、Designator 选项卡和 Comment 选项卡。

（1）Properties 选项卡

单击 Properties 标签，即可进入如图 8-79 所示的 Properties 选项卡。

- Designator：设定元件封装的序号。
- Comment：设定元件包装的名称或标注元件封装。
- Footprint：设定元件封装。
- Layer：设定元件封装所在的层。
- Rotation：设定元件封装的旋转角度。

● X-Location：设定元件封装的 X 轴坐标。
● Y-Location：设定元件封装的 Y 轴坐标。
● Lock Prims：设定是否锁定元件封装结构。
● Locked：设定是否锁定元件封装的位置。
● Selection：设定元件封装是否处于选择状态。

（2）Designator 选项卡

单击 Designator 标签，即可进入如图 8-80 所示的 Designator 选项卡。

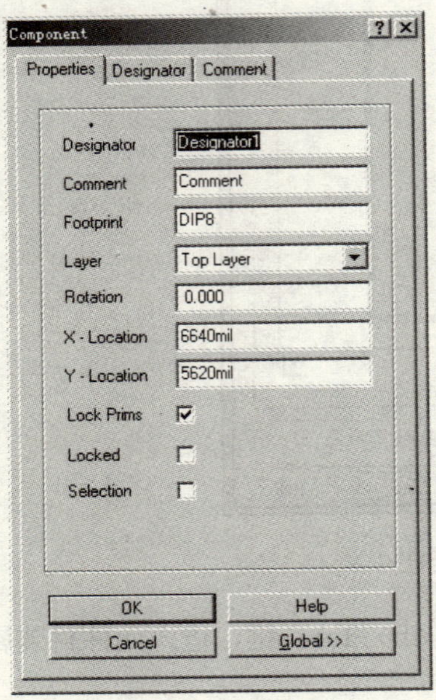

图 8-79　元件封装属性对话框

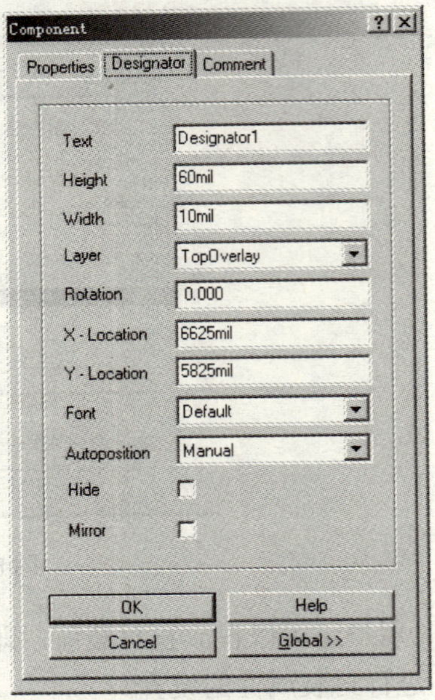

图 8-80　Designator 选项卡

● Text：设定元件封装的序号。
● Height：设定元件封装序号文字的高度。
● Width：设定元件封装序号文字的线宽。
● Font：设定元件封装序号文字的字体。
● Layer：设定元件封装序号文字所在的层。
● Rotation：设定元件封装序号旋转角度。
● Hide：设定元件封装序号是否隐藏。
● Mirror：设定元件封装序号是否翻转。

（3）Comment 选项卡

单击 Comment 标签，即可进入如图 8-81 所示的 Comment 选项卡，各选项的意义与 Designator 选项卡中各选项的意义一样。

用户还可以对文本和管脚进行编辑，当单独编辑它们时，只需使用鼠标双击文本或管脚，即可进入相应的属性对话框中进行编辑调整。

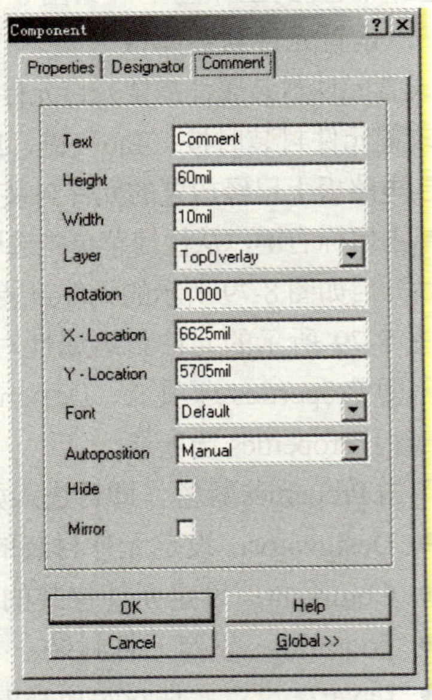

图 8-81　Comment 选项卡

8.9 元件的自动布局

装入网络表和元件封装后，要把元件封装放入工作区，这就需要对元件封装进行布局，下面继续以 8.7.3 节的图 8-75 为例进行讲解。

Protel 99 SE 提供了强大的自动布局功能，用户只要定义好规则，Protel 99 SE 就可以将重叠的元件封装分离开来。

元件自动布局的操作步骤如下：

1）执行命令 Tools→Auto Placement。

2）执行该命令后，会出现如图 8-82 所示的对话框。用户可以在该对话框中设置有关的自动布局参数。在一般情况下，可以直接利用系统的默认值。

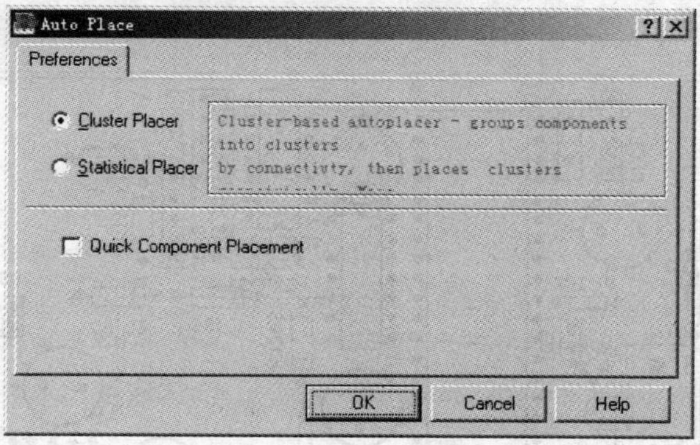

图 8-82　设置元件自动布局的对话框

Protel 99 SE 的 PCB 编辑器提供了两个自动布线方式，每种方式均使用不同的计算和优化元件位置的方法，两种方法描述如下：

① Cluster Placer：即自动布局器。这种布局方式将元件基于它们的连通属性分为不同的元件束，并且将这些元件按照一定的几何位置布局。这种布局方式适合于元件数量（小于 100）较少的 PCB 制作。这种情况下，元件被分为组来布局。

② Statistical Placer：即统计布局器，也称为 Global Placer。该布局器使用一种统计算法来放置元件，以便使连接长度最优化。一般，如果元件数量超过 100，建议使用该布局器。

Statistical Placer 适合于元件较多的情况，它使用了统计算法，使元件间用最短的导线来连接。Statistical Placer 选项如图 8-83 所示，各项的含义如下：

- Group Components：该项的功能是将在当前网络中连接密切的元件归为一组。在排列时，将该组的元件作为群体而不是个体来考虑。
- Rotate Components：该项的功能是依据当前网络连接与排列的需要，使元件重组转向。如果不选中该项，则元件将按原始位置布置，不进行元件的转向动作。
- Power Nets：定义电源网络的名称。
- Ground Nets：定义接地网络的名称。
- Grid Size：设置元件自动布局时的栅格间距的大小。

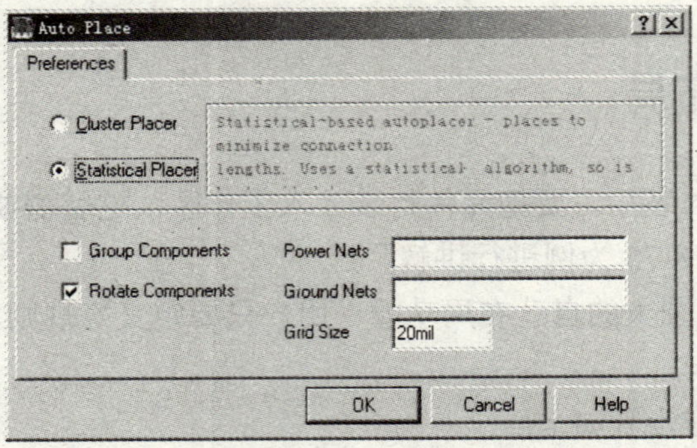

图 8-83 Statistical Placer 布局选项

3）这里选择 Statistical Placer 布局方式，然后单击 OK 按钮，系统出现如图 8-69 所示的画面，该图为元件自动布局完成后的状态。系统会自动生成另一个 PCB 文件，将当前结果保存在此文件中，本实例保存为 8031_example.pcb 文件，如图 8-84 所示。

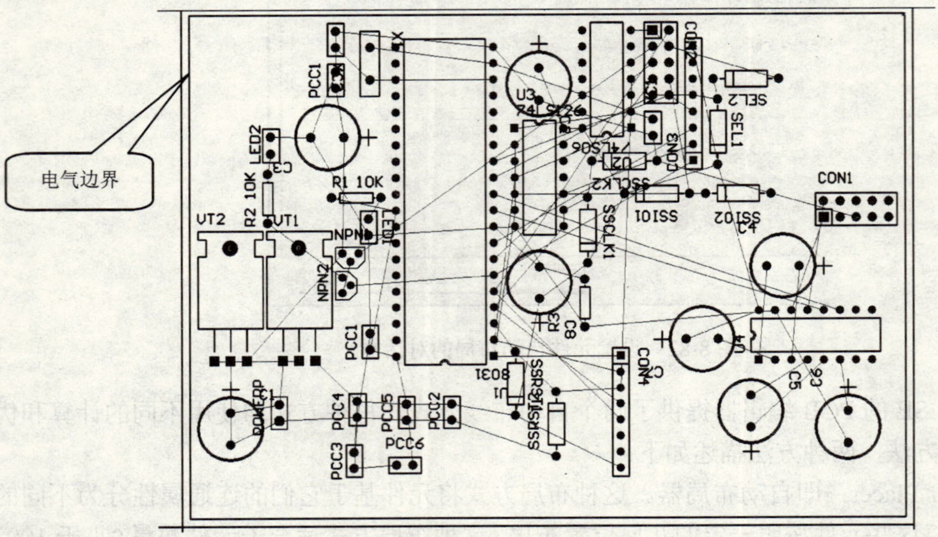

图 8-84 元件自动布局状态

注意：在运行自动布局前，应确保已经定义了一个 PCB 的电气边界，并确保电气边界的属性选择为 Keep out（参考 8.6 节）。在执行一个自动布局前，应该将当前原点设置为系统默认的绝对原点位置（可以执行 Edit →Origin→Reset 命令），因为自动布局使用绝对原点为参考点。

设计者执行自动布局前，最好参考 8.6 节有关电气边界的定义。

8.10 添加网络连接

当在 PCB 中装载了网络表后，一般还有一些网络需要用户自行添加，比如，与总线的连接、与电源的连接等。本节将详细讲述如何在 PCB 中添加网络连接，具体操作步骤如下：

1）在打开的 PCB 文件中（已装载网络表文件），执行 Design→Netlist Manager 命令，系统将弹出如图 8-85 所示的网络表管理器对话框。

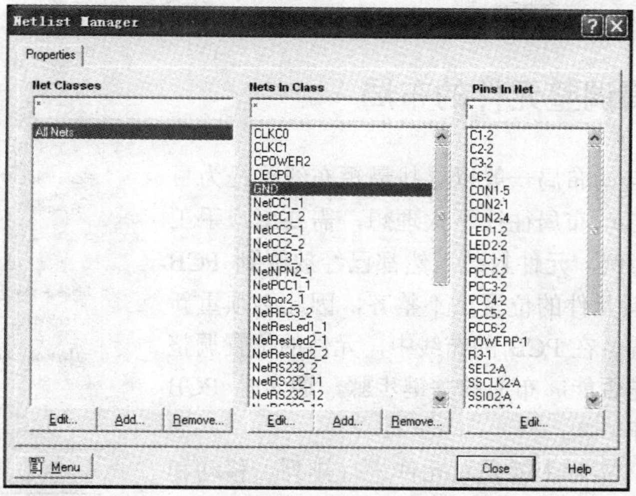

图 8-85　网络表管理器

2）此时，可以在 Nets in Class 列表中选择需要连接的网络，例如 GND，然后双击该网络名或者单击下面的 Edit 按钮，系统将弹出如图 8-86 所示的网络编辑对话框，此时可以选择添加连接该网络的元件引脚，如 PCC1-1。

在 Nets in Class 列表中单击下面的 Add 按钮，可以向 PCB 添加新的网络，系统弹出的对话框与图 8-86 一样。可以在 Net Name 编辑框中输入新的网络名，并可以分别添加该网络的连接。

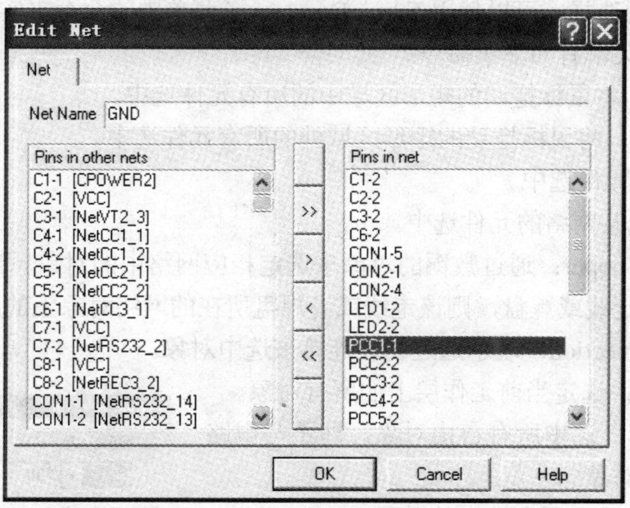

图 8-86　“Edit Net（网络编辑）”对话框

在 Nets in Class 列表中单击下面的 Remove 按钮，可以从 PCB 中移去已有的网络。

技巧：网络连接也可以直接在焊盘属性对话框中修改或添加。如果新放置了一个焊盘，那么可以直接打开其属性对话框，如图 8-87 所示，进入 Advanced 选项卡，在 Net 下拉列表中选择该焊盘的网络连接。

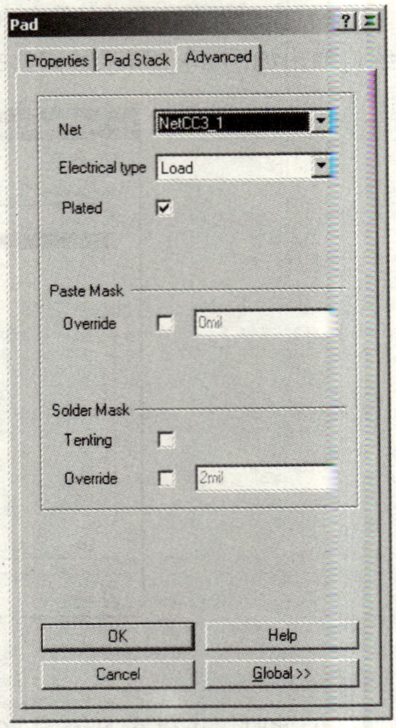

图 8-87　焊盘网络连接设置

8.11　手工编辑调整元件的布局

程序对元件的自动布局一般以寻找最短布线路径为目标，因此，元件的自动布局往往不太理想，需要用户手工调整。以图 8-84 为例，元件封装虽然都已经放置到 PCB 的电气边界之内，但元件的位置还不整齐，因此必须重新调整某些元件的位置。在 PCB 的布线中，元件的位置调整是影响 PCB 布线是否能够布通的关键步骤，通常是 PCB 布线最耗时间的操作。

进行位置调整，实际上就是对元件进行排列、移动和旋转等操作，单是设计人员在调整元件布局时需要考虑有利于 PCB 布线。下面以图 8-84 为例，讲述如何手工调整元件的布局。

8.11.1　选取元件

手工调整元件的布局前，应该选中元件，然后才能进行元件的移动、旋转、翻转等编辑操作。选中元件的最简单的方法是拖动鼠标，直接将元件放在一个鼠标所包含的矩形框中。系统也提供了专门的选取对象和释放对象的命令，选取对象的菜单命令为 Edit→Select。如果用户想释放元件的选择，可以使用 Edit→Deselect 子菜单中的命令来实现。

Edit→Select 子菜单有如下子命令：

- Inside Area：将鼠标拖动的矩形区域中的所有元件选中。
- Outside Area：将鼠标拖动的矩形区域外的所有元件选中。
- All：将所有元件选中。
- Net：将组成某网络的元件选中。
- Connected Copper：通过敷铜的对象来选定相应网络中的对象。当执行该命令后，如果选中某条走线或焊盘，则该走线或者焊盘所在的网络对象上的所有元件均被选中。
- Physical Connection：表示通过物理连接来选中对象。
- All on Layer：选定当前工作层上的所有对象。
- Free Objects：选中所有自由对象，即不与电路相连的任何对象。
- All Locked：选中所有锁定的对象。
- Off Grid Pads：选中图中的所有焊盘。
- Hole Size：选中内孔直径满足定制条件的焊盘和过孔。执行该命令后，系统将弹出如图 8-88 所示的对话框，用户可以定义孔直径。其中有

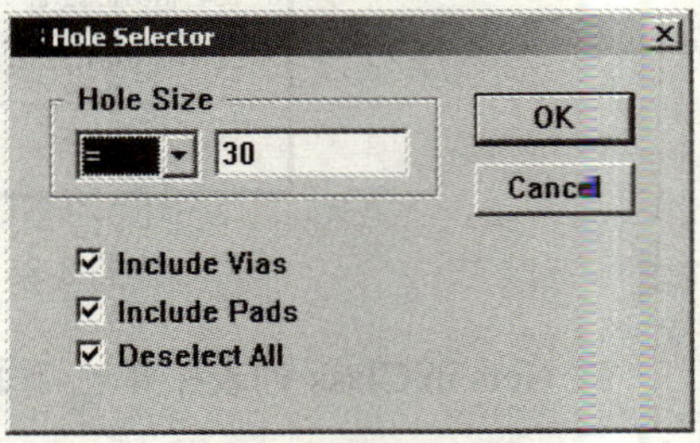

图 8-88　孔直径和选择条件设定对话框

3 个复选框：Include Vias 表示选中所有满足条件的过孔；Include Pads 表示包括所有焊盘；Deselect All 表示选定对象之前，先释放所有已选定的对象。

- Toggle Selection：逐个选取对象，最后构成一个由所选中的元件组成的集合。

释放选取对象的命令的各选项与对应的选择对象命令的功能相反，操作一样，这里就不再重述。

8.11.2 旋转元件

从图 8-84 中可以看出，有些元件的方向排列还不一致，需要对其进行调整，这就需要对元件进行旋转操作。旋转元件可以使用快捷键和菜单两种方式。使用菜单 Edit→Move→Rotate Selection 可以实现对元件进行旋转，也可以使用〈Space〉快捷键（即空格键）。使用菜单命令实现元件旋转的操作过程如下：

1）执行 Edit→Select→Inside all 命令，然后拖动鼠标选中需要旋转的元件。另外，也可以直接拖动鼠标选中元件对象。

2）执行 Edit→Move→Rotate Selection 命令，系统将弹出如图 8-89 所示的旋转角度设置对话框。

3）设定了角度（例如 90º）后，单击 OK 按钮，系统将提示用户在图纸上选取旋转基准点。当用户用鼠标在图纸上选定了一个旋转基点后，选中的元件即可实现旋转。

技巧 1：实际上，使用空格键〈Space〉旋转元件最方便、简单。只要使用鼠标左键单击需要旋转的元件，并按住左键，然后单击空格键，就可以实现元件的旋转。

技巧 2：用户也可以使用一种简单的操作方法实现对象旋转，直接使用鼠标双击需要旋转的元件，然后在其属性对话框中设定旋转角度。

8.11.3 移动元件

在 Protel 99 SE 中，可以使用命令来实现元件的移动，当选择了元件后，执行移动命令就可以实现移动操作。元件移动的命令在菜单 Edit→Move 中，其子菜单如图 8-90 所示。子菜单 Edit→Move 中各个移动命令的功能如下所述。

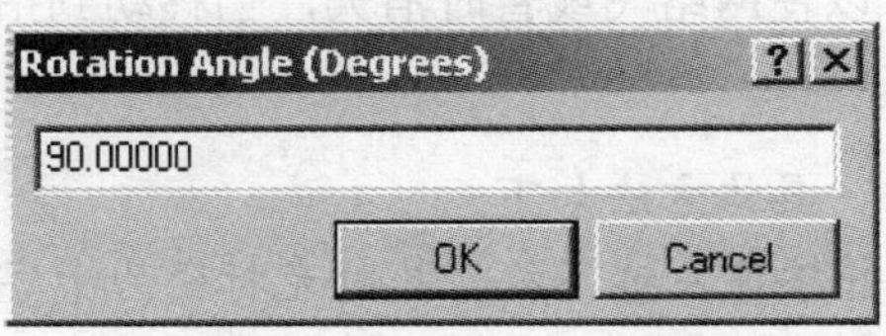

图 8-89 旋转角度设置对话框

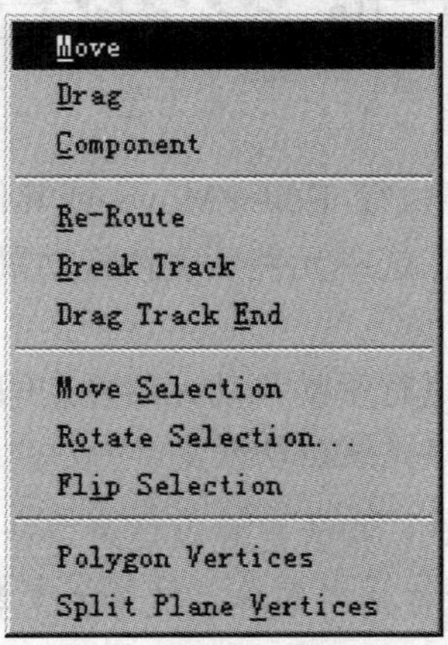

图 8-90 Edit→Move 子菜单

- Move 命令用于移动元件。当选中元件后，选择该命令，用户就可以拖动鼠标，将元件移动到合适的位置，这种移动方法不够精确，但很方便。当然，在使用该命令时，也可以先不选中元件，执行命令后再选择元件。
- Drag 也是一个很有用的命令，启动该命令前，可以预先选中元件，也可以先不选中元件。启动该命令后，光标变成十字形状。在需要拖动的元件上单击鼠标，元件就会跟着光标一起移动，将元件移到合适的位置，再单击鼠标，即可完成此元件的重新定位。
- Component 命令的功能与上述两个命令的功能一样，用于实现元件的移动，操作方法类似。
- Re-Route 命令用来对移动后的元件重生成布线。
- Break Track 命令用来打断某些导线。
- Drag Track End 用来选取以导线的端点为基准移动的元件对象。
- Move Selection 命令用来将选中的多个元件移动到目标位置，该命令必须在选中了元件（可以选中多个）后，才能有效。
- Rotate Selection 命令用来旋转选中的对象，执行该命令必须先选中元件。
- Flip Selection 命令用来将所选的对象翻转 180º，与旋转不同。

下面以图 8-84 为例，讲述移动元件的操作步骤：

1）执行 Edit→Select→Inside all 命令，然后拖动鼠标选中需要移动的元件，如图 8-91 所示为选中了将要移动的元件对象。另外，也可以直接拖动鼠标选中元件对象，如图 8-92 所示，此时光标会移到元件的基准点。

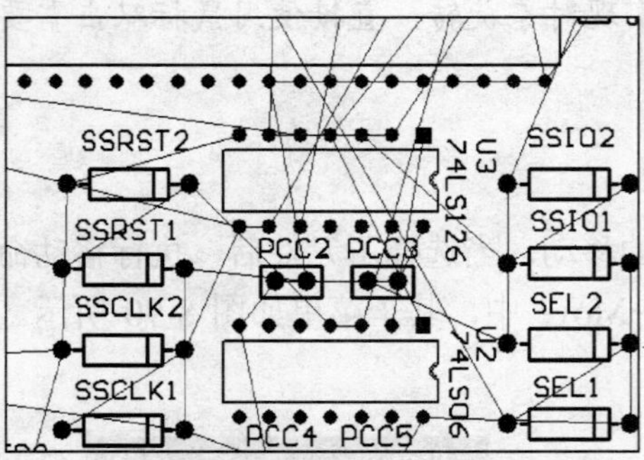

图 8-91　U3 即为选中的元件

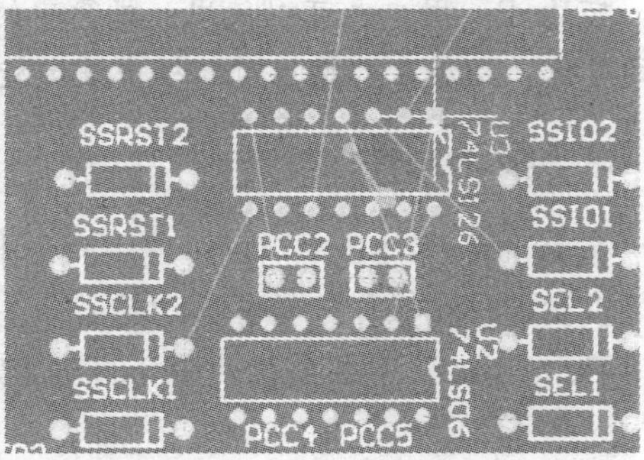

图 8-92　直接使用鼠标移动元件

2）执行 Edit→Move 或其他相关的移动对象命令，对选定的对象实现移动操作。用户也可以在选中元件后直接拖动鼠标移动对象。经过移动调整后的 PCB 布局图如图 8-93 所示。

在进行手动移动元器件期间，按〈N〉键可以使网络飞线暂时消失，当移动到指定位置后，网络飞线自动恢复。

技巧： 用户也可以使用一种简单的操作方法，具体方法如下：

- 首先用鼠标左键单击需要移动的元件，并按住左键不放，此时光标变为十字形状，表明已选中要移动的元件。

● 按住左键不放，然后拖动鼠标，则十字光标会带动被选中的元件进行移动，将元件移动到适当的位置后，松开鼠标左键即可。

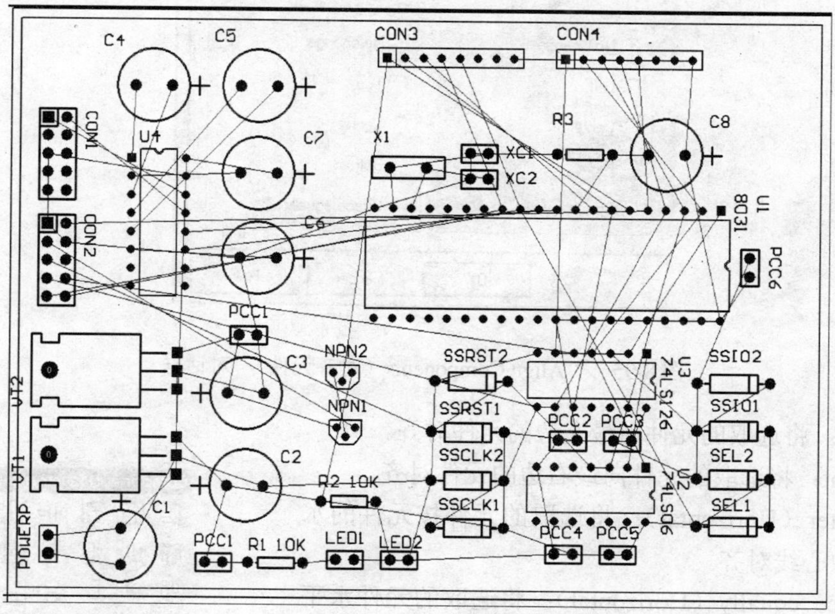

图 8-93　元件移动后的布局

8.11.4　排列元件

排列元件可以通过执行 Tools→Interactive Placement 子菜单的相关命令来实现，该子菜单有多种排列方式，如图 8-94 所示。用户也可以从 Component Placement（元件位置调整）工具栏中选取相应的命令来排列元件。

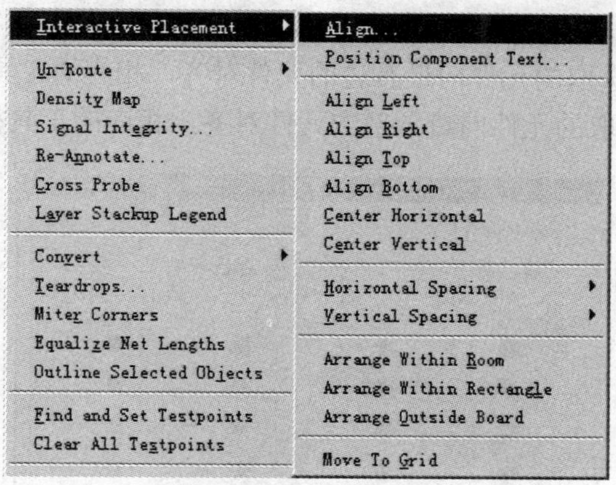

图 8-94　排列方式菜单

1. 子菜单中的主要命令和功能

1）Align：选取该菜单后，将弹出对齐元件对话框，该对话框列出了多种对齐的方式，如图 8-95 所示。该命令也可以从如图 8-96 所示的工具栏中选择按钮来激活。

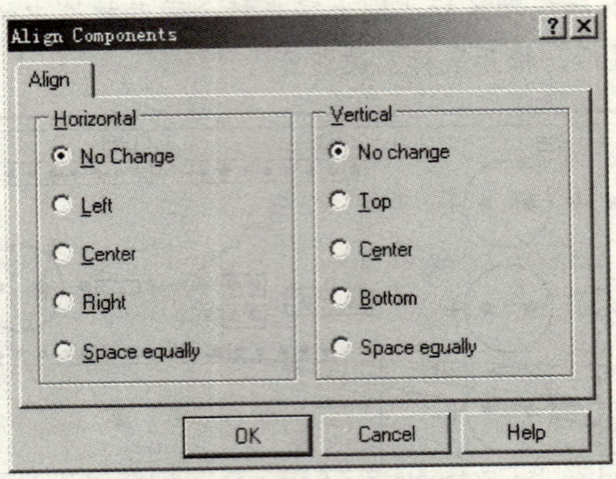

图 8-95 “Align Components（对齐元件）”对话框

- Left：将选取的元件向最左边的元件对齐。
- Right：将选取的元件向最右边的元件对齐。
- Center（Horizontal）：将选取的元件按元件的水平中心线对齐。
- Space equally（Horizontal）：将选取的元件水平平铺，相应的工具栏按钮为 。
- Top：将选取的元件向最上面的元件对齐。
- Bottom：将选取的元件向最下面的元件对齐。
- Center（Vertical）：将选取的元件按元件的垂直中心线对齐。
- Space equally（Vertical）：将选取的元件垂直平铺，相应的工具栏按钮为 。

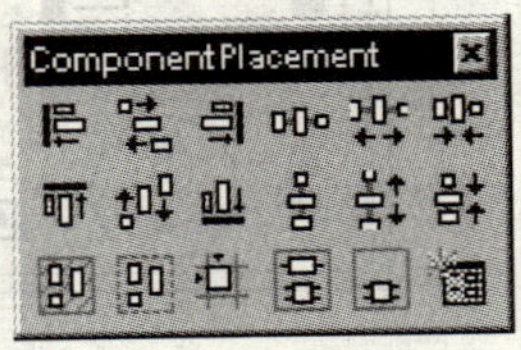

图 8-96 Component Placement 工具栏

2）Position Component Text：执行该命令后，系统将弹出如图 8-97 所示的元件文本位置设置对话框，在该对话框中可以设置元件文本的位置，也可以直接手动调整文本位置。

3）Align Left：将选取的元件向最左边的元件对齐，相应的工具栏按钮为 。

4）Align Right：将选取的元件向最右边的元件对齐，相应的工具栏按钮为 。

5）Align Top：将选取的元件向最顶部的元件对齐，相应的工具栏按钮为 。

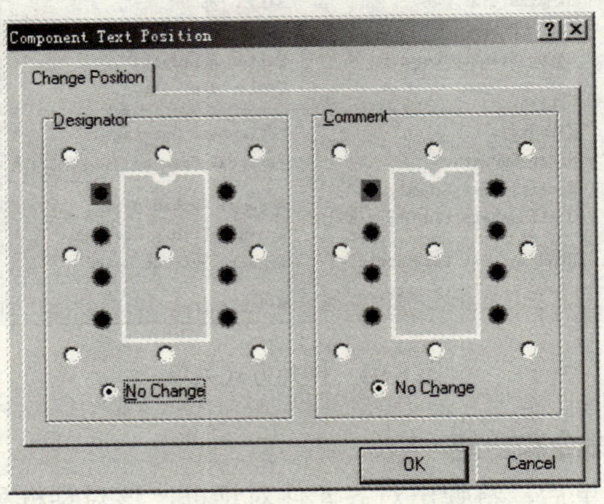

图 8-97 元件文本位置设置对话框

6）Align Bottom：将选取的元件向最底部的元件对齐，相应的工具栏按钮为。

7）Center Horizontal：将选取的元件按元件的水平中心线对齐，相应的工具栏按钮为。

8）Center Vertical：将选取的元件按元件的垂直中心线对齐，相应的工具栏按钮为。

9）Horizontal Spacing：该命令的子菜单中有如下三个命令选项：

- Make Equal：将选取的元件水平平铺，相应的工具栏按钮为。
- Increase：将选取的元件的水平间距增大，相应的工具栏按钮为。
- Decrease：将选取的元件的水平间距减小，相应的工具栏按钮为

10）Vertical Spacing：该命令的子菜单中有如下三个命令选项：

- Make Equal：将选取的元件垂直平铺，相应的工具栏按钮为。
- Increase：将选取的元件的垂直间距增大，相应的工具栏按钮为。
- Decrease：将选取的元件的垂直间距减小，相应的工具栏按钮为。

11）Arrange within Room：将选取的元件在空间定义内部排列，相应的工具栏按钮为。

12）Arrange within Rectangle：将选取的元件在一个矩形内部排列，相应的工具栏按钮为。

13）Arrange Outside Board：将选取的元件在一个 PCB 的外部进行排列。

14）Move To Grid：将被选取的元件移动到栅格上，执行该命令选项后，会出现如图 8-98 所示的对话框。用户只需根据实际的需要输入栅格值即可。

2. 排列元件的操作步骤

1）执行 Edit→Select→Inside all 命令，然后拖动鼠标选中需要移动的元件，这里先对每一行元件进行排列。另外，用户也可以直接拖动鼠标选中元件对象。

2）执行 Tools→Interactive Placement→Align 命令，在水平（Horizontal）操作框中选择 No Changed 单选框，在垂直（Vertical）操作框选择 Bottom 单选框，如图 8-99 所示。单击 Ok 按钮后，系统则按上述操作分别排列各行的元件。

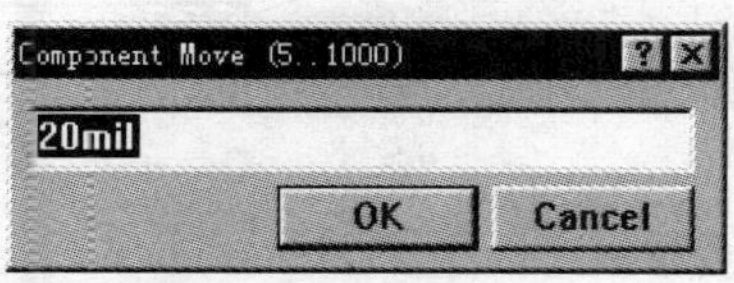

图 8-98　设置栅格值对话框

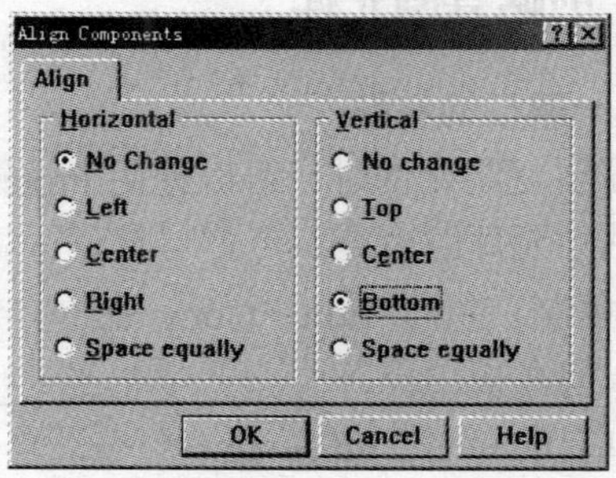

图 8-99　排列设置话框

3）选中各列的元件，对其进行左右对准排列。其操作过程可以参考前面的讲解。

4）用户可以根据需要，选择不同的方式对被选择的元件进行排列，排列各元件后的布局如图 8-100 所示。

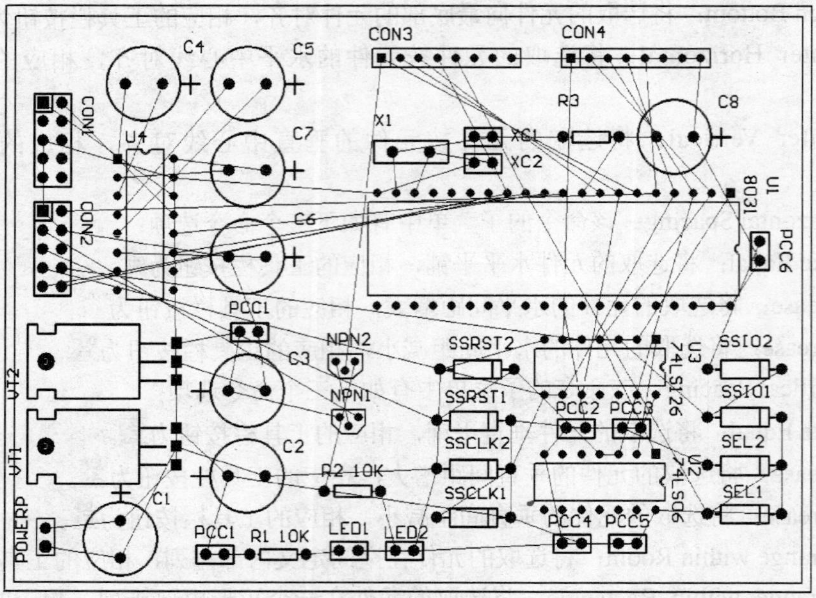

图 8-100　排列元件后的 PCB 布局

8.11.5　调整元件标注

元件的标注不合适虽然不会影响电路的正确性，但是对于一个有经验的电路设计人员来说，电路板版面的美观也是很重要的。因此，用户可按如下步骤对元件标注加以调整：

1）选中字符串，然后单击鼠标右键，从快捷菜单中选取 Properties 命令项；或者使用鼠标双击字符串，系统也将会弹出如图 8-101 所示的字符串属性对话框。

2）通过该对话框，可以设置文字标注。

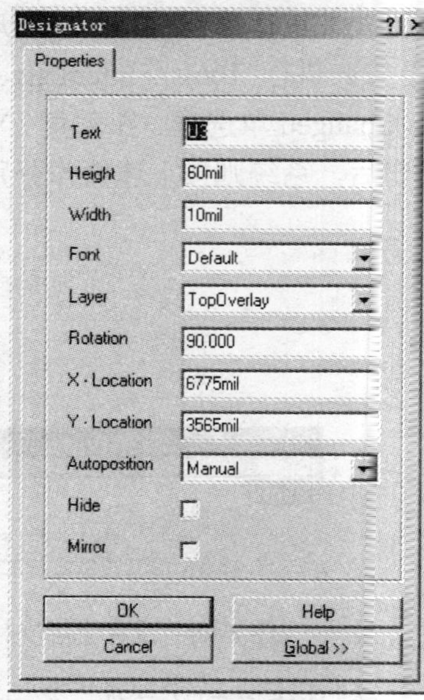

图 8-101　字符串属性对话框

8.11.6　剪贴复制元件

1．一般性的粘贴

当需要复制元件时，可以使用 Protel 99 SE 提供的复制、剪切和粘贴元件的命令。

1）复制。执行 Edit→Copy 命令，将选取的元件作为副本，放入剪贴板中。

2）剪切。执行 Edit→Cut 命令，将选取的元件直接移入剪贴板中，同时电路图上的被选元件被删除。

3）粘贴。执行 Edit→Paste 命令，将剪贴板里的内容作为副本，复制到电路图中。

这些命令也可以在主工具栏中选择执行。另外，系统还提供了功能热键来实现剪贴复制操作。

● Copy 命令：〈Ctrl+Insert〉键。

- Cut 命令：〈Shift+Delete〉键。
- Paste 命令：〈Shift+Insert〉键。

注意：复制一个或一组元件时，当用户选择了需要复制的元件后，系统还要求用户选择一个复制基点，该基点很重要，用户应该选择合适的基点，这样可以方便后面的粘贴操作。

2．选择性的粘贴

选择性的粘贴是一种特别的粘贴方式，选择性粘贴可以按设定的粘贴方式复制元件，也可以采用阵列方式粘贴元件。选择性粘贴的操作步骤如下：

1）执行命令 Edit→Paste Special，启动阵列式粘贴，系统将弹出图 8-102 所示的对话框。

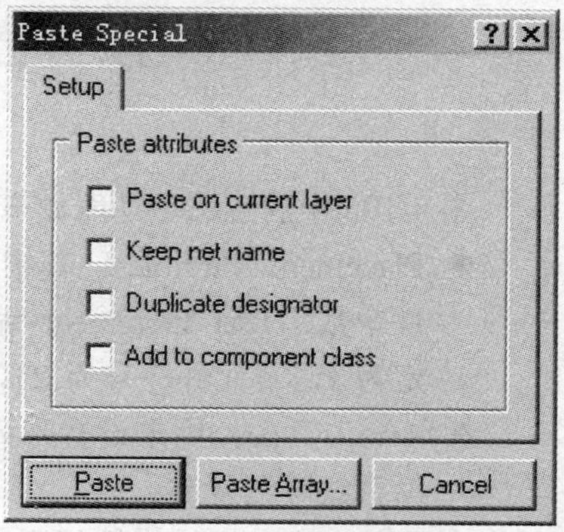

图 8-102　选择性粘贴对话框

2）设置选择性粘贴方式。在图 8-102 所示的对话框中，可以设置粘贴方式。各选项的意义如下：

- Paste on current Layer：表示将对象粘贴在当前的工作层上，但是对象的焊盘、过孔、位于丝印层上的元件标号、形状和注释保留在原来工作层上。
- Keep net name：表示如果元件粘贴在同一个文档中，则相同的复制对象会保持电气网络连接。粘贴操作后，相同的对象会保持同性质的电气网络连接线，如图 8-103 所示。
- Duplicate designator：表示对象如果粘贴在同一文档中时，被粘贴的对象名称与原对象一样。如图 8-104 所示为选择 Duplicate designator 选项粘贴的对象。
- Add to component class：表示如果将对象粘贴在同一文档中，被粘贴的对象将与源对象形成相同的元件类。

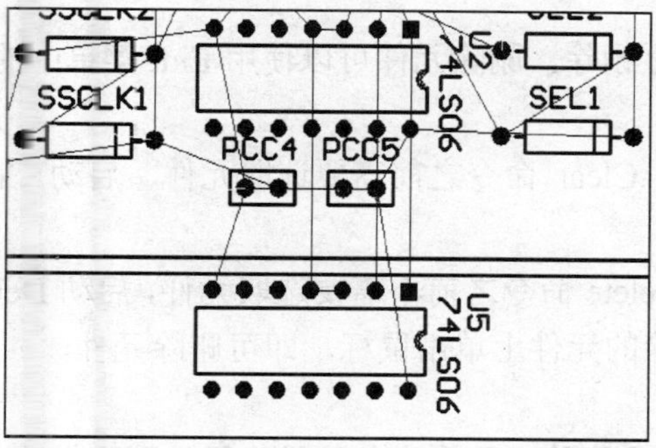

图 8-103　粘贴后两元件间生成的网络连接

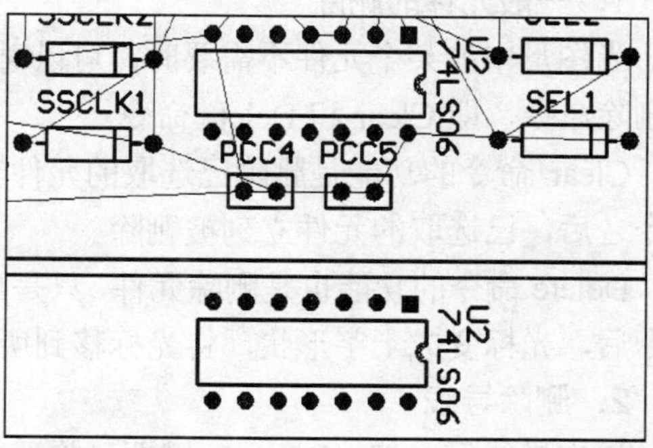

图 8-104　粘贴的对象与原对象同名

3）当设置了粘贴方式后，就可以按 Paste 按钮直接将对象粘贴到目标位置，也可以按 Paste Array 按钮，进行阵列粘贴对象。如果采用阵列粘贴对象，则系统将会弹出如图 8-105 所示的阵列式粘贴设置对话框，该按钮功能也可以从 Placement Tools 工具栏中选择按钮来执行。

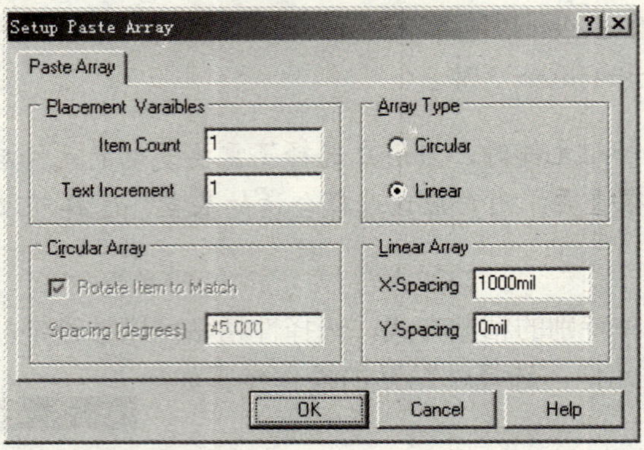

图 8-105　阵列式粘贴对话框

图 8-105 中的各选项功能如下：

- Placement Varaibles：其中有两个编辑框。Item Count 编辑框用于设置所要粘贴的元件个数；Text Increment 编辑框用于设置所要粘贴元件序号的增量值。如果将该值设定为 1，且元件序号为 R1，则重复放置的元件中，序号分别为 R2、R3、R4…。
- Array Type：用来设置阵列复制类型。Circular 选项为周向阵列复制；Linear 选项为沿直线阵列复制。
- Circular Array：在选择了 Circular 阵列类型时有效。其中，Rotate Item to Match 复选框选中后，表示适当旋转对象以匹配放置的位置；Spacing（degrees）编辑框用来设置周向阵列的间距（角度）。
- Linear Array：在选择了 Linear 阵列类型时有效。其中，X-Spacing 编辑框用来设置 X 向的间距；Y-Spacing 编辑框用来设置 Y 向的间距。

8.11.7　删除元件

1．一般元件的删除

当图形中的某个元件不需要时，可以对其进行删除。删除元件可以使用 Eidt 菜单中的两个删除命令，即 Clear 和 Delete 命令。

Clear 命令的功能是删除已选取的元件。启动 Clear 命令之前需要选取元件，启动 Clear 命令之后，已选取的元件立刻被删除。

Delete 命令的功能也是删除元件，只是启动 Delete 命令之前不需要选取元件，启动 Delete 命令后，光标变成十字形状，将光标移到所要删除的元件上单击鼠标，即可删除元件。

2．删除导线

选中导线后，按〈Delete〉键即可将选中的对象删除。下面为各种导线段的删除方法。

（1）导线段的删除

删除导线段时，可以选中所要删除的导线段（在所要删除的导线段上单击鼠标），然后按〈Delete〉键，即可实现导线段的删除。

另外，也可单击菜单 Edit→Delete 命令，此时光标变成十字形状，将光标移到任意一个导线段上，光标上出现小圆点，单击鼠标，即可删除该导线段。

（2）两焊盘间导线的删除

单击菜单 Edit→Select→Physical Connection 命令，光标变成十字形状。将光标移到连接两焊盘的任意一个导线段上，光标上出现小圆点，单击鼠标，可将两焊盘间所有的导线段选中，然后按〈Ctrl+Delete〉键，即可将两焊盘间的导线删除。

（3）删除相连接的导线

单击菜单 Edit→Select→Connected Copper 命令，光标变成十字形状。将光标移到其中一个导线段上，光标上出现小圆点，单击鼠标，可将所有有连接关系的导线选中，然后按〈Ctrl+Delete〉键，即可删除连接的导线。

（4）删除同一网络的所有导线

单击菜单 Edit→Select→Net 命令，光标变成十字形状。将光标移到网络上的任意一个导线段上，光标上出现小圆点，单击鼠标，可将网络上所有的导线选中，然后按〈Ctrl+Delete〉键，即可删除网络的所有导线。

8.12 布线前的设置

在印制电路板布局结束后，便进入印制电路板的布线过程。一般说来，用户先是对印制电路板布线提出某些要求，然后按照这些要求来预置布线设计规则。预置布线设计规则设定得是否合理，将直接影响布线的质量和成功率。设置完布线规则后，程序将依据这些规则进行布线。

8.12.1 工作层

1. 工作层的分类

（1）信号层（Signal Layer）

对于双面板而言，信号层必须要求有两个，即顶层（Top Layer）和底层（Bottom Layer），这两个工作层必须设置为打开状态。根据设计的需要，也可以在 PCB 上添加更多的信号层。

（2）电源层（Internal Layer）

电源层也称为电源参考平面或镜像平面。设计者可以根据设计需要设置内部电源层，比如高速 PCB 的设计或者较大项目的设计。为了提高系统的抗干扰性，可以设置内部电源层。

如果需要添加信号层或电源层，则可以执行层管理器命令来进行这个操作，具体内容可以参考 8.3 节的讲解。

2. 工作层的设置

进行布线前，还应该设置工作层，以便在布线时可以合理安排线路的布局。工作层的设置步骤如下：

1）执行命令 Design→Options。

2）执行该命令后，系统将弹出设置工作层的对话框，如图 8-106 所示。

3）在对话框中进行工作层的设置，双面板需要选定信号层的 Top Layer 和 Bottom Layer 复选框，其他选取系统默认值即可。

该对话框各选项的意义和设置可以参考 8.3 节的讲解，这里不再重述。

8.12.2 设置布线的设计规则

1. 布线规则的基本知识

布线规则是 PCB 布线的重要设置，PCB 的自动或手动交互布线都是按照布线规则来进行的。布线规则规定了走线的一些相关参数，比如走线线宽、安全间距等。下面简单介绍布线规则的相关参数。

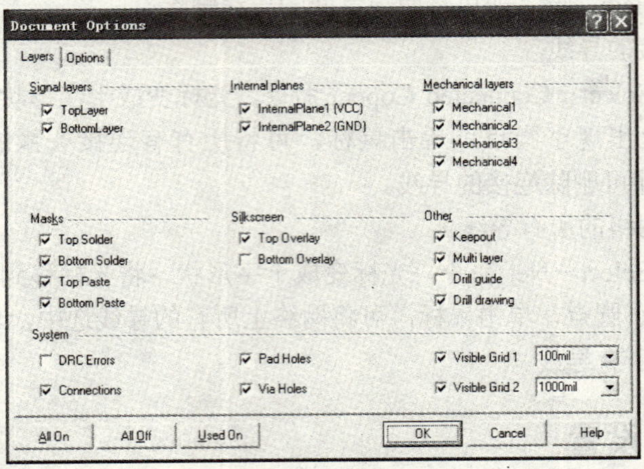

图 8-106 设置工作层对话框

（1）安全间距允许值（Clearance Constraint）

在布线之前，需要定义同一个层面上两个图元之间所允许的最小间距，即安全间距。根据经验结合本例的具体情况，可以设置为 10mil。

（2）布线拐角模式

根据印制电路板的需要，将印制电路板上的布线拐角模式设置为 45° 角模式。

（3）布线层的确定

对于双面板而言，一般将顶层布线设置为沿垂直方向，将底层布线设置为沿水平方向。

（4）布线优先级（Routing Priority）

布线优先级可以设置为 0～100。0 为最低优先级，100 为最高优先级。优先级是一个相对值，用于设定网络自动布线的顺序。

（5）布线拓扑方法（Routing Topology）

一般说来，确定一条网络的走线方式是以布线的总线长为最短作为设计原则。

（6）过孔的类型（Routing Via Style）

对于过孔类型，应该与电源/接地线以及信号线区别对待。在这里设置为通孔（Through Hole）。对电源/接地线的过孔要求的孔径参数为：孔径（Hole Size）为 20mil，宽度（Width）为 50mil。一般信号类型的过孔则是孔径为 20mil，宽度为 40mil。

（7）对走线宽度的要求

根据电路的抗干扰性和实际电流的大小，电源和接地的线宽要足够大，以便能承受足够的电流。一般的信号线的走线宽度则根据制造工艺来确定，宽度越大越好。目前的 PCB 加工工艺可以达到 5mil 的信号线宽。表 8-2 列出了推荐的布线线宽设置，走线宽度不但与所流过的电流大小相关，而且还和走线的铜厚度相关。通常，最常用的铜为 1 盎司（oz）的材料。该表是相对于外部信号层的，对于内部信号层，其单位宽度所允许的电流和外层是不一样的，通常要比外层小。比如，对于 10mil 的信号走线，对于同样为 1oz 的铜，外部可以流过的电流为 1A，而内部的信号层则只能允许 0.45A 的电流。

表 8-2　推荐的走线线宽

电流大小/A	走线宽度（1oz 的铜）/mil	走线宽度（2oz 的铜）/mil
1	10	5
2	30	15
3	50	25
4	80	40
5	110	55
6	150	75
7	180	90
8	220	110
9	260	130
10	300	150

2. 布线参数的设置

在布线之前，必须先对其参数进行设置。布线参数的设置过程如下：

1）执行命令 Design→Rules，系统将会弹出如图 8-107 所示的对话框，在此对话框中可以设置布线参数。

2）使用鼠标左键单击图 8-107 中的 Routing 选项卡，即可进入布线参数的设定。布线规则一般都集中在规则类（Rule Classes）中。在该选项卡中可以设置：走线间距约束（Clearance Constraint）、布线拐角模式（Routing Corners）、布线工作层（Routing Layers）、布线优先级（Routing Priority）、布线的拓扑结构（Routing Topology）、过孔的类型（Routing Via Style）、走线拐弯处与磁敏二极管的距离（SMD To Corner Constraint）、走线宽度（Width Constraint）。下面分别讲述这些选项的设置。

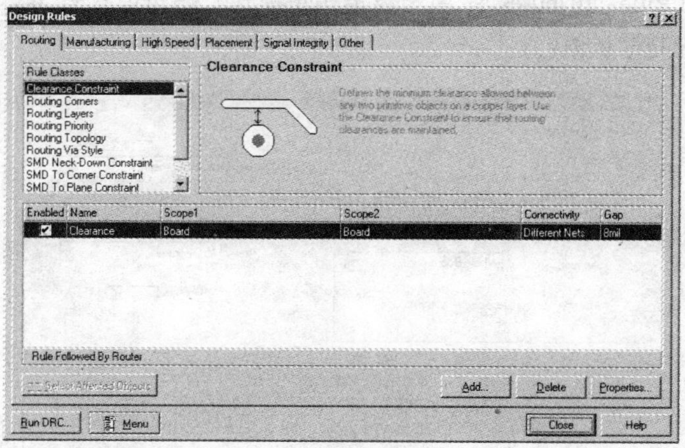

图 8-107　设置布线参数对话框

① 设置走线间距约束（Clearance Constraint）。该项用于设置走线与其他对象之间的最小距离。将光标移动到 Clearance Constraint 处单击鼠标右键，系统会弹出如图 8-108 所示的快捷菜单，从快捷菜单中选取 Add 命令，即可进入安全间距设置对话框，如图 8-109 所示。

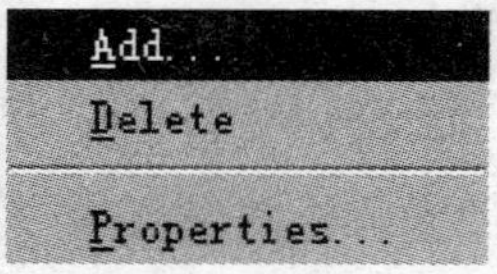

图 8-108　快捷菜单

用户也可以双击 Clearance Constraint 选项弹出该对话框。该对话框主要设置两部分内容：

- 规则范围（Rule scope）：主要用于指定本规则适用的范围。一般情况下，指定为该规则适用于整个电路板（Whole Board）。
- 规则属性（Rule attributes）：用户可以根据实际的情况输入允许的图元之间的最小间距。

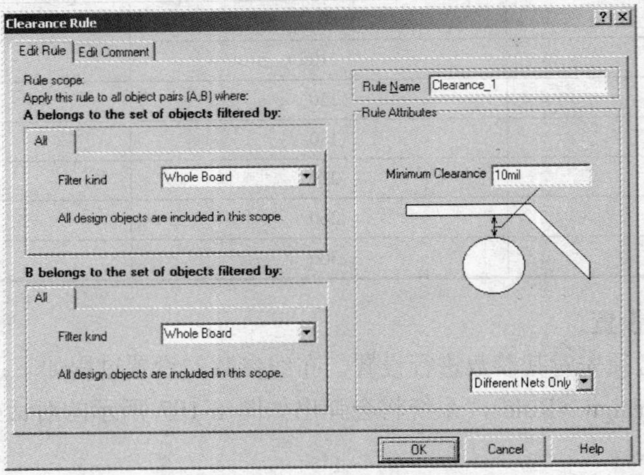

图 8-109　走线间距约束对话框

② 设置布线拐角模式（Routing Corners）。该选项用来设置走线拐弯的样式。双击 Routing Corners 选项，系统将弹出如图 8-110 所示的对话框。该对话框主要设置两部分内容：

- 规则范围（Rule scope）：主要用于指定本规则适用的范围。一般情况下，指定为该规则适用于整个电路板（Whole Board）。
- 规则属性（Rule attributes）：用于设定拐角模式。拐角模式有 45º、90º和圆弧等，这里均取系统的默认值。

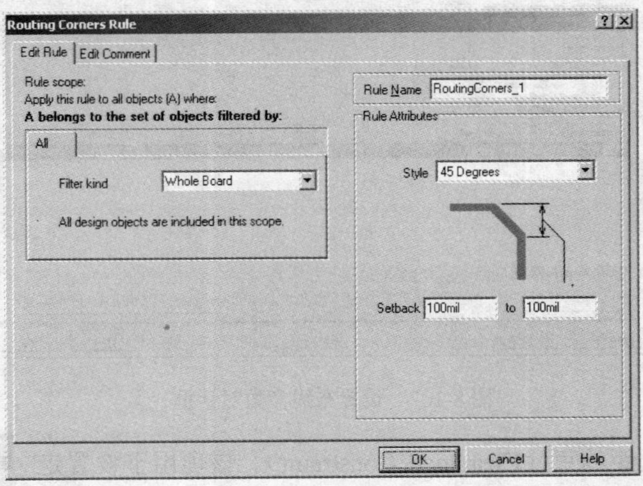

图 8-110　布线拐角模式对话框

③ 设置布线工作层（Routing Layers）。该选项用来设置在自动布线过程中哪些信号层可

以使用。使用鼠标双击 Routing Layers 选项，系统将会弹出如图 8-111 所示的布线工作层对话框。该对话框中用大写字母“T”代表顶层（Top Layer），MidLayer1～MidLayer14 代表中间层，字母“B”代表底层（Bottom Layer）。各项一般可以设置为 Horizontal（水平）或 Vertical（垂直）。Horizontal（水平）表示该工作层布线以水平为主，Vertical（垂直）表示该工作层以垂直为主。

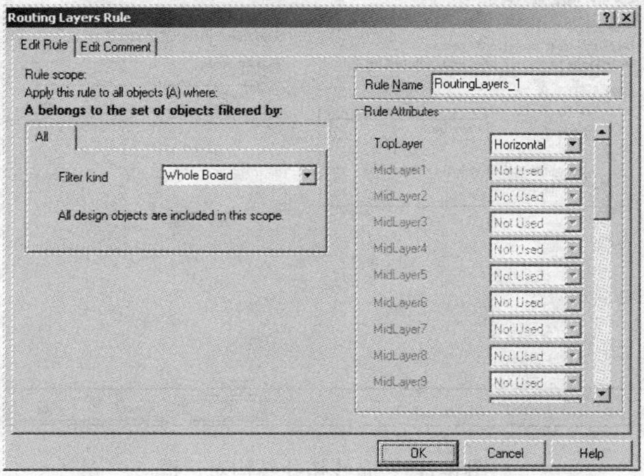

图 8-111　布线工作层对话框

④ 布线优先级（Routing Priority）。该选项可以设置布线的优先级，即布线的先后顺序。先布线的网络，其优先权比后布线的网络的优先权要高。Protel 提供了 0～100 个优先权设定，数字 0 代表的优先权最低，数字 100 代表该网络的布线优先权最高。双击 Routing Priority 选项，系统将会弹出如图 8-112 所示的布线优先级对话框。用户也可以将光标移动到 Routing Priority 处单击鼠标右键，然后选择快捷菜单中的 Properties 选项，也可进入布线优先级设置对话框。

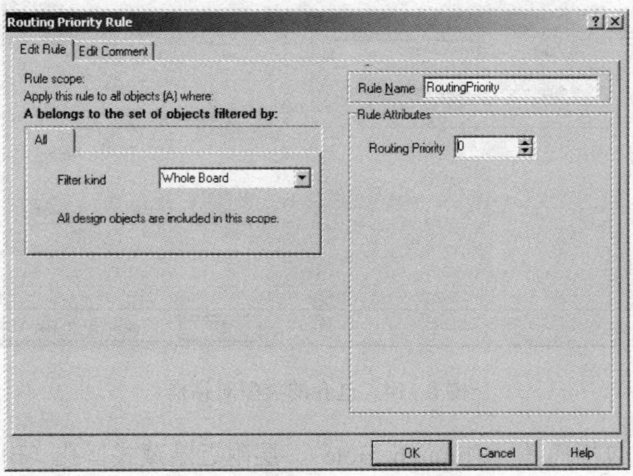

图 8-112　布线优先级对话框

⑤ 布线拓扑结构（Routing Topology）。该选项用来设置布线的拓扑结构。双击该选项

后，系统将会弹出如图 8-113 所示的布线拓扑结构对话框。通常，系统在自动布线时，以整个布线的线长最短为目标。用户也可以选择 Horizontal、Vertical、Daisy-Simple、Diasy-MidDriven、Diasy-Balanced 和 Starburst 等拓扑选项，选中各选项时，相应的拓扑结构会显示在对话框中。在本实例中使用默认值 Shortest。

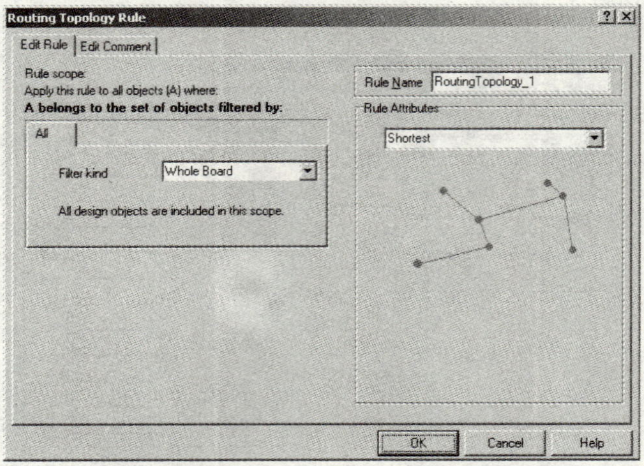

图 8-113　布线拓扑结构对话框

⑥ 设置过孔的类型（Routing Via Style）。该选项用来设置自动布线过程中使用的过孔的样式。使用鼠标双击 Routing Via Style 选项，系统将会弹出如图 8-114 所示的过孔的类型对话框。用户也可以将光标移动到 Routing Via Style 处单击鼠标右键，然后选择快捷菜单的 Properties 选项，进入过孔的类型对话框。

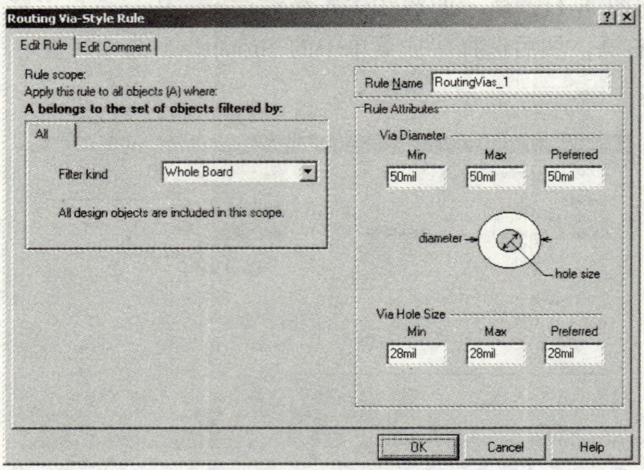

图 8-114　过孔的类型对话框

通常，过孔类型包括通孔（Through Hole）、层附近隐藏式盲孔（Blind Buried [Adjacent Layer]）和任何层对的隐藏式盲孔（Blind Buried [Any Layer Pair]）。层附近隐藏式盲孔只穿透相邻的两个工作层；任何层对的隐藏式盲孔可以穿透指定工作层对之间的任何工作层。本实例中选择通孔（Through Hole）。

⑦ SMD 的瓶颈限制（SMD Neck-Down Constraint）。该选项用于定义 SMD 的瓶颈限制，即 SMD 的焊盘宽度与引出导线宽度的百分比。使用鼠标双击该选项后，系统将会弹出如图 8-115 所示的 SMD 的瓶颈限制对话框。

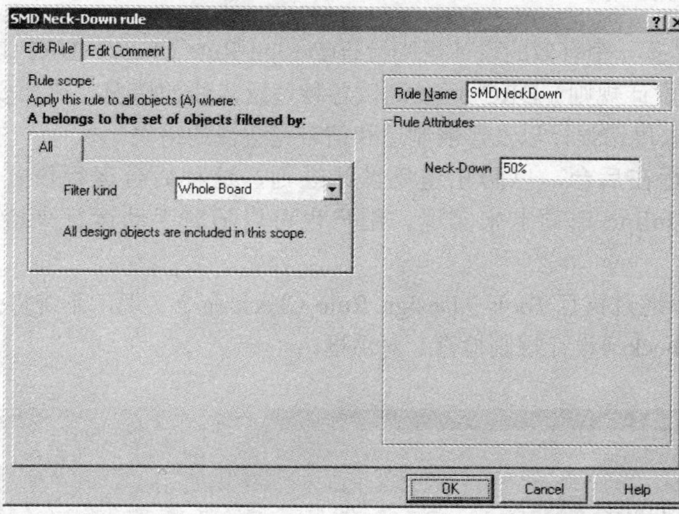

图 8-115　走线拐弯处与磁敏二极管的距离对话框

⑧ 设置 SMD 焊盘走线拐弯处的约束距离（SMD To Corner Constraint）。该选项用来设置 SMD 焊盘走线拐弯处的约束距离。

在该对话框右侧的 Distance 编辑框中可以输入 SMD 焊盘走线拐弯处的约束距离，另外，规则的适用范围可以设定为 Whole Board。

⑨ SMD 到电源层的距离限制（SMD To Plane Constraint）。该选项用于定义 SMD 到电源层的距离限制。

⑩ 设置走线宽度（Width Constraint）。该选项可以设置走线的最大和最小宽度。使用鼠标双击该选项，系统将会弹出如图 8-116 所示的走线宽度对话框。

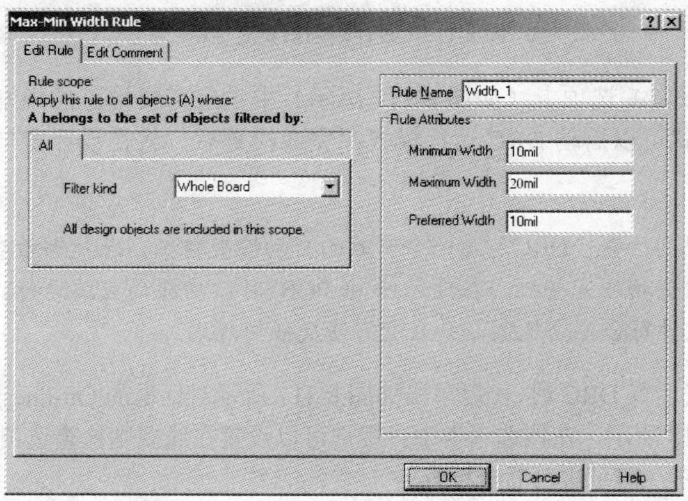

图 8-116　走线宽度设置对话框

用户可以分别在 Minimum Width 编辑框中设置最小走线宽度，在 Maximum Width 编辑框中设置最大走线宽度。本实例分别设定为 10mil 和 20mil。

8.12.3 设计规则检查

Protel 99 SE 具有一个有效的设计规则检查(Design Rule Check，DRC)功能，该功能可以确认设计是否满足设计规则。DRC 可以测试各种违反走线的情况，比如安全错误、未走线网络、宽度错误、长度错误，以及影响制造和信号完整性的错误。

DRC 可以运行在后台，以防止违反设计规则，这种后台运行模式可以通过设计规则检查对话框的 Online 选项卡来实现。用户也可以随时手动运行来检查设计规则是否违反走线。

运行 DRC 可以通过执行 Tools→Design Rule Check 命令实现，系统将弹出如图 8-117 所示的 Design Rule Check（设计规则检查）对话框。

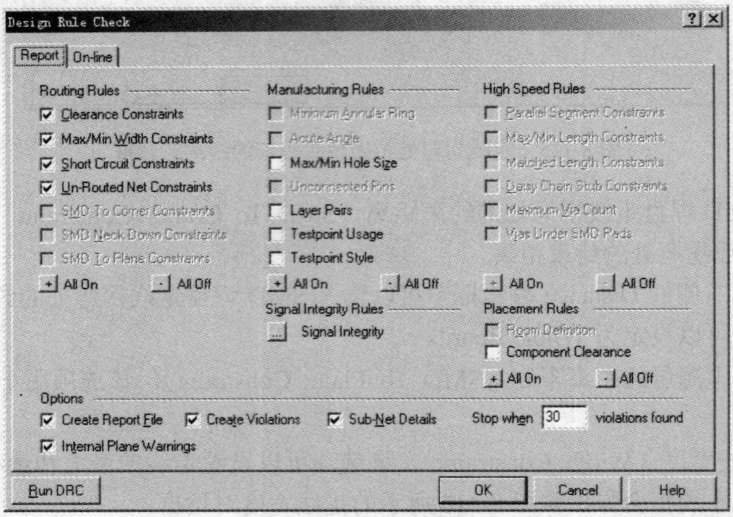

图 8-117　设计规则检查对话框

在 Report（报告）选项卡（如图 8-117 所示）中设定需要检查的规则选项。然后单击 Run DRC 按钮，就可以启动 DRC 运行模式，完成检查后，将在设计窗口显示任何可能的规则违反。

注意：设计规则检查（DRC）是一个有效的自动检查特征，既能够检查用户设计的逻辑完整性，也可以检查物理完整性。在设计任何 PCB 时该功能均应该运行，对涉及的规则进行检查，以确保设计符合安全规则，并且没有违反任何规则。

当用户想在线运行 DRC 时，可以单击如图 8-117 所示对话框的 On-line 标签，进入 On-line 选项卡，如图 8-118 所示，在该选项卡中，用户可以设置在线规则检查选项，设置了选项后，单击 Run DRC 按钮，即可进行后台检查。

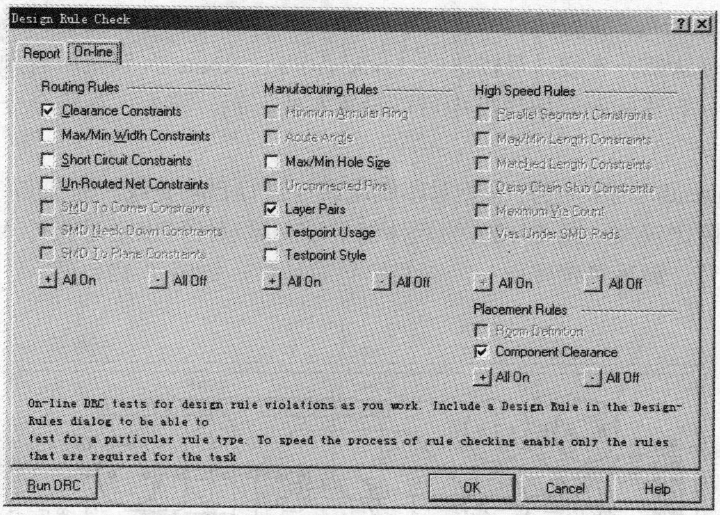

图 8-118　设计规则检查 On-line 选项卡

8.13　自动布线

布线参数设置好后，就可以利用 Protel 99 SE 提供的布线器进行自动布线。执行自动布线的方法主要有以下几种。

1．全局布线

1）执行 Auto Route→All 命令，对整个印制电路板进行布线。

2）执行该命令后，系统将弹出如图 8-119 所示的自动布线设置对话框。

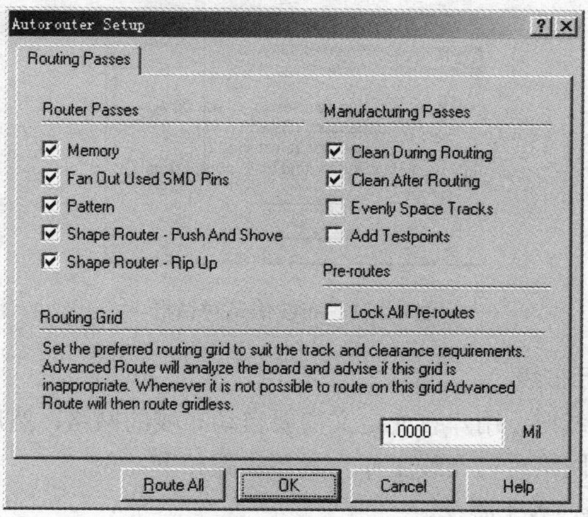

图 8-119　自动布线设置对话框

通常，采用对话框中的默认设置就可以自动实现 PCB 的自动布线，但是如果用户需要设置某些项，可以通过对话框的各选项实现。用户可以分别设置 Router Passes（走线通过）的各选项和 Manufacturing Passes（制造通过）的各选项。如果用户需要设置测试点，则可以选中 Add Testpoints（添加测试点）复选框；如果用户已经手动实现了一部分布线，而且不想让自动布线处理这部分布线，可以选中 Lock All Pre-Routes（锁定所有预拉线）复选框。在 Routing Grid（布线间距）编辑框中可以设置布线间距，接着，系统会分析是否合理，并通知设计者。

3）单击 Route all 按钮，程序开始对印制电路板进行自动布线。完成布线结果如图 8 107 所示。因为电路图比较太，图 8-120 的元件细节没有显示，可以通过执行 View→Area 命令局部放大某些部分。最后系统弹出一个布线信息对话框，如图 8-121 所示，用户可以了解到布线的情况。

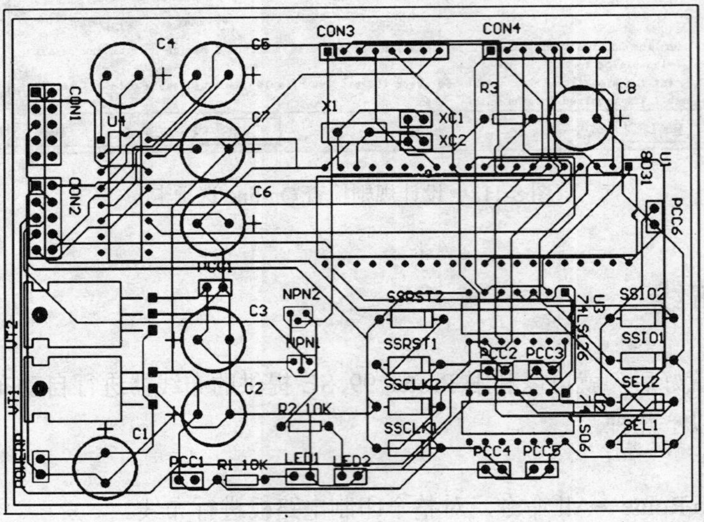

图 8-120　自动布线所得到的 PCB 布线图

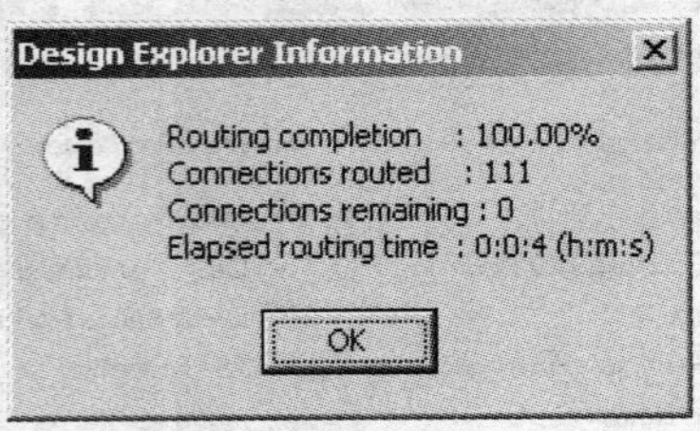

图 8-121　布线信息对话框

2．对选定网络进行布线

对选定网络进行布线时，用户首先定义需要自动布线的网络，然后执行 Auto Route—Net 命令，由程序对选定的网络进行布线工作。具体步骤如下：

1）执行 Auto Route→Net 命令。

2）执行该命令后，光标变为十字形状，用户可以选取需要进行布线的网络。当用户单击的地方靠近焊盘时，系统可能会弹出如图 8-122 所示的菜单（该菜单对于不同的焊盘可能不同），一般应该选择具有 Pad 和 Connection 的选项。

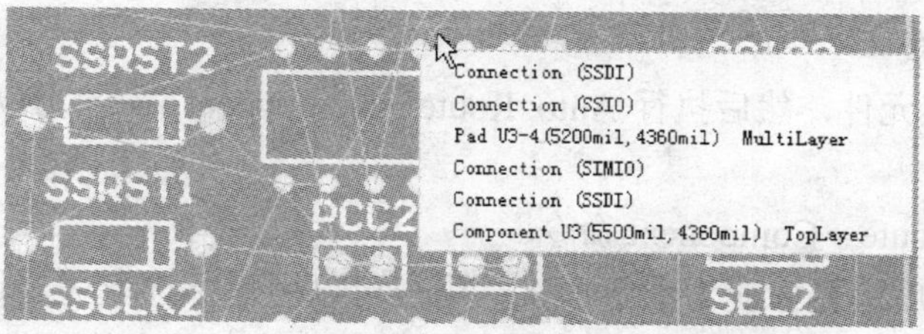

图 8-122　网络布线方式选项菜单

技巧：在元件排列比较紧密的情况下，用户选择元件时，也会弹出类似的菜单，用户可以通过这种菜单选择元件。

本实例选取元件 U3、PCC2、PCC3 和 SSIO1 之间的部分网络飞线，由图 8-123 可以看到，与这些飞线相连的网络都已被自动布线。

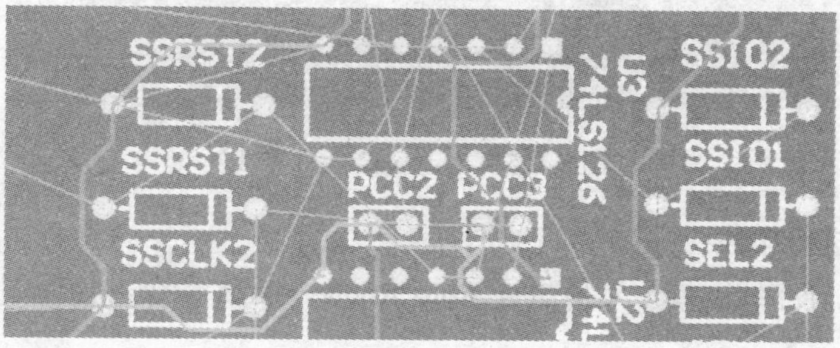

图 8-123　选定网络进行布线

注意：一般以 Net 选项进行布线时，选中某网络连线时，与该网络连线相连接的所有网络线均被布线，如图 8-123 所示的布线即存在这种情况。

3．对两连接点进行布线

用户可以定义某条连线，然后执行 Auto Routing→Connection 命令，使程序仅对该条连线进行自动布线，也就是对两连接点之间进行布线。具体步骤如下：

1）执行 Auto Routing→Connection 命令。

2）执行该命令后，光标变为十字形状，用户可以选取需要进行布线的一条连线。对部分连接点布线后的结果如图 8-124 所示。

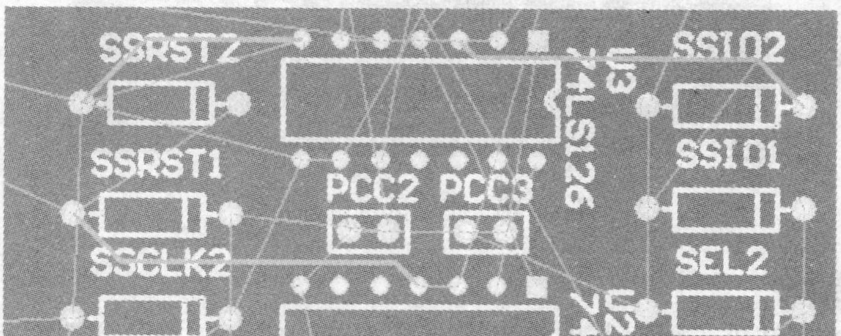

图 8-124　对两连接点进行布线的结果

4．指定元件布线

用户可以定义某元件，然后执行 Auto Route→Component 命令，使程序仅对与该元件相连的网络进行布线。

1）执行 Auto Route→Component 命令。

2）执行该命令后，光标变为十字形状，用户可以用鼠标选取需要进行布线的元件。本实例选取元件 U3 进行布线，可以看到系统完成了与 U3 有关的布线，如图 8-125 所示。

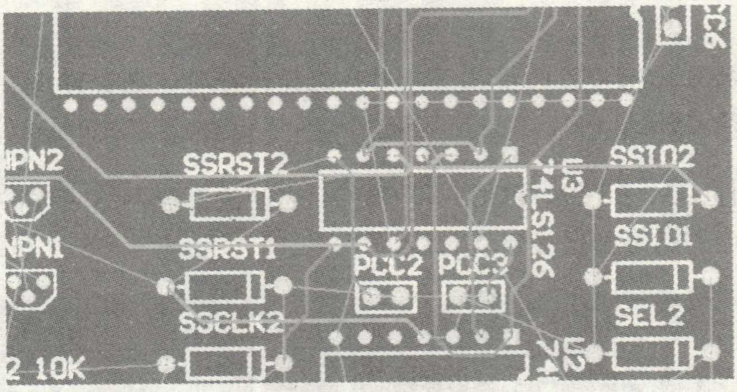

图 8-125　指定 par2 元件布线

5．指定区域进行布线

用户自己定义好布线区域，然后执行 Auto Route→Area 命令，使程序的自动布线范围仅限于该定义区域内。

1）执行 Auto Route→Area 命令。

2）执行该命令后，光标变为十字形状，用户可以拖动鼠标选取需要进行布线的区域，该区域包括 PCC2、PCC3、U2 和 U3 等元件，系统将会对此区域进行自动布线，如图 8-126 所示，可以看出与上述所选元件没有连线关系的地方没有布线。

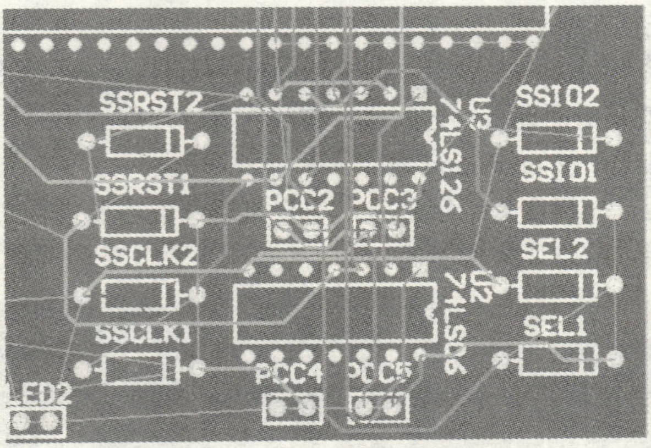

图 8-126　指定区域进行布线

6．其他布线命令

除了上述布线方法外，还有其他与自动布线相关的命令，各命令功能与含义如下：

- Stop：终止自动布线过程。

- Reset：对终止自动布线进行复位。
- Pause：暂停自动布线过程。
- Restart：重新开始暂停的自动布线过程。

7. 自动布线设置

当用户执行命令 Auto Route→Setup 后，系统将弹出如图 8-119 所示的自动布线设置对话框。用户可以设置一些规则和测试点的特性。

8.14 手工调整

Prctel 99 SE 的自动布线功能虽然非常强大，但是自动布线时多少也会存在一些令人不满意的地方。而一个设计美观的印制电路板往往都在自动布线的基础上进行多次修改，才能将其设计得尽善尽美。下面讲述如何进行手工调整。

8.14.1 手动调整布线

手动调整布线包括两个步骤：首先要拆除原有布线，然后再进行手动布线。

（1）拆除已经布的线

在 Tools→Un-Route 菜单下提供了几个常用于手工调整布线的命令，这些命令可以分别用来进行不同方式的布线调整。

- All：拆除所有布线，进行手动调整。
- Net：拆除所选布线网络，进行手动调整。
- Connection：拆除所选的一条连线，进行手动调整。
- Component：拆除与所选的元件相连的导线，进行手动调整。

（2）手动布线

对拆除的走线，可以使用 Place→Interactive Routing 命令，进行重新走线。

下面以 Connection 命令为例，对如图 8-127 所示的连接线路进行手工调整。具体操作步骤如下：

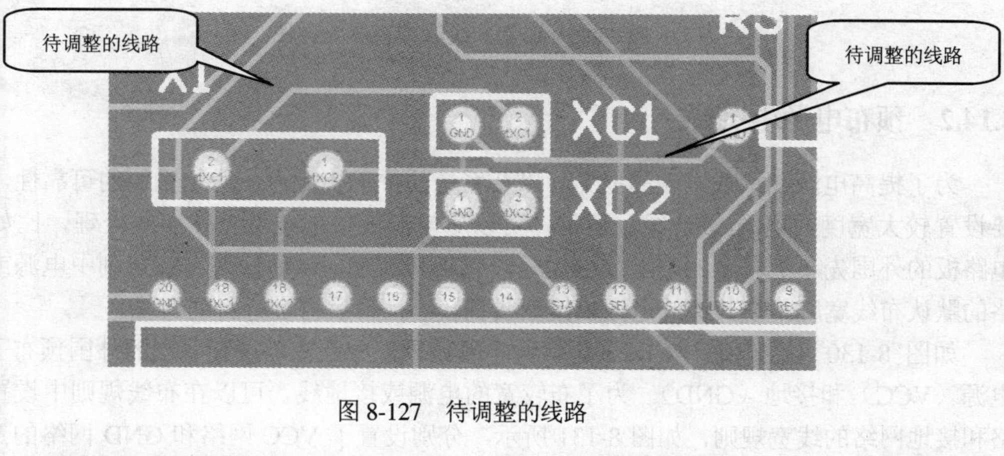

图 8-127 待调整的线路

1）使用鼠标在层面选择标签上选择工作层，将工作层切换到顶层（Top Layer），使顶层为当前活动的工作层。

2）执行 Tools→Un-Route→Connection 命令。

3）执行完该命令后，光标变为十字形状，移动光标到要拆除的网络上，单击鼠标左键确定。此时发现原先的该连线会消失，如图 8-128 所示。

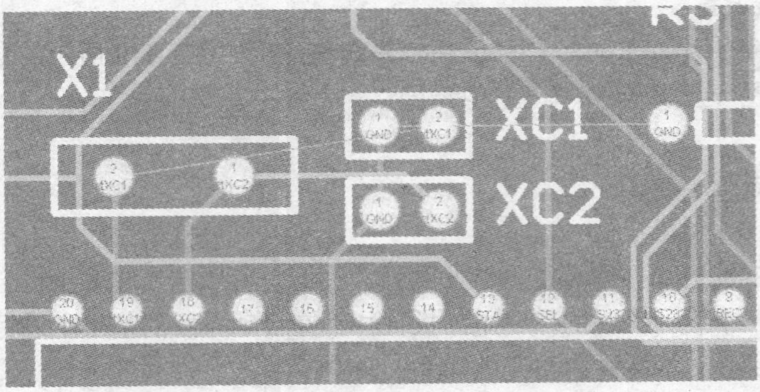

图 8-128　拆线后的结果

4）进入 Top 工作层，执行 Place→Interactive Routing 命令，将上述已拆除的飞线重新走线。重新走线后的结果如图 8-129 所示。

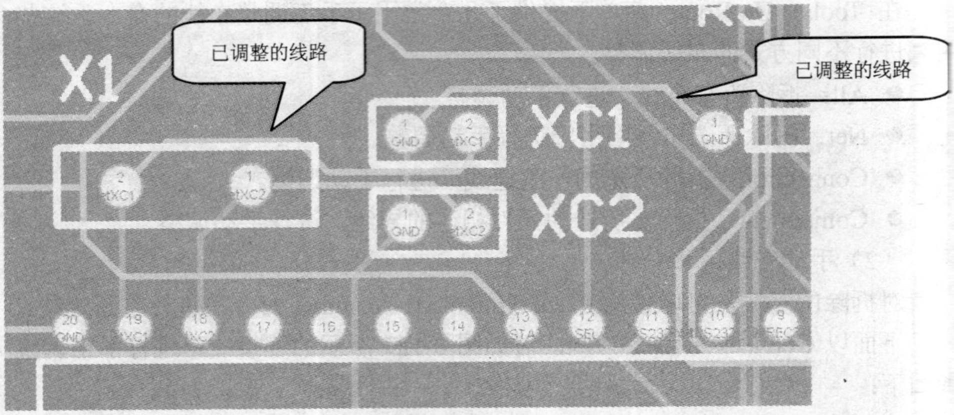

图 8-129　重新布线后的 PCB 电路图

8.14.2　预布电源/接地线

为了提高电源线承载电流的能力，以及系统的抗干扰能力，增加系统的可靠性，往往需要设置较大宽度的电源/接地线。通常，可以对电源或接地线进行预布线处理，比如可以在电路板的外围先布上较宽的电源或接地线，并将其锁定。然后修改布线规则中电源或接地网络的默认布线宽度，使其他的电源或接地线宽较小，最后再进行自动布线。

如图 8-130 所示，在 PCB 上进行预布线处理，分别在顶层和底层的外围预布了较宽的电源（VCC）和接地（GND）。为了布较宽的电源或接地线，可以在布线规则中设置电源网络和接地网络的线宽规则，如图 8-131 所示，分别设置了 VCC 网络和 GND 网络的走线宽度的规则，即最大为 100mil，最小为 10mil，首先为 20mil。在进行布线时，可以设置电源和接地线的线宽不大于 100mil 都符合规则。在本实例中，外围的 VCC 和 GND 参考走线宽度为 60mil，这可以在布线时设定，走线后的结果如图 8-130 所示。

然后可以重新使用自动布线方法对 PCB 重新布线，执行 Auto Route→All 命令后，在弹出的对话框（如图 8-119 所示）中，选择锁定所有的预布线（Lock All Pre-routes），然后进行自动布线。重新布线的 PCB 如图 8-132 所示。

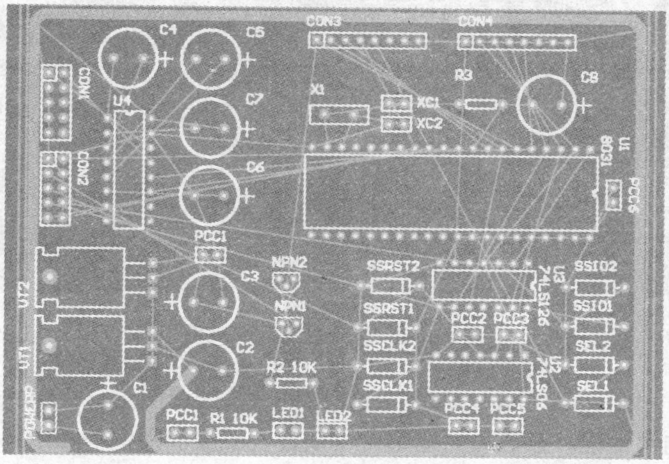

图 8-130　预布电源/接地线的结果

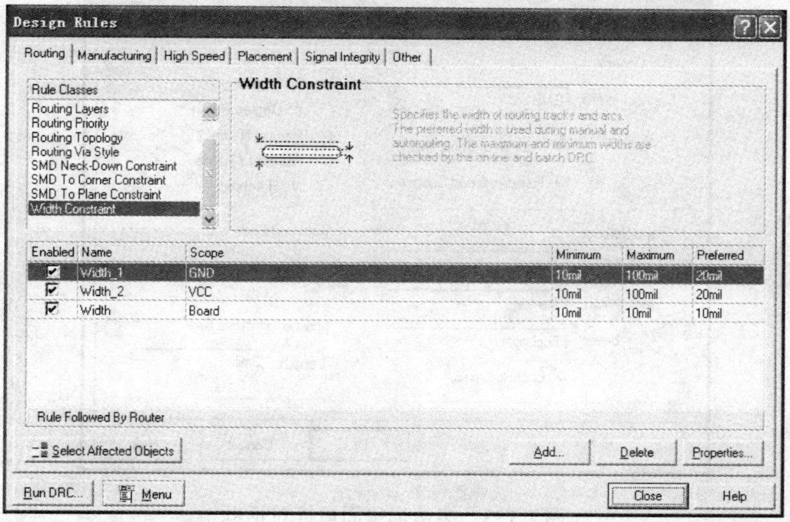

图 8-131　设置了 VCC 和 GND 的走线宽度规则

注意：在走线时修改了所走线的宽度，也会修改设计规则中的首先宽度。因此，在预布了电源和接地参考走线后，将电源和接地线宽的设计规则重新修改，即修改首先的线宽为 20mil。

8.14.3　敷铜处理

为了提高 PCB 的抗干扰能力，通常可以对它进行敷铜处理。下面讲述如何在已经布线的印制电路板上进行敷铜。具体操作步骤如下：

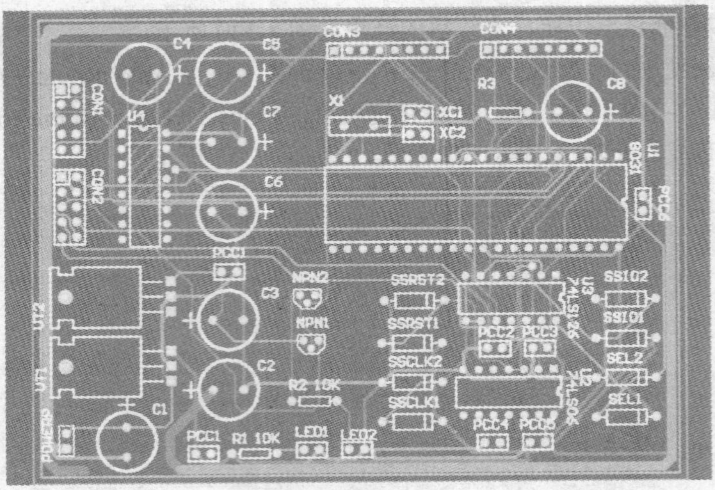

图 8-132　重新布线后的 PCB

1）执行 Place→Polygon Plane 命令，或使用鼠标单击绘图工具栏中的按钮，系统弹出如图 8-133 所示的对话框。在该对话框中，可以设置放置的敷铜与哪个网络相连。敷铜时，通常是顶层和底层的敷铜均与 GND 相连，这样可以提高 PCB 的抗干扰能力。

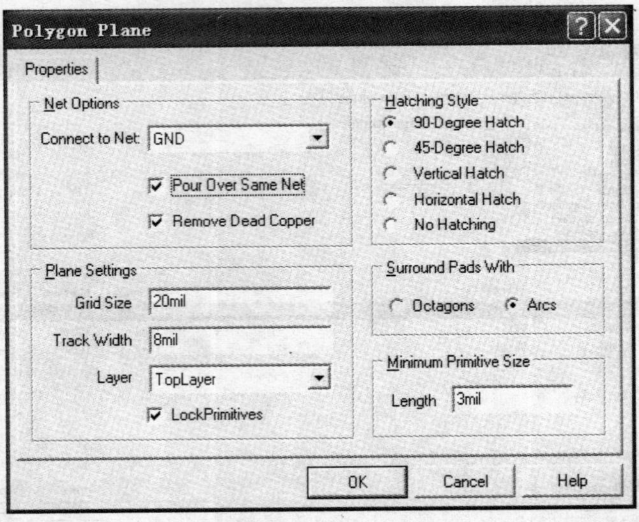

图 8-133　多边形平面属性对话框

2）在图 8-133 的 Connect to Net 下拉列表中选中 GND，然后分别选中 Pour Over Same Net（相同的网络连接一起）和 Remove Dead Copper（去掉死铜）复选框，在 Layer 下拉列表框中选择 Top Layer，其他设置项可以取默认值。

3）设置完对话框后按 OK 按钮，光标变成了十字形状，将光标移到所需的位置，单击鼠标左键，确定多边形的起点。然后再移动鼠标到适当位置后单击鼠标左键，确定多边形的中间点。

4）在终点处单击鼠标右键，程序会自动将终点和起点连接在一起，并且去除死铜，形成板上敷铜，如图 8-131 所示。

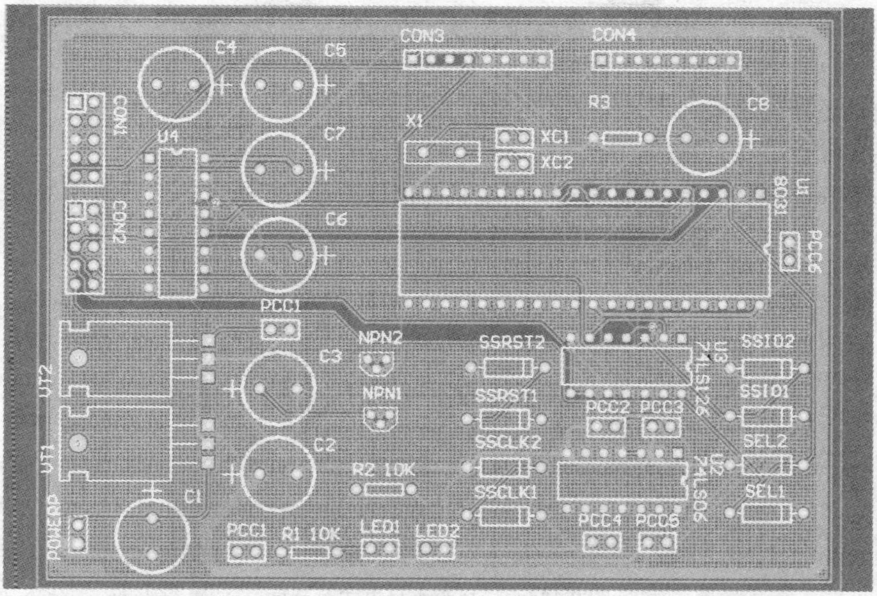

图 8-134　敷铜后的 PCB

底层的敷铜操作与上面一样，只是 Layer 选择 Bottom Layer。

注意：敷铜操作时，应该选中 Lock Primitives（锁定图元）复选框，这样敷铜不会影响到原来布线的 PCB。

8.14.4　对焊盘和过孔补泪滴

若要对焊盘和过孔进行补泪滴处理，可以通过执行命令 Tools→Teardrop Options 来实现。执行该命令后，系统将弹出如图 8-10 所示的补泪滴选项对话框。然后分别选中所有的焊盘和过孔，然后按 OK 按钮即可，具体可参考 8.1.4 节的内容。

注意：对于表贴元件的安装焊盘，最好进行补泪滴。对 PCB 的过孔也应该补泪滴。

8.15　印制电路板流水号和原理图的更新

在进行自动布局时，一般元件的标号以及注释等将从网络表中获得，并被自动放置到 PCB 上。经过自动布局后，元件的相对位置与原理图中的相对位置将发生变化，在经过手动布局调整后，有时元件的序号会变得很杂乱，所以经常需要对文字标注进行调整，使文字标注排列整齐，字体一致，从而使电路板更加美观。调整文字标注一般可以对元件进行流水号更新，使流水号排列保持一致性，这样就需要对原理图相应的元件流水号进行更新。下面分别讲述流水号更新以及原理图相应的更新操作。

1. 手动更新流水号

手动更新流水号的步骤如下：

1）移动光标，将光标指向需要调整的文字标注。

2）双击鼠标，此时会弹出文字标注属性对话框。

3）在该对话框中，用户可以修改流水号，也可根据需要，修改对话框中文字标注的内容、字体、大小、位置及放置方向等。

2. 自动更新流水号

自动更新流水号的步骤如下：

1）执行 Tools→Re-Annotate 命令，系统将弹出如图 8-135 所示的选择流水号方式对话框。

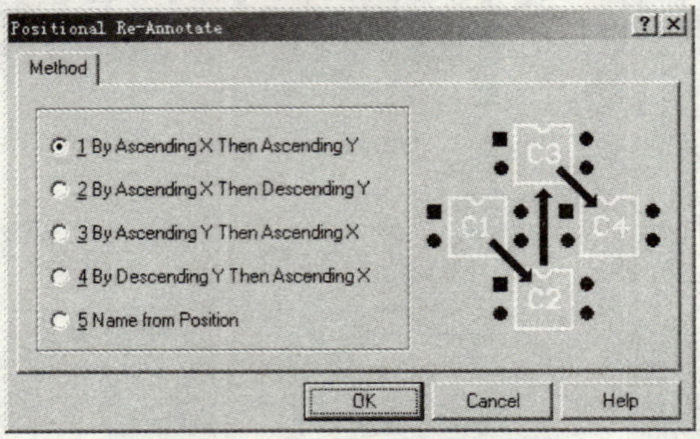

图 8-135　选择流水号方式对话框

系统提供了以下 5 种更新方式：

- 1 By Ascending X Then Ascending Y 选项：表示先按横坐标从左到右，然后再按纵坐标从下到上编号，如图 8-136 所示。
- 2 By Ascending X Then Descending Y：表示先按横坐标从左到右，然后再按纵坐标从上到下编号，如图 8-137 所示。
- 3 By Ascending Y Then Ascending X：表示先按纵坐标从下到上，然后再按横坐标从左到右编号，如图 8-138 所示。
- 4 By Descending Y Then Ascending X：表示先按纵坐标从上到下，然后再按横坐标从左到右编号，如图 8-139 所示。
- 5 Name from Position：表示根据坐标位置进行编号。

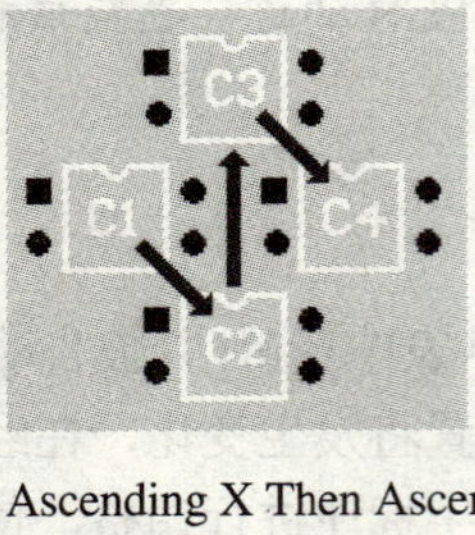

图 8-136　By Ascending X Then Ascending Y 方式

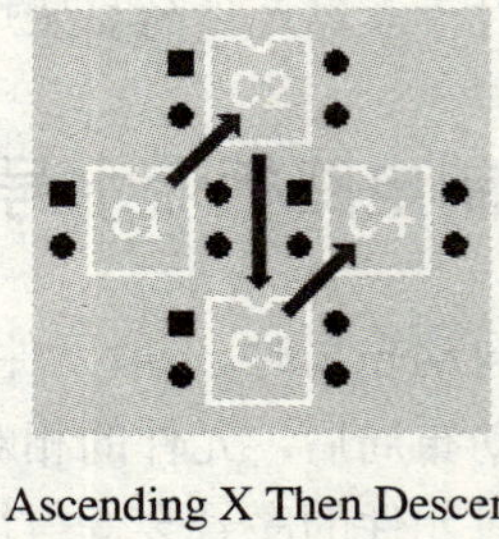

图 8-137　By Ascending X Then Descending Y 方式

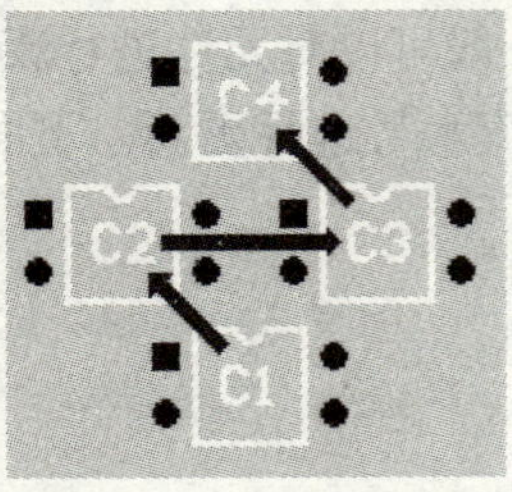

图 8-138　By Ascending Y Then Ascending X 方式

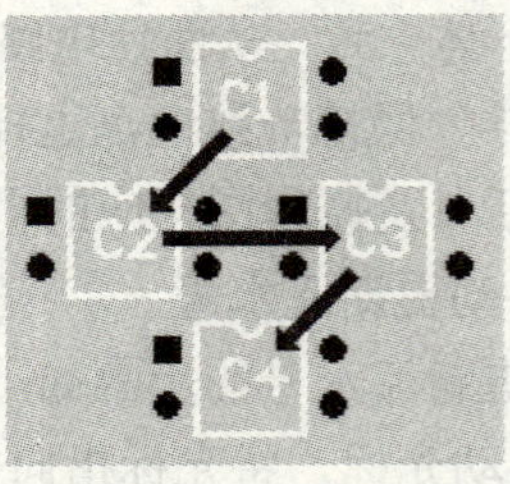

图 8-139　By Descending Y Then Ascending X 方式

2）当完成上面方式的选择后，可以单击 OK 按钮，系统将按照设定的方式对元件流水号重新编号。这里选择第 1 种方式进行流水号排列。

元件重新编号后，系统将同时生成一个 WAS 格式文件，该文件记录了元件编号的变化情况。

3. 更新原理图

当 PCB 的元件流水号发生了改变后，电路原理图也应该相应地改变，这可以在 PCB 环境下实现，也可以返回原理图环境实现相应的改变。

（1）在 PCB 环境中更新原理图相应的流水号

在 PCB 环境中更新原理图相应的流水号的操作步骤如下：

1）执行 Design→Update Schematic 命令，系统将弹出如图 8-140 所示的对话框

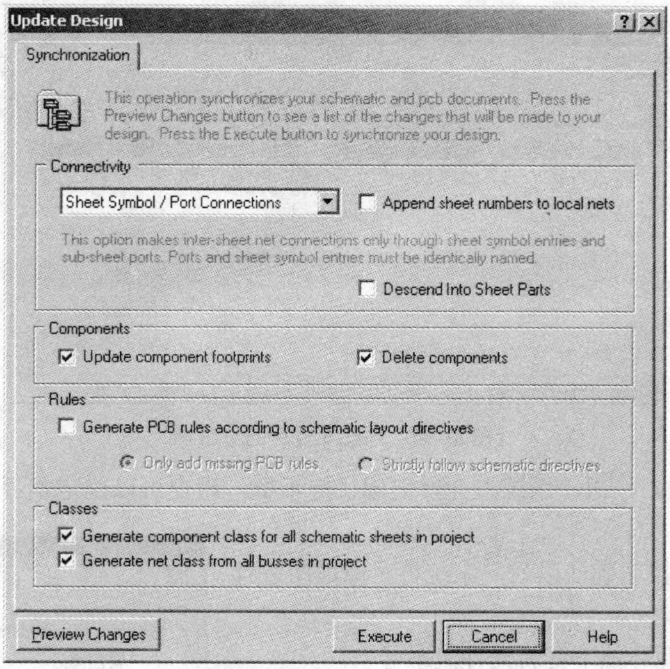

图 8-140　更新设计对话框

在该对话框中，用户可以在 Connectivity 操作框中选择原理图的元件的网络连接方式。Components 操作框用来设置是否更新元件的引脚（Update component footprints）或删除元件（Delete components）。也可以不选择删除元件（Delete components）复选框。Rules 操作框用来设置是否根据原理图生成 PCB 规则。

2）单击 Execute 按钮，系统将弹出如图 8-141 所示的元件匹配情况设置对话框，从图中可以看出，存在不匹配的元件。

对于对话框中显示的不匹配的元件，可以分别在左边的 Unmatched reference 和 Unmatched target 列表中选中不匹配元件，然后按对话框中的“>”按钮，这些元件就可以进行匹配操作，匹配成功的结果如图 8-142 所示。

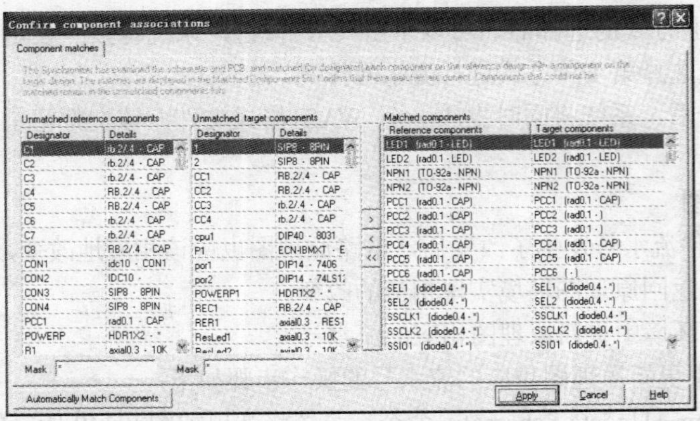

图 8-141　原理图和 PCB 图元件匹配对话框

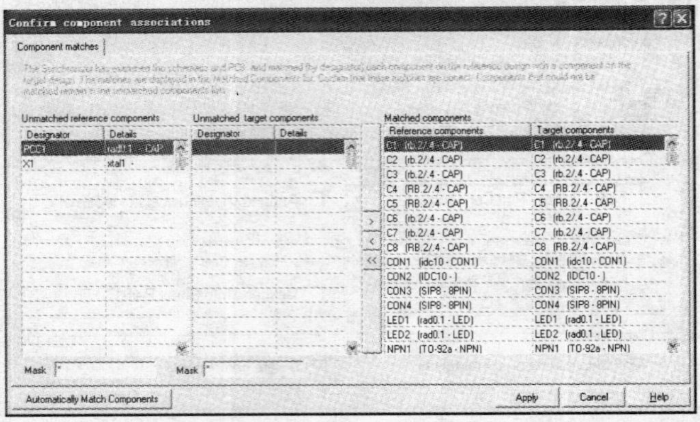

图 8-142　匹配元件后的对话框

3）单击 Apply 按钮，系统将会弹出确认提示框，用户可以确定是否应用这些修改到原理图上。

4）单击 Yes 按钮确认以后，系统将对原理图进行相应的更新。

（2）在原理图环境下更新元件流水号

在原理图环境下实现元件序号的更新，具体操作步骤如下：

1）将生成的 WAS 格式文件导出保存为一个独立的文件，本例为 8031.WAS。导出方法为：在设计管理器中，将光标置于 8031.WAS 文件图标处，然后单击鼠标右键，从系统弹出的快捷菜单中选择 Export 命令，将该文件导出，导出的目标文件为 8031.WAS。

2）打开 8031.Sch 文档，并切换到原理图管理器环境。

3）执行 Tools→Back Annotate 命令，系统将弹出如图 8-143 所示的对话框。在该对话框中选择前面的 8031.WAS 文件，最后单击 OK 按钮，即可实现对原理图的元件流水号进行更新。

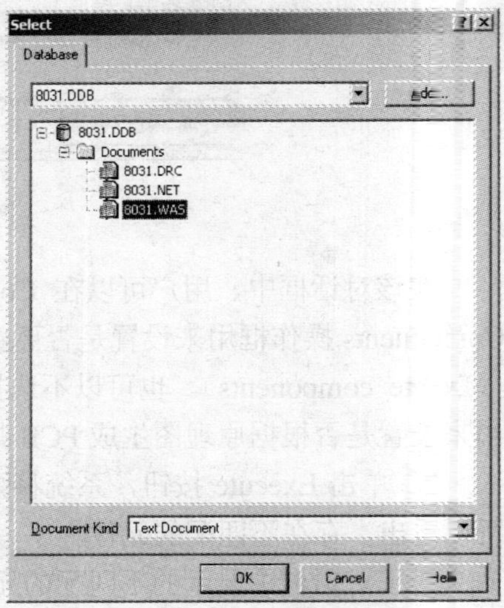

图 8-143　选择更新文件 8031.WAS

8.13 手动交互布线

本节以图 8-144 所示的元件封装布局为例，讲述手动交互布线的方法，文件名为 PWM.pcb。在 PCB 布线时，如果元件数量很少，连接线不多，那么使用自动布线可以获得较好的效果。但是如果元件数量较多，并且连接比较复杂，那么使用自动布线的效果并不好，有时还可能会布不通。此时，一般使用手动交互布线的方法。

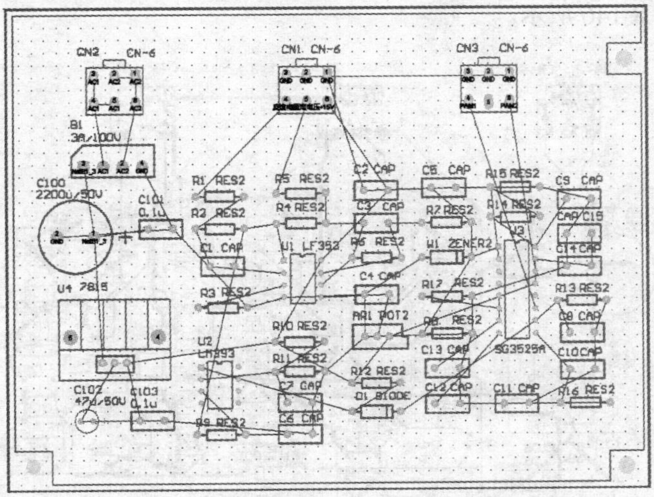

图 8-144 未布线的封装布局

具体操作步骤如下：

1）对电源和接地进行预布线。通常，电源和接地需要的线宽比普通导线要宽，因为它们需要承载较大的电流。

首先执行 Design→Rules 命令，然后设置布线的宽度约束（Width Constraint），可以设置布线宽度为 30mil，再执行 Auto Route→Net 命令，对电源（+15V）和接地（GND）分别进行布线。对电源和接地布线后的元件封装布局如图 8-145 所示。

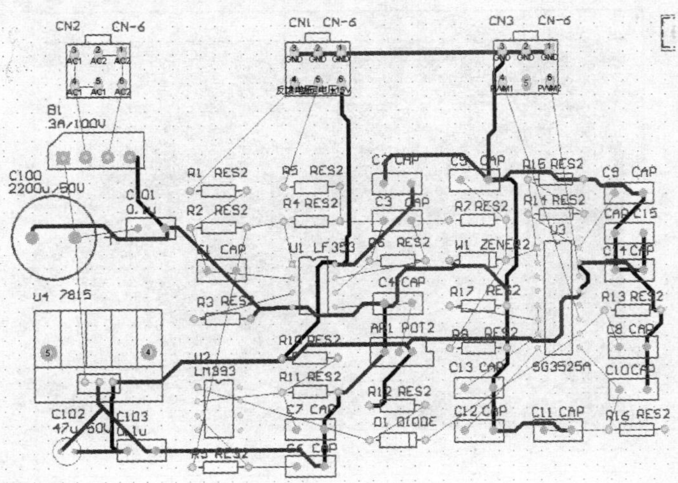

图 8-145 对电源和接地布线后的 PCB 示图

2）执行 Auto Route→Setup 命令，从弹出的对话框（如图 8-119）中，选中 Lock All Pre-routes 选项。

3）执行 Design→Rules 命令，然后设置布线的宽度约束（Width Constraint），可以设置布线宽度为 10mil（普通导线宽度）。

4）执行 Auto Route→Net 或其他相应的交互布线命令，对逐条连接线进行布线处理。

5）补泪滴处理。执行 Tools→Teardrops 命令，对 PCB 上的焊盘和过孔进行补泪滴设置。补泪滴设置主要是为了提高助焊膜的助焊性能，而提高阻焊膜的阻焊性能。设置了补泪滴并布线后的 PCB 如图 8-146 所示。

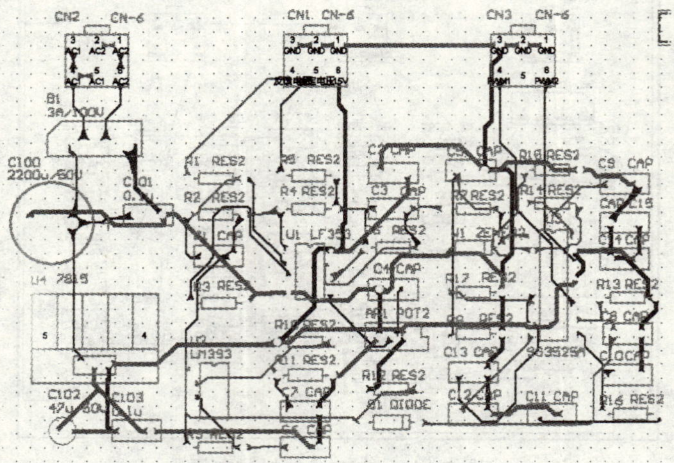

图 8-146　逐条布线并补泪滴后的 PCB 示图

6）执行 Place→Polygon Plane 命令进行敷铜处理。通常，敷铜时，顶层和底层的敷铜均与 GND 相连，这样可以提高 PCB 的抗干扰能力。在 Connect to Net 下拉列表中选中 GND，然后分别选中 Pour Over Same Net（相同的网络连接一起）和 Remove Dead Copper（去掉死铜）复选框；在 Layer 下拉列表中选择 Top Layer，其他设置项可以取默认值。然后再切换到 Bottom 层进行敷铜处理。敷铜后的 PCB 如图 8-147 所示。

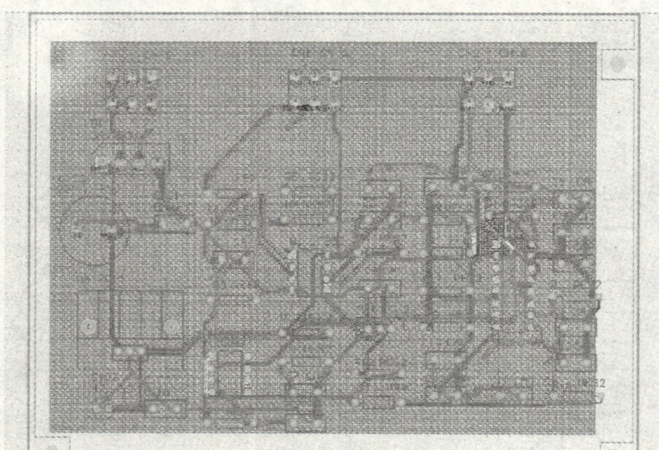

图 8-147　敷铜后的 PCB

8.17 印制电路板的 3D 显示

Protel 99 SE 增加了 3D 显示功能，使用该功能可以显示清晰的 PCB 的三维立体效果，不用附加高度信息，元件、丝网、铜箔均可以被隐藏。并且用户可以随意旋转、缩放，改变背景颜色等。PCB 的 3D 显示可以通过执行 View→Board in 3D 命令来实现，如图 8-148 所示为 PCB 板的三维效果图。

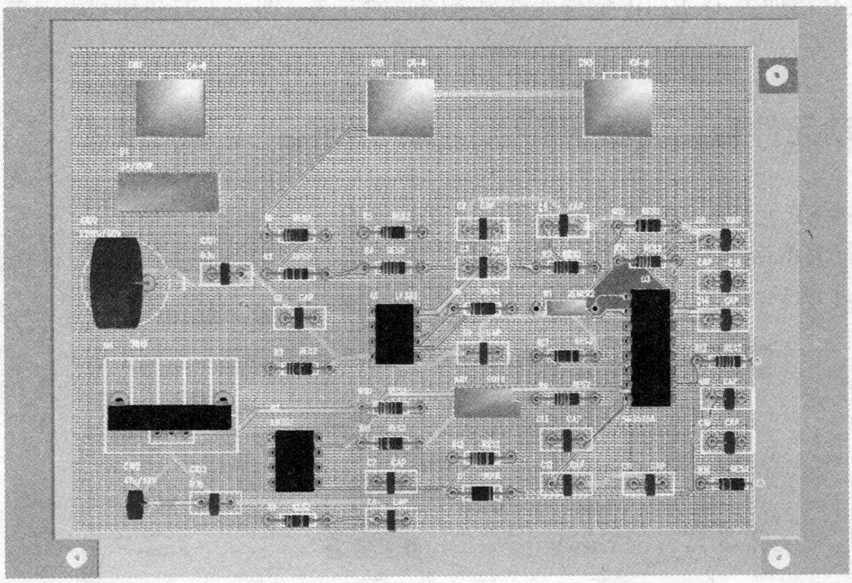

图 8-148　PCB 的三维效果图

第 9 章　制作元件封装

在前面介绍元件封装时，都是使用 Protel 系统自带的元件封装。但是对于经常使用而元件封装库里又找不到的元件封装，就需要使用元件封装编辑器来生成一个新元件封装。在本章中，主要介绍使用 PCBLIB 制作元件封装的两种方法，即手工方法和利用向导（Wizard）的方法。

9.1　启动元件封装编辑器

Protel 99 SE 元件封装库编辑服务器的启动步骤如下：

1）执行菜单命令 File→New，显示新建文件对话框，从对话框中选择元件封装编辑器图标，如图 9-1 所示。

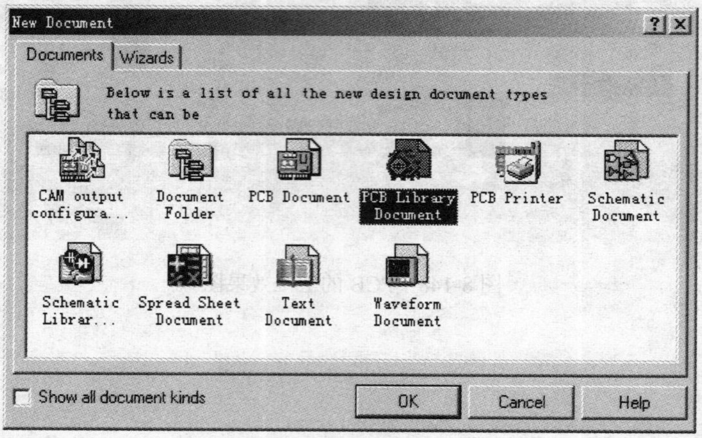

图 9-1　“New Document（新建文件）”对话框

2）双击 PCB Library Document 图标或者选中图标后单击 OK 按钮，就可以建立元件封装编辑文档，此时用户可以修改文档名。

3）双击设计管理器中的元件封装文档图标，就可以进入元件封装编辑工作界面，如图 9-2 所示。

9.2　元件封装编辑器介绍

PCB 元件封装编辑器的界面和 PCB 编辑器比较类似。下面简单介绍 PCB 元件封装编辑器的组成及其画面的管理，使用户对元件封装编辑器有一个简单的了解。

图 9-2 是 PCB 元件封装编辑器的编辑界面，从该图中可以看出，整个编辑器可以分为以下 6 个部分：

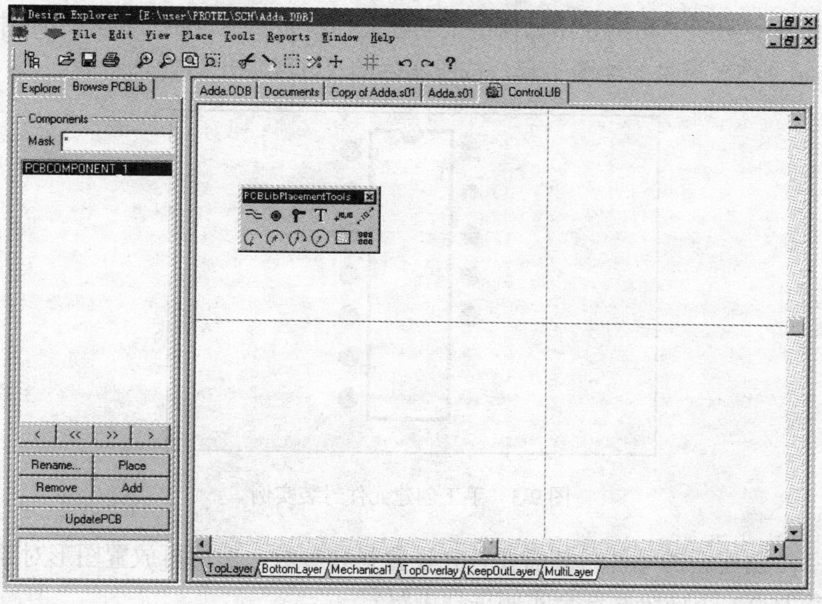

图 9-2　元件封装编辑器界面

1）主菜单。PCB 元件的主菜单主要为设计人员提供编辑、绘图命令，以便创建一个新元件。

2）元件编辑界面（Components Editor Panel）。元件编辑界面主要用于创建一个新元件，将元件放置到 PCB 工作平面上，用于更新 PCB 元件库，添加或删除元件库中的元件等各项操作。

3）主工具栏（Main Toolbars）。主工具栏为用户提供了各种图标操作方式，可以让用户方便、快捷地执行命令和各项功能，如打印、存盘等操作，均可以通过主工具栏来实现。

4）绘图工具（Placement Tools）。PCB 元件封装编辑器提供的绘图工具与平常所接触的绘图工具相同，它的作用类似于菜单命令 Place，是在工作平面上放置各种图元，如焊点、线段、圆弧等。

5）元件封装库管理器。元件封装库管理器主要用于对元件封装库进行管理。

6）状态栏与命令行。在屏幕最下方为状态栏和命令行，它们用于提示用户当前系统所处的状态和正在执行的命令。

同前面章节所述一样，PCB 元件封装编辑器也提供了相同的画面管理，包括画面的放大、缩小，各种管理器、工具栏的打开与关闭。画面的放大或缩小处理可以通过 View 菜单进行，如选择菜单命令 View→Zoom In 或 View→Zoom out 等。用户也可以通过选择主工具栏上的放大按钮和缩小按钮，来实现画面的放大与缩小。

9.3　创建新的元件封装

下面讲述如何创建一个新的 PCB 元件封装。假设要建立一个新的元件封装库作为用户自己的专用库。元件库的文件名为 PCBlib1.lib，并将要创建的新元件封装放置到该元件库中。

下面以图 9-3 所示的实例介绍如何手工创建元件封装。通过手工创建元件封装，实际上就是利用 Protel 99 SE 提供的绘图工具，按照实际的尺寸绘制出该元件封装。

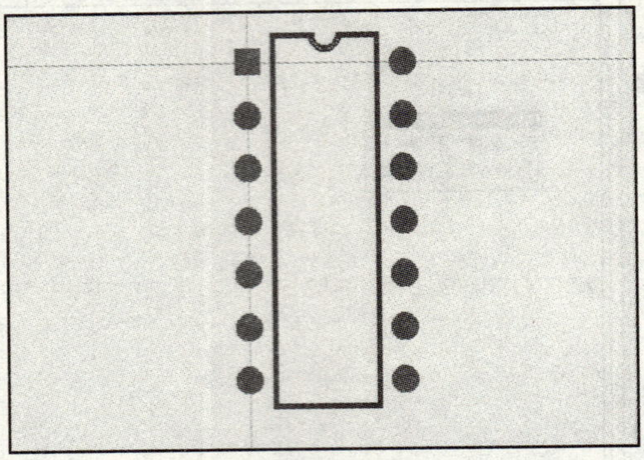

图 9-3　手工创建元件封装实例

一般，手工创建新的元件封装需要首先设置封装参数，然后再放置图形对象，最后还需要设定插入参考点。下面分别结合实例进行讲解。

9.3.1　元件封装参数设置

当新建一个 PCB 元件封装库文件后，一般需要先设置一些基本参数，例如，度量单位、过孔的内孔层、设置鼠标移动的最小间距等，但是创建元件封装不需要设置布局区域，因为系统会自动开辟一个区域供用户使用。

1．板面参数设置

设置板面参数的操作步骤如下：

1）执行 Tools→Library Options 命令，系统将弹出如图 9-4 所示的板面参数设置对话框。

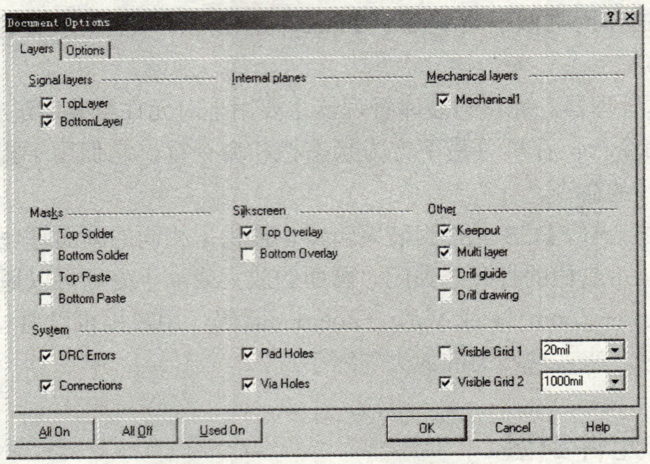

图 9-4　板面参数设置对话框

2）在图 9-4 的 Layers 选项卡中，可以设置元件封装的层参数。一般用户可以选中 Pad Holes（焊盘内孔）和 Via Holes（过孔）两个复选框，其他则默认，该选项卡的各操作选项可参考

8.3 节的相关介绍。

3）单击 Options 标签，进入 Options 选项卡，如图 9-5 所示。在该选项卡中可设置格点（Snap）、电气栅格（Electrical Grid）、计量单位等，该选项卡的各选项可参考 8.3 节的相关介绍，在这里 Snap 和 Component 间距设置均为 10mil。

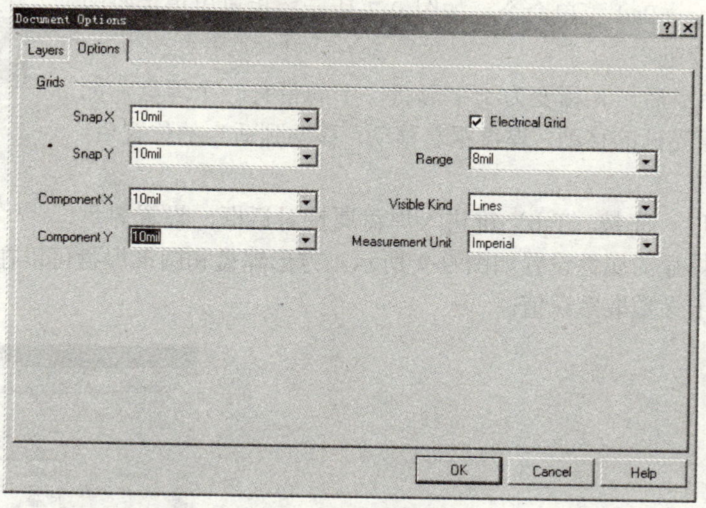

图 9-5　Options 选项卡

4）设置结束后，单击 OK 按钮。

2. 系统参数设置

首先执行 Tools→Preferences 命令，系统将弹出如图 9-6 所示的 Preferences 设置对话框。它共有 6 个选项卡，即 Options 选项卡、Display 选项卡、Colors 选项卡、Show/Hide 选项卡、Defaults 选项卡、Signal Integrity 选项卡。一般设定 Options 选项卡的各项参数即可，该选项卡的各个选项的设置可以参考 8.4 节。

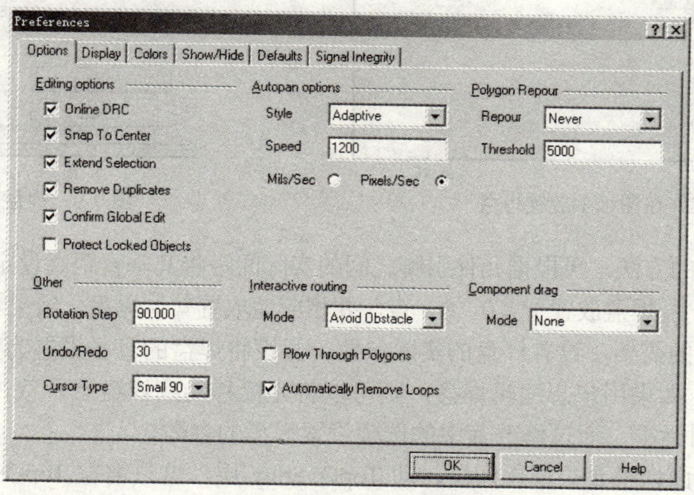

图 9-6　Preferences 设置对话框

当设置元件颜色时，通常，顶层丝印层（Top OverLayer）颜色为深绿色，Pad Holes 颜色设置为白色（White）。颜色设置可以通过 Display 选项卡实现。

9.3.2 放置元件

下面通过一个实例来讲述创建元件封装的具体过程。手工创建元件封装的一般步骤如下：

1）执行 Place→Pad 菜单命令，如图 9-7 所示。也可以单击绘图工具栏中相应的按钮。

2）执行该命令后，光标变为十字形状，中间带有一个焊盘，如图 9-8 所示。随着光标的移动，焊盘跟着移动，移动到适当的位置后，单击鼠标将其定位。

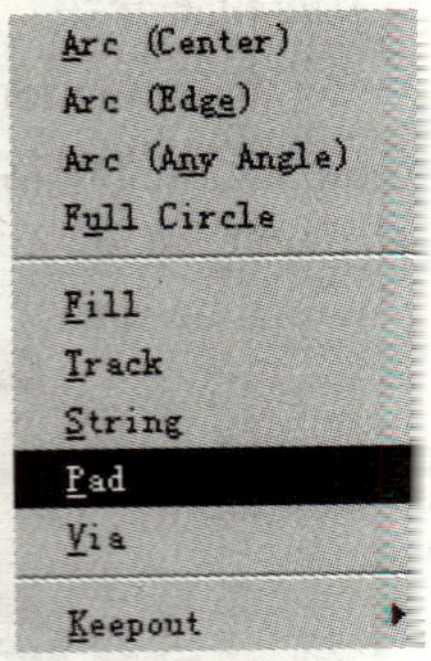

图 9-7 “Place”菜单

在放置焊盘时，先按〈Tab〉键进入焊盘属性对话框，设置焊盘的属性。本实例焊盘的属性设置如图 9-9 所示。方形焊盘和圆形焊盘可以在 Shape 编辑框中选定。其他选项卡参数取默认值。

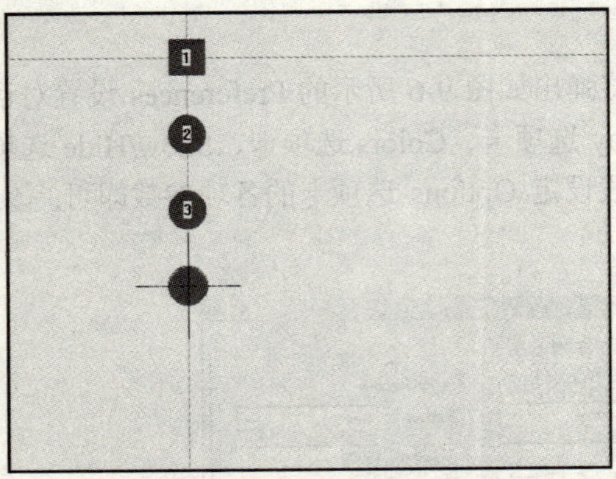

图 9-8 在图纸上放置焊盘

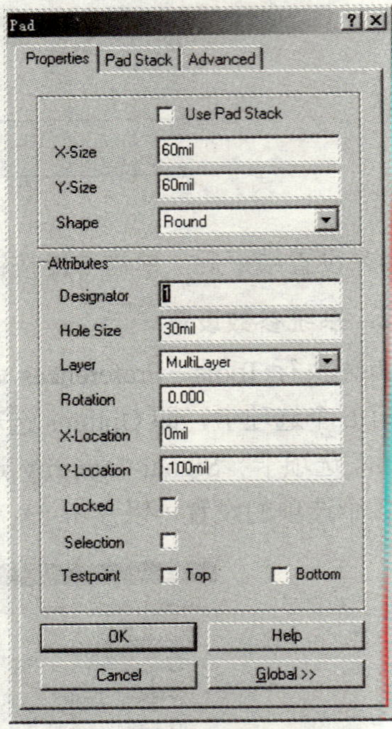

图 9-9 焊盘属性设置

3）按照同样的方法，再根据元件引脚之间的实际间距将其垂直距离设定为 100mil，水平距离为 300 mil，1 号焊盘放置于（0，0）点，并相应地放置其他焊盘，结果如图 9-10 所示。

4）根据实际的需要，设置焊盘的实际参数。假设将焊盘的直径设置为 60mil，焊盘的孔径设置为 30mil。如果用户想编辑焊盘，则可以将光标移动到焊盘上，双击鼠标，即会弹出如图 9-9 所示的对话框，通过修改其中的选项设置焊盘的参数。

5）将工作层面切换到顶层丝印层，即 TopOverlay 层，这只需在 TopOverlay 标签上选择即可，然后执行菜单命令 Place→Track。

6）执行该命令后，光标变为十字形状，将光标移动到适当的位置后，单击鼠标左键确定元件封装外形轮廓线的起点，随之绘制元件的外形轮廓，左上角坐标为（50，50），右下角的坐标为（250，-650），绘制结果如图 9-11 所示。上端开口的坐标分别为（125，50）和（175，50）。

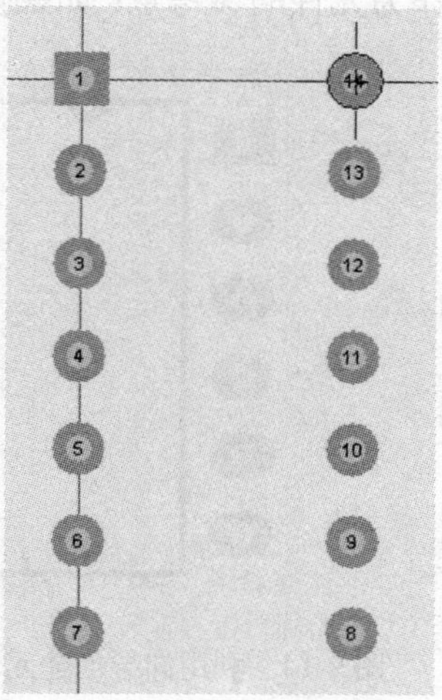

图 9-10　放置所有焊盘

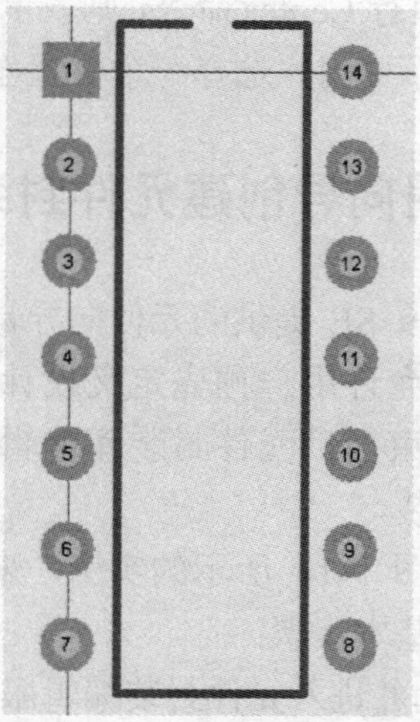

图 9-11　绘制外轮廓后的图形

7）执行菜单命令 Place→Arc，在外形轮廓线上绘制圆弧，圆弧的集合参数半径为 25mil，圆心位置为（150，50），起始角为 180º，终止角为 360º。执行命令后，光标变为十字形状，将光标移动到适当的位置后，先单击鼠标左键确定圆弧的中心，然后移动鼠标单击左键确定圆弧的半径，最后确定圆弧的起点和终点。绘制完的图形如图 9-12 所示。

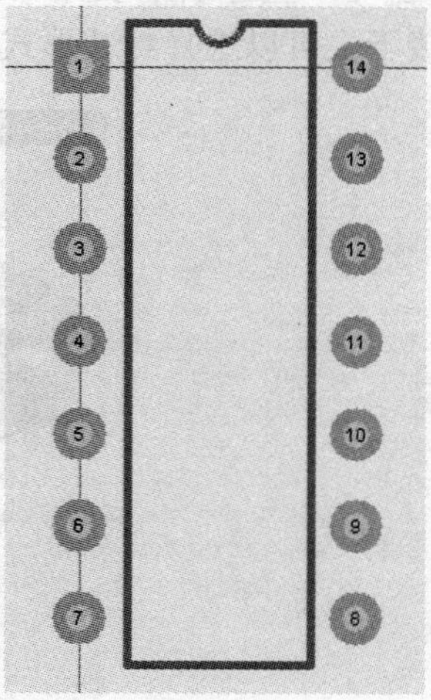

图 9-12　绘制元件的外形轮廓

8）绘制完成后，单击元件封装管理器左边的 Rename 按钮，为新创建的元件封装重新命名，这里命名为 AMPLIF-14，如图 9-13 所示。

9）重命名以及保存文件后，该元件封装就创建成功，以后调用时可以作为一个块。

输入元件封装的名称后，可以看到元件封装管理器中的元件名称也相应地改变了。

10）执行菜单命令 File→Save，将新建的元件库保存。

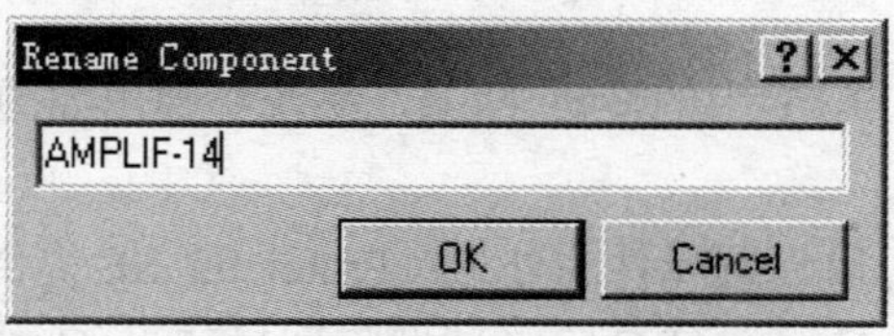

图 9-13　输入元件封装的名称

9.3.3　设置元件封装的参考点

为了标记一个 PCB 元件用作元件封装，需要设定元件的参考坐标，通常设定 Pin1（即元件的引脚 1）为参考坐标。

设置元件封装的参考点可以通过执行 Edit→Set Reference 子菜单中的相关命令实现。其中，有 Pin1、Center 和 Location 三条命令。如果执行 Pin1 命令，则设置引脚 1 为元件的参考点；如果执行 Center 命令，则表示将元件的几何中心作为元件的参考点；如果执行 Location 命令，则表示由用户选择一个位置作为元件的参考点。

9.4 使用向导创建元件封装

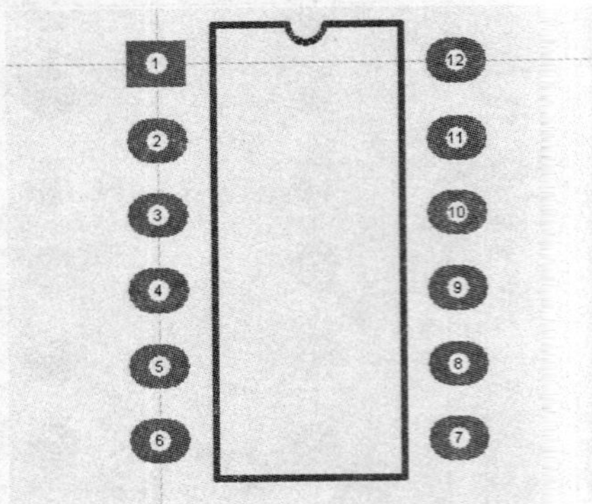

图 9-14 利用向导创建元件封装的实例

Protel 99 SE 提供的元件向导是电子设计领域里的新概念，它允许用户预先定义设计规则，在这些设计规则定义结束后，元件封装库编辑器会自动生成相应的新元件封装。

下面以图 9-14 所示的实例，来介绍利用向导创建元件封装的基本步骤：

1）启动并进入元件封装编辑服务器。

2）执行 Tools→New Component 菜单命令。

3）执行该命令后，系统会弹出如图 9-15 所示的界面。这就进入了元件封装创建向导，接下去可以选择封装形式，并可以定义设计规则。

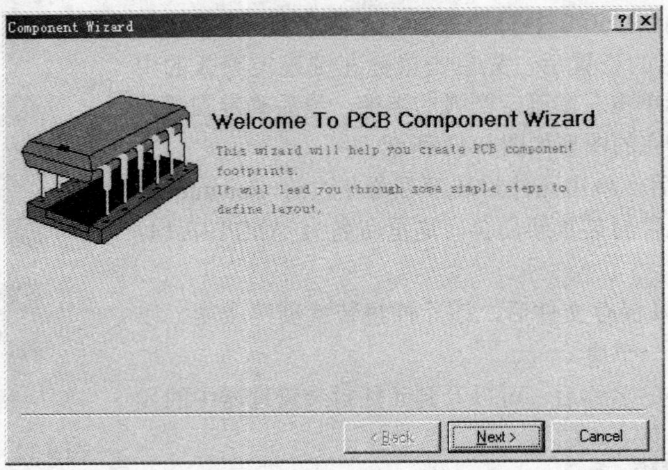

图 9-15 元件封装向导界面

4）用鼠标左键单击图 9-15 中的按钮 Next，系统将弹出如图 9-16 所示的选择元件封装样式对话框。

在该对话框中，用户可以设置元件的外形。Protel 99 SE 提供了 11 种元件的外形供用户选择，其中包括 Ball Grid Arrays（BGA）（球栅阵列封装）、Capacitors（电容封装）、Diodes（二极管封装）、Dual in-line Package（DIP）（双列直插封装）、Edge Connectors（边连接样式）、Leadless Chip Carrier（LCC）（无引线芯片载体封装）、Pin Grid Arrays（PGA）（引脚网格阵列封装）、Quad Packs（QUAD）（四边引出扁平封装 PQFP）、Small Outline Package（SOP）（小尺寸封装）、Resistors（电阻样式）等。

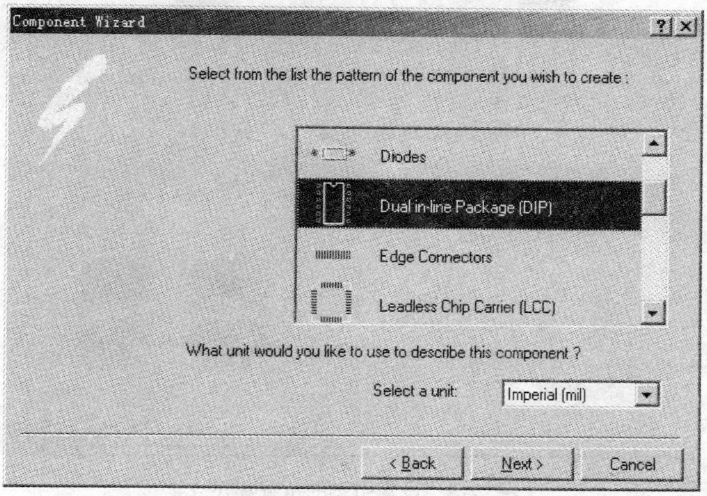

图 9-16　选择元件封装样式对话框

根据本例要求，选择 Dual in-line package（DIP）封装外形。另外，在对话框的下面还可以选择元件封装的度量单位，有 Metric（mm）（米制）和 Imperial（mil）（英制）。

5）单击图 9-16 中的 Next 按钮，系统将会弹出如图 9-17 所示的对话框。用户在该对话框中，可以设置焊盘的有关尺寸。用户只需在需要修改的地方单击鼠标，然后输入尺寸即可。

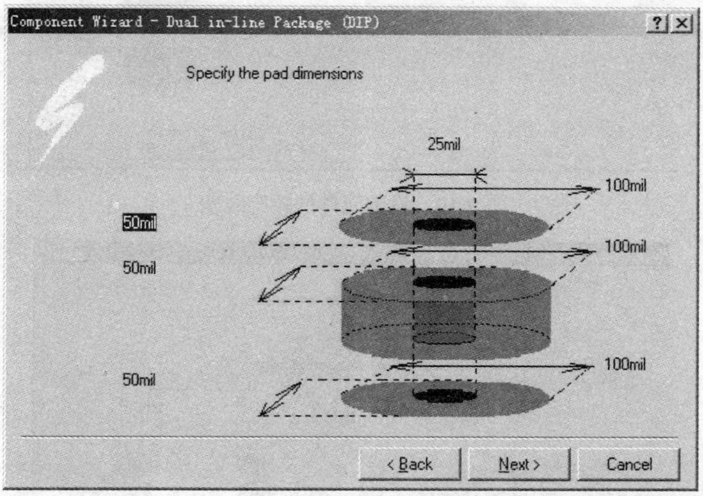

图 9-17　设置焊盘尺寸

6）单击图 9-17 中的 Next 按钮，系统将会弹出如图 9-18 所示的对话框。用户在该对话框中，可以设置引脚的水平间距、垂直间距和尺寸。设置方法同上一步。

7）单击图 9-18 中的 Next 按钮，系统将会弹出如图 9-19 所示的对话框。用户在该对话框中，可以设置元件的轮廓线宽。设置方法同上一步。

8）单击图 9-19 中的 Next 按钮，系统将会弹出如图 9-20 所示的对话框。用户在该对话框中，可以设置元件引脚数量。用户只需在对话框中的指定位置输入元件引脚数量即可。

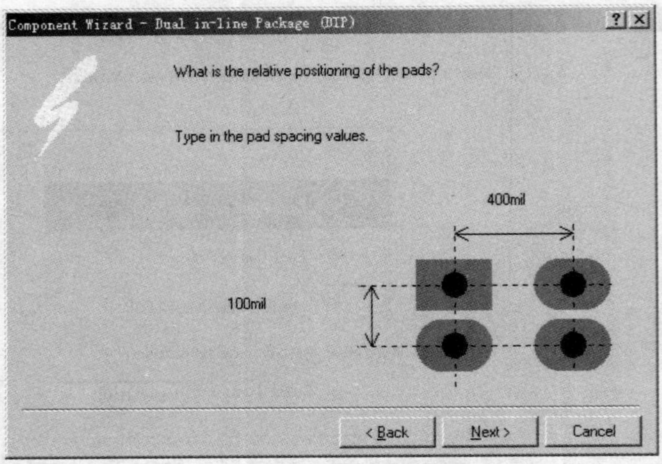

图 9-18　设置引脚的位置和尺寸

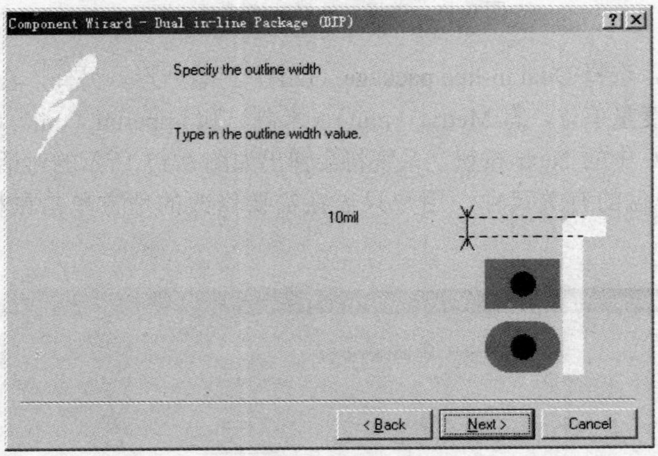

图 9-19　设置元件的轮廓线宽

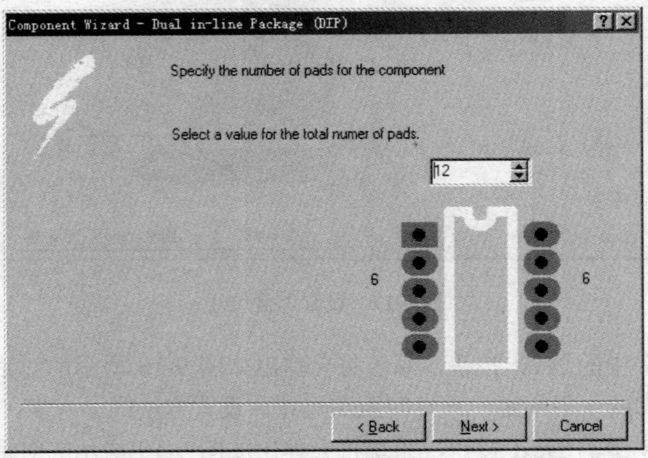

图 9-20　设置元件引脚数量

9）单击 Next 按钮，系统将会弹出如图 9-21 所示的设置元件封装名称的对话框。在该对话框中，用户可以设置元件的名称，在此设置为 JDIP12。

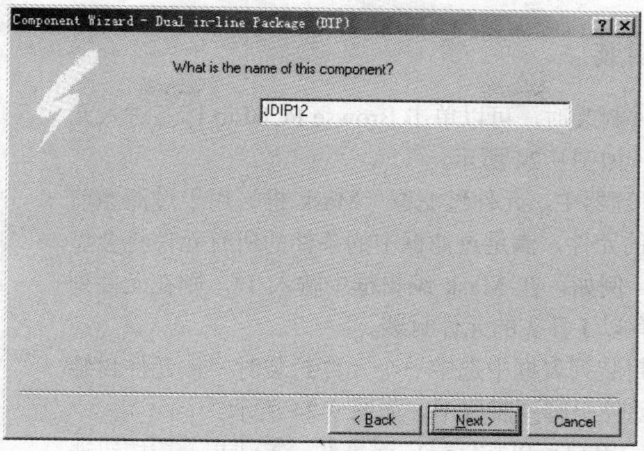

图 9-21　设置元件封装的名称

10）单击 Next 按钮，系统将会弹出如图 9-22 所示的完成对话框。

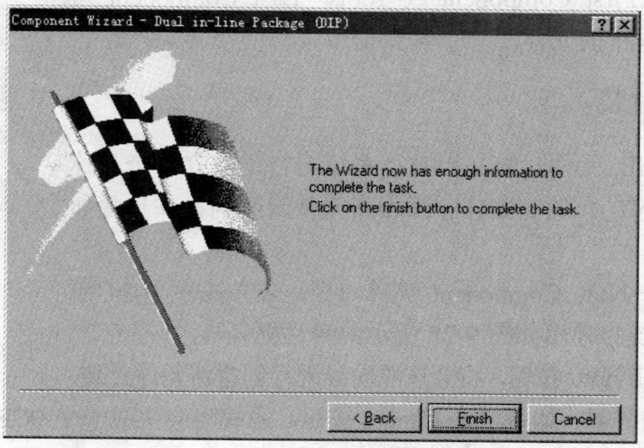

图 9-22　完成对话框

单击图 9-22 中的 Finish 按钮，即可完成对新元件封装设计规则的定义，同时程序按设计规则生成了新元件封装。完成后的元件封装如图 9-23 所示。

使用向导创建元件封装结束后，系统将会自动打开生成的新元件封装，以供用户进一步修改，其操作与设计 PCB 图的过程类似。

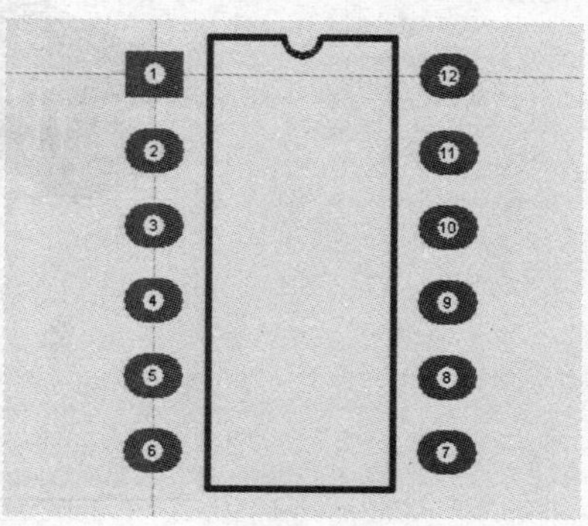

图 9-23　完成后的元件封装

9.5　元件封装管理

当创建了新的元件封装后，可以使用元件封装管理器进行管理，具体包括元件封装的浏览、添加、删除等操作。下面进行具体讲解。

9.5.1 浏览元件封装

当用户创建元件封装时，可以单击 Browse PCBLib 标签进入元件封装浏览管理器，如图 9-24 所示。

在 PCB 浏览管理器中，元件过滤框（Mask 框）用于过滤当前 PCB 元件封装库中的元件，满足过滤框中的条件的所有元件将会显示在元件列表框中。例如，在 Mask 编辑框中输入 J*，则在元件列表框中将会显示所有以 J 开头的元件封装。

当用户在元件封装列表框中选中一个元件封装时，该元件封装的引脚将会显示在元件引脚列表框中，如图 9-24 所示。

在该对话框中，用户可以按 < 、 << 、 >> 或 > 按钮选择元件列表框中的元件。

另外，用户也可以执行 Tools→Next Component、Tools→Prev Component、Tools→First Component 或 Tools→Last Component 命令来选择元件列表框中的元件。

图 9-24 元件封装浏览器

9.5.2 添加元件封装

当新建一个 PCB 元件封装文档时，系统会自动建立一个名称为 PCBCOMPONENT_1 的空文件。添加新元件封装的操作步骤如下：

1）执行 Tools→New Component 菜单命令，或单击图 9-24 所示的 Add 按钮，系统将弹出如图 9-25 所示的对话框。

2）此时如果单击 Next 按钮，将会按照向导进行创建新元件封装，这可以参考 9.4 节的讲解。如果单击 Cancel 按钮，系统将会生成一个 PCBCOMPONENT_1 空文件。

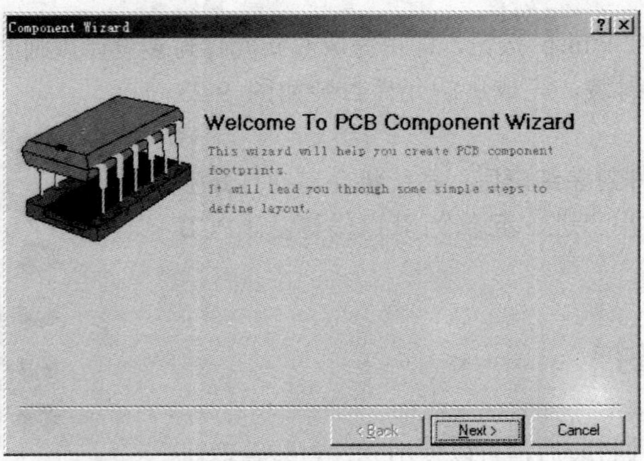

图 9-25 创建新元件封装向导

9.5.3 元件封装重命名

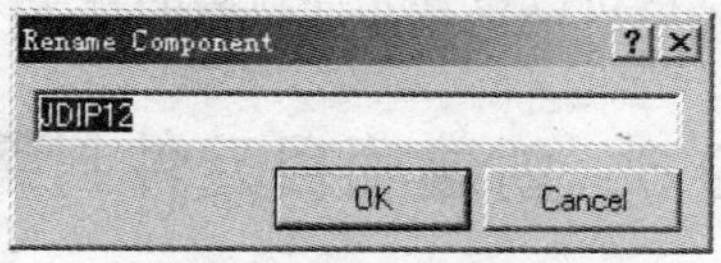

图 9-26 重命名对话框

当创建了一个元件后，用户还可以对该元件进行重命名，具体操作如下：

1）在元件列表框中选中一个元件封装，然后单击 Rename 按钮，系统将会弹出如图 9-26 所示的重命名元件封装对话框。

2）在对话框中可以输入元件的新名称，然后单击 OK 按钮，即可完成重命名操作。

9.5.4 删除元件封装

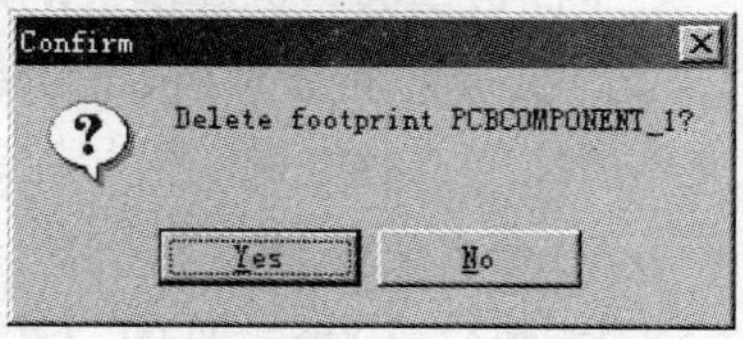

图 9-27 确认对话框

如果用户想从元件库中删除一个元件封装，可以先选中需要删除的元件封装，然后单击 Remove 按钮，系统将会弹出如图 9-27 所示的提示框，如果用户单击 Yes 按钮将会执行删除操作，如果单击 No 按钮，则取消删除操作。

9.5.5 放置元件封装

通过元件封装浏览管理器，还可以进行放置元件封装的操作。用户也可以使用 9.3.2 节讲述的方法放置元件封装。

如果用户想通过元件封装浏览管理器放置元件封装，可以先选中需要放置的元件封装，然后按 Place 按钮，系统将会切换到当前打开的 PCB 设计管理器中，用户可以将该元件封装放置在适当的位置。

9.5.6 编辑元件封装引脚焊盘

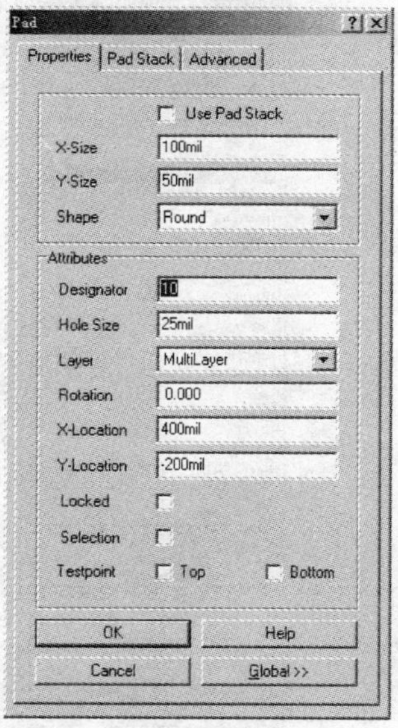

图 9-28 焊盘属性编辑对话框

使用 PCBLIB 元件封装浏览管理器可以编辑封装引脚焊盘的属性，具体操作过程如下：

1）在元件列表框中选中元件封装，然后在引脚列表框选中需要编辑的焊盘。

2）双击所选中的对象，或按 Edit Pad 按钮，系统将弹出焊盘属性对话框，如图 9-28 所示，在该对话框中可以实现焊盘属性的编辑，也可以直接双击焊盘进入焊盘属性对话框。

如果用户想快速定位到某个元件引脚焊盘，可以单击 Jump 按钮，系统将会亮显并放大所选焊盘。

9.5.7 设置信号层的颜色

在图 9-24 所示的 Current Layer 操作框中，用户可以修改或设置元件封装的各层的颜色，具体操作步骤如下：

1）在图 9-24 所示的 Current Layer 下拉列表中选中需要修改或设置颜色的层。

2）使用鼠标双击对话框右边的颜色框，此时系统将会弹出颜色设置对话框，通过该对话框可以设置元件封装的各层颜色。

9.6 创建项目元件封装库

项目元件封装库是按照本项目电路图上的元件生成的一个元件封装库。项目元件封装库实际就是把整个项目中所用到的元件整理并存入一个元件库文件中。

下面以第 8 章创建的 PWM.pcb 板为例，介绍创建项目元件库的步骤：

1）执行菜单命令 File→Open，打开 PWM.pcb 所属的设计数据库，如前面创建的 PWM.pcb 文件所属的“脉宽调制信号控制电路.ddb”数据库，装入该项目文件。

2）在 PWM.ddb 项目中，打开 PWM.pcb 文件。

3）执行 Tools→Make Library 菜单命令。执行该命令后，程序会自动切换到元件封装库编辑服务器，生成相应的项目文件库 PWM.lib。在图 9-29 所示的元件封装浏览管理器所列出的元件封装库中，包括 AXIAL0.4、DIP8 和 DIP16 等。

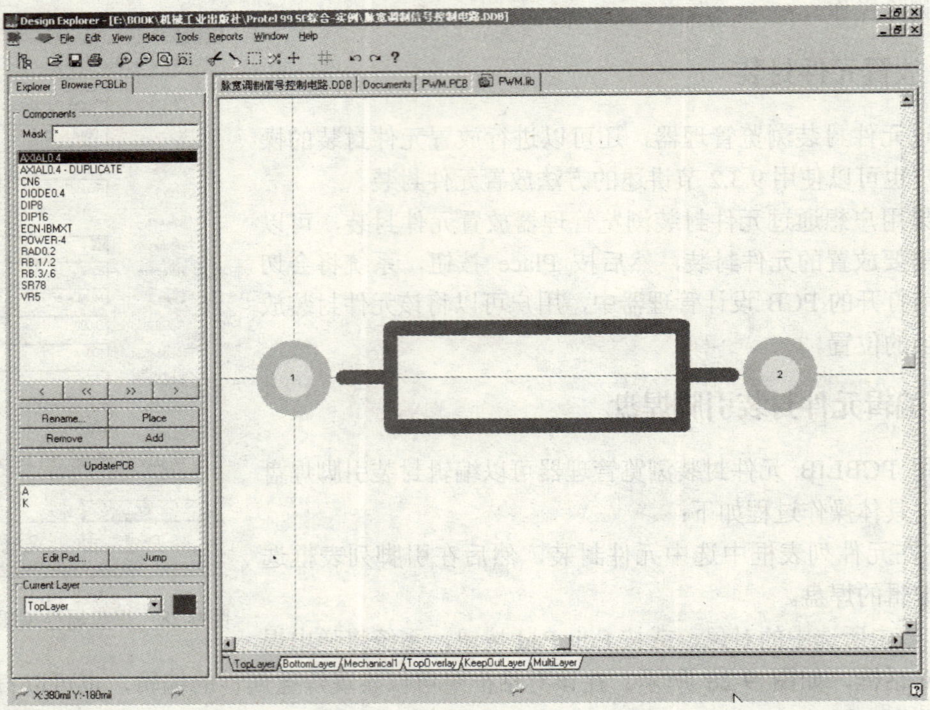

图 9-29 生成新的元件封装库

注意：如果需要自己制作新的元件封装，一定要事先仔细阅读元件的产品信息，了解该元件的尺寸大小、封装类型，然后才进行元件封装的绘制和定义。当绘制好了一个自定义元件封装后，还应该使用打印机按 1∶1 的比例打印出来，与产品信息中元件实际尺寸进行比较，如果正确，则可以使用。

第 10 章　生成印制电路板报表

完成了 PCB 设计后，要得到实际的 PCB，还需要根据设计的 PCB 文件，进行 PCB 加工。通常，需要给制造厂提供一些需要的制造工艺用的报表，比如 NC 钻孔报表、光绘（Gerber）文件、元件报表（BOM）等。本章将简单介绍如何生成这些报表文件。

10.1　NC 钻孔报表

钻孔文件用于提供制作电路板时所需的工艺文档，该文档可直接用于数控钻孔机。生成 NC 钻孔报表的具体操作如下：

1）执行 File→New 菜单命令。

2）执行该命令后，系统将弹出如图 10-1 所示的新建文件对话框，选择 CAM Output Configure 图标，然后单击 OK 按钮，即可生成辅助制造输出文件。

3）系统将弹出如图 10-2 所示的对话框，在该对话框中，用户可以选择需要产生报表的 PCB 文件，然后单击 OK 按钮。

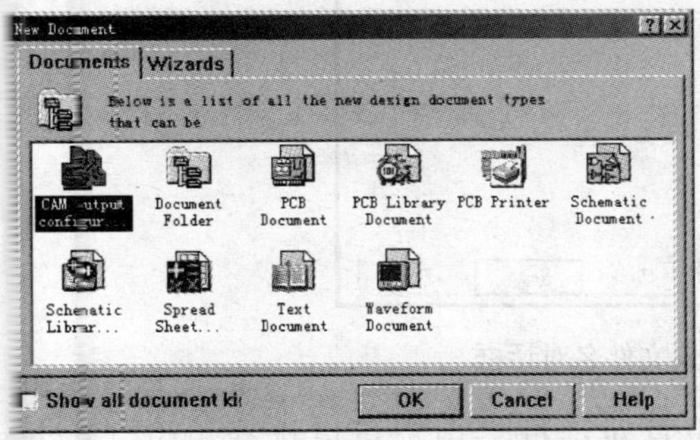

图 10-1　“New Document（新建文件）”对话框

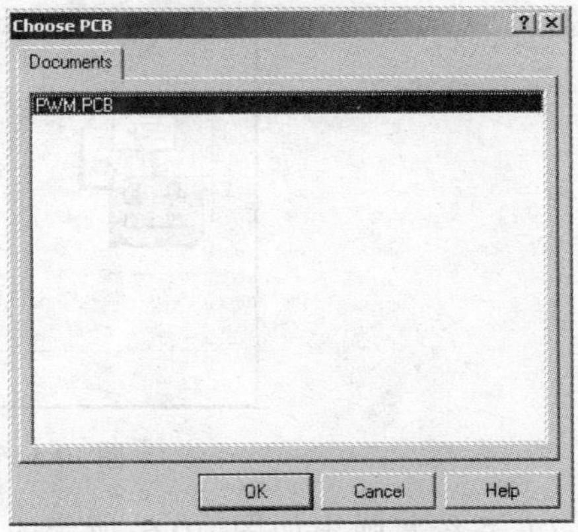

图 10-2　选择 PCB 文件对话框

4）系统弹出如图 10-3 所示的生成输出向导对话框，然后单击 Next 按钮。

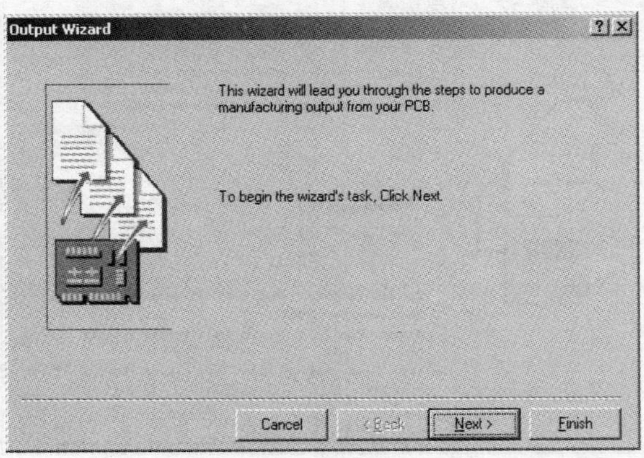

图 10-3　生成输出向导对话框

5）系统将弹出如图 10-4 所示的选择产生文件类型对话框，此时选择 NC Drill 类型；用户也可以选择 BOM（元件报表）等类型，然后单击 Next 按钮。

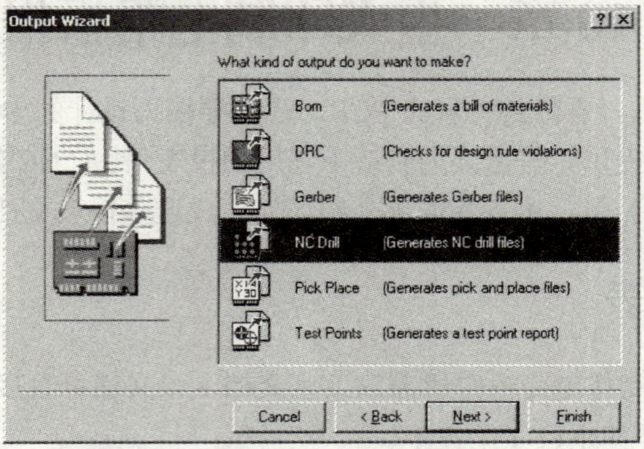

图 10-4　选择生成文件类型对话框

6）系统弹出如图 10-5 所示的输入报表文件名对话框，此时可输入 NC Drill 文件名，在此输入 PWM-NC，然后单击 Next 按钮。

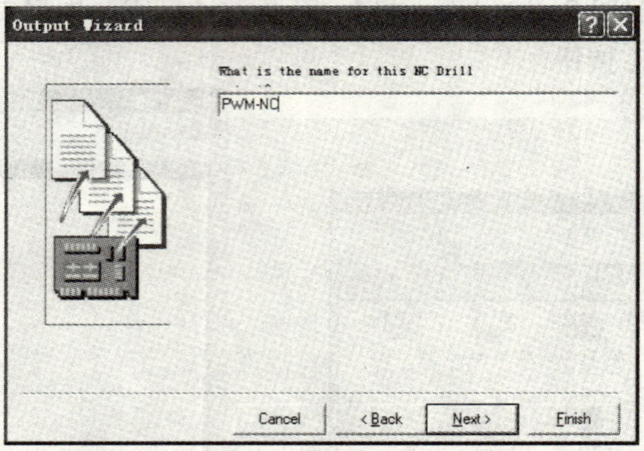

图 10-5　设置报表文件名对话框

7）系统将弹出如图 10-6 所示的单位设置对话框，用户可以选择单位（Inches 或 millimeters），然后还可以选择单位格式（其中 2:3 格式单位的分辨率为 1mil，2:4 格式单位的分辨率为 0.1mil，2:5 格式单位的分辨率为 0.01mil），然后单击 Next 按钮。

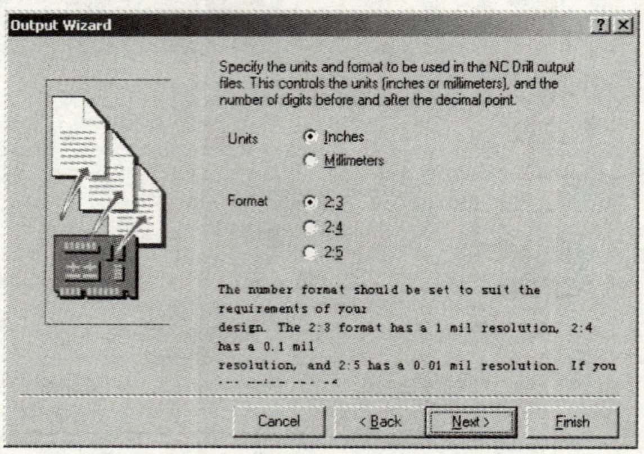

图 10-6　选择单位格式对话框

8）弹出结束对话框，此时单击 Finish 按钮，即可结束产生辅助制造管理器文件，系统默认为 CAMManager1.cam。本实例中创建了一个 PWM-NC 报表，不过此时还不能查看到报表的内容。

9）进入 CAMManager1.cam 文件，然后执行 Tools→Generate CAM Files 命令，系统将在 Cam for PWM 中产生 PWM.DRR 数控钻孔报表文件，切换到 PWM.DRR 文件，可以看到本实例的数控钻孔报表，如下所示：

```
------------------------------------------------------------------
NCDrill File Report For: PWM.PCB      6-Feb-2006      11:22:47
------------------------------------------------------------------
Layer Pair : TopLayer to BottomLayer
ASCII File : NCDrillOutput.TXT
EIA File   : NCDrillOutput.DRL
Tool      Hole Size              Hole Count Plated      Tool Travel
------------------------------------------------------------------
T1        20mil (0.508mm)        2                      7.83 Inch (198.84 mm)
T2        28mil (0.7112mm)       39                     22.28 Inch (565.80 mm)
T3        31mil (0.7874mm)       4                      9.36 Inch (237.78 mm)
T4        32mil (0.8128mm)       70                     31.03 Inch (788.15 mm)
T5        35mil (0.889mm)        3                      8.31 Inch (211.16 mm)
T6        55mil (1.397mm)        2                      8.71 Inch (221.27 mm)
T7        59mil (1.4986mm)       18                     19.04 Inch (483.73 mm)
T8        125mil (3.175mm)       1                      7.22 Inch (183.35 mm)
T9        140mil (3.556mm)       2                      15.03 Inch (381.86 mm)
------------------------------------------------------------------
Totals                           141                    128.82 Inch (3271.95 mm)
Total Processing Time : 00:00:00
```

从上述报表可知，总共产生了 3 个文件，即 PWM.TXT、PWM.DRL、PWM.DRR，真正的数控程序以文本文件的方式保存为 PWM.TXT 中，如图 10-7 所示为显示的数控程序的部分内容。

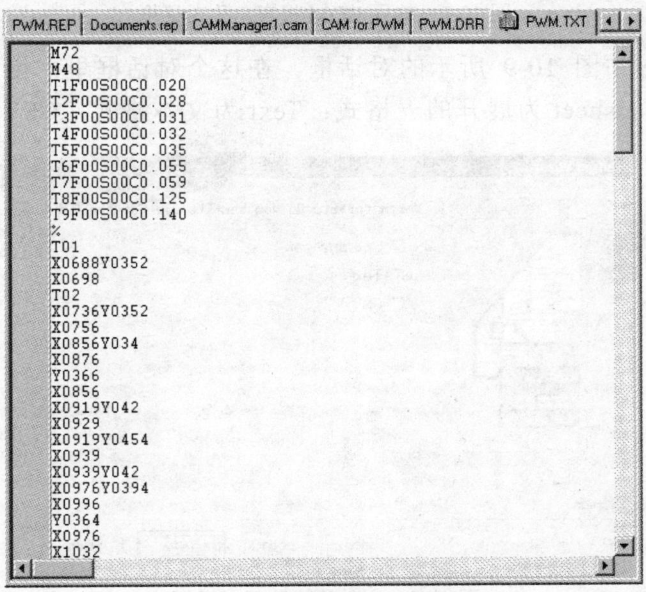

图 10-7　NC 钻孔数控程序

10.2 生成元件清单

元件报表可以用来整理一个电路或一个项目中的元件，形成一个元件列表，以供用户查询。生成元件报表的操作过程如下：

1）同 10.1 节的步骤 1）。

2）同 10.1 节的步骤 2）。

3）同 10.1 节的步骤 3）。

4）同 10.1 节的步骤 4）。

5）系统弹出如图 10-4 所示的选择产生文件类型对话框，此时选择 BOM（Bill of Materials）类型，然后单击 Next 按钮。

6）系统将弹出如图 10-8 所示的对话框。在这个对话框里可以输入 BOM 名称，如本实例的 Bom -PWM，然后单击 Next 按钮。

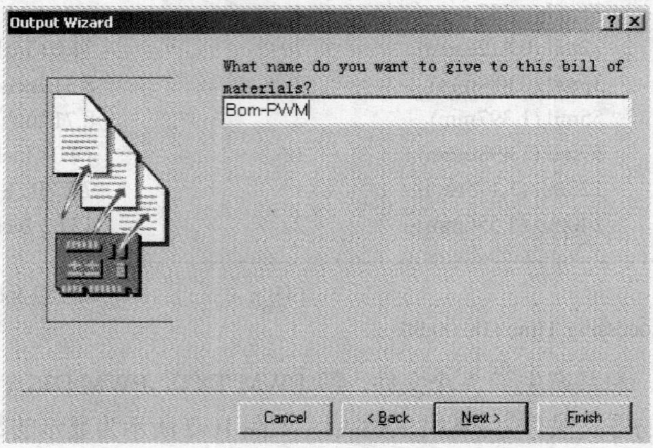

图 10-8　输入 BOM 报表名称对话框

7）系统将弹出如图 10-9 所示的对话框。在这个对话框里，用户可以选择 BOM 报表的格式：Spreadsheet 为展开的表格式；Text 为文本格式；CSV 为字符串形式。

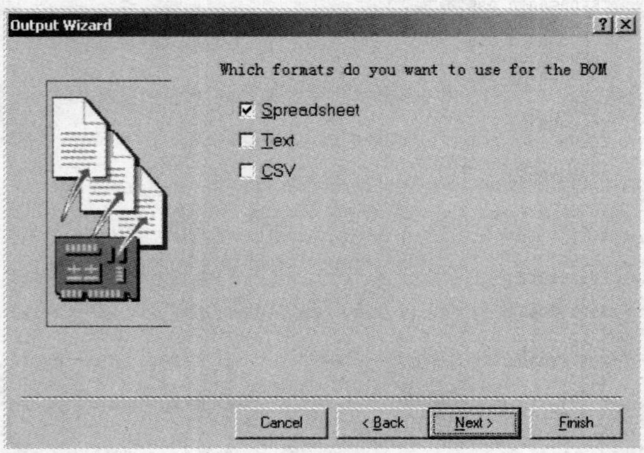

图 10-9　文件格式选择对话框

8）单击 Next 按钮，系统将弹出如图 10-10 所示的对话框。在这个对话框里可以选择元件的列表形式，系统提供了如下两种列表形式：

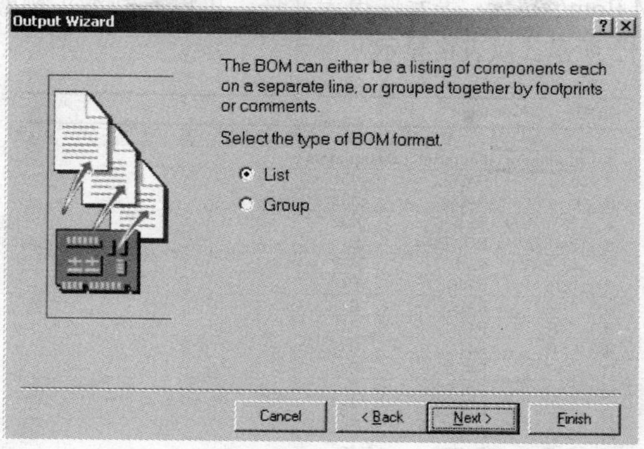

图 10-10　选择元件的列表形式

- List：该选项为将当前印制电路板上所有的元件列表，每一个元件占一行，所有元件按顺序向下排列。
- Group：该选项为将当前印制电路板上的具有相同元件封装和元件名称的元件作为一组，每一组占一行。

9）选择了列表形式后，单击 Next 按钮，系统将弹出如图 10-11 所示的对话框。该对话框中 What field do you want to use to sort the components 下的选项用于选择排序的依据，如选择 Comment，则用元件名称来对元件报表排序；Check the fields to included in the report 下的选项用于选择报表所要包含的范围，包括 Designator、Footprint 和 Comment。

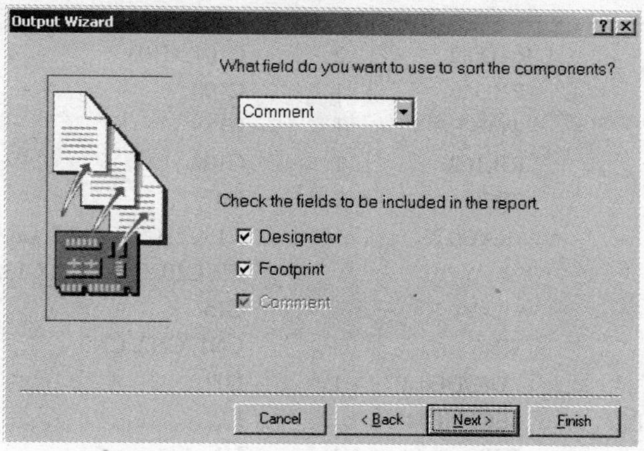

图 10-11　选择元件排序依据

10）选择了报表包含的范围后，单击 Next 按钮，系统将弹出完成对话框。如果想更改上面某一步，可以单击 Back 按钮返回前面的操作对话框，进行重新设置。

11）弹出结束对话框，此时单击 Finish 按钮，即可结束产生辅助制造管理器文件，系统默认为 CAMManager2.cam。本实例中创建了一个 Bom-PWM 报表，不过此时还不能查看到报表的内容。

12）进入 CAMManager2.cam 文件，然后执行 Tools→Generate CAM Files 命令，系统将产生 BOM for PWM.Bom/txt/Csv 等元件报表文件，可以看到本实例的元件报表 BOM fcr PWM.Bom，如图 10-12 所示（以表格显示）。

A1 | Comment

	A	B	C	D	E	F
1	Comment	Footprint	Designators			
2	0.1u	RAD0.2	C101			
3	0.1u	RAD0.2	C103			
4	2200u/50V	RB.3/.6	C100			
5	3A/100V	POWER-4	B1			
6	47u/50V	RB.1/.2	C102			
7	7815	SR78	U4			
8	CAP	RAD0.2	C1			
9	CAP	RAD0.2	C2			
10	CAP	RAD0.2	C3			
11	CAP	RAD0.2	C4			
12	CAP	RAD0.2	C5			
13	CAP	RAD0.2	C6			
14	CAP	RAD0.2	C7			
15	CAP	RAD0.2	C8			
16	CAP	RAD0.2	C9			
17	CAP	RAD0.2	C10			
18	CAP	RAD0.2	C11			
19	CAP	RAD0.2	C12			
20	CAP	RAD0.2	C13			
21	CAP	RAD0.2	C14			
22	CAP	RAD0.2	C15			

Sheet1

图 10-12　元件报表

另外，用户也可以在 BOM for PWM.Txt 文件中查看元件报表，文本内容如下：

```
Bill Of Material For PWM.PCB
On 10-Feb-2006   at 16:00:22
  Comment            Pattern        Quantity   Components
-----------------------------------------------------------------------
  0.1u               RAD0.2         2          C101, C103
  2200u/50V          RB.3/.6        1          C100
  3A/100V            POWER-4        1          B1
  47u/50V            RB.1/.2        1          C102
  7815               SR78           1          U4
  CAP                RAD0.2         15         C1, C2, C3, C4, C5, C6, C7, C8,
                                               C9, C10, C11, C12, C13, C14,
                                               C15
  CN-6               CN6            3          CN1, CN2, CN3
  DIODE              DIODE0.4       1          D1
  ECN-IBMXT          ECN-IBMXT      1          P1
  LF353              DIP8           1          U1
  LM393              DIP8           1          U2
  POT2               VR5            1          AR1
  RES2               AXIAL0.4       16         R1, R2, R3, R4, R5, R6, R7, R8,
                                               R9, R10, R11, R12, R14, R15,
                                               R16, R17
  RES2               axial0.4       1          R13
```

SG3525A	DIP16	1	U3
ZENER2	DIODE0.4	1	W1

10.3 生成光绘文件

Gerber 文件是用于 PCB 加工工艺的光绘文件。设计人员设计好 PCB 后，通常需要送到 PCB 厂加工，而比较流行的做法是将 PCB 文件转换为 Gerber 文件和钻孔数据后交 PCB 厂。

Gerber 文件是一种国际标准的光绘格式文件，它包含 RS-274-D 和 RS-274-X 两种格式，其中 RS-274-D 称为基本 Gerber 格式，并要同时附带 D 码文件才能完整描述一张图形；RS-274-X 称为扩展 Gerber 格式，它本身包含有 D 码信息。常用的 CAD 软件都能生成这两种格式文件。Protel 99 SE 可以有效地由 PCB 文件产生 Gerber 文件。

由 Protel 99 SE 产生 Gerber 文件后，各文件描述如下（扩展格式名中“T”表示顶层，“B”表示底层）：

- D 码文件：即“*.APT”或“*.APR”文件。
- 线路层：为“*.GTL”和“*.GBL”文件。
- 丝印层（字符）：为“*.GTO”和“*.GBO”文件。
- 贴片层：为“*.GTP”和“*.GBP”。
- 绿油层（阻焊）：为“*.GTS”和“*.GBS”文件。
- 边框层：为“*.GKO”或“*.GM1”文件。

下面简单讲述一下如何生成 Gerber 文件，具体步骤如下：

1）执行 File→New 菜单命令，系统将弹出如图 10-1 所示的新建文件对话框，选择 CAM Output Configure 图标，然后单击 OK 按钮，即生成辅助制造输出文件。参考 10.1 节的 1）～5）步继续操作，直到弹出如图 10-4 所示的选择生成文件类型对话框。

2）在如图 10-4 所示的选择生成文件类型对话框中，选择 Gerber 选项，以产生 Gerber 文件。然后单击 Next 按钮，系统会弹出如图 10-13 所示的对话框，此时输入 Gerber 文件名。

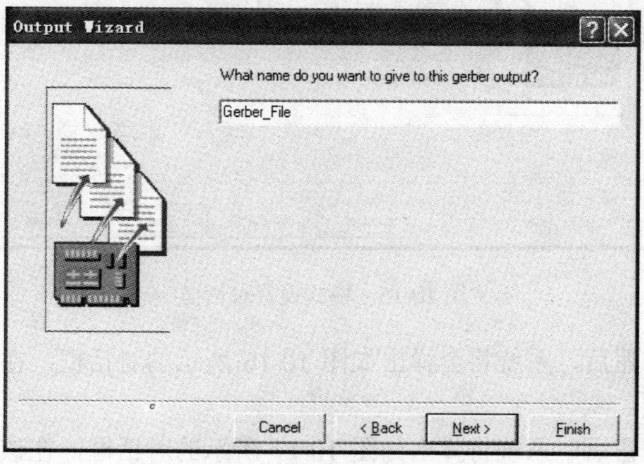

图 10-13 输入 Gerber 文件名

3）单击 Next 按钮后，系统弹出如图 10-14 所示的对话框，此对话框描述了 Gerber 文件如何处理孔，并告诉用户其使用的是 RS-274-X 格式的 Gerber 文件。

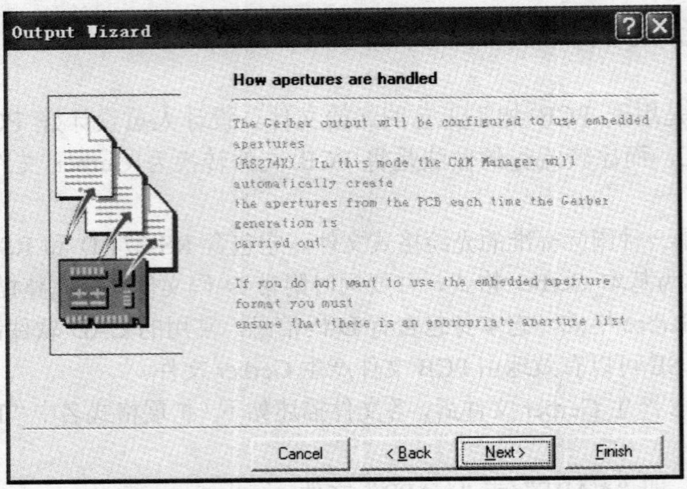

图 10-14　Gerber 文件的描述

4）单击 Next 按钮，接着系统将弹出如图 10-15 所示的格式设置对话框，用户可以选择单位（Inches 或 millimeters），然后还可以选择单位格式（其中，2:3 格式单位的分辨率为 1mil，2:4 格式单位的分辨率为 0.1mil，2:5 格式单位的分辨率为 0.01mil），然后单击 Next 按钮。

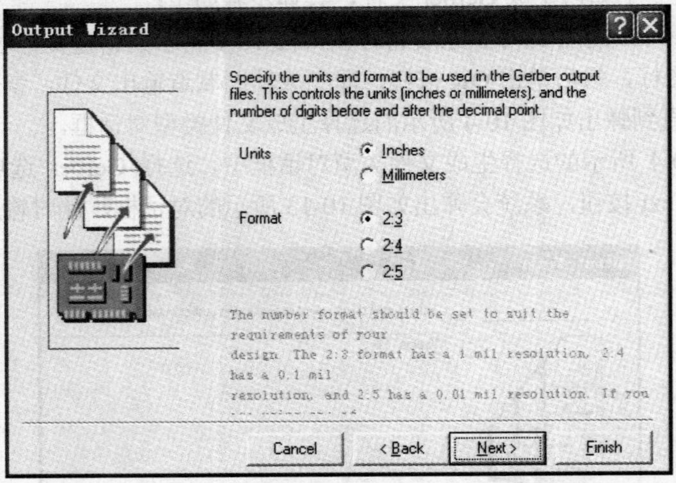

图 10-15　格式设置对话框

5）单击 Next 按钮后，系统将会弹出如图 10-16 所示的对话框，在该对话框中，可以指定 Gerber 输出的图层。

6）单击 Next 按钮后，系统将弹出如图 10-17 所示的对话框，在该对话框中，可以指定选择是否输出钻孔图形。如果选择“Yes, generate drill drawing plots”选项，则可以输出具有钻孔图形的 Gerber 文件。

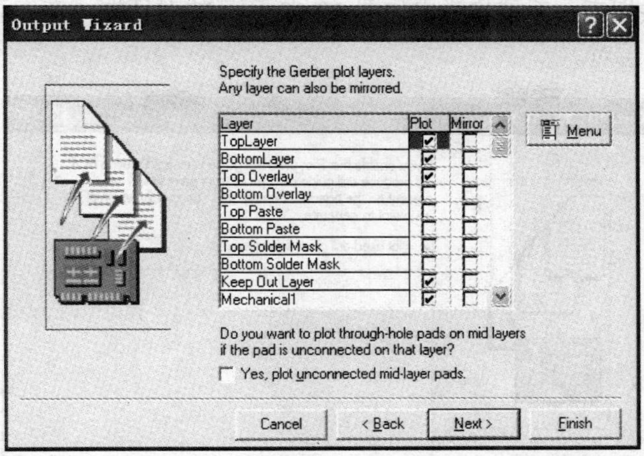

图 10-16　指定 Gerber 输出的图层

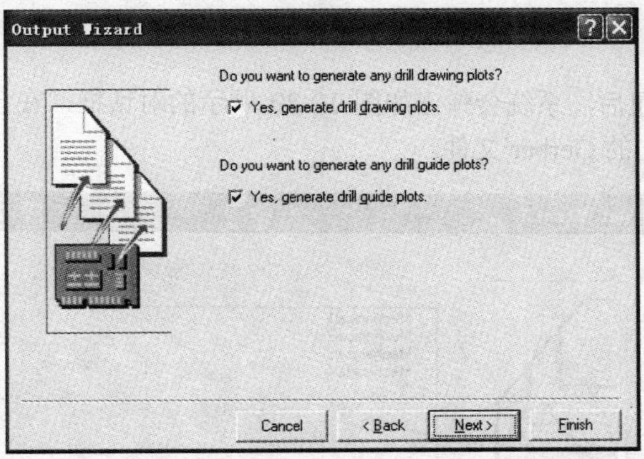

图 10-17　指定是否输出钻孔图形 Gerber 文件

7）单击 Next 按钮后，系统将弹出如图 10-18 所示的对话框，在该对话框中，可以指定是否选择图层对，并指定钻孔图形符号的类型和尺寸。

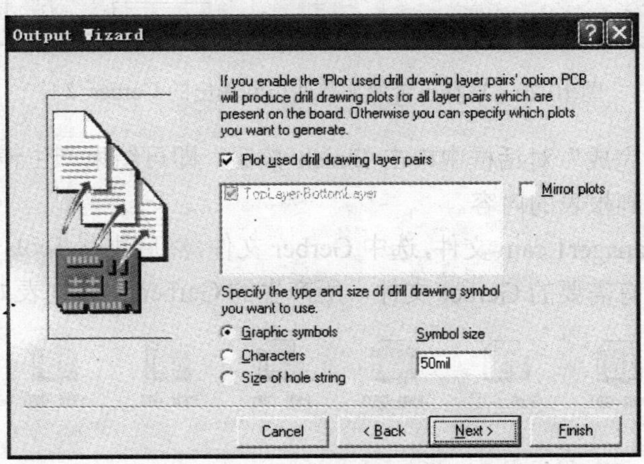

图 10-18　指定是否输出钻孔图形 Gerber 文件

8）单击 Next 按钮后，系统将弹出如图 10-19 所示的对话框，在该对话框中，可以指定是否选择钻孔操作的层对。

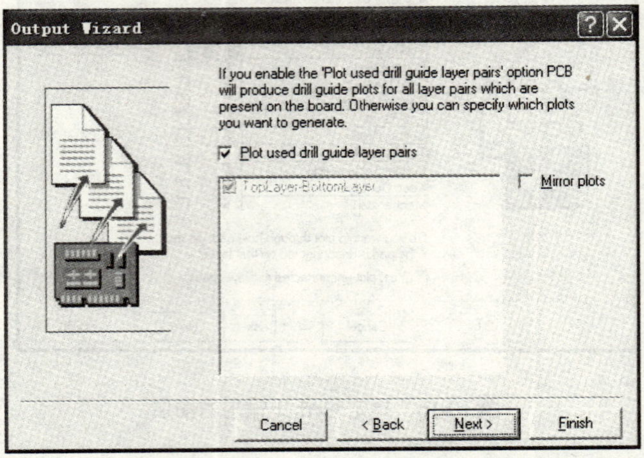

图 10-19　选择是否指定钻孔操作的层对

9）单击 Next 按钮后，系统会弹出如图 10-20 所示的对话框，在该对话框中，可以指定是否增加其他层到输出的 Gerber 文件。

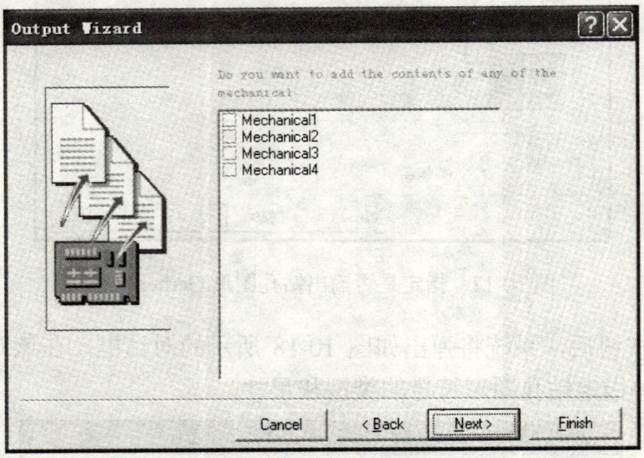

图 10-20　选择是否增加其他层到输出的 Gerber 文件

10）在弹出的“完成”对话框中单击 Finish 按钮，即可结束产生辅助制造管理器文件，不过此时还不能查看到报表的内容。

11）进入 CAMManager1.cam 文件，选中 Gerber 文件，然后执行 Tools→Generate CAM Files 命令，就可以产生所有需要的 Gerber 文件，所产生的 Gerber 文件列表如图 10-21 所示。

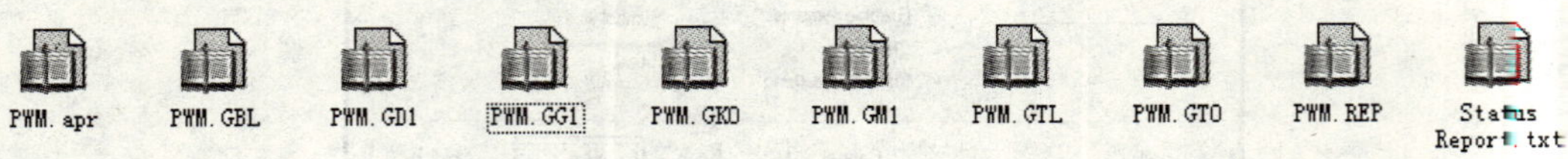

图 10-21　产生的 Gerber 文件列表

10.4 生成其他报表文件

10.4.1 生成引脚报表

引脚报表能够提供电路板上选取的引脚信息，用户可以选取若干个引脚，通过报表功能生成这些引脚的相关信息，这些信息会生成一个*.DMP 报表文件，这可以让用户比较方便地检验网络上的连线。

执行 Reports→Selected Pins 菜单命令可以生成引脚报表。系统会生成引脚报表文件*.DMP。

10.4.2 生成电路板信息报表

电路板信息报表的作用在于给用户提供一个电路板的完整信息，包括电路板尺寸、电路板上的焊点、导孔的数量以及电路板上的元件标号等。下面讲述如何生成电路板的有关信息报表。

1）执行 Reports→Board Information 菜单命令可以生成电路板信息报表。

2）执行此命令后，系统会弹出如图 10-22 所示的电路板信息对话框。

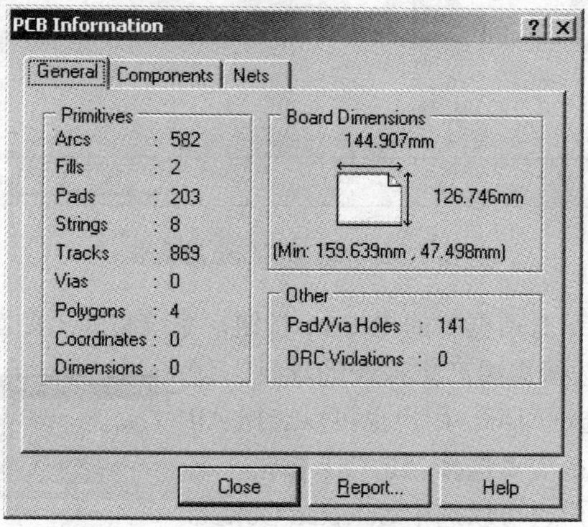

图 10-22 电路板信息对话框

在图 10-22 所示的对话框中包括 3 个选项卡，分别说明如下：

- General 选项卡：主要用于显示电路板的一般信息，如电路板大小，电路板上各个组件的数量，如导线数、焊点数、导孔数、敷铜数、违反设计规则的数量等。
- Components 选项卡：用于显示当前电路板上使用的元件序号以及元件所在的层等信息，如图 10-23 所示。
- Nets 选项卡：用于显示当前电路板中的网络信息，如图 10-24 所示。

如果单击 Nets 选项卡中的 Pwr/Gnd 按钮，系统会弹出如图 10-25 所示的内部层信息对话框。内部层信息对话框列出了各个内部层所接的网络、导孔和焊点以及导孔或焊点和内部层间的连接方式。

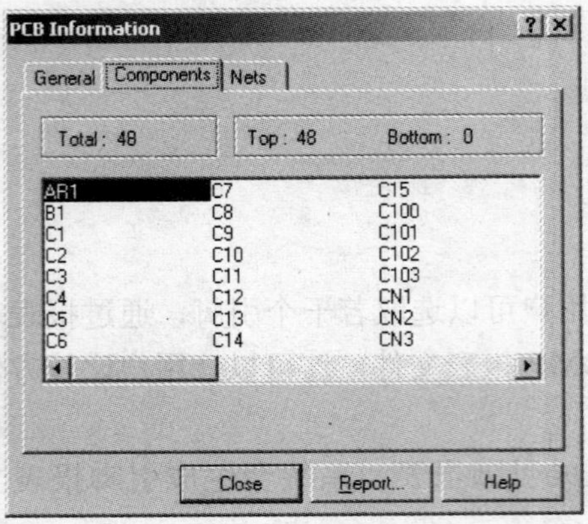

图 10-23　Components 选项卡

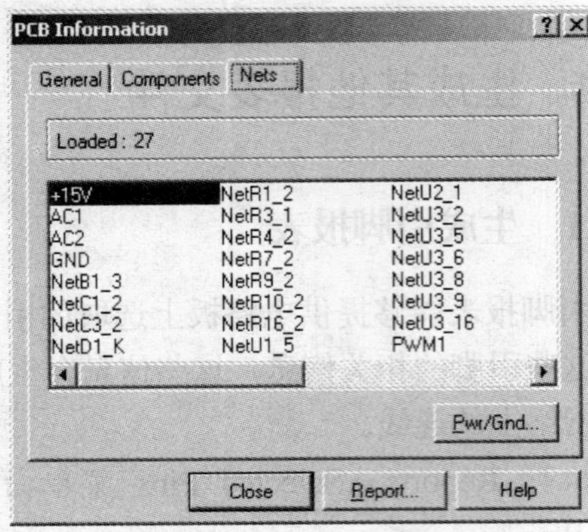

图 10-24　Nets 选项卡

如果电路板没有内部层网络，则在图 10-25 所示的对话框中不会显示层信息，也没有内部层网络。

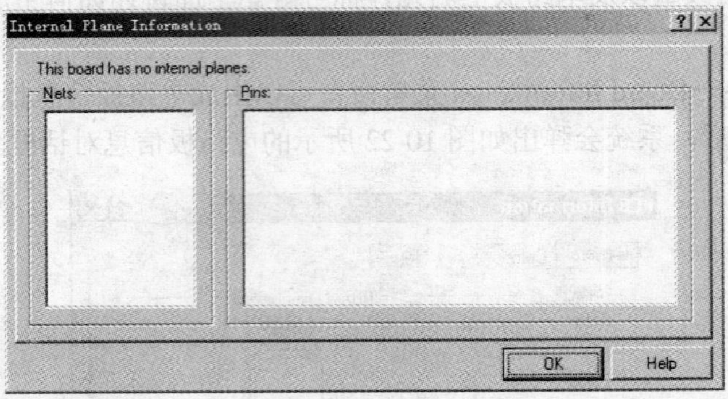

图 10-25　内部层信息对话框

3）单击图 10-22 所示对话框中的 Report 按钮，系统将弹出如图 10-26 所示的选择报表项目对话框，用户可以选择需要产生报表的项目，使用鼠标选中各项目的复选框即可。用户也可以选择 All On 按钮，选择所有项目；或者选择 All Off 按钮，不选择任何项目。另外，用户也可以选中 Selected Objects 复选框，只产生所选中对象的电路板信息报表。

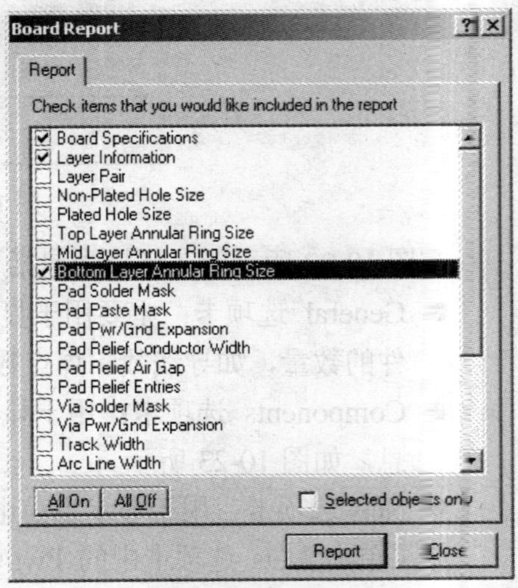

图 10-26　选择报表项目对话框

4）可以在任何一个选项卡中单击 Report 按钮，将电路板信息生成相应的报表文件，生成的文件以.REP 为扩展名。

10.4.3　生成网络状态报表

网络状态报表用于列出电路板中每一条网络的长度。生成网络状态报表可以执行 Reports→Netlist Status 菜单命令，系统将打开文本编辑器，产生相应的网络状态报表。生成网络状态报表的文件以.Rep 为扩展名。

10.4.4 生成设计层次报表

Protel 99 SE 可生成有关 PCB 文件层次的报表，该报表指出了文件系统的构成。生成设计层次报表的具体操作过程如下：

1）执行 Reports→Design Hierarchy 菜单命令。

2）执行命令后，系统将切换到文本编辑器，在其中产生 PCB 文件相应的设计层次报表。

10.4.5 生成电路特性报表

Protel 99 SE 为用户提供了生成电路特性报表的命令。电路特性报表用于提供一些有关元件的电路特性资料，生成电路特性报表的操作方法如下：

1）执行 Reports→Signal Integrity 菜单命令。

2）执行该命令后，系统将切换到文本编辑器，并在其中产生电路特性报表。文件以.SIG 为扩展名。

第11章　电路仿真

Protel 99 SE 不但可以绘制电路图和制作印制电路板，而且还提供了电路仿真工具 Advanced SIM 99，用户可以方便地对设计的电路信号进行模拟仿真。本章将讲述 Protel 99 SE 的仿真工具的设置和使用，以及电路仿真的基本方法。

Protel Advanced SIM 99 是一个数/模混合信号电路仿真器，能提供连续的模拟信号和离散的数字信号仿真。运行在 Protel 的集成环境下，与 Protel Advanced Schematic 原理图输入程序协同工作，作为 Advanced Schematic 的扩展，为用户提供了一个完整的从设计到验证的仿真设计环境。

在 Protel 99 SE 中进行仿真操作，只需简单地从仿真用元件库中放置所需的元件，连接好原理图，加上激励源，然后即可实现电路的仿真。

11.1　SIM 99 仿真库中的元件

在 SIM 99 的仿真元件库（Library/Sch/Sim.ddb）中，包含了如下主要的仿真用元件。

11.1.1　电阻

在 Simulation Symbols.Lib 库中，包含了如下的电阻器：

1）RES：固定电阻（定阻）。

2）RESSEMI：半导体电阻。

3）RPOT：电位计。

4）RVAR：可变电阻。

上述符号代表了一般的电阻类型，如图 11-1 所示。

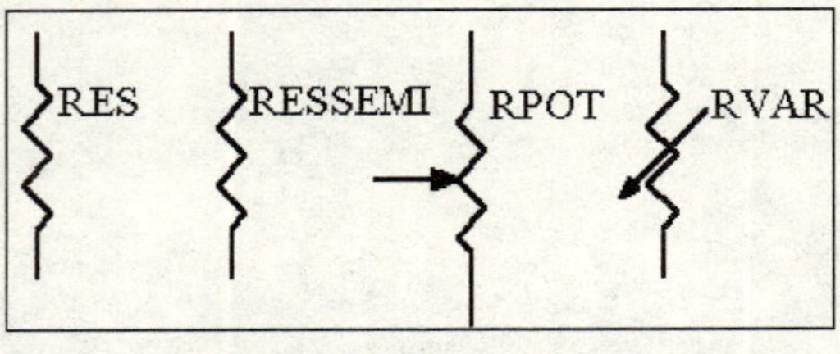

图 11-1　仿真库中的电阻类型

这些元件有一些特殊的仿真属性域。在放置过程中按〈Tab〉键，或者放置元件后双击该元件弹出属性设置对话框，就可设置如下参数：

- Designator：电阻器名称（如 R1）。
- Part Type：以欧姆（Ω）为单位的电阻值（如 100 kΩ）。
- L：在 Part Fields 选项卡中设置，以米（m）为单位的电阻的长度（半导体电阻）。
- W：在 Part Fields 选项卡中设置，以米（m）为单位的电阻的宽度（半导体电阻）。

● Temp：在 Part Fields 选项卡中设置，元件工作温度，以摄氏度（℃）为单位，默认时为 27（半导体电阻）。
● Set：在 Part Fields 选项卡中设置，仅仅对电位计和可变电阻有效。

11.1.2　电容

在 Simulation Symbols.Lib 库中，包含了如下的电容：
1）CAP：定值无极性电容。
2）CAP2：定值有极性电容。
3）CAPSEMI：半导体电容。
这些符号表示了一般的电容类型，如图 11-2 所示。

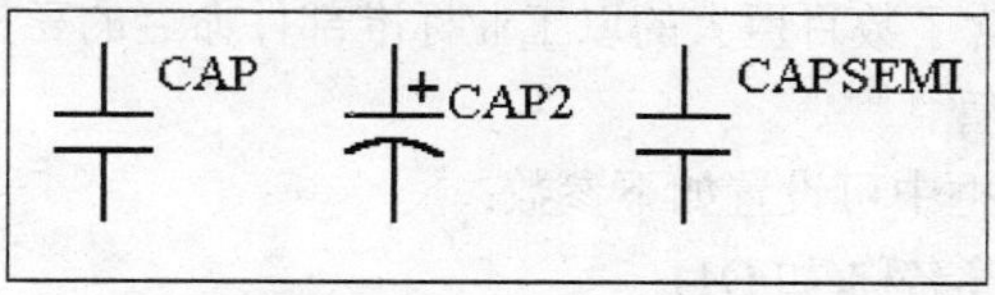

图 11-2　仿真库中的电容类型

在电容的属性对话框中可设置如下参数：
● Designator：电容名称（如 C1）。
● Part Type：以法拉（F）为单位的电容值（如 22 μF）。
● L：在 Part Fields 选项卡中设置，以米（m）为单位的电容的长度（用于半导体电容）。
● W：在 Part Fields 选项卡中设置，以米（m）为单位的电容的宽度（用于半导体电容）。
● IC：在 Part Fields 选项卡中设置，表示初始条件，即电容的初始电压值。该项仅在仿真分析工具傅里叶变换中的初始条件选项被选中后才有效。

11.1.3　电感

在 Simulation Symbols.Lib 库中，包含的电感为 INDUCTOR。在电感的属性对话框中可设置如下参数：
● Designator：电感名称（如 L1）。
● Part Type：以微亨（μH）为单位的电感值（如 47μH）。
● IC：在 Part Fields 选项卡中设置，表示初始条件，即电感的初始电压值。该项仅在仿真分析工具傅里叶变换中的初始条件被选中后，才有效。

11.1.4　二极管

在 Diode .lib 库中，包含了数目巨大的以工业标准部件命名的二极管，如图 11-3 所示，该图列出了库中包含的几种二极管。

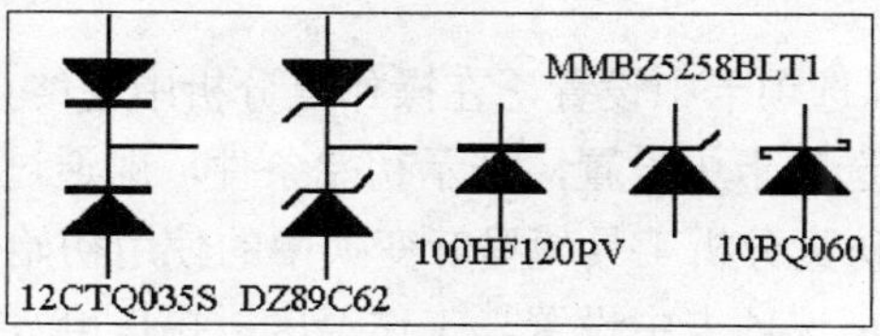

图 11-3　仿真库中的二极管类型

在二极管的属性对话框中可设置如下参数：

- Designator：二极管名称(如 D1)。
- Area：在 Part Fields 选项卡中设置，其属性定义了模型下的并行元件数。该选项将影响该模型的许多参数。
- Off：在 Part Fields 选项卡中设置，在操作点分析中使二极管电压为零。
- IC：在 Part Fields 选项卡中设置，表示初始条件，即通过二极管的初始电压值。该项仅在仿真分析工具傅里叶变换中的初始条件被选中后，才有效。
- Temp：在 Part Fields 选项卡中设置，元件工作温度，以摄氏度为单位，默认为 27。

11.1.5 三极管

在 Bjt. lib 库中，包含了数目巨大的以工业标准部件命名的三极管，如图 11-4 所示，该图列出了库中包含的三极管。

在三极管的属性对话框中可设置如下参数：

- Designator：三极管名称(如 Q1)。
- Area：在 Part Fields 选项卡中设置，其属性定义了模型下的并行元件数。该选项将影响该模型的许多参数。
- Off：在 Part Fields 选项卡中设置，在操作点分析中使三极管电压为零。
- IC：在 Part Fields 选项卡中设置，表示初始条件，即通过三极管的初始电压值。该项仅在仿真分析工具傅里叶变换中的使用初始条件被选中后，才有效。
- Temp：在 Part Fields 选项卡中设置，元件工作温度，以摄氏度（℃）为单位。

11.1.6 JFET 结型场效应管

结型场效应管包含在 Jfet.lib 库文件中。结型场效应管的模型是建立在 Shichman 和 Hodges 的场效应管的模型上的，如图 11-5 所示，该图列出了库中包含的结型场效应管。

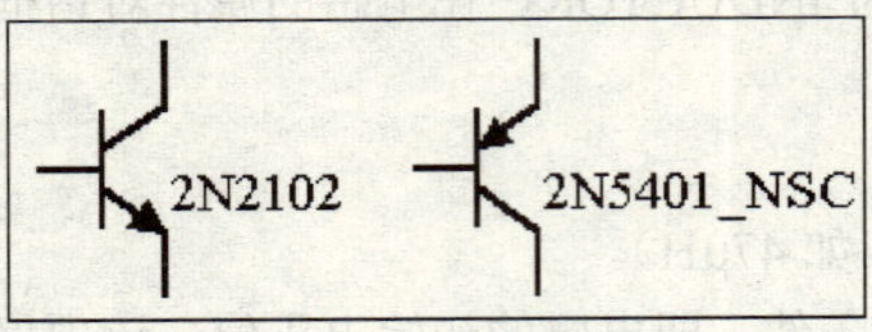

图 11-4 仿真库中的三极管类型

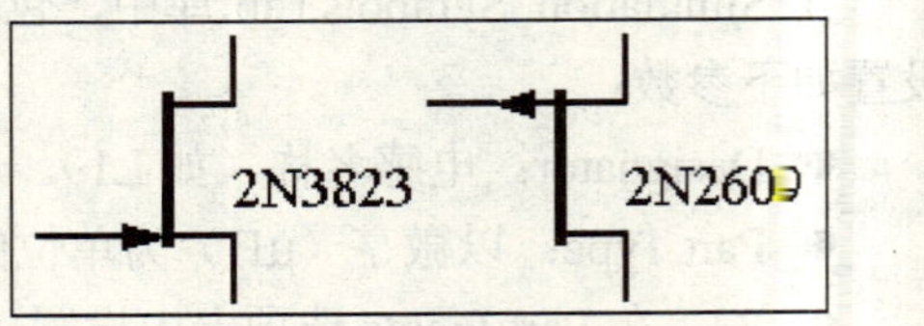

图 11-5 仿真库中的结型场效应管类型

在结型场效应管的属性对话框中可设置如下参数：

- Designator：结型场效应管名称（如 Q1）。
- Area：在 Part Fields 选项卡中设置，该属性定义了模型下的并行元件数。该选项将影响该模型的许多参数。
- OFF：在 Part Fields 选项卡中设置，在操作点分析中使终止电压为零。
- IC：在 Part Fields 选项卡中设置，表示初始条件，即通过 JFET 结型场效应管的初始电压值。该项仅在仿真分析工具傅里叶变换中的使用初始条件选项被选中后才有效。
- Temp：在 Part Fields 选项卡中设置，工作温度以摄氏度（℃）为单位，默认为 27。

11.1.7 MOS 场效应管

MOS 场效应管是金属－氧化物－半导体场效应晶体管，是现代集成电路中最常用的元件。SIM 99 提供了 4 种 MOSFET 模型，它们的伏安特性公式各不相同，但它们基于的物理模型是相同的。

在 Mosfet.lib 库中，包含了数目巨大的以工业标准部件命名的 MOS 场效应管。仿真器支持 Shichman Hodges , BSIM 1、BSIM 2、BSIM 3 和 MOS 2、MOS 3、MOS 6 模型。如图 11-6 所示，该图列出了库中包含的 MOS 场效应管。

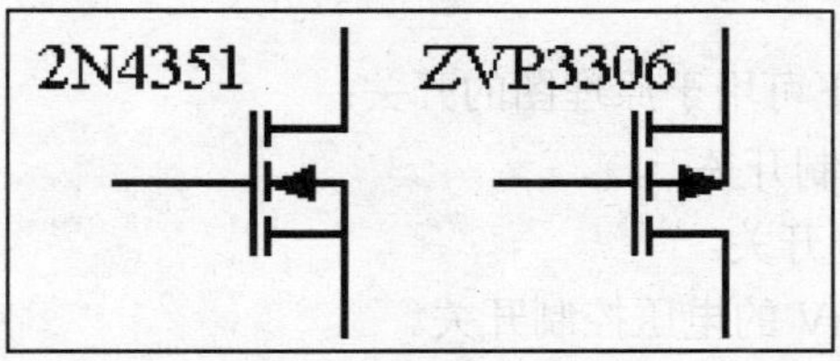

图 11-6 仿真库中的 MOS 场效应管类型

在 MOS 场效应管的属性对话框中可设置如下参数：

- Designator：MOS 场效应管名称（如 Q1）。
- L：沟道长度，单位为米（m），在 Part Fields 选项卡中设置。
- W：沟道长度，单位为米（m）。
- AD ：漏区面积，单位为平方米（m^2）。
- AS：源区面积，单位为平方米（m^2）。
- PD：漏区周长，单位为米（m）。
- PS：源区周长，单位为米（m）。
- NRD：漏极的相对电阻率的方块数。
- NRS：源极的相对电阻率的方块数。
- OFF：可选项，在操作点分析中使终止电压为零。
- IC：可选项，表示初始条件，即通过 MOS 场效应管的初始值。该项仅在仿真分析工具傅里叶变换中的使用初始条件选项被选中后才有效。
- Temp：可选项，工作温度以摄氏度（℃）为单位，默认为 27。

11.1.8 MES 场效应管

在 Mesfet.lib 库中包含了一般的 MES 场效应管。MES 场效应管模型是从 Statz 的砷化镓场效应管的模型得到的。如图 11-7 所示，该图简单列出了库中包含的 MES 场效应管。

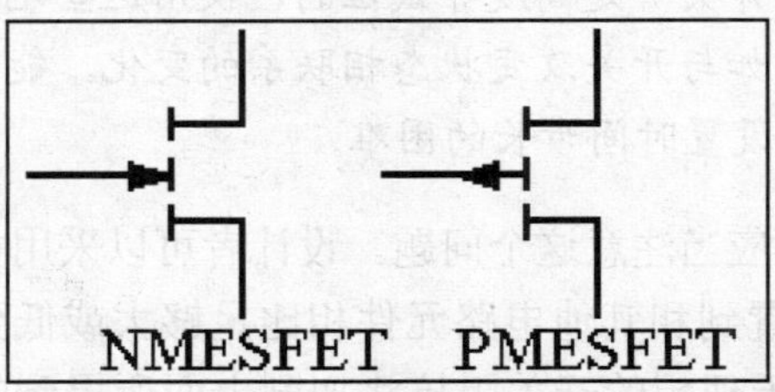

图 11-7 仿真库中的 MES 场效应管类型

在 MES 场效应管的属性对话框中可设置如下参数：

- Designator：MES 场效应管名称（如 Q1）。
- Area：在 Part Fields 选项卡中设置，其属性定义了模型下的并行元件数。该选项将影响该模型的许多参数。
- OFF：在 Part Fields 选项卡中设置，在操作点分析中使终止电压为零。
- IC：在 Part Fields 选项卡中设置，表示初始条件，即通过 MES 场效应管的初始值。该项仅在仿真分析工具傅里叶变换中的使用初始条件被选中后，才有效。

11.1.9 电压 / 电流控制开关

Switch.lib 库包含了如下可用于原理图的开关：

1）CSW：默认电流控制开关。

2）SW：默认电压控制开关。

3）SW05：VT=500.0mV 的电压控制开关。

4）SWM10：VT=0.01V 的电压控制开关。

5）SWP10：VT=0.01V 的电压控制开关。

6）STTL：VT=2.5V、VH=0.1V 的电压控制开关。

7）TTL：VT=2V、VH=1.2V、ROFF=100E+6Ω的电压控制开关。

8）TRIAC：VT=0.99V、RON=0.1Ω、ROFF=1E+7Ω的电压控制开关。

如图 11-8 所示，该图简单列出了库中包含的电压 / 电流控制开关。

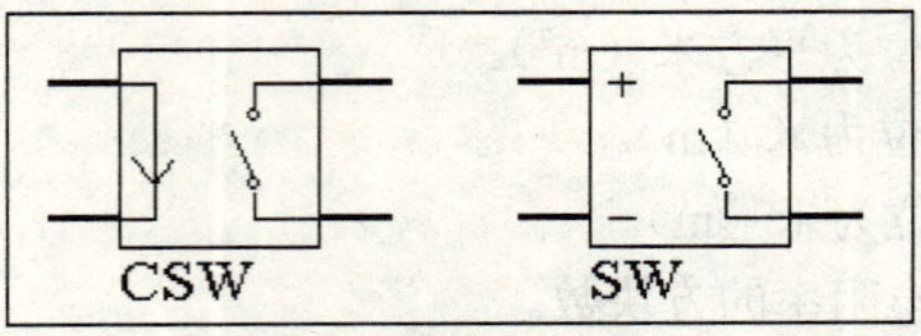

图 11-8　仿真库中的电压 / 电流控制开关类型

在电压 / 电流控制开关的属性对话框中可设置如下参数：

- Designator：电压 / 电流控制开关名称(如 S1)。
- ON / OFF：在 Part Fields 选项卡中设置，初始条件选择。该选项可为 ON 或 OFF。
- 此开关模型描述了一个几乎理想化的开关。开关不十分理想，是因为电阻值不能从 0 到无穷大变化，而是总有一个有限的正值。通过适当选择开启态和关闭态电阻，可使得这两个电阻与其他电路元件相比较时能看作零和无穷大。

注意：理想元件（例如开关）是高度非线性的，使用这些元件能在电路节点电压出现大的、不连续的迅速变化，比如与开关改变状态相联系的变化，能够引起数字上的舍入或容差问题，而导致错误的结果或设置时间步长的困难。

因而，在使用开关时，应当注意这个问题。设计者可以采用如下步骤改善这种情况。

- 将理想开关阻抗设置到和其他电路元件相比足够大或低到可以忽略是明智的。在所有的情况下用近似于理想的开关阻抗将加剧上面所提到的不连续问题。当然，在模拟实际的元件如 MOSFET 时，开态电阻将按模拟的元件尺寸调整到实际水平。

- 对于如 MOS 场效应管元件的模型，设置现实的阻抗值。
- 如果在开关模型中必须使用大范围的开启态到关闭态电阻（ROFF / RON >1 E +12），那么在瞬态分析期间，应利用所允许误差的容限。利用此容限后，在开关点附近将更加平滑，不会由于电路中的迅速变化而产生误差。如果在傅里叶变换中减少容许的误差，则将 TRTOL 参数设为 1。
- 如开关放置在电容周围，则参数 CHGTOL 同样应当减少（可尝试 1E−16）。

上述的 TRTOL 和 CHGTOL 参数可在 Simulate Setup→Advanced→Analyses setup 中设置。SPICE 仿真器内支持如表 11-1 所示的开关参数。

表 11-1　开关模型的参数

模型参数	定　义	单　位	默认值
VT	阈值电压	V	0.0
IT	阈值电流	A	0.0
VH	滞后电压	V	0.0
IH	滞后电流	A	0.0
RON	开态电阻	Ω	1.0
ROFF	关态电阻	Ω	1/GMIN

11.1.10　熔丝

Fuse.lib 包含了一般的熔丝元件。在熔丝的属性对话框中可设置如下参数：

- Designator：熔丝名称（如 F1）。
- Current：熔断电流（单位 A），如 250 mA。
- Resistance：在 Part Fields 选项卡中设置，以欧姆为单位的串联的熔丝的阻抗。

11.1.11　晶振

Crystal.lib 库中包含了不同规格的晶振。对晶振的属性可设置如下参数：

- Designator：晶振名称（如 Y1）。
- Freq：在 Part Fields 选项卡中设置，表示晶振频率，如 2.5MHz。这将改变模型的默认值。
- RS：在 Part Fields 选项卡中设置以欧姆为单位的串阻值。
- C：以法拉（F）为单位的电容值，在 Part Fields 选项卡中设置。
- Q：等效电路的 Q。

11.1.12　继电器

Relay.lib 库包括了大量的继电器（ReLAY），如图 11-9 所示。在继电器的属性对话框中可设置如下参数：

- Designator：继电器名称。
- Pullin：触点引入电压，在 Part Fields 选项卡中设置。

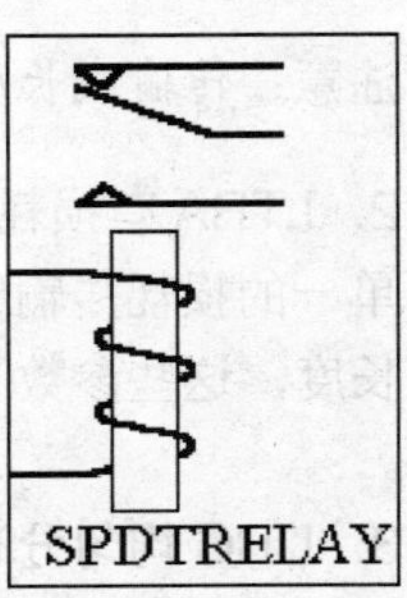

图 11-9　仿真库中的继电器

- Dropoff：触点偏离电压。
- Contar：触点阻抗。
- Resistance：线圈阻抗。
- Inductor：线圈电感。

11.1.13 互感器

互感器也叫电感耦合器，Transformer.lib 库包括了大量的电感耦合器，在电感耦合器的属性对话框中可设置如下参数：

- Designator：电感耦合器名称（如 T1）。
- Ratio：二次／一次转换比，这将改变模型的默认值，在 Part Fields 选项卡中设置。
- RP：可选项，表示一次阻抗。
- RS：可选项，表示二次阻抗。
- LEAK：泄放电感。
- MAG：磁化电感。

11.1.14 传输线

Transline.lib 库中包含了如下几种传输线符，如图 11-10 所示。

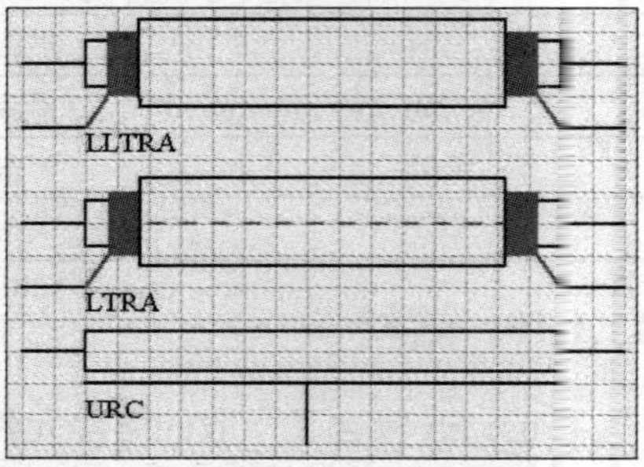

图 11-10 仿真库中包含的传输线类型

1．LLTRA 无损耗传输线

该传输线是一个双向的理想的延迟线，有两个端口。节点定义了端口的正电压的极性。

在无损耗传输线的属性对话框中可设置如下参数：

- Designator：无损耗传输线名称。
- ZO：可选项，特征阻抗，单位为欧姆（Ω），在 Part Fields 选项卡中设置。
- TD：传输线的延时（指节点间）。
- F：频率（指节点间）。
- NL：在频率为 f 时相对于传输线波长归一化的传输线电学长度（指节点间）。

传输线长度可用两种形式表示：一种是由传输线的延时 TD 确定的，例如，TD=10ns；另一种是给出一个频率 f 和参数 NL 来确定，如规定了 f 而未给出 NL，则认为 NL=0.25（即频率为 1/4 的波长，f 为二次谐波频率）。

注意：传输线长度可用两种形式表示且作为任选项，但必须规定其中的一种。

2．LTRA 有损耗传输线

单一的损耗传输线将使用两端口响应模型，这个模型属性包含了电阻值、电感值、电容值和长度，这些参数不可能直接在原理图文件中设置，但设计者可以创建和引用自己的模型文件。

3．URC 均匀分布传输线

分布 RC 传输线模型（即 URC 模型）是从 L.Gertzberrg 在 1974 年所提出的模型上导出的。模型由 URC 传输线的子电路类型扩展成内部产生节点的集总 RC 分段网络而获得。RC

各层在几何上是连续的。

URC 线必须严格由电阻和电容段构成，在均匀分布传输线的属性对话框中可设置如下参数：

- Designator：均匀分布传输线名称。
- L：可选项，RC 传输线的长度，在 Part Fields 选项卡中设置。
- N：可选项，RC 线模型使用的段数。

11.1.15 TTL 和 CMOS 数字电路元件

74xx.lib 库包含了 74XX 系列的 TTL 逻辑元件； Cmos.lib 库包含了 4000 系列的 CMOS 逻辑元件。设计者可使用上述元件库包含数字电路元件到所设计的原理图中。

对数字电路元件的属性可设置如下参数：

- Designator：数字电路元件名称，如 U1。
- Propagation ：可选项，表示元件的延时，可以设置为最大或最小来使用最大延时值或最小延时值，默认值为典型值，在 Part Fields 选项卡中设置。
- Drive：可选项，表示输出驱动特性，可以设置为最大或最小来使用最大值或最小值，默认值为典型值。
- Current：可选项，表示标识元件功率的输出电流，可以设置为最大或最小来使用最大值或最小值，默认值为典型值。
- PWR Value：可选项，表示电源支持电压。将改变默认数字元件支持电压值，一旦定义该值，则 GND Value 值也需定义。
- GND Value：可选项，表示地支持电压。将改变默认数字元件支持电压值，一旦定义该值，则 PWR Value 值也需定义。
- VIL Value：低电平输入电压。
- VIH Value：高电平输入电压。
- VOL Value：低电平输出电压。
- VOH Value：高电平输出电压。
- WARN：在类 C 的模型中，设置该项为开状态，则将显示诸如无效功能等的警告信息，默认为关状态。

注意：设计者可以通过类 C 模型改变上述的 PWR、GND、VIL、VIH、VOL、VOH 的值，其中的任一个如果没有设置，将在属性对话框中显示 *，那么将会使用类C模型中定义的值，如果定义了该值，则将改变C模型中的值。

例如，一个 CMOS 数字元件支持 5V 电压，一般情况下，它的任一输出管脚的高电平为 5V，但是，一旦 VOH 被设置为 8V，那么输出管脚的高电平将为 8V。

11.1.16 集成块

SIM 99 中复杂元件都被用 SPICE 子电路完全模型化，该元件没有设计者需设置的选项。对于这些元件，设计者只需放置并设置该标号。所有的仿真用参数都已在 SPICE 子电路设定好。表 11-2 是 SIM 99 中的仿真用数据库中包含的元件库，以及所包含的复杂元件的不同类型的符号。

表 11-2　集成块所在的元件库及其说明

库　　名	说　　明
Tsegdisp . lib	一般显示不同颜色的 7 段 LED
Buffer . lib	按工业标准部件排序的缓冲器集成块
Camp . lib	按工业标准部件排序的电流放大器
Comparator.lib	按工业标准部件排序的比较器
IGBT . lib	双极晶体管
Math . lib	带有数学传递功能的两端口元件
Misc . lib	各种集成块和其他元件
Opamp . lib	按工业标准部件排序的运算放大器
Opto . lib	一般隔离
Regulator . lib	按工业标准部件排序的电压调节器
SLR . lib	晶闸管整流器
Timer . lib	555 时钟
Triac . lib	三端双向晶闸管元件
Tube . lib	不同的阀门
UJT . lib	不同的单结晶体管

注意：在上述所有元件的属性对话框中的 Part Type 域中，包括了该元件的 SPICE 模型，如果设计者不愿修改所引用的 SPICE 模型，请不要修改该 Part Type 域，所有标识可选项均有默认值，一般情况下，该默认值适用于大多数仿真，设计者一般无需修改这些值。

11.2　SIM 99 中的激励源描述

11.2.1　直流源

在 Simulation Symbols . lib 库中，包含了如下的直流源元件：

1）VSRC：电压源。

2）ISRC：电流源。

仿真库中的电压 / 电流源符号如图 11-11 所示。这些源提供了用来激励电路的一个不变的电压或电流输出。

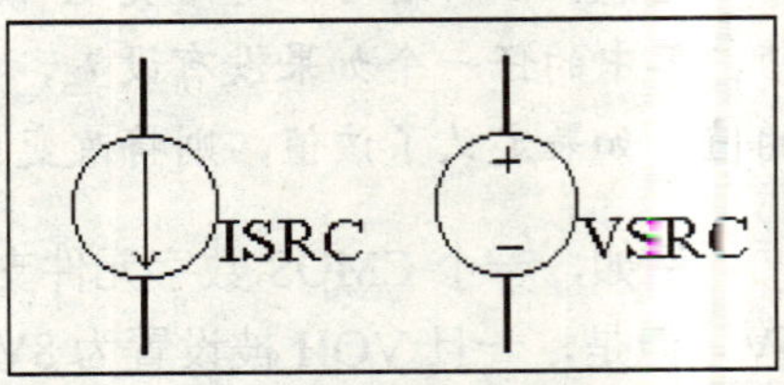

图 11-11　电压 / 电流源符号

在直流源的属性对话框中可设置如下参数：

- Designator：直流源元件名称。
- AC Magnitude：如果设计者欲在此电源上进行交流小信号分析，可在 Part Fields 选项卡中设置此项（典型值为 1）。
- AC Phase：小信号的电压相位。

11.2.2 正弦仿真源

在 Simulation Symbols .lib 库中，包含了如下的正弦源元件：

1）VSIN：正弦电压源。

2）ISIN：正弦电流源。

仿真库中的正弦电压 / 电流源符号如图 11-12 所示，通过这些源可创建正弦波电压和电流源。在正弦仿真源的属性对话框中可设置如下参数：

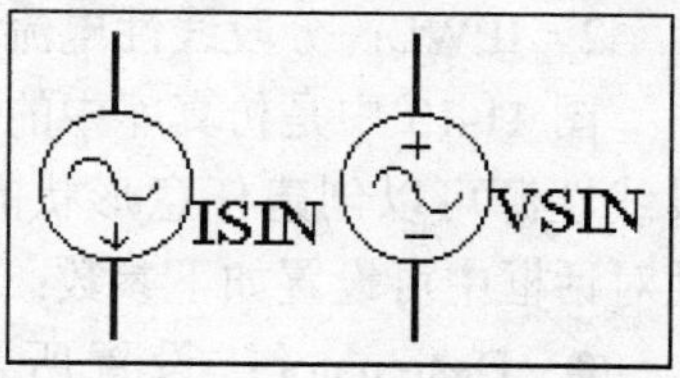

图 11-12 正弦电压 / 电流源符号

- Designator：设置所需的激励源元件名称，如 INPUT 。
- DC Magnitude：此项将不设置。
- AC Magnitude：如果设计者欲在此电源上进行交流小信号分析，可在 Part Fields 选项卡中设置此项（典型值为 1）。
- AC Phase：小信号的电压相位。
- OFFSET：电压或电流的正弦偏置。
- Amplitude：正弦曲线的峰值，如 100mV。
- Frequency：正弦波的频率，单位为 Hz。
- Delay：激励源开始的延时时间，单位为 s。
- Damping Factor：每秒正弦波幅值上的减少量，设置为正值将使正弦波以指数形式减少；为负值则将使幅值增加；如果为 0，则给出一个不变幅值的正弦波。
- Phase Delay：时间为 0 时的正弦波的相移，如 0°。

11.2.3 周期脉冲源

在 Simulation Symbols .lib 库中，包含了如下的周期脉冲源元件：

1）VPULSE：电压脉冲源。

2）IPULSE：电流脉冲源。

利用这些源可以创建周期的连续的脉冲。在周期脉冲源的属性对话框中可设置如下参数：

- Designator：设置所需的激励源元件名称，如 INPUT。
- DC：此项将被忽略，在 Part Fields 选项卡中设置。
- AC：如果设计者欲在此电源上进行交流小信号分析，可设置此项（典型值为 1）。
- AC Phase：小信号的电压相位。
- Initial Value：电压或电流的起始值。
- Pulsed：延时和上升时间时的电压或电流值。
- Time Delay：激励源从初始状态到激发时的延时，单位为 s。
- Rise Time：上升时间，必须大于 0 。
- Fall Time：下降时间，必须大于 0 。
- Pulse Width：脉冲宽度，即脉冲激发状态的时间，单位为 s。
- Period：脉冲周期，单位为 s，如 5s。

11.2.4　分段线性源

在 Simulation Symbols .lib 库中，包含了如下分段线性源元件：

1）VPWL：分段线性电压源。

2）IPWL：分段线性电流源。

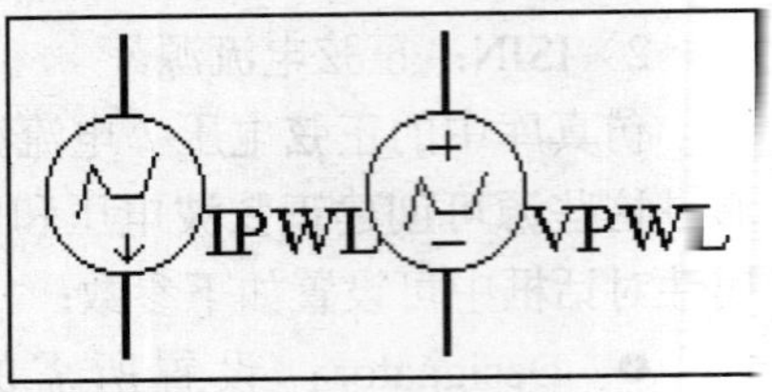

图 11-13　分段线性源元件

图 11-13 中是仿真库中的分段线性源元件，使用该分段线性源可以创建任意形状的波形。在分段线性源的属性对话框中可设置如下参数：

- Designator：设置所需的激励源元件名称，如 INPUT。
- DC：此项将被忽略，在 Part Fields 选项卡中设置。
- AC：如果设计者欲在此电源上进行交流小信号分析，可设置此项（典型值为 1）。
- AC Phase：小信号的电压相位。
- Time/Voltage：这一对数为时间 / 幅值，输入由空格隔开的最多 8 对数。该对数的第一个数是单位为 s 的时间，第二个数为当时的电压或电流的幅值，如 0U 5V 5U 5V 12U 0V 50U 5V 60U 5V。
- File Name：包含分段线性源数据的外部文件。该文件必须在同一目录下，文件的扩展名为“.pwl”。

分段线性源可通过以下两种途径获得数据：

1）设计者可以用一列多达 8 个点的数据描述这个波形，可以直接在属性对话框中输入。后面的点所定义的时间必须大于前面的点，否则，循环将终止。

2）设计者可以通过一个 ASCII 码文本文件定义该波形，该文件包含不确定数目的点。该文件必须在同一目录下，文件扩展名为“.pwl”。该点的数据需成对输入。

格式为：时间位置后跟幅值（如图 11-14 所示）。

```
* Random Noise Data

+ 0.00000e-3  0.6667     0.00781e-3 0.6372      0.01563e-3 -0.1177
+ 0.02344e-3  -0.6058    0.03125e-3 0.2386      0.03906e-3 -1.1258
+ 0.04688e-3  1.6164     0.05469e-3 -0.3136     0.06250e-3 -1.0934
```

图 11-14　定义分段线性源的文本文件的数据

文件中每一个数据行的起始符必须是一脉冲符 + ,并且每一行包括最多 255 个字符。该文件中的值必须以一个或多个空格或 Tab 符隔开。注解行的起始符必须是星号(*)，如图 11-14 所示。

11.2.5　指数激励源

在 Simulation Symbols .lib 库中，包含了如下的指数激励源元件：

1）VEXP：指数激励电压源。

2）IEXP：指数激励电流源。

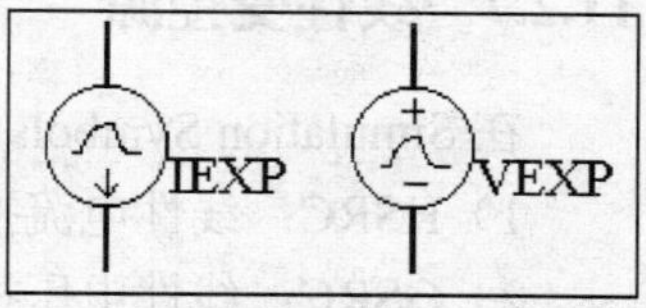

图 11-15 分段线性源元件

图 11-15 中是仿真库中的分段线性源元件，通过这些源可创建带有指数上升沿和（或）下降沿的脉冲波形。在指数激励源的属性对话框中可设置如下参数：

- Designator：设置所需的激励源元件名称，如 INPUT。
- DC：忽略此项，在 Part Fields 选项卡中设置。
- AC：如果设计者欲在此电源上进行交流小信号分析，可在 Part Fields 选项卡中设置此项（典型值为 1）。
- AC Phase：小信号的电压相位。
- Initial Value：时间为 0 时的电压或电流的幅值。
- Pulse Value：输出振幅的最大幅值。
- Rise Delay：上升延迟时间，即输出值从起始值到峰值间的时间差，单位为 s。
- Rise Time：上升时间常数。
- Fall Delay：下降延迟时间，即输出值从峰值到起始值间的时间差，单位为 s。
- Fall Time：下降时间常数。

11.2.6 单频调频源

在 Simulation Symbols .lib 库中，包含了如下单频调频源元件：

1）VSFFM：电压源。

2）ISFFM：电流源。

图 11-16 单频调频源

图 11-16 中是仿真库中的单频调频源元件，通过这些源可创建一个单频调频波。在单频调频源的属性对话框中可设置如下参数：

- Designator：设置所需的激励源元件名称，如 INPUT。
- DC：此项将被忽略。
- AC：如果设计者欲在此电源上进行交流小信号分析，可在 Part Fields 选项卡中设置此项（典型值为 1），。
- AC Phase：小信号的电压相位。
- OFFSET：偏置，如 2.5V。
- Amplitude：输出电压或电流的峰值，如 2.5V（A）。
- Carrier：载频，如 100kHz。
- Modulation：调制指数，如 5。
- Signal：调制信号频率，如 10kHz。

注意：波形将用如下的表达式定义：

$$V(t) = VO + VA*\sin(2*PI*Fc*t + MDI*\sin(2*PI*Fs*t))$$

其中：t 为当时时间（s），VO 为偏置电压（V），VA 为峰值电压（V），Fc 为载频（Hz），MDI 为调制指数（V），Fs 为调制信号频率（Hz）。

11.2.7 线性受控源

在 Simulation Symbols .lib 库中，包含如下线性受控源元件：

1）HSRC：线性电流控制电压源。

2）GSRC：线性电压控制电流源。

3）ESRC：线性电压控制电压源。

4）FSRC：线性电流控制电流源。

图 11-17 是仿真器中包括的线性受控源元件。

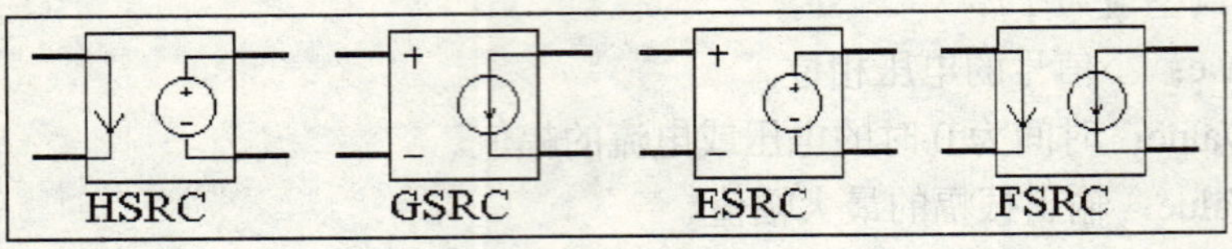

图 11-17 线性受控源元件

以上是标准的 SPICE 线性受控源，每个线性受控源都有两个输入节点和两个输出节点。输出节点间的电压或电流是输入节点间的电压或电流的线性函数，一般由源的增益、跨导等决定。在线性受控源的属性对话框中可设置如下参数：

- Designator：设置所需的激励源元件名称，如 GSRC1。
- Part Type：对于线性电压控制电流源，设置跨导，单位为 S (西门子)。
- 对于线性电压控制电压源，设置电压增益，其量纲为 1。
- 对于线性电流控制电压源，设置互阻，单位为Ω。
- 对于线性电流控制电压源，设置电流增益，其量纲为 1。

11.2.8 非线性受控源

在 Simulation Symbols .lib 库中包含如下非线性受控源元件：

1）BVSRC：电压源。

2）BISRC：电流源。

图 11-18 是仿真器中包括的非线性受控源元件。

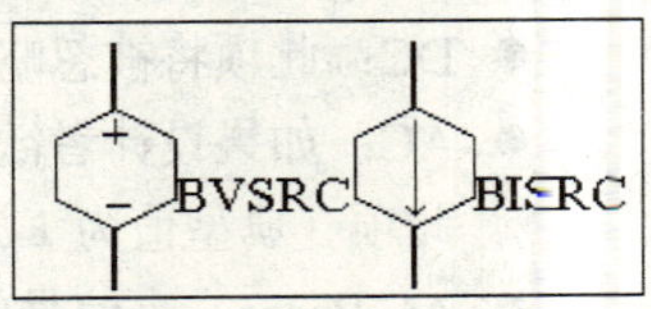

图 11-18 非线性受控源元件

标准 SPICE 非线性电压或电流源有时被称为方程定义源，因为它的输出由设计者的方程定义，并且经常引用电路中其他节点的电压或电流值。在线性受控源的属性对话框中可设置如下参数：

- Designator：设置所需的激励源元件名称。
- Part Type：定义源波形的表达式，如 V(IN)^2。

注意：电压或电流波形为

V = 表达式或 I = 表达式。

其中，表达式是在 Part Type 中输入的方程。

设计时可使用标准函数来创建一个表达式，表达式中也可包含如下一些标准函数：

ABS LN SQRT LOG EXP SIN ASIN ASINH SINH COS ACOS ACOSH

COSH　TAN　ATAN　ATANH

为了在表达式中引用所设计的电路中的节点的电压和电流，设计者必须首先在原理图中为该节点定义一个网络标号。这样，设计者就可以使用如下语法来引用该节点：

V(NET)：表示在节点 NET 处的电压。

I(NET)：表示在节点 NET 处的电流。

假设设计者已在电路图中定义了名为 IN 的网络标号，那么在 Part Type 中输入如下表达式将是有效的。

```
V(IN)^3
COS(V(IN))
```

如果函数 LOG()、LN()和 SQRT()的参数小于零，那么将使用这个参数的绝对值。如果一个除数是零，或者函数 LOG()和 LN()的参数等于零，那么将返回错误信息。

11.2.9　频率／电压转换器

在 Simulation Symbols .lib 库中，包含如下频率／电压转换器：FTOV。在频率／电压转换器的属性对话框中可设置如下参数：

- Designator：设置所需的激励源元件名称，如 FTOV 1 。
- VIL：输入门限低电平，在 Part Fields 选项卡中设置。
- VIH：输入门限高电平。
- CYCLES：输出每伏电压周期数。

注意：输出是电压，它是输入频率的线性函数。

11.2.10　压控振荡器仿真源

在 Simulation Symbols .lib 库中，包含如下压控震荡源元件：

1）SINEVCO：压控正弦振荡器。

2）SQRVCO：压控方波振荡器。

3）TRIVCO：压控三角波振荡器。

图 11-19 是仿真器中包括的压控振荡源元件。设计者可利用以上元件在原理图中创建压控振荡器。在压控振荡器的属性对话框中可设置如下参数：

图 11-19　压控振荡源元件

- Designator：设置所需的激励源元件名称，如 SQRVCO1。
- LOW：输出最小值，默认为 0。
- HIGH：输出最大值，默认为 5。
- CYCLE：频宽比，该数值从 0 到 1 ，默认为 0.5。该参数仅对压控方波振荡器和压控三角波振荡器。

- RISE：上升时间，默认为 1μs。该参数仅对压控方波振荡器。
- FALL：下降时间，默认为 1μs。该参数仅对压控方波振荡器。
- C1：输入控制电压点 1，默认为 0V。
- C2：输入控制电压点 2，默认为 1V。
- C3：输入控制电压点 3，默认为 2V。
- C4：输入控制电压点 4，默认为 3V。
- C5：输入控制电压点 5，默认为 4V。
- F1：输出频率点 1，默认为 0kHz。
- F2：输出频率点 2，默认为 1kHz。
- F3：输出频率点 3，默认为 2kHz。
- F4：输出频率点 4，默认为 3kHz。
- F5：输出频率点 5，默认为 4kHz。

11.3 初始状态的设置

设置初始状态是为计算偏置点而设定一个或多个电压(或电流值)。在模拟非线性电路、振荡电路及触发器电路的直流或瞬态特性时，常出现解的不收敛现象，当然，实际电路是有解的，其原因是偏置点发散或收敛的偏置点不能适应多种情况。设置初始值最通常的原因就是在两个或更多的稳定工作点中选择一个，使模拟顺利进行。

在 Simulation Symbols . LIB 库中，包含两个特别的初始状态定义符：

- NS NODESET：节点电压设置 NS。
- IC Initial Condition：初始条件设置 IC。

11.3.1 节点电压设置 NS

该设置使指定的节点固定在所给定的电压下，仿真器按这些节点电压求得直流或瞬态的初始解。

该设置对双稳态或非稳态电路的计算收敛可能是必须的，它可使电路摆脱“停顿”状态，而进入所希望的状态。一般情况下，设置是不必要的。

在“节点电压设置”的属性对话框中的设置如下：

- Designator：元件名称，每个节点电压设置必须有惟一的标识符，如 NS 1。
- Part Type：节点电压的初始幅值，如 12V。

11.3.2 初始条件设置 IC

该设置是用来设置瞬态初始条件的，不要把该设置和 NS NODESET 的设置相混淆。“.NS”只是用来帮助直流解的收敛，并不影响最后的工作点（对多稳态电路除外）。‘.IC”仅用于设置偏置点的初始条件，它不影响 DC 扫描。

瞬态分析中一旦设置了参数 Use Initial Conditions 和“.IC”时，就先不进行直流工作点的分析（初始瞬态值），因而，应在该“.IC”中设定各点的直流电压。

如果瞬态分析中没有设置参数 Use Initial Conditions，那么在瞬态分析前计算直流偏置（初始瞬态）解。这时，“.IC”设置中指定的节点电压仅作为求解直流工作点时相应的节点的初始值。

对初始条件设置的属性对话框中可进行如下设置：

Designator：元件名称，每个初始条件设置必须有惟一的标识符，如 IC 1。

Part Type：节点电压的初始幅值，如 5V。

注意：设计者也可以通过设置每个元件的属性来定义每个元件的初始状态。同时，在每个元件中规定的初始状态将优先于“.IC”设置中的值被考虑。

综上所述，初始状态的设置共有 3 种途径：“.IC”设置、“.NS”设置和定义元件属性。在电路模拟中，如有这 3 种或 2 种共存时，在分析中优先考虑的次序是定义元件属性、“.IC”设置、“.NS”设置。如果“.NS”和“.IC”共存时，则“.IC”设置将取代“.NS”设置。

11.4 仿真器的设置

在进行仿真前，设计者必须选择对电路进行哪种分析，要收集哪个变量数据，以及仿真完成后自动显示哪个变量的波形等。

11.4.1 进入分析主菜单

当完成了对电路的编辑后，设计者此时可对电路进行分析工作。具体步骤如下：

1）单击 Simulate→Setup 命令，进入仿真器的设置。

2）单击 Setup 选项，将启动仿真器设置对话框，如图 11-20 所示。

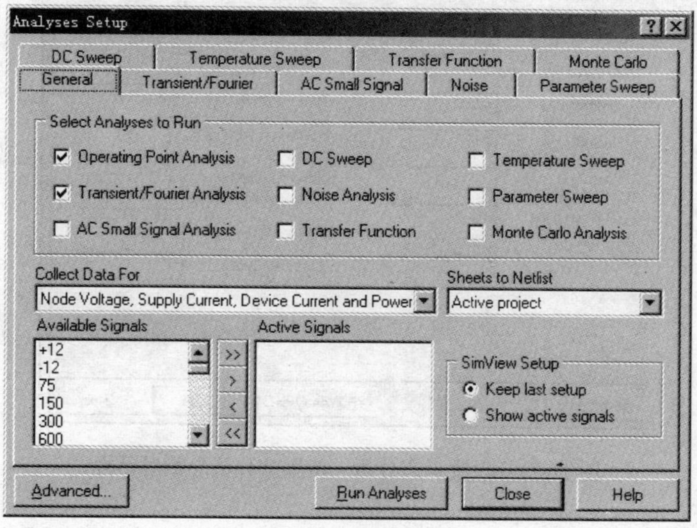

图 11-20 “Analyses Setup（仿真器设置）”对话框

3）在 General 选项中，设计者可以选择分析类别。

11.4.2 瞬态特性分析

瞬态特性分析（Transient Analysis）是从时间零开始，到用户规定的时间范围内进行的。设计者可规定输出的开始到终止的时间和分析的步长，初始值可由直流分析部分自动确定。所有与时间无关的源用它们的直流值，也可以在设计者规定的各元件上的电平值作为初始条件进行瞬态分析。

瞬态分析的输出是在一个类似示波器的窗口中，在设计者定义的时间间隔内计算变量瞬态输出电流或电压值。如果不使用初始条件，则静态工作点分析将在瞬态分析前自动执行，以测得电路的直流偏置。

瞬态分析通常从时间零开始，在时间零和开始时间（Start Time）之间，瞬态分析照样进行，但并不保存结果。在开始时间（Start Time）和终止时间（Stop Time）的间隔内将保存结果，用于显示。

步长（Step Time）通常是用在瞬态分析中的时间增量。实际上，该步长不是固定不变的。采用变步长是为了自动完成收敛。最大步长（Maximum Step）限制了分析瞬态数据时的时间片的变化量。

仿真时，如果设计者并不确定所需输入的值，可选择默认值，从而自动获得瞬态分析用参数。开始时间（Start Time）一般设置为零。Stop Time、Step Time 和 Maximum Step 将与显示周期(Cyller Displayed)、每周期中的点数以及电路激励源的最低频率有关。如选中 Always set defaults for transient 选项，则每次仿真时将自动计算参数。

在 SIM 99 中设置瞬态分析的参数，可以通过激活 Transient/Fourier 选项卡，在如图 11-21 所示的设置瞬态分析/傅里叶分析参数对话框中进行摄制。

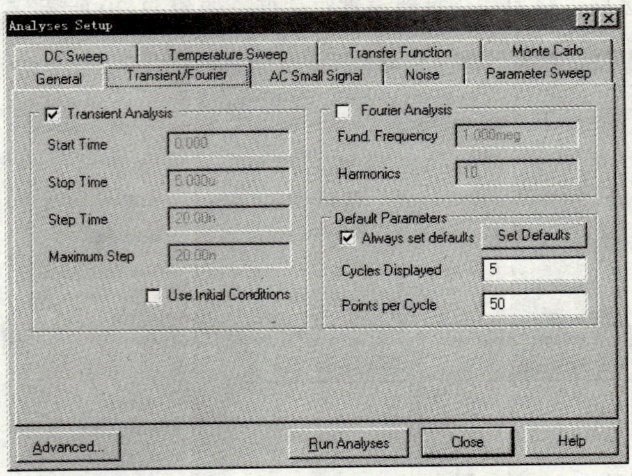

图 11-21　设置瞬态分析 / 傅里叶分析参数对话框

11.4.3 傅里叶分析

傅里叶分析（Fourier Analysis）计算了瞬态分析结果的一部分，得到基频、DC 分量和谐波。不是所有的瞬态结果都要用到，只用到瞬态分析终止时间之前的基频的一个周期。若

PERIOD 是基频的周期，则 PERIOD＝1 / FREQ，就是说，瞬态分析至少要持续 1 / FREQ (s)。

如图 11-21 所示，要进行傅里叶分析，必须选择 Transient/Fourier 选项卡，在此对话框中，可设置傅里叶分析的参数：

- Fund Frequency：傅里叶分析的基频。
- Harmonics：所需要的谐波数。

傅里叶分析中的每次谐波的幅值和相位信息将保存在 Filename.sim 文件中。

11.4.4 交流小信号分析

交流小信号分析（AC Small Signal Analysis）将交流输出变量作为频率的函数计算出来。先计算电路的直流工作点，决定电路中所有非线性元件的线性化小信号模型参数，然后在设计者所指定的频率范围内对该线性化电路进行分析。

交流小信号分析所希望的输出通常是一个传递函数，如电压增益、传输阻抗等。

通过激活 AC Small Signal 选项卡可得如图 11-22 所示的交流小信号分析参数设置对话框。SIM 99 中设置交流小信号分析的参数见图 11-22。

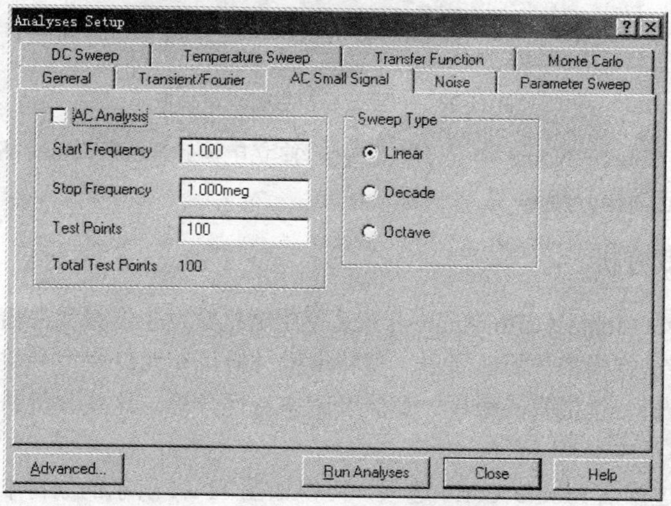

图 11-22 交流小信号分析参数设置话框

图 11-22 中的扫描类型和测试点数目决定了频率的增量。关于它们的定义如表 11-2 所示。

表 11-3 扫描类型和测试点数的定义

扫 描 类 型	测试点数定义
Linear	定义了扫描中测试点总数
Decade	定义了扫描中每 10 进制的测试点总数
Octave	定义了扫描中每 8 进制的测试点总数

在进行交流小信号分析前，电路原理图必须包括至少一个交流源，且该交流源已适当设置过。

扫描正弦波的幅值和相位在原理图中的激励源属性对话框的 Part Field 中定义。

11.4.5　直流分析

直流分析（DC Sweep Analysis）产生直流转移曲线。直流分析将执行一系列的静态工作点的分析，从而改变前述定义的所选择源的电压。设置中，可定义可选辅助源。

通过激活 DC Sweep 选项可得如图 11-23 所示的直流分析参数设置对话框。SIM 99 口设置直流分析的参数见图 11-23。

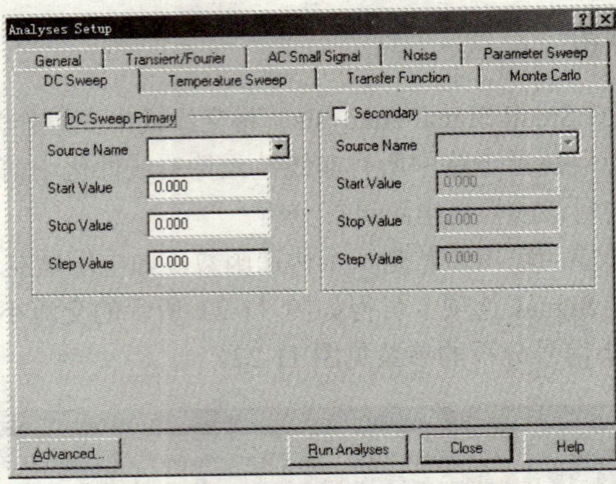

图 11-23　直流分析参数设置对话框

图 11-23 中的 Source Name 定义了电路中的独立电源；Start Value、Stop Value 和 Step Value 定义了扫描范围和分辨率。

11.4.6　蒙特卡罗分析

蒙特卡罗分析（Monte Carlo Analysis）是使用随机数发生器按元件值的概率分布来选择元件，然后对电路进行模拟分析。所以，蒙特卡罗分析可在元件模型参数赋给的容差范围内进行各种复杂的分析，包括直流分析、交流及瞬态特性分析。这些分析结果可以用来预测电路生产时的成品率及成本等。

SIM 99 中通过激活 Monte Carlo 选项，可得如图 11-24 所示的蒙特卡罗直流分析参数设置对话框。

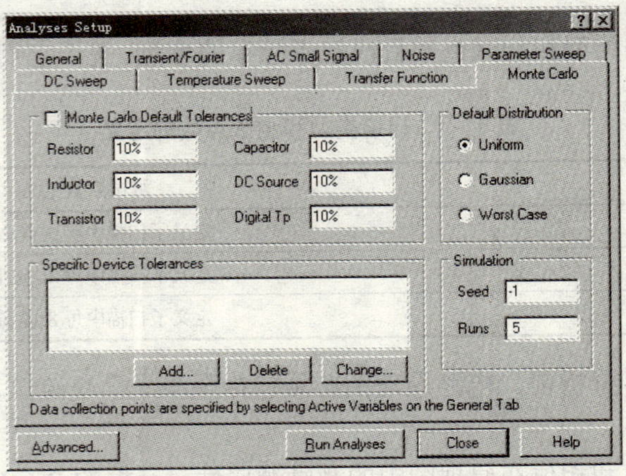

图 11-24　蒙特卡罗分析参数设置对话框

蒙特卡罗分析是在给定电路中各元件容差范围内的分布规律，用一组组的随机数对各元件取值。SIM 99 中元件的分布规律有：

- Uniform：平直的分布，元件值在定义的容差范围内统一分布。
- Gaussian：高斯曲线分布，中心的定义值，并且容差为±3。
- Worst Case 与 Uniform 类似，但只使用该范围的结束点。

对话框中的 Runs 选项为设计者定义的仿真数，如定义 10 次，则将在容差允许范围内，每次运行将使用不同的元件值来仿真 10 次。设计者如果希望用一系列的随机数来仿真，则可设置 Seed 选项，该项的默认值为-1。

蒙特卡罗分析的关键在于产生随机数。随机数的产生依赖于计算机的具体字长。用一组随机数取出一组新的元件值。然后做指定的电路模拟分析，只要进行的次数足够多，就可得出满足一定分布规律的、一定容差的元件，在随机取值下的整个电路性能的统计分析。

11.4.7 扫描参数分析

扫描参数分析（Parameter Sweep Analysis）允许设计者以自定义的增幅扫描元件的值。扫描参数分析可以改变基本的元件和模式，但并不改变子电路的数据。

设置扫描参数分析的参数，可通过激活 Parameter Sweep 选项卡，在如图 11-25 所示的扫描参数分析对话框中进行。

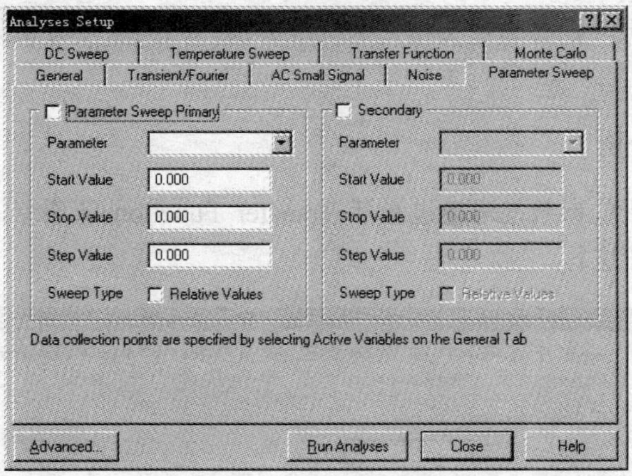

图 11-25 扫描参数分析对话框

在参数域中输入参数。该参数可以是一个单独的标识符，如 C2；也可以是带有元件参数的标识符，如 U5[tp_val]。

Start Value 和 Stop Value 定义了扫描的范围，Step Value 定义了扫描的步幅。

如设计者选择了 Use Relative Values 选项，则将设计者输入的上述值添加到已存在的参数中或作为默认值。

11.4.8 扫描温度分析

扫描温度分析（Temperature Sweep Analysis）是和交流小信号分析、直流分析及瞬态特性分析中的一种或几种相连的。该设置规定了在什么温度下进行模拟，如设计者给了几个温度，则对每个温度都要做一遍所有的分析。

设置扫描温度分析的参数，可通过激活 Temperature Sweep 选项卡，在如图 11-26 所示的扫描温度分析对话框中进行。

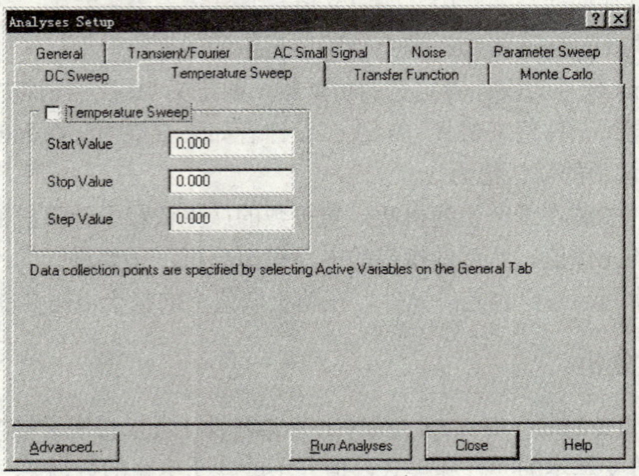

图 11-26　扫描温度分析对话框

Start Value 和 Stop Value 定义了扫描的范围，Step Value 定义了扫描的步幅。在仿真中，如要进行扫描温度分析，则必须定义相关的标准分析。扫描温度分析只能用在激活变量中定义的节点计算。

11.4.9　传递函数分析

设置传递函数分析的参数，可通过激活 Transfer Function 选项卡，在如图 11-27 所示的传递函数分析对话框中进行。

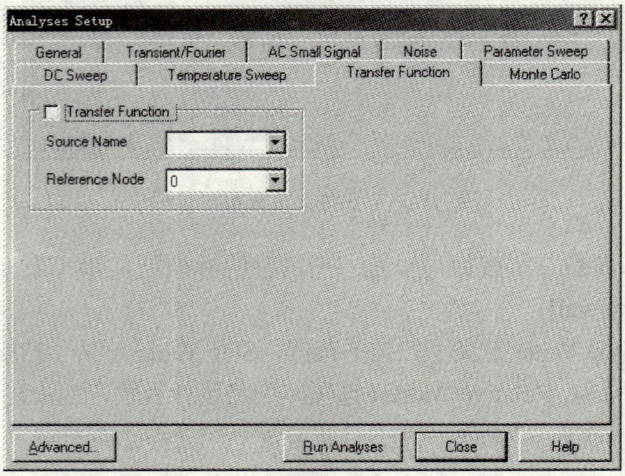

图 11-27　传递函数分析对话框

传递函数分析计算直流输入阻抗、输出阻抗，以及直流增益。

Source Name 中定义了引用的输入源。Reference Node 设置了源的参数。

11.4.10 噪声分析

噪声分析（Noise Analysis）是同交流分析一起进行的。电路中产生噪声的元件有电阻器和半导体元件，每个元件的噪声源在交流小信号分析的每个频率计算出相应的噪声，并传送到一个输出节点，所有传送到该节点的噪声进行 RMS（均方根）相加，就得到了指定输出端的等效输出噪声。同时，计算出从输入源到输出端的电压（电流）增益，由输出噪声和增益就可得到等效输入噪声值。

设置噪声分析的参数，可通过激活 Noise 选项，在如图 11-28 所示的噪声分析设置对话框中进行。

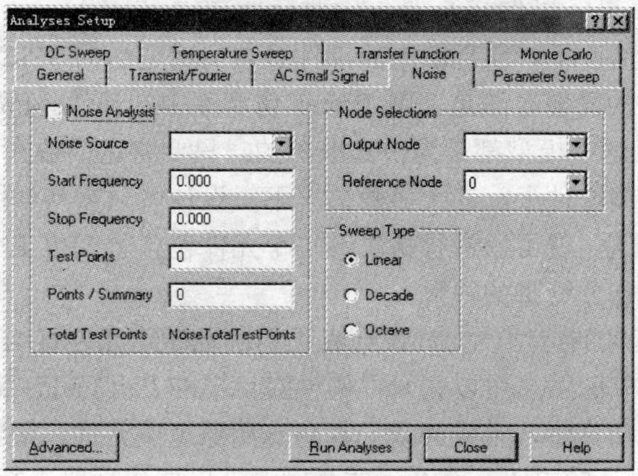

图 11-28　噪声分析设置对话框

11.5 设计仿真原理图

采用 SIM 99 进行混合信号仿真的设计流程如图 11-29 所示。

在仿真原理图文件前，该原理图文件必须包含所有所需的信息。以下是为使仿真可靠运行而必须遵守的一些规则：

- 所有的元件必须引用适当的仿真元件模型。
- 设计者必须放置和连接可靠的信号源，以便仿真过程中驱动整个电路。
- 设计者在需要绘制仿真数据的节点处必须添加网络标号。
- 如果有必要，设计者必须定义仿真初始条件。

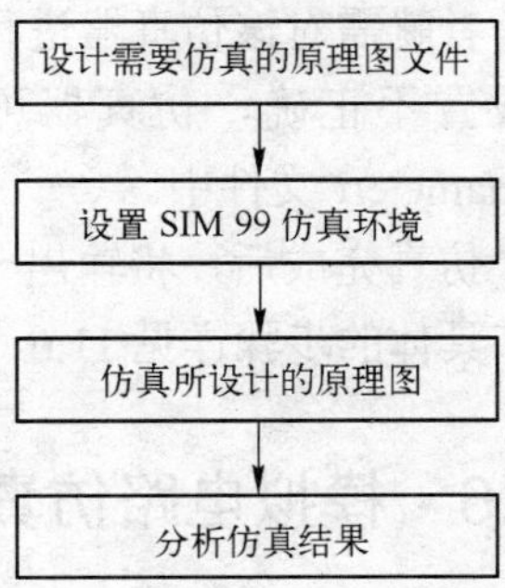

图 11-29　电路仿真的一般流程

下面将简单介绍仿真用原理图的设计，在此，对于一般的操作将不作详细的介绍，读者可参阅本书中关于原理图设计的章节。

11.5.1 调用元件库

在 Protel 99 SE 中，默认的原理图库包含在一系列的设计数据库中，每个数据库中都有数目不等的原理图库。设计时，一旦加载数据库，则该数据库下的所有库都将列出来。原理图仿真用库在 \ Library \ Sch \ SIM . ddb 中。

在仿真用数据库 SIM.ddb 加载后，如图 11-30 所示的包含在 SIM . ddb 中的 28 个扩展名为.lib 的原理图库将在 Browse 栏内列出。

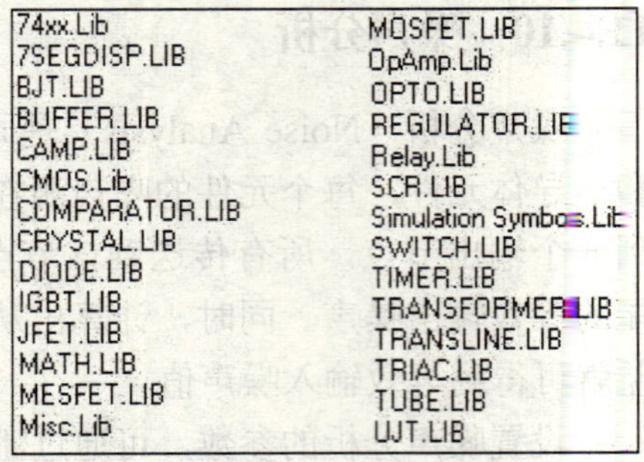

图 11-30　SIM.ddb 中的.lib 库文件

11.5.2　选择仿真用原理图元件

为了执行仿真分析，原理图中放置的所有部件都必须包含特别的仿真信息，以便仿真器正确对待所放置的所有的部件。一般情况下，原理图中的部件必须引用适当的 SPICE 元件模型。

创建仿真用原理图的简便方法是使用 Protel 仿真库中的部件。Protel 99 SE 包含了大约 6400 多个元器件模型，这些模型都是为仿真准备的。只要将它们放在原理图上，该元件将自动连接到相应的仿真模型文件上。在大多数情况下，设计者只需从如图 11-30 所示的库中选择一个元件，设定它的值，就可以进行仿真。每个元件包含了 SPICE 仿真用的所有的信息，包括标号前缀信息和大部分管脚的映射。

SPICE 支持很多其他的特性，允许设计者更精确地塑造元件行为，比如，定义一个电阻的操作温度等。这个额外的信息可以在元件属性对话框的 Part Fields 中修改。

通常，在进行电路仿真中，首先必须选择仿真用原理图元件，最常用的仿真元件如下：

- 激励源：给所设计的电路一个合适的激励源，以便仿真器进行仿真。
- 添加网络标号：设计者必须在需要观测输出波形的节点处定义网络标号，以便仿真器的识别。

11.5.3　仿真原理图

设计完原理图后，需要对该原理图进行 ERC 检查，如有错误，返回原理图设计。然后设计者就需对该仿真器进行设置，决定对原理图进行何种分析，并确定该分析采用的参数。若设置不正确，仿真器可能在仿真前报告警告信息，仿真后将仿真过程中的错误写入 Filename.err 文件中。

仿真完成后，将输出一系列的文件，供设计者对所设计的电路进行分析。具体的输出文件和具体的步骤详见 11.6 节和 11.7 节的实例。

11.6　模拟电路仿真实例

下面将通过对一个简单模拟电路的仿真，具体说明在 Protel 99 SE 中仿真器的使用。

（1）生成原理图文件

这是进行仿真的基础和前提。在此实例中，采用如图 11-31 所示的模拟电路，该模拟电路为一个简单的带通放大器电路。一幅值为 100mV 的正弦波信号经过带通放大器后，可以得到放大的输出信号，并且相位也发生了变化。在此采用这一简单的电路，是希望更好地说明电路的仿真过程。

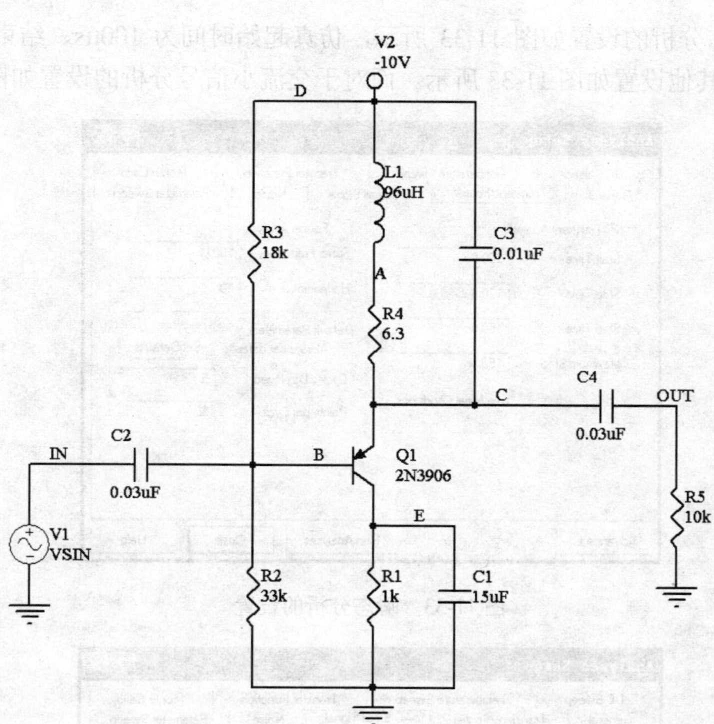

图 11-31　带通放大器电路实例

在该电路中定义了一个幅值为 100mV、频率为 160kHz 的正弦波激励源。同时，在需要显示波形的几处添加了网络标号，用于显示输入波形、输出波形以及一些中间波形。

（2）设置仿真器

仿真的设置视具体的电路而定。在本次仿真中，采用如图 11-32 所示的仿真设置。将对电路进行瞬态分析和交流小信号分析。

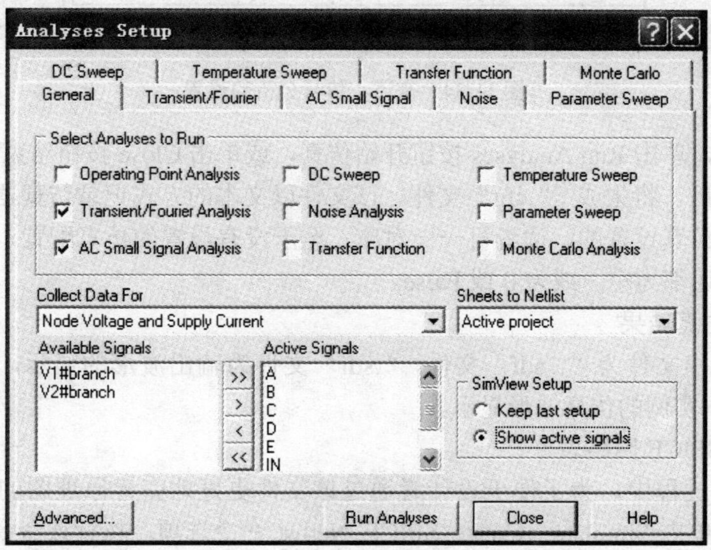

图 11-32　仿真该原理图时的仿真器设置

其中对于瞬态分析的设置如图 11-33 所示，仿真起始时间为 100μs、结束时间为 120μs、基频为 100kHz，其他设置如图 11-33 所示。而对于交流小信号分析的设置如图 11-34 所示。

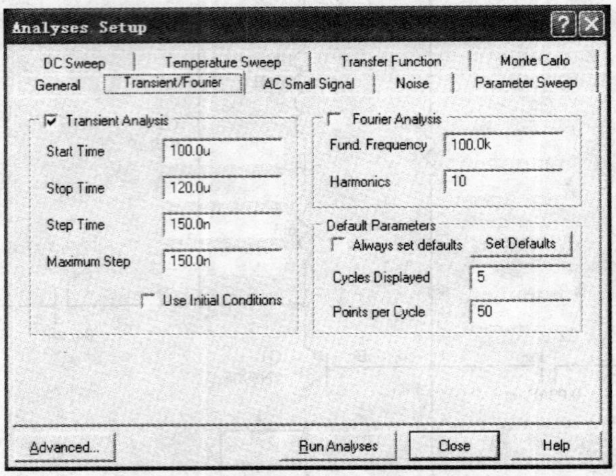

图 11-33 瞬态分析的设置

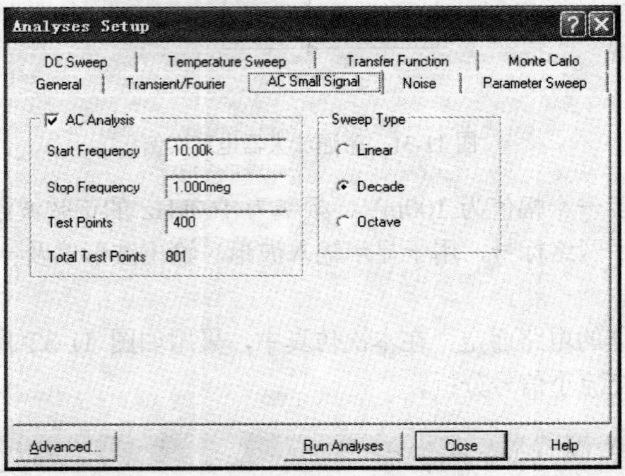

图 11-34 交流小信号分析的设置

设置完以后，单击 Run Analyses 按钮开始仿真，或单击 Close 按钮结束该设置。

在仿真设置后，将生成 “.cfg” 文件。该文件以文本的方式记录仿真器的设置环境。配置文件是对应于仿真设置的，读者可一一对应。至于没有设置的仿真配置，配置文件中关于该设置的等式右边都为空，或为 0 或 False。

（3）输出仿真结果

仿真器的输出文件为“. sdf”文件，“.sdf”文件为输出波形的显示，如图 11-35 和图 11-36 所示，为本实例的仿真波形显示。

（4）创建 SPICE 网络表

在电路仿真过程中，为了便于设计者通过该文件更好地完善原理图的设计，可以创建 SPICE 网络表。单击 Simulate→Create SPICE Netlist 命令选项，执行该命令后，仿真器就生成一个后缀为“. nsx”的文件，“. nsx”文件为原理图的 SPICE 模式表示。

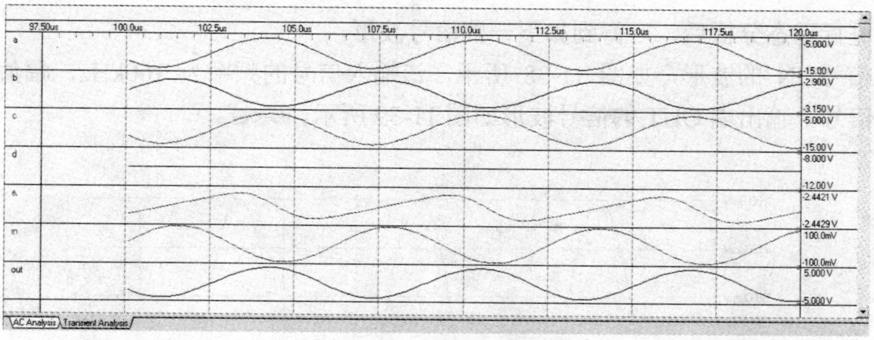

图 11-35　瞬态分析的仿真波形

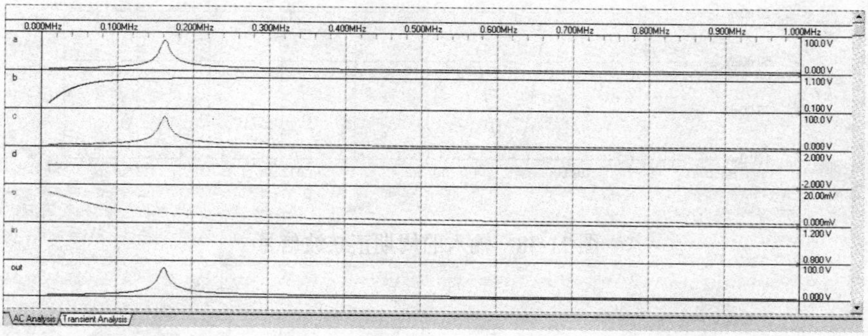

图 11-36　交流小信号的仿真波形

打开“.nsx”文件，系统切换到仿真器界面，执行 Simulate→Run 命令，即可实现电路仿真，这种方式和直接从电路原理图进行仿真生成的波形文件相同。

（5）仿真数据浏览器

进入仿真波形显示区，系统会自动显示如图 11-37 所示的仿真数据浏览器。其中：

- 波形（Waveforms）栏内列出了所能显示的原理图中节点的波形，或某节点信号的多次谐波波形。该栏下的三个按钮 Show、Hide 和 Color 分别用于显示波形、隐藏波形和改变波形颜色等，选中一个节点后再单击某个按钮，即可实现所选节点处的波形观察。
- 仿真数据浏览器中的 View 选项用于选择在波形显示界面中是显示单一波形（Single Cell），还是显示所有选择的波形（All Cells）。为更好地显示和比较波形，在此选择显示所有波形（All Cells）。
- 在仿真数据浏览器中可选择波形的时间上的增幅，以适应变化快的信号。

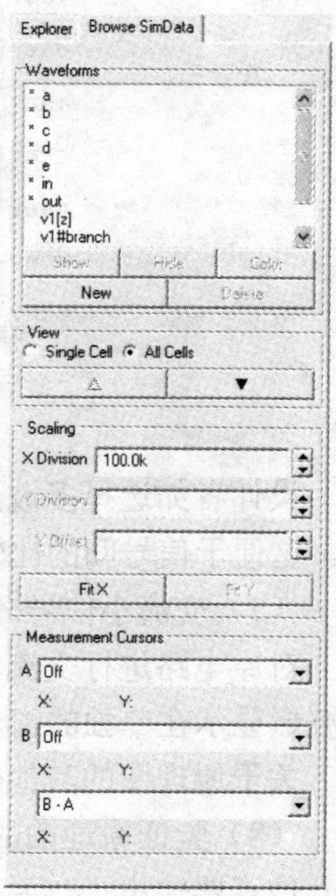

图 11-37　波形编辑器窗口

（6）瞬态分析

下面将通过这个波形显示器显示仿真后的一系列的波形。

对原理图进行瞬态分析后，可得到如下一些信号波形。

输入信号 IN 的波形，如图 11-38 所示，该输入信号的频率为 160kHz，幅值为 100mV 的正弦波信号。输出端 OUT 的信号波形如图 11-39 所示。

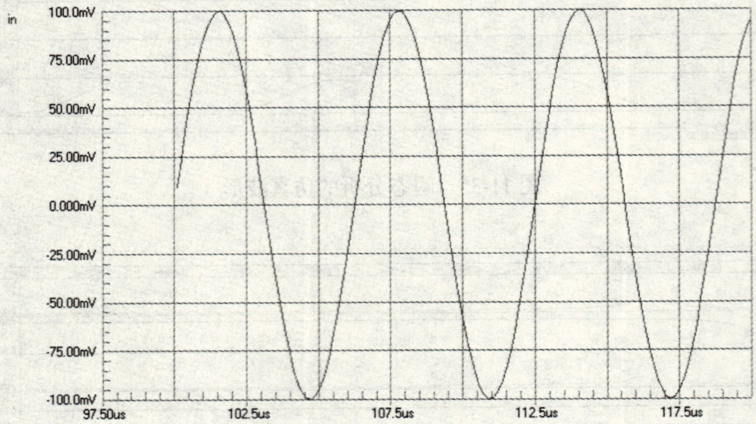

图 11-38 输入的周期正弦波信号

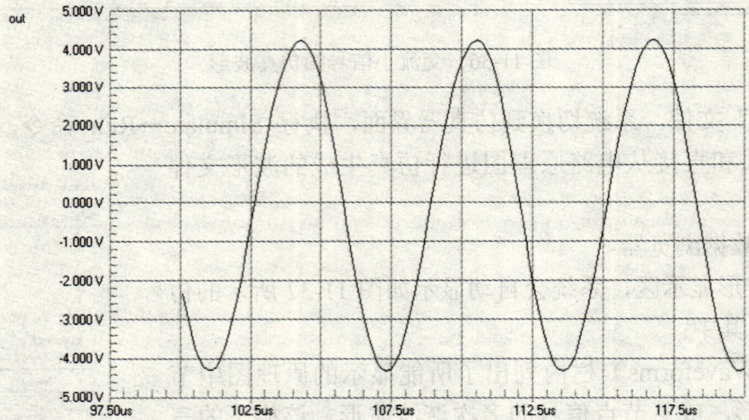

图 11-39 输出近似直流波形

设计者如选择多波形显示，则将设计者所选择的波形显示在同一窗口中，如图 11-35 所示。这便于信号间的比较。

（7）交流小信号分析

对原电路进行交流小信号分析后，可得如图 11-36 所示的波形。输出端的交流小信号分析波形显示在单独的窗口时，如图 11-40 所示。

关于原理图的其他仿真，在此不再全部列出。读者可参考上述的例子和步骤进行操作。

（8）验证原理图的设计

仿真器输出了一系列的波形后，设计者借助这些波形，可以很方便地发现设计中的不足和问题。从而，不必经过实际的制板，就可完全了解所设计原理图的电气特性。

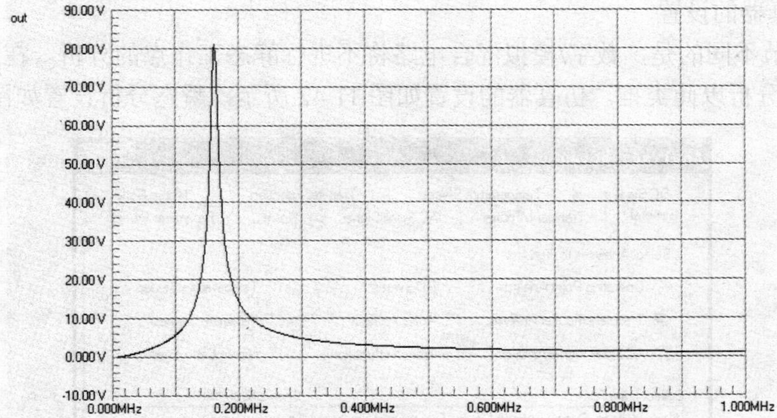

图 11-40　输出端的交流小信号分析波形

11.7　数字电路仿真实例

在实际应用中，除了模拟电路外，还有数字电路和数字/模拟混合电路。与模拟电路不同的是，在数字电路中，设计者主要关心的是各数字节点的逻辑状态（也称逻辑电平）。

数字节点就是仅与数字电路元件相连的节点，仿真该电路的结果就是计算电路中各个节点的值，对于数字节点，这些值就是逻辑电平（如“1”、“0”、“X”）。

（1）绘制原理图

在此例中，采用如图 11-41 所示的数字/模拟混合电路。该电路用来显示一个 BCD 码，电路的前部分是数字电路部分，后部分是模拟电路部分。该电路可以从 Protel 99 SE 的仿真实例目录中找到。

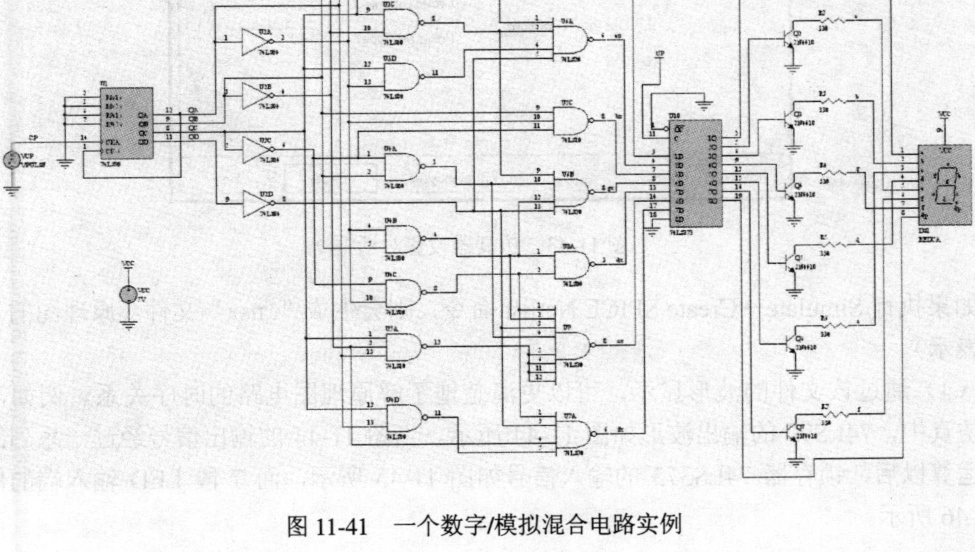

图 11-41　一个数字/模拟混合电路实例

（2）仿真器的设置

与 11.6 节不同的是，数字/模拟混合电路将不进行静态工作点的分析。在此仅选择瞬态分析。其他的分析以此类推。仿真器的设置如图 11-42 所示，瞬态分析设置如图 11-43 所示。

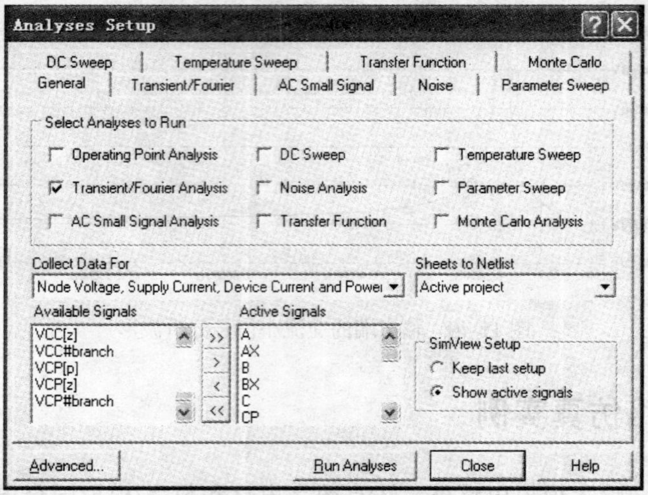

图 11-42　仿真器设置对话框

（3）仿真器输出的仿真结果

如图 11-43 所示，采用该设置完成仿真后，仿真器将输出“. sdf”文件，即输出波形。

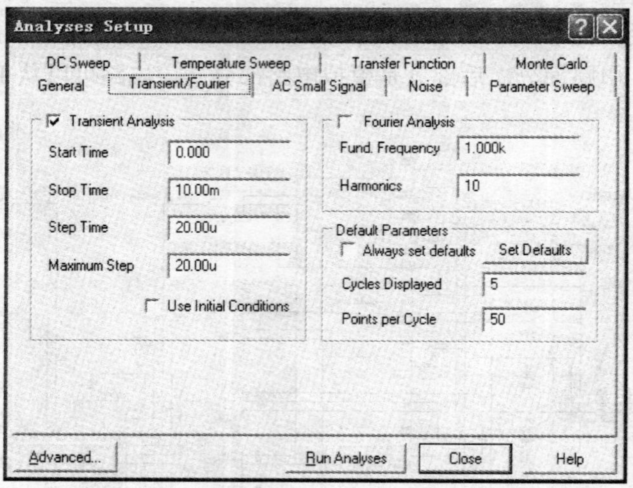

图 11-43　仿真器设置对话框

如果执行 Simulate→Create SPICE Netlist 命令，则会生成“. nsx”文件（原理图的 SPICE 模式表示）。

（4）通过该文件的波形显示，可以更清楚地了解原理图电路的时序关系。例如，本实例的仿真中，74LS90 的输出波形如图 11-44 所示。当图 11-44 的输出信号经过一系列的数字逻辑运算以后，锁存器 74LS373 的输入信号如图 11-45 所示，而 7 段 LED 输入端的信号如图 11-46 所示。

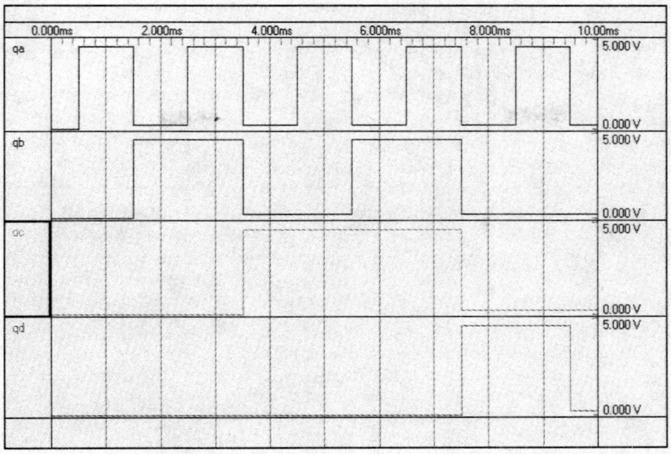

图 11-44 74LS90 的输出波形

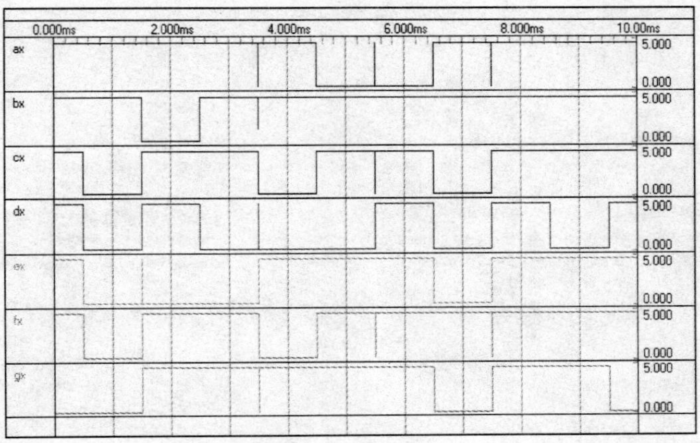

图 11-45 锁存器 74LS373 的输入信号

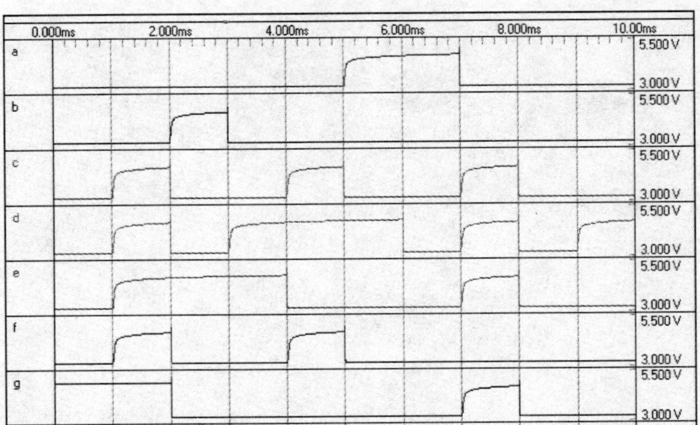

图 11-46 7 段 LED 输入端的信号

综上所述，SIM 99 提供了一种很方便的电路仿真操作。设计者通过该仿真程序可以在制作 PCB 前发现原理图设计中可能存在的问题，减少重复设计的可能性。